稀土合金

张密林　邱　敏　张秀平　著

科学出版社

北　京

内 容 简 介

稀土是化学元素周期表中镧系元素和钪、钇共 17 种元素的总称。目前已知自然界中约有250种稀土矿。稀土被发现距今已经230多年，为了总结稀土研究的成就，本书以稀土在合金中的应用为主线，重点介绍稀土的历史、稀土合金电解制备、镧系元素合金电解的递变规律、稀土二元合金电解电位基本规律、稀土镁锂合金、稀土镁合金、稀土合金膜、稀土钢和稀土铸铁、稀土储氢合金、稀土永磁合金。目前，稀土合金电解电位递变规律的相关书籍较少，本书对此进行重点介绍，并给出著者最新的研究成果，同时总结和梳理该领域的最新进展。

本书适合稀土及其合金、熔盐电解、乏燃料干法后处理等领域的高校教师、研究生以及科研人员和工程技术人员阅读。

图书在版编目(CIP)数据

稀土合金 / 张密林，邱敏，张秀平著. —北京：科学出版社，2022.10

ISBN 978-7-03-073491-4

Ⅰ. ①稀…　Ⅱ. ①张…　②邱…　③张…　Ⅲ. ①稀土金属合金
Ⅳ. ①TG146.4

中国版本图书馆 CIP 数据核字（2022）第 191889 号

责任编辑：王喜军　陈　琼 / 责任校对：杜子昂
责任印制：吴兆东 / 封面设计：无极书装

科学出版社 出版
北京东黄城根北街 16 号
邮政编码：100717
http://www.sciencep.com

北京九州迅驰传媒文化有限公司 印刷
科学出版社发行　各地新华书店经销
*
2022 年 10 月第　一　版　开本：720 × 1000　1/16
2024 年　1 月第三次印刷　印张：17
字数：343 000

定价：128.00 元

（如有印装质量问题，我社负责调换）

前　言

稀土（rare earth，RE）是镧系元素和钪、钇共 17 种元素的总称。1787 年，硅铍钇矿的发现揭开了科学史上稀土的篇章。1787 年，Arrhenius 在瑞典 Ytterby 小镇附近意外地拾到一块黑色的岩石，不过当时人们并没有意识到这块岩石在历史中的地位，以及由于稀土的命名使这个小镇长期闻名于世。实际上发表稀土发现文献的年份是 1788 年，现在公认的稀土发现年份定为 1787 年，距今已经 230 多年。在这 230 多年的历史长河中，人们发现了稀土的诸多特性，稀土受到了国际上的广泛关注。

稀土研究与应用成果的主要标志有基于稀土元素的多个电子轨道是单电子，具有磁矩大特性的永磁材料、磁制冷材料、磁致伸缩材料等，利用光谱特性的稀土三基色荧光粉、发光二极管（light-emitting diode，LED）、金卤灯、等离子显示板（plasma display panel，PDP）、冷阴极荧光灯管（cold cathode fluorescent lamp，CCFL）等；利用稀土与其他元素的配位和络合能力作为炼油（石油裂化等）、高分子聚合（橡胶等）的催化剂；利用稀土金属间化合物易活化、平衡氢压适中、耐杂质气体中毒、吸放氢平衡氢压差小的特性作为储氢合金等。

纵观稀土发现和研究的历史及现状，获得大量工业应用的稀土合金主要有永磁材料的钕铁硼（Nd-Fe-B）合金、钐钴（Sm-Co）合金、钐铁氮（Sm-Fe-N）合金、镝铁（Dy-Fe）合金，以及镧、镨储氢合金，它们被应用于发光和催化等领域。众多的稀土在工业上还没有得到大量应用，其奇异特性还有待发掘。值得一提的是，稀土中钪原子半径很小，在有色合金中特别是在镁合金、铝合金中有非常突出的作用，但因其价格昂贵和储量稀少而得不到广泛应用。

稀土在钢铁和有色金属中都以微量元素的形式加入，严格意义上讲，并不是主要合金元素。为突出稀土的作用，习惯上都将其称为稀土××合金。对于稀土的研究与应用还有大量的基础工作要做，尤其是发现稀土新合金、稀土新金属间化合物等对于稀土的大量应用至关重要，需要稀土研究工作者加强基础理论研究，为稀土科学的发展做出更大的贡献。

目前，我国在稀土合金和高纯稀土制备方面取得了令人瞩目的成果，已经走在世界的前列。稀土合金电解是近十几年来著者所在课题组的主要研究方向，尤其在发现稀土递变规律以及建立稀土合金析出电位与组分之间关系的数学方程方面开展了一些开创性的工作。本书主要介绍这些研究成果，同时参考了诸多国内外学者发表的相关论文与著作。巫瑞智教授、张景怀教授、颜永得教授对本书亦有贡献，在此表示衷心的感谢。

由于作者水平有限，书中难免有疏漏和不足，敬请前辈、同仁批评指正。

张密林

2021 年 10 月

目　录

第1章　稀土概论

1.1　稀土的历史

最初许多研究者认为稀土是指镧系元素（原子序数 $Z=57$（镧（La））到 $Z=71$（镥（Lu））的元素），后来国际纯粹与应用化学联合会（International Union of Pure and Applied Chemistry，IUPAC）对稀土进行了明确的定义：稀土是指钪（$Z=21$）、钇（$Z=39$）和镧系 15 种元素的总称。因此，稀土包括镧系元素（镧（La）、铈（Ce）、镨（Pr）、钕（Nd）、钷（Pm）、钐（Sm）、铕（Eu）、钆（Gd）、铽（Tb）、镝（Dy）、钬（Ho）、铒（Er）、铥（Tm）、镱（Yb）、镥（Lu））和钇（Y）、钪（Sc）共 17 种元素。

以往人们认为稀土就是稀少的意思，又由于是在矿石中发现的，有土的含义，因此称为稀土。稀土虽有稀少之意，但在地壳中稀土的含量并不稀少，它们在地球中的丰度往往比某些元素还要高。早在 1839 年，瑞典 Mosander 发现了镧和镨钕混合物（didymium）。1843 年，Mosander 发现了铽和铒。1879 年，法国 Boisbaudran 发现了钐，瑞典 Cleve 发现了钬和铥，瑞典 Nilson 发现了钪。1880 年，瑞士 Marignac 发现了钆。1885 年，奥地利 Welsbach 从 Mosander 认为是“新元素”的镨钕混合物中发现了镨和钕。1886 年，Boisbaudran 发现了镝。1901 年，法国 Demarcay 发现了铕。1947 年，美国 Marinsky 等从铀裂变产物中发现并得到了钷。从 1794 年 Gadolin 分离出钇土至 1947 年制得钷（钷是人工合成元素），历时 150 多年[1]。

稀土有如下 3 种共性：①原子结构相似；②离子半径相近（RE^{3+}半径为 1.06×10^{-10}～0.84×10^{-10}m，Y^{3+}半径为 0.89×10^{-10}m）；③在自然界中的存在形式往往是密切共生。

为了方便稀土的研究，人们对稀土进行了分组。稀土有多种分组方法，目前最常用的有两种。

（1）两分法。铈族稀土，即 La～Eu，亦称为轻稀土；钇族稀土，即 Gd～Lu＋Y＋Sc，亦称为重稀土。重稀土包括钆、铽、镝、钬、铒、铥、镱、镥，它们具有较高的原子序数和较大的质量。有人将化学性质与重稀土相近的钇也列入重稀土亚族，所以重稀土亦称为钇族稀土。两分法分组以 Gd 划界的原因是从 Gd 开始在 4f 亚层上新增加电子的自旋方向改变了。Y 归入重稀土主要是由于其离子半径、化学性质与重稀土相似，在自然界中多数与重稀土密切共生。

（2）三分法。根据稀土物理化学性质的相似性和差异性，除钪之外（有人将钪划归稀散元素），将其划分成三组[1]，即将镧、铈、镨、钕称为轻稀土，将钷、钐、铕、钆、铽、镝称为中稀土，将钬、铒、铥、镱、镥、钇称为重稀土。三分法中，轻稀土为La～Nd，中稀土为Pm～Dy，重稀土为Ho～Lu＋Y。

实际上最先被发现的稀土元素是钇，Arrhenius在瑞典小镇附近的一个采石场里发现了一种黑色的矿石（该矿石含有铍和钇，因此称为铍钇矿石），从此揭开了稀土研究的历史序幕。1794年，第一个从矿石中分离出来的单一物质是以不纯的氧化物形式存在的钇，其与镧系元素的性质特别相近，在当时被认为是一种新发现的元素。后来的研究发现它是含有六种稀土元素的化合物或混合物，而且所发现的元素是这个系列元素的成员组合，而不是单一元素。这一发现激发了稀土科学家实现分离这些元素的强烈愿望。在随后的若干年研究中，人们探索了诸多分离鉴定稀土的方法和技术，其中最有代表性的是1859年Bansen利用摄谱仪测定了有关元素的性质，奠定了分离稀土的基础，带动了分离稀土的技术进步。1912年，Moseley展开了相对原子质量和X射线谱之间关系的实验研究，这一开创性的工作确定了稀土元素的个数，同时为原子结构理论奠定了基础，最终确定了镧以及除镧以外的14个元素。这一系列研究是极为重要的成果，每个元素的发现都是稀土研究的里程碑[2]。

1.2 稀土命名及用途

从1794年人类发现第一个稀土元素钇，至今已有200余年了。但17个稀土元素并不是一下子就被全部发现的，到1947年找到最后一个稀土元素钷，整整经历了153年的艰苦历程。在这极其漫长的进程里充满了历史性的误会，也倾注了世界范围内诸多科学家的心血，这里有成功者，当然也有失败者，这些人都值得我们尊重，同时值得我们纪念和钦佩。在众多化学元素命名的历史中有许多有趣的故事，这些故事带给人们很多欢乐，这也许就是科学对世界的有益贡献之一吧。对于稀土元素来说更是如此。下面根据资料简单介绍稀土的命名及用途。

1. 镧

镧是1839～1842年Mosander从铈硅石中分离出来的，当时他认为分离出了两个新的元素，并把其中一个命名为镧（lanthanum，源自希腊词lauthano，意思是我被藏起来）。从此，镧便开始出现在历史舞台上，并且在材料和其他领域发挥了巨大的作用。

镧的应用非常广泛，在压电材料、电热材料、热电材料、磁阻材料、发光材料、储氢材料、光学玻璃、激光材料、各种有色和黑色金属合金材料等领域都有镧的身影。有机化工产品的催化剂和光转换农用薄膜等也时常用到镧，国外科学家基于镧对作物的突出作用而赋予其“超级钙”的美誉。

2. 铈

铈（cerium）是1803年由瑞典化学家Berzelius和瑞典矿物学家Hisinger发现的，同年德国化学家Klaproth也独立地发现了铈。为纪念1801年发现的小行星谷神（Ceres），将铈元素命名为cerium。

铈的应用领域也非常广泛，几乎所有的稀土应用领域都有铈的身影。铈的主要应用如下：①铈作为玻璃添加剂，能吸收紫外线与红外线，现已在商业上被大量应用于汽车玻璃，它不仅能防紫外线，而且可降低车内温度、节约空调用电。从1990年起，日本的汽车玻璃几乎全部加入氧化铈，1996年全世界汽车玻璃至少消费2000t氧化铈，仅美国汽车玻璃就需要1000多t氧化铈。②在汽车尾气净化催化剂中应用铈，可有效地防止大量的汽车废气排放到空气中。美国在这方面的消费量占世界稀土消费总量的1/3还多。③硫化铈可以取代铅、镉等对塑料、涂料、油墨和纸张进行着色。④Ce:LiSAF激光系统通过监测色氨酸浓度来探查生物武器。铈在抛光粉、储氢材料、热电材料、铈钨电极、陶瓷电容器、压电陶瓷、铈碳化硅磨料、燃料电池原料、汽油催化剂、某些永磁材料、各种合金钢及有色金属合金等领域均有广泛的应用。

3. 镨

1841年，瑞典化学家Mosander从含镧的矿物中分离出一个极为稀有的元素，称为didymium土。1874年，瑞典地质学家Cleve证实了didymium土实际上是两种元素的混合物。自发现镧、铒和铽以后，Mosander又从含镧矿石中发现了一个“新的元素”(实际上这不是单一元素，而是两个新元素的氧化物)。Mosander发现这种“元素”的性质与镧非常相似，便将其定名为镨钕（didymium，源自希腊词didymos，意思是孪生）。这时各国化学家特别注意从已发现的稀土元素中分离新的元素。在发现钐和钆的同一时期里，1885年，奥地利化学家Welsbach成功地从didymium土中分离出两个元素：一个命名为钕（neodidymium，希腊词的意思是新的一个，后来简化为neodymium)，元素符号定为Nd；另一个命名为镨（praseodidymium，源自希腊词prason，意思是韭葱绿，后来简化为praseodymium)，元素符号定为Pr。镨和钕两个元素的金属盐及其颜色有很大的差别。从此这对“双生子”就被彻底分开了，镨也有了独立施展才华的广阔空间。

镨在石油化工方面可用作催化剂。镨作为用量较大的稀土元素，很大一部分以混合稀土的形式被利用，如用作金属材料的净化变质剂、催化剂及农用等。例如，以镨钕富集物的形式加入 Y 型沸石分子筛中制备石油裂化催化剂，可提高催化剂的活性、选择性和稳定性。

稀土永磁材料是当今最热门的稀土应用领域。镨也可单独用作永磁材料，虽然其性能并不突出，但是它可以起到改善磁性能的良好协同作用。无论是第一代稀土永磁材料 Sm-Co 合金，还是第三代稀土永磁材料 Nd-Fe-B 合金，加入适量的镨就能够有效地改善稀土永磁材料的性能。例如，在 $SmCo_5$ 中加入部分 Pr 取代 Sm 可以提高稀土永磁材料的磁能积，两者的比例一般为 80%Sm-20%Pr，镨加入量过多反而会降低稀土永磁材料的矫顽力和稳定性。在第三代稀土永磁材料 Nd-Fe-B 合金中，添加镨可以提高稀土永磁材料的矫顽力，德国、日本等国在生产高矫顽力 Nd-Fe-B 合金时均加入 5%～10%的镨，能够取代 1/3 的钕。稀土永磁材料对镨的纯度要求较高，至少应该达到钕的纯度。

镨还可用于研磨和抛光材料，现已取代抛光效率低且污染生产环境的氧化铁红粉。镨还可用作新型磨削材料，制成含镨刚玉砂轮。

镨在光纤领域的用途也越来越广，已开发出在 1300～1360nm 谱区的掺镨光纤放大器。镨应用于建筑陶瓷颜料，使颜料呈淡黄色，色调纯正、淡雅。

4. 钕

钕（neodymium）的元素符号为 Nd。钕伴随着镨的发现而生，钕与镨的成功分离并获得纯的钕明显活跃了稀土领域的研究与发展。钕在稀土领域扮演着非常重要的角色，尤其在磁性材料领域起着巨大的作用。钕在很大程度上左右着稀土的市场，这一点得到了工业界和科学界的共识。

钕凭借其在稀土应用领域的独特地位，多年来成为国内外市场关注的热点。钕的最大用途是制作 Nd-Fe-B 合金。Nd-Fe-B 合金的问世为稀土高科技领域注入了新的生机与活力。Nd-Fe-B 合金的磁能积大，被誉为当代“永磁之王”，并以其优异的性能广泛用于电子、机械、动力能源等行业。在镁或铝合金中添加 1.5%～2.5%的钕，可提高合金的高温性能、气密性和耐蚀性能，广泛用作航空航天材料。在钇铝石榴石晶体中掺杂钕会产生短波激光束，在工业上广泛用于厚度在 10mm 以下薄型材料的焊接和切削。在医疗上，掺钕钇铝石榴石激光器代替手术刀用于摘除手术或消毒创伤伤口。随着科学技术的发展，以及稀土科技领域的拓展和延伸，钕还会有更广阔的利用空间。

5. 钷

钷是稀土中唯一的人造放射性元素。1947 年，Marinsky、Glendenin 和 Coryell

从原子能反应堆废燃料中成功地分离出 61 号元素，命名为钷（promethium）。钷的用途如下：①钷可用作同位素热源，为真空探测和人造卫星提供辅助能量。②^{147}Pm 放出能量低的 β 射线，用于制造钷电池，作为导弹制导仪器及钟表、便携式 X 射线仪、航标灯等的电源，体积小、能连续使用数年之久。③钷掺入硫化锌中可以制作夜光粉。④钷作为射线源用在测厚仪中。⑤电子捕获鉴定器、静电消除器等器件中用钷作为电离源。

6. 钐

1879 年，俄国的采矿官员 Samarsky 从铌钇矿（samarskite）的矿石中发现了钐，并据此将其命名为钐（samarium），元素符号为 Sm。同年，Boisbaudran 也独立地从铌钇矿的 didymium 土中分离得到了钐。

钐呈浅黄色，是制备 Sm-Co 永磁体的主要原料。Sm-Co 永磁体是最早得到工业应用的稀土永磁体。这种永磁体有 $SmCo_5$ 系和 Sm_2Co_{17} 系两类。20 世纪 70 年代前期发明了 $SmCo_5$ 系，后来又发明了 Sm_2Co_{17} 系，目前以后者的需求为主。Sm-Co 永磁体用钐的纯度一般在 95%左右。钐是变价元素，直接电解很难得到钐，一般用镧等稀土还原获得钐。

7. 铕

1901 年，Demarcay 开展了一系列艰苦的硝酸钐镁结晶工作，然后对其进行分离获得了一个新的元素，命名为铕（europium，源自欧洲（Europe）一词，最初将其命名为 germanium，意思是所谓的优等民族，这个命名遭到了一些国家的极力反对），元素符号为 Eu。

铕主要用作彩色电视机的荧光粉，在激光材料及原子能工业中有重要的应用。氧化铕大部分用于荧光粉。Eu^{3+}用于红色荧光粉，Eu^{2+}用于蓝色荧光粉。$Y_2O_3S:Eu^{3+}$是现在发光效率、涂敷稳定性、回收成本等最好的荧光粉，再加上对其对比度等的改进，目前得到了广泛应用。

近些年，氧化铕用于新型 X 射线医疗诊断系统的受激发射荧光粉。氧化铕还可用于制造有色镜片和光学滤光片，以及磁泡存储器。铕在原子反应堆的控制材料、屏蔽材料和结构材料中也有应用。铕具有非常大的中子吸收截面，所以常被制作成铕铁合金，用作原子反应堆中吸收中子的材料。

8. 钆

钆在 1880 年由 Marignac 在日内瓦发现。其实 Marignac 早就怀疑 Mosander 报告的 didymium 并不是一个新的元素而是混合物。他的推测被在巴黎的 Delafontaine 和 Boisbaudran 确认，报告称 didymium 的光谱线会依据不同的方向来源而变化。1879 年，他们从 didymium 中分离得到了钐。1880 年，Marignac 从 didymium 中提取了新的稀土；1886 年，Boisbaudran 实现并完成了其分离工作。Marignac 为了纪念钇的发现者和研究稀土的先驱芬兰矿物学家 Gadolin，将这个新元素命名为 gadolinium，元素符号为 Gd。

钆的主要用途如下：①钆的水溶性顺磁络合物在医疗上可增强人体的核磁共振成像信号。②钆的硫氧化物可用作特殊亮度的示波管和 X 射线荧光屏的基质栅网。③钆镓石榴石中的钆作为磁泡存储器的单基片。④在无卡诺（Carnot）循环限制时，钆用作固态磁制冷介质。⑤钆用作核电站连锁反应的抑制剂，以保证核反应的安全。⑥钆用作 Sm-Co 磁体的添加剂，以保证其性能不随温度而变化。氧化钆还可用于制造电容器、X 射线增感屏。

目前各国科学家正在努力开发钆及其合金在磁制冷方面的应用，并已取得突破性进展，室温下采用超导磁体、钆或其合金作为磁制冷介质的冰箱已经问世，但是其脆性大且所要求的磁场强度较大，应用上受到限制。

钆在耐热高强度镁合金中也有重要的应用，其中，镁钆钇锆是耐热性能优良的镁合金，耐热、高强、阻燃镁合金的大量应用将会给钆的消费带来无限的生机和活力。

9. 铽

铽在 1843 年由 Mosander 发现。当初命名为氧化铒，1877 年才正式命名为铽（terbium），1905 年第一次由 Urbain 提纯而制得，得名于瑞典 Ytterby 小镇。

铽的应用大多涉及高技术领域，在技术密集、知识密集型的尖端技术领域发展前景诱人，主要应用如下：①铽作为三基色荧光粉中绿粉的激活剂，如铽激活的磷酸盐基质、铽激活的硅酸盐基质、铽激活的铈镁铝酸盐基质，在激发状态下均发出绿光。②铽作为磁光存储材料。近年来铽系磁光存储材料已达到批量生产规模，用铽铁非晶态薄膜研制的磁光光盘使计算机存储能力提高 10～15 倍。③铽作为磁光玻璃。含铽的法拉第旋光玻璃是制造在激光技术中广泛应用的旋转器、隔离器和环形器的关键材料。特别是铽镝铁磁致伸缩合金（Terfenol）的开发研制，开辟了铽的新用途。Terfenol 是 20 世纪 70 年代才发现的新型材料。该合金中有一半的成分为铽和镝，有时加入钬，其余为铁，由美国艾姆斯（Ames）实验室首先研制成功。当 Terfenol 置于一个磁场中时，其尺寸的变化比一般磁性材料大，这种变化使一些精密机械运动实现可控性。Terfenol 开始主要用于声呐，目前已广泛应用于多个领域，从燃料喷射系统、液体阀门控制器、微定位器到机械制动器、太空望远镜的调节机构和飞机机翼调节器等领域，在超声焊接、超声切割领域也将大显身手。

10. 镝

Mosander从钇土中分离出铒土和铽土后，不少化学家利用光谱分析确定它们不是一个元素的氧化物，这就鼓励了化学家继续去分离它们。在钬被分离出来的八年后，1886年，Boisbaudran又把它一分为二，保留了钬，另一个称为镝（dysprosium，源自希腊词dysprositos，意思是难接近的，暗示在分离稀土过程中非常艰难），元素符号定为Dy。

目前镝在许多高技术领域起着越来越重要的作用，主要用途如下：①镝作为Nd-Fe-B合金的添加剂，在Nd-Fe-B合金中添加2%～3%的镝，可提高其矫顽力，在此之前镝的需求量不大，但随着Nd-Fe-B合金需求的增加，它成为必要的添加元素，品位必须达到95%～99.9%。②镝用作荧光粉激活剂，Dy^{3+}是一种有前途的单发光中心三基色发光材料的激活离子，它主要由两个发射带组成，分别是黄光发射带和蓝光发射带，掺镝的发光材料可作为三基色荧光粉。③镝是制备Terfenol的必要原料。④镝可用作磁光存储材料，具有较高的记录速度和读数敏感度。⑤碘化镝灯具有亮度大、颜色好、色温高、体积小、电弧稳定等优点，用于电影、印刷等照明光源。⑥镝具有中子俘获截面积大的特性，用来测定中子能谱或用作中子吸收剂。⑦$Dy_3Al_5O_{12}$用作磁制冷工质。

11. 钬

1878年，Soret发现了钬。1879年，瑞典科学家Cleve也发现了钬，并分离出两个新元素的氧化物。其中一个被命名为钬（holmium，以纪念Cleve的出生地瑞典首都斯德哥尔摩，古代斯德哥尔摩的拉丁语为Holmia），元素符号定为Ho。

钬的主要用途如下：①碘化钬灯是一种气体放电灯，在电弧区可以获得较高的金属原子浓度，从而明显提高辐射效能。②钬可以用作钇铁或钇铝石榴石的添加剂。③掺钬的钇铝石榴石可发射2μm激光，人体组织对2μm激光吸收率高，几乎比掺钕的钇铝石榴石高3个数量级，用其激光器进行医疗手术不但可以提高手术效率和精度，而且可使热损伤区域缩小。钬晶体产生的自由光束不会产生过热，从而减少对健康组织的热损伤。美国用钬激光治疗青光眼，可以减轻患者的手术痛苦。中国2μm激光晶体已达到国际水平，应大力开发这种激光晶体。④在Terfenol中加入少量钬可降低合金饱和磁化强度对应的外场。⑤掺钬光纤可以制作光纤激光器、光纤放大器、光纤传感器等光通信器件。

12. 铒

1843年，铒由Mosander发现。他原来将铒的氧化物命名为氧化铽，因此，早期的文献中氧化铽和氧化铒是混同的，直到1860年才得以纠正。铒的命名也与

Ytterby 小镇有联系，将 Ytterby 前面去掉三个字母，所以铒命名为 erbium，化学符号定为 Er。

铒的光学性质非常突出，一直是人们关注的焦点：①Er^{3+}在 1550nm 处的光发射具有特殊意义，因为该波长正好位于光纤通信的光学纤维的最低损失，Er^{3+}受到波长为 980nm、1480nm 的光激发后，从基态跃迁至高能态，处于高能态的 Er^{3+} 再跃迁回基态时发出波长为 1550nm 的光，石英光纤可传送各种波长的光，1550nm 的光在石英光纤中传输时光衰减率最低（0.15dB/km）。光纤中铒掺杂量仅为几十至几百毫克每千克。②掺铒激光晶体输出波长为 1730nm 和 1550nm 的激光，对人眼安全，大气传输性能较好，对战场的硝烟穿透能力较强，保密性好，不易被敌人探测，照射军事目标的对比度大，在军事上用作对人眼安全的便携式激光测距仪。③Er^{3+} 可用于制备固体激光材料。④Er^{3+}还可用作稀土上转换激光材料的激活离子。

13. 铥

在从氧化铒分离出氧化镱和氧化钪以后，1879 年，Cleve 又分离出两个新元素的氧化物。其中一个被命名为铥（thulium，源自 Cleve 的故乡斯堪的纳维亚半岛，旧称 Thulia），元素符号曾为 Tu，今用 Tm。

铥的主要用途如下：①铥用作医用轻便 X 射线光机射线源，^{170}Tm 放射出的 X 射线照射血液能杀死白细胞，减弱器官移植的排异反应。②利用铥对肿瘤组织具有较大的亲和性来进行临床诊断和肿瘤治疗。③铥在 X 射线荧光粉中作为激活剂降低 X 射线对人的照射和危害。④Tm^{3+}激光玻璃是目前输出脉冲能量最大、输出功率最高的固体激光材料。

14. 镱

1878 年，Charles 和 Marignac 在铒混合物中发现了新的稀土元素，这个元素根据 Ytterby 小镇命名为镱（ytterbium）。镱的主要用途如下：①镱用作热屏蔽涂层材料。②镱用作磁致伸缩材料。镱铁合金和镝铁合金加入锰，有超磁致伸缩性。③镱用于压力元件灵敏度高。④掺镱钆镓石榴石激光器对激光技术发展很有意义。

15. 镥

1907 年，Welsbach 和 Urbain 各自进行研究，用不同的分离方法从原以为是一种混合物的“镱”中发现了新的元素。Welsbach 把这个元素取名为 cassiopeium（元素符号为 Cp），Urbain 根据巴黎的旧名 lutece 将其命名为 lutetium（元素符号为 Lu）。后来发现 Cp 和 Lu 是同一个元素，便统一称为镥（Lu）。

镥多作为离子态化合物，在发光领域应用较多，金属态利用较少，与其储量较少、价格昂贵或没有发现特殊性质有关。

16. 钪

伟大的俄国化学家门捷列夫（1834～1907年）早就预言了钪的存在。门捷列夫1869年给出的第一版化学元素周期表中，在钙的后面留了一个相对原子质量为45的空位，暂时命名为类硼（eka-boron），并给出了这个元素的一些物理化学性质。因此，钪是化学元素周期表中排位最靠前的过渡元素，原子序数只有21，不过钪比它在化学元素周期表中的左邻右舍发现得都要晚，即使在稀土中钪的发现也很晚。原因很简单，钪在地壳中丰度较低，只有约0.0005%，相当于每1t地壳物质中只有5g钪。另外，稀土元素的分离非常困难，从混生矿藏中发现并找到钪更难。

19世纪晚期，也就是钪发现的前一年，瑞士Marignac从玫瑰红色的铒土中通过局部分解硝酸盐的方式得到了一种白色氧化物，他将这种氧化物命名为镱土，即第六个发现的稀土元素。瑞典Nilson按照Marignac的方法将铒土提纯，并精确测量铒和镱的相对原子质量（因为他这个时候正在专注于精确测量稀土元素的物理与化学常数以期对元素周期律作出验证）。当他经过13次局部分解之后，得到了3.5g纯净的镱土。这时Marignac给出镱土的相对原子质量是172.5，而Nilson得到的相对原子质量只有167.46。Nilson敏锐地意识到这里可能存在未知的轻元素。于是他将得到的镱土又用相同的流程继续处理，在剩下1/10样品时，测得的相对原子质量更是低到了134.75；同时光谱中发现了一些新的吸收线。1879年，钪被发现，Nilson正式公布了他的研究结果，还提到了钪盐和钪土的很多化学性质。Nilson用他的故乡斯堪的纳维亚半岛将钪命名为scandium。但是，他没有给出钪的精确相对原子质量，还不能确定钪在化学元素周期表中的位置。

Nilson的好友Cleve也在进行这项工作。他从铒土出发，将铒土中的其他大量组分排除掉，分离出镱土和钪土之后，又从剩余物中找到了钬和铥这两个新的稀土元素。同时，他又进一步提纯得到了钪土，并研究了钪的物理和化学性质。1937年，电解熔融氯化钪获得了金属钪。

17. 钇

1787年，Arrhenius在瑞典Ytterby小镇的一个采石场发现一块黑色石头，他以为是一种新的钨矿石。1794年，Gadolin宣布这块矿石中含有一种新的“泥土”，这种“泥土”是氧化钇。1828年，Wöhler用氧化钇和钾反应制得钇，当时钇中还混有其他元素。1843年，Mosander发现它是由氧化钇、氧化铽和氧化铒组成的混合物。氧化钇可制作特种玻璃、陶瓷和催化剂，主要用于制造单晶钇铁石榴石和钇铝石榴石等复合氧化物，也用作光学玻璃、陶瓷材料添加剂、大屏幕电视用高亮度荧光粉和其他显像管涂料，还用于制造薄膜电容器和特种耐火材料，以及高压汞灯、激光、储存元件等的磁泡材料。

1.3 稀土科技的发展历程

稀土元素具有非常活泼的特性，获得稀土金属的方法有两种：一是熔盐电解；二是用更活泼的金属进行热还原。可想而知，第一个获得稀土金属的科学家一定付出了极大努力，克服了重重困难。从制备出第一种稀土金属开始，稀土冶金及固态物理学一直随着人们要获得高纯度金属的愿望而得以提高和发展。Gschneidner 在稀土发现 200 年纪念文章中将稀土的发展进行归纳总结，认为稀土的科技发展过程分为三个时代：摇篮时代、启蒙时代和黄金时代[2]。

Gschneidner 对稀土冶金的历史进行了综述，其中包括《稀有金属期刊》（*Journal of the Less Common Metals*）等对过去若干年稀土冶金所起的作用，重点在基础部分及有关应用，同时给出了有关稀土工业应用的重大事件。

从金属及其合金实用性的角度出发，可把研究和应用稀土的冶金学发展历史分为三个时代，分别为摇篮时代（1950 年之前）、启蒙时代（1950～1970 年）和黄金时代（1970 年之后）。

1.3.1 摇篮时代

摇篮时代始于 1787 年 Arrhenius 在瑞典 Ytterby 小镇发现了稀土元素。但是稀土冶金学始于 40 年后，见表 1.1。Mosander 用 Na 和 K 还原 $CeCl_3$ 制备出金属 Ce，但产物中含有很多杂质。1857 年，Hillebrand 和 Norton 首先成功地应用电化学方法电解稀土金属盐而得到稀土金属，由于使用的电极材料是碳或铁，这些金属中含有碳和铁，得到的金属仍然含有很多杂质。又过了 50 年，科学家才能制备出为确定其物理性质所必需的纯稀土金属[2]。

表 1.1 摇篮时代有关稀土的重要成就

年份	成就
1827	制备第一种稀土金属 Ce
1875	第一次用电化学方法制备稀土金属 La、Ce 和混合稀土（1Pr-3Nd）
1908	稀土在冶金方面第一次重要应用：混合稀土-铁打火石
1911	发表第一个稀土金属二元相图（Ce-Sn 相图）
1912	X 射线光谱分析证实稀土只可能含有 15 个镧系元素和 2 个密切相连的元素：Sc 和 Y

续表

年份	成就
1925	创造了“镧系收缩”专用术语
1931	电解法制备适当纯轻镧系元素（块状金属）
1935	发现稀土金属铁磁性（Gd）
1937	制备出适当纯镧系金属粉末（基本上是全部元素）并确定晶体结构（对于许多元素是第一次）
1947	第一次用离子交换法成功分离相邻镧系元素
1948	用金属Ce添加物生产球墨铸铁

稀土金属存在的铁磁性（Gd）和超导性（La）大约是在得到适当纯的这些金属时被发现的。这里所说的“适当纯”指金属纯度（原子分数）大约为90%，主要杂质是填隙元素（H、C、N和O）。发现La的超导性的Mendelessohn和Daunt报道他们所得到的金属含1%Fe（质量分数，换算为原子分数是25%Fe）。奇怪的是该金属样品仍具超导性（$T_c = 47K$），也许是由于Fe在La中不溶解。

第一个稀土金属二元相图（Ce-Sn相图）是在1911年由Vogel发表的，目前发现此相图有多处错误，这可能与稀土的纯度有关系。此后20年，Vogel研究了一些多元体系的相图。真正开展稀土合金相图的研究始于20世纪30年代。由于稀土金属纯度不够，在此时期发表的相图除了经过近代的实验手段测量、校正以外都应视为错误，许多“二元”相图实际上可能十分精确地代表四元相图中的一个截面。一般用熔盐电解方法制备稀土金属的阴极以碳或铁作为电极材料，在电解沉积的过程中这两种元素必然混入产物，因此稀土中含有的主要杂质是铁和碳。确实，用于某些相图研究的金属La的熔点是800～810℃，正好与La-C相图中富La的共晶温度为806℃重叠。

从这个角度看，稀土合金相图的研究仍然存在很多疑问，所以近100多年来很少有人涉猎稀土合金相图的研究。这方面的研究艰难且出成果很慢，对于感叹科技快速发展又难以忍受住寂寞的一些研究者来说，情况更是如此。任何一项具有划时代意义的发现都基于长期不为潮流而影响、为坚持科学研究的初衷而摒弃各类杂念去追求科学高峰的信念。这也为从事稀土研究的科学工作者开辟了一个很好的具有原始性创新研究的新领域。稀土合金电解过程中，合金的析出电位与合金组分的对数呈很好的线性关系[3]。通过研究稀土合金电解发现新的金属间化合物，对推动该领域的发展和完善稀土合金相图起到巨大的推动作用。同时通过熔盐物理化学的基础研究，在理论上创建新的增长点，为后人在该领域的研究奠定基础。著者坚信，熔盐电化学的研究一定会在近几年有更多的突破，取得丰富热力学和金属间化合物的研究进展。

Moseley 的 X 射线光谱分析和镧系收缩的观察结果明显地丰富了人们对有关金属的认识。1908 年，打火石的应用是稀土冶金工业的开端。1947 年，美国曼哈顿计划的科学家和工程师戏剧性地发现在实验室范围内能用离子交换法把相邻的镧系元素分开。这一发现使性质相近的混合稀土得以有效分离。最早使用稀土金属添加物正是稀土发展启蒙时代的结束，公斤级纯稀土金属块的商业生产把世界领进了稀土发展的启蒙时代。

1.3.2 启蒙时代

人们能够获得高纯稀土氧化物之后，相继进行了大量的对这类具有独特性质元素的研究。随着离子交换分离技术的改进和扩大规模，又形成了制备公斤级纯稀土金属化合物的新方法。启蒙时代，稀土金属的纯度（原子分数）可以达到 95%～98%，主要杂质是填隙元素（铁、碳，以及制备的金属暴露于空气中由氧化等造成的氧、氢等）。20 世纪 60 年代，常规方法制备稀土金属的纯度（原子分数）已接近 99%，某些稀土金属的纯度（原子分数）甚至达 99.99%。这些激动人心的成果极大地促进了稀土及其合金的研究。启蒙时代稀土发展的一些重要成就列于表 1.2。

表 1.2 启蒙时代有关稀土的重要成就

年份	成就
1950	发现 Ce 在低温或高压下发生价变化
1951	发现 LaB_6 的高热离子发射特性
1953	开发利用金属热还原法还原 RE_2O_3 制备高蒸气压 RE（RE = Sm，Eu，Tm，Yb）
1953～1954	确定 Sm 的独特结构
1958	发现 Ce 的固态临界点
1959	《稀有金属期刊》第一期出版（报告稀土冶金学研究的重要期刊）
1960	首届稀土研究会议在美国加利福尼亚州 Arrowhead 城召开
1960	发现重镧系金属独特的、非常复杂的磁结构
1962	在稀土二元合金内部发现 Sm 结构（又称 δ 相）
1963	得到最后一种稀土金属：放射性 Pm
1966	在美国爱荷华州立大学建立稀土资料中心
1966	首次成功地应用固态电解法提纯金属 Y
1967	提出 $SmCo_5$ 具有超级永磁特性
1967	在金属 Yb 上进行第一次直接费米面测量

启蒙时代第一个重要事件是Ce的大体积变化。早在20世纪40年代，人们已观测到Ce在冷却和室温受压情况下的同构相变（γ面心-α面心），Zachariasen分析了Lanson和Tang的高压效应，Pauling分析了Schuck和Sturdivant的低温效应，提出Ce的大体积变化是由Ce中4f电子价带引起的。这就是价波动的萌芽。对Ce的继续深入研究促成了另一个启蒙时代的重要事件：固态临界点（T_c）的发现。

启蒙时代的两个重要进展极大地加快了稀土理论的传播：1959年《稀有金属期刊》创刊和1960年首届稀土研究会议召开。《稀有金属期刊》发表的第一篇关于稀土元素的论文是Hellawell的涉及Sc和Y对Mn和Fe面心到体心转变影响的论文。《稀有金属期刊》发表的关于稀土金属的论文数量慢慢地从1～3卷中平均每卷约2篇增长到4～6卷中的约6篇，又到7～9卷中的约12篇（约占每卷论文数量的33%）。1983年，《稀有金属期刊》和第16届稀土研究会议共同努力，出版了93卷和94卷会议专刊，《稀有金属期刊》成为稀土技术与研究的专刊。

稀土研究会议已经作为宣布稀土新发现和主要进展的重要场所。Keohler等在首届稀土研究会议上公布了首次采用中子衍射测量重镧系元素单一晶体，揭示了它们独特而迷人的磁结构。截至20世纪80年代，美国已召开16届稀土研究会议。从1985年开始，此会议每年在欧洲、美国或加拿大间轮流召开一次。

稀土资料的另一个重要来源是稀土资料中心。该中心于1966年由美国原子能委员会援助建立，2年后世界范围的稀土工业成了它的主要财政来源。约50个公司成为稀土资料中心的资助者，按季度出版《稀土资料中心新闻》（发行量约5500册），每个工作日都能够回信答复一个咨询问题。

1953年，利用还原La或Ce氧化物制备高蒸气压镧系金属（Sm、Eu、Tm和Tb）的新方法被开发出来。这些元素的蒸气压高，很难用普通的Ca还原氟化物或氯化物方法制备其金属。利用熔盐电解方法更是很难实现（其主要原因是这些元素具有变价特性）。由于La与这些元素的蒸气压差很大（La与Yb间的比例系数约为1010），这些元素首先制备出纯度（原子分数）大于99.9%的金属。这一发展引起了启蒙时代的其他重要进步：Sm结构确定、$SmCo_5$永磁体制备和稀土金属首次费米面测量。Sm结构确定的重要性体现在：①Sm结构是独特的9层密排六方结构；②Sm结构结束了有关自然条件下存在的稀土金属的室温平衡态组织的问题讨论。启蒙时代末期，制备出高纯金属Yb，发现了单晶体Yb的德哈斯-范阿尔芬振动，实现了稀土金属上的第一次费米面测量。

开发和改进提纯稀土金属工艺研究中的另一个重要进展发生于1966年，Carlson等首次证实可用固态电解法实现填隙夹杂的有效改善（也称电子传输精炼）。这一发展及由此引起的技术与设备的改进为黄金时代制备高纯稀土起到重要作用。

20世纪50～60年代早期核反应堆数量增加，人们可以获得更多的裂变产物氧化钷，研究人员利用氧化钷来制取一定量的金属Pm，并开展了对有关Pm的研究。1963 年，Weigel 发表制备出金属 Pm 的报告，所有稀土已经能够制备出纯金属态，这为了解它们的一些性质提供了可靠的保证。

Sm 的独特结构在 1953～1954 年已被确定，8 年后，Spedding 等报告如果三价轻镧系金属与三价重镧系金属或金属 Y 形成合金，Sm 结构就作为中间相存在，一系列的研究成果认为此相为 9 层结构，2/3 是六方对称结构，1/3 是面心对称结构。

启蒙时代还出现了一些有商业意义的重大技术。在研究金属硼化物、碳化物和氮化物的热离子性质时，Lafferty 发现 LaB_6 具有优异的性质。目前，LaB_6 用于制作提高亮度和电子发射率的电子显微镜、电视和阴极射线管、电子枪。

启蒙时代有关稀土工业应用的主要进步发生于 20 世纪 60 年代后期，Strnat 及同事发现了 RCo_5 系材料（如 YCo_5 和 $SmCo_5$）的奇异永磁性。$SmCo_5$ 的商业应用在 20 世纪 60～70 年代加速。20 世纪 70 年代末，Sm 的消耗速度与生产速度持平，其商业应用市场达到饱和。20 世纪 80 年代初，Nd-Fe-B 合金的发现使 $SmCo_5$ 研究和应用渐冷[2]。

1.3.3 黄金时代

摇篮时代后期和启蒙时代的稀土基础研究与应用研究为黄金时代的稀土发展提供了必要的基础和高纯物质，主要表现为：①人们对稀土具有新的、更高层次的认识；②先进的技术成就给获得高纯稀土金属提供了必要的保证；③重要而开拓性的基础研究催生了许多具有划时代意义的新化合物，稀土领域出现了许多新事物，并产生了许多新概念，如稀土吸收大量氢的能力，首次制出非晶稀土合金，室温观察到稀土-铁合金 Laves 相中的巨大磁畴等，如表 1.3 所示。

表 1.3 黄金时代有关稀土的主要成就

年份	成就
1970	发现 $LaNi_5$ 材料独特的吸氢性质
1970	首次制备出非晶稀土合金
1970	钢中加混合稀土合金以控制钢中金属硫化物夹杂的形状
1971	发现稀土-铁合金 Laves 相中巨大磁畴
1976	在纯 Ce 中观察到科多（Kondo）散射
1978	《稀土物理和化学手册》第 1 卷出版
1979	弗兰克 ·H. 斯佩丁奖在美国北达科他州第 14 届稀土研究会议上首次授予 W. E. 华莱士（Wallace）
1980	$PrNi_5$ 成功用于超低温制冷机
1981	发现自旋振动能在 5～10T 磁场中被抑制（$LuCo_2$）
1981	发现高强磁体——稀土-铁永磁体

在室温、有限的压力（小于 10atm，1atm = 1.01325×10^5Pa）下 $LaNi_5$ 材料能吸收大量氢，成为性能优异的储氢、氢分离和提纯、热泵、制冷机等材料。$LaNi_5$ 材料吸收和放出氢是可逆的，能通过适当的合金化改变平衡氢压，但合金化常会降低原始 $LaNi_5$ 材料的储氢能力（极少数情况除外）。

Bates 等对非晶 Gd-Ag 合金的研究工作取得了很大的突破，由此开启了非晶稀土合金的研究，成为稀土研究最活跃的领域。过去几十年发现了许多非晶稀土合金材料的性质和行为，也观察到一些不寻常的有趣现象，但还未形成重要的应用。

1971 年，有人研究发现，在 $REFe_2$ 相（主要是 $TbFe_2$ 相）中观察到的磁畴要比在 Ni 中观察到的磁畴大 3 个数量级。巨大磁畴在高技术领域有很多应用的可能，但是其在商业中应用是在 20 世纪 80 年代才开始的。

利用稀土材料的磁学性质泵出热量（或制冷）的研究在过去几十年已引起各界相当大的兴趣，但是要了解这一方法将如何实现和是否能产生商业市场还为时过早。

Nd-Fe-B 合金（近似为 $Nd_2Fe_{14}B$）具有优异的永磁性，已在永磁体技术领域引起广泛的关注。在 Croat 发表关于非晶态 Nd-Fe 合金能够产生较大磁能量的报告后不久，美国海军研究实验室的研究人员报告富铁镧系合金中加 B 可提高矫顽力和磁能积，然而本来可以生产“超级”永磁体的合金化学和冶金过程当时没有受到足够的重视。此后发现的 Nd-Fe-B 合金产生的最高磁能积比 Sm-Co 合金大 40%。现在 Nd-Fe-B 合金已经在全球迅速发展，应用也非常广泛，但它也有致命的弱点：居里温度较低，应用于大功率电机时电机发热会使得磁性能急剧下降，因此高热环境下仍很难取代 Sm-Co 合金。

用稀土金属硅化物或混合稀土为添加物控制钢中硫化物形状的应用在 20 世纪 70 年代初期大量增加，到 1975 年左右达到高峰，20 世纪 80 年代早期迅速衰败。这种变化的主要原因是其他廉价材料和形状控制工艺的竞争，以及 1981～1983 年世界范围内经济不景气引起的钢铁工业的衰落。

黄金时代关于稀土发展的成就中还有一些并不像前面讨论的项目那样与商业紧密相联。1976 年，在纯 Ce 中观察到科多散射。现在所知，只有纯元素存在科多散射，锕系靠前的金属元素表现出相似行为。

自旋振动能在 5～10T 磁场中受到抑制，而不是在 100T 或理论预言的那样更大的磁场中被抑制。从 Ikeda 和 Gschneidner 开始研究 $LuCo_2$ 以后，科学工作者观察到了约 10 种材料中有自旋振动抑制，而且自旋振动抑制与否精确地依赖于金属间化合物中是否存在某些夹杂物。组成金属合金的化学成分和原子序数在冶金过程中会起很大的作用。存在自旋振动抑制的材料具有极高密度的小区域费米面。这一领域的深入研究对了解介于普通顺磁体间的磁性材料的特性和超导大有裨益。

虽然科学家在约 100 年前就指出用镧系材料绝热退磁可获得 10^{-5}K 的低温，但是一直未能实现。1980 年，Pobell 及其同事证实可由两级原子磁制冷器获得约 40μK 的工作温度，磁制冷器第一级由几摩尔的 $PrNi_5$ 组成，第二级由金属铜组成。1983 年初，Ishimoto 刷新了世界纪录，用同样的磁制冷器获得 27μK 的工作温度。

1979 年，匹兹堡大学的 Wallace 成为首位斯佩丁奖获得者；1981 年，苏黎世的 Busch 获得了此奖；1983 年，爱荷华州立大学的 Legvold 和橡树岭国家实验室（Oak Ridge National Laboratory）的 Keohler 分享了此奖。1978 年，《稀土物理和化学手册》第 1 卷出版，此后又出版了 5 卷，它载有由不同领域专家所写的具有权威性的综述性评论。

稀土的黄金时代远远没有结束，限于人们的想象力、认知度，可能还有一些 20 世纪 80 年代早期的成果没有真正发掘出来。

1.3.4 未来前景

稀土金属在科技和商业应用方面的前景是辉煌的。《稀有金属期刊》将领导稀土研究进入新时期、达到新高度、发挥重大作用，这些是非常清楚的，但细节是模糊的。相信躲藏在迷雾中的新奥秘将会随着时间的推移逐渐被挖掘出来，展现在世人面前，一切将会变得更加明晰。

合金化学和冶金工艺的应用在稀土非晶体、薄片材料研究与开发中很重要。特别是研究它们的电磁特性在短期和长期两个方面预计对这些材料及在稳态相的研究中将付出更大努力，并得到一些重要成果，多数平衡态合金研究将会集中在三元系统和多元系统。在二元系统中将会发现一些意外的进展。

未来若干年，激动人心的进展将发生在混合材料和含镧系金属的窄电子能带体系。研究发现，磁性与非磁性夹杂及样品纯化获取的这些金属中对各种现象的影响和理论估计的效果一致，为了研究这些现象，冶金、化学、物理和材料学家需要提供所要求的精心标定的样品并经过严格检验，如果想要在材料这一热门层次实现根本的进展，标定技术就要有改进，其精度需要提高 1 个数量级。

在至少含有一种非金属元素（如 B、C、N、P）和另一种合金元素（可能是过渡元素，如 V、Nb、Mo）的稀土超导合金体系中将会发现一些令人惊奇的事。建立和打破纪录，完全在实验室（如低温高压、高磁场强度）条件下进行的研究就可以实现商业应用。表面研究会受到更多的关注，这是因为样品标定中包含的许多技术使用表面敏感的测量方法。这些表面科学研究结果有希望形成一些新的商业应用和发现新的表面现象。这些是在晨雾中能模糊地看到影子式的东西，其余的还看不见、听不到、想不到。但它们会在适当的时候以其璀璨的耀眼光芒来占据它们作为黄金时代里程碑的位置。

如上所述，丰富我们稀土金属的科技知识极大地依赖于增加纯金属的利用程度，但这在将来是否正确呢？例如，在过去的若干年，我们已经制备出足够纯的稀土金属，能用于研究其费米面，并实现同种金属、不同样品的可重复低温（1～20K）、热容测量（电子比热容和德拜温度），因此，要求更高纯度的推动力不再存在或比过去的小得多。如果这是饱和态，谁也不能确定它会持续多久。例如，还没有实现对 Dy、Ho、Er 和 Tm 等重镧系金属非零 L（轨道）量子数的唯一费米面测量。其主要原因是不能获得此类元素的特纯单晶体，这些金属的高蒸气压使电子传输精炼更难进行。窄电子能带现象（孔多效应、价波动、自旋振动等）的观察与研究要求材料具有更高的纯度。另外，还有其他研究领域可能会提出对材料纯度的需要，如对 Gd 夹杂的一些稀土金属氢化物（如 YH_2）中核磁共振（nuclear magnetic resonance，NMR）的研究。Phuer 等已指出质子自旋-点阵和自旋-自旋弛豫时间由 Gd 含量所控。对 LaH 的研究指出 Gd 含量过低对 NMR 弛豫时间有影响。

即使有发展动力，我们能制备更纯的金属吗？答案是肯定的。Gschneidner 指出，可以把区域精炼和电解法精炼技术结合起来将化学元素周期表中的所有元素制备高达 99.999%（原子分数）的金属。稀土家族中每个成员均有各自的特性，个个身手不凡，在国民经济各领域会各显神通。研究稀土元素特有的、丰富的电子能级，利用其优异的光、磁、电、声、热性能可以开发出拥有优异功能特性的新材料和新器件。科学家预言，在 21 世纪六大新技术领域——信息、生物、新材料、新能源、空间和海洋，稀土家族一定会做出显赫的贡献。

参 考 文 献

[1] 洪广言. 稀土发光材料——基础与应用. 北京：科学出版社，2011.

[2] Gschneidner K A，Eyring L R. Two-Hundred-Year Impact of Rare Earths on Science. North Holland：Elsevier，1988.

[3] Xu H B，Zhang M，Yan Y D，et al. The potential of Ni-Ln alloys over the whole composition range in phase diagram-prediction and experiment. New Journal of Chemistry，2020，44：18686-18693.

第 2 章　稀土合金电解制备

稀土在很多合金（包括黑色合金和有色合金）中都有重要的应用。稀土是非常活泼的金属，这就决定了稀土合金的制备方法不同于其他合金，必须采用特殊的方法和工艺。因此，稀土合金的制备存在一定的难度，通常必须利用惰性气体保护或采用覆盖剂进行熔炼，并且有很多技术和工艺上的难题。经过近半个世纪的发展，稀土合金的制备方法逐渐趋于成熟。

下面简要介绍稀土金属（合金）的电解法制备。

2.1　稀土金属的熔盐电解法制备

稀土化学性质非常活泼，稀土金属的制备常常采用熔盐电解的方法，即在直流电流作用下，熔盐电解质中的稀土离子在电解槽阴极获得电子还原成金属。这也是制取混合稀土金属，轻稀土金属镧、铈、镨、钕及稀土合金的主要方法。常见的稀土金属熔盐电解体系有氯化物熔盐电解体系和氟化物熔盐电解体系。20 世纪中叶，工业上制取稀土金属多采用氯化物熔盐电解体系，该方法产生大量的氯气，且稀土氯化物容易吸水。20 世纪后期至今，工业上制取稀土金属大多采用氟化物熔盐电解体系。采用氯化物熔盐电解体系制取稀土金属产品的纯度（质量分数）一般为 95%～98%，比采用氟化物熔盐电解体系制取稀土金属产品的纯度稍高。稀土金属主要作为合金成分或添加剂广泛应用于冶金、机械、新材料等领域。与金属热还原法制取稀土金属相比，熔盐电解法制取稀土金属具有成本较低、易实现连续化生产等优点。

早在 1857 年，Hillebrand 和 Norton 首次用氯化物熔盐电解法制取稀土金属。1902 年，Munthman 提出用氟化物熔盐电解法制取稀土金属。1940 年，奥地利特雷巴赫化学公司实现了熔盐电解制取混合稀土金属的工业化生产。1973 年，联邦德国戈尔德施密特公司以氟碳铈镧矿高温氯化制得的稀土氯化物为原料，用 50000A 密闭电解槽电解生产稀土金属。20 世纪 80 年代，苏联采用熔盐电解法在 24000A 电解槽中电解生产稀土金属。

我国从 1956 年开始研究氯化物熔盐电解法，现已发展到用 1000A、3000A 和 10000A 电解槽电解生产混合稀土金属和镧、铈、镨等稀土的规模。20 世纪 70 年代初我国开始研究氟化物熔盐电解法，20 世纪 80 年代用于金属钕的工业化生产，现已扩大到 3000A 和 5000A 电解槽的规模，10000A 电解槽也在尝试进行中。

下面分别对氯化物熔盐电解体系和氟化物熔盐电解体系做简单介绍。

2.1.1 氯化物熔盐电解体系

氯化物熔盐电解体系是以碱金属和碱土金属氯化物为电解质、以稀土氯化物为电解原料的熔盐电解方法，从阴极析出液态稀土金属，阳极析出氯气。这种方法具有设备简单、操作方便、电解槽结构材料易于获取等特点，但是存在稀土氯化物吸水性强、电流效率低等问题。$RECl_3$-KCl 是目前较理想的稀土电解的电解质体系。由于 NaCl 比 KCl 价格低廉，$RECl_3$-KCl-NaCl 三元系也是工业上常用的稀土电解的电解质体系。氯化物熔盐电解的原理是当 $RECl_3$-KCl 熔盐电解质在以石墨为阳极、钼或钨为阴极的电解槽中进行电解时，电解质在熔融状态下离解为 RE^{3+}、K^+、Na^+和 Cl^-，在直流电场作用下，RE^{3+}、K^+、Na^+向阴极迁移，Cl^-向阳极迁移，由于离子电解析出的电极电位不同，电极电位较正的 RE^{3+}首先在阴极上获得电子被还原成金属，其电极反应如下。

RE^{3+}在阴极获得电子生成稀土金属：$RE^{3+} + 3e^- = RE$

Cl^-在阳极失去电子生成氯气：$3Cl^- - 3e^- = 3/2Cl_2$

在阴极得到熔融态稀土金属，在阳极析出氯气，同时消耗熔盐电解质中的稀土氯化物和直流电量。阴极析出的少部分稀土金属能够溶解于熔盐电解质中，容易发生形成低价氯化物的二次反应，使生产过程的电流效率降低。

在熔盐电解过程中，钐和铕等变价稀土离子发生不完全放电，难以在阴极被还原成金属。例如，Sm^{3+}在阴极上被还原为 Sm^{2+}后，转移到阳极区又被氧化为 Sm^{3+}，造成电流空耗，明显降低电流效率。因此，变价稀土很难用电解的方法得到纯金属，但是采用合金电解可以使变价稀土实现电解共沉积而得到合金。

氯化物熔盐电解工艺中熔盐电解质组成、电解温度、电流密度、极间距等电解工艺条件对电解电流效率都有显著影响，也是在稀土金属电解过程中需要控制的关键因素。

熔盐电解质中稀土氯化物质量分数一般控制在 35%～40%。稀土氯化物含量过高，会造成熔盐电解质电阻大、黏度大，阳极气体逸出困难，导致离子析出形成的金属珠滴在阴极区不能充分聚集，很容易分散于熔体中被阳极气体氧化。稀土氯化物含量过低，会发生碱金属和稀土离子共同放电。这两种情况都会使得在电解过程中电流效率降低，电量消耗量增大。此外，电解原料中水分含量尽量少（由于稀土氯化物非常容易吸水，保存稀土氯化物时使其尽量不要暴露于潮湿的空气中），氧/氯化物、变价稀土和杂质等都要进行严格控制。一般情况下在工业生产过程中要求稀土氯化物中 Sm_2O_3 质量分数＜1%、Si 质量分数＜0.05%、Fe_2O_3 质量分数＜0.07%、SO_4^{2-} 质量分数＜0.03%、PO_4^{3-} 质量分数＜0.01%，脱水稀土氯化物含水量<5%，水不溶物质量分数<10%。如果稀土氯化物中含有大量的杂质，就会生成大量的泥渣，致使电解质导电能力和扩散能力下降而影响电流效率。熔盐电解质中如果含有碳也会妨碍电解产生的金属在阴极凝聚，因此在电解过程中必须采用致密石墨制造的阳极和坩埚，这是保证氯化物熔盐电解体系电解稀土生产连续运行的关键。电解温度与熔盐电解质组成和金属熔点有关，根据经验，在稀土电解的过程中一般采用高于稀土金属熔点 50K 左右的电解温度。混合稀土金属的电解温度为 1143～1173K，镧、铈、镨的电解温度分别为 1193K、1143K、1203K 左右。电解温度过高，稀土金属与熔盐电解质的二次反应加剧，稀土金属溶解损失增大；电解温度过低，熔盐电解质黏度增大，电流效率下降。

阴极电流密度一般控制在 3～6A/cm^2，适当提高阴极电流密度可加快稀土金属的析出速度；但阴极电流密度过大，碱金属会同时析出，并会使熔盐电解体系发生过热现象，导致二次反应加剧。阳极电流密度一般控制在 0.6～1.0A/cm^2，超过此上限值，就非常容易产生阳极效应。

极间距应该严格根据电极形状、电极配置及槽型而定，适当增大极间距可减少稀土金属在阳极区的氧化。

目前工业应用的氯化物熔盐电解体系的电解槽，主要有小型石墨圆形槽和大型陶瓷槽（耐火砖砌成）两种类型。小型石墨圆形槽结构比较简单，使用方便，电流效率可达 40%～50%，金属直接回收率在 85%以上，但是存在烧蚀严重、槽电压高、电能消耗大、生产能力低、工作电流只能达到 800～1000A 等不足。大型陶瓷槽（耐火砖砌成）生产能力大，其工作电流可达到 3000～10000A 甚至更高，电能消耗小，但是电解槽内电流分布不均匀，金属溶解和二次反应严重，电流效率低（电流效率一般只能达到 30%～40%），金属直接回收率为 80%～85%。当阴极产物积累到一定量时，应定期转移电解产物，浇注成铸锭，冷却后用冷水清洗、晾干、装桶、蜡封保存。产出的混合稀土金属纯度（质量分数）可达到 95%～98%。

2.1.2 氟化物熔盐电解体系

氟化物熔盐电解体系是以氟化物或氟化物混合熔盐为电解质、以稀土氧化物为电解原料的熔盐电解方法。目前生产上常用 REF_3-LiF 或 REF_3-LiF-BaF_2 电解质体系。这种电解质体系的熔点和蒸气压均比较低，而且导电性好，金属离子比较稳定。稀土氧化物的溶解度（质量分数）为 2%～5%。此法适用于电解生产熔点高于 1273K 的单一稀土金属钕和钆等，也可用于电解生产其他单一稀土、混合稀土金属及其合金。与氯化物熔盐电解法相比，氟化物熔盐电解法具有电流效率高、电能消耗小等优点，但是存在电解槽易受腐蚀、生产成本高、操作条件严格等问题，同时电解槽需要采用耐氟腐蚀的材质。

氟化物熔盐电解的原理是将溶解在氟化物熔盐中的RE_2O_3离解成RE^{3+}和O^{2-}，在直流电场作用下，RE^{3+}向阴极移动，并在其上获得电子被还原成金属；O^{2-}向阳极（石墨）移动，在其上失去电子生成氧气或与石墨作用生成 CO_2 和 CO。其电极反应如下。

阴极：$RE^{3+} + 3e^- \Longrightarrow RE$

阳极：$3/2O^{2-} - 3e^- \Longrightarrow 3/4O_2$

氟化物熔盐电解工艺在以石墨质材料作为阳极、以钼或钨作为阴极的电解槽中进行，电解的主要工艺参数随稀土元素的不同而有所变化。电解时要严格控制 RE_2O_3 的加入速度(用振动螺旋加料器加料)，使熔体中 RE_2O_3 含量低于其溶解度。电解产品纯度（质量分数）可达 99%，如 Nd_2O_3 中主要杂质 Si、C、Mo、Fe 质量分数分别小于 0.02%、0.05%、0.1%、0.2%，电流效率在 60%以上，金属直接回收率达 95%。

针对熔盐电解法制备稀土金属普遍存在电流效率低、成本高等一系列问题，可以从以下三方面着手改进：①开发新的、廉价的熔盐电解质体系，以求降低生产成本；②研制大型、密闭、自动加料、虹吸出金属并能有效回收电解废气等的新型电解槽，以提高电流效率，延长电解槽的使用寿命；③通过实现原料制备、电解过程的连续化和自动控制来确保工艺条件稳定，达到高效率、低消耗、低成本的目的。

2.2　熔盐电解法制备稀土合金

200 多年前，英国化学家 Davey 除了电解 KOH 获得了金属钾，还利用电解石灰和氧化汞制取了钙汞齐。以汞为阴极，电解重晶石（$BaSO_4$），制得钡汞齐；以汞为阴极，电解 MgO，制得镁汞齐。这些工作是熔盐电解制备合金的先驱性研究工作，为后来各种活泼金属的电解法生产奠定了可靠的技术基础。1883 年，著名科学家 Faraday 根据大量的实验结果，建立了电解定律，他最早把熔盐的分解电压概念引入科学，使熔盐电解上升到了理论高度。此后历经两个多世纪，很多国家相继开展了有关熔盐电解的基础理论与工艺技术等方面的研究工作，建立了完整的熔盐电解体系。熔盐电解给世界各国的经济发展和材料制备带来了巨大的变化，许多活泼金属相继用熔盐电解法生产，其中最具代表性的是锂、铝、镁、稀土等的工业化生产。但是，目前仍有很多变价金属还没有成功用熔盐电解法生产的实例，只能采用热还原法生产。

合金电解的研究目的是实现多种合金元素电解共沉积，得到可以应用的合金或中间合金，其理论基础来源于基本的电化学定律和概念。由于电解体系和电解产物不同，有关熔盐电解制备合金仍然还有很多理论和技术等方面的问题需要去探索、研究。为了使稀土合金的电解工作能够得到深入研究，促进超轻合金的工业化应用，近年来我们开展了有关熔盐电解制备稀土镁锂合金、稀土铝锂合金的基础研究工作，并且在某些变价稀土、变价过渡金属的电解方面取得了一些技术上的突破。本节将重点介绍稀土合金的熔盐电解原理、方法和工艺过程，供读者参考。

2.2.1　熔盐体系中电解共沉积合金理论

在熔盐体系中电解共沉积金属以制备合金的方法具有如下优点：①水溶液中难以电沉积的金属（如钛、锆、钼、钽）可从熔盐中沉积出来；②具有高的沉积速度；③沉积层厚且致密；④所制得的材料应力很小。

利用熔盐电解法制备二元和多元合金主要有 3 种方法：电解共沉积法、阴极合金化法和液态阴极法。这里主要讨论电解共沉积法的原理。

2.2.2　电解共沉积原理

电解共沉积是电化学制备合金的最普遍和最常用的方法[1, 2]。在熔盐体系中，两种或两种以上的金属离子在电极上还原为金属，大体上和在水溶液中电解共沉积的道理相同。

实际上，在电解质溶液中，金属离子在电极上是否放电取决于各金属离子的析出电位，即取决于金属离子放电反应的自由能变：

$$M^{z+} + ze^- = M$$

$$\Delta G = -nFE \tag{2.1}$$

由于各种离子的能量不同，离子放电有一定的顺序，即电位正的离子先于电位负的离子在阴极上放电。在溶液中，特别是在熔盐中，若化合物全部离解为离子，则无论它们溶解前属于何种化合物，在溶液中都要遵守离子的放电顺序，这种现象称为离子放电的独立原理。

电解含多种金属离子的熔盐时，若各种金属离子的析出电位不等，则电解时两种金属离子不能同时在阴极上析出。若某种金属离子由于某种条件的改变等作用使其析出电位与另外一种金属离子的析出电位相等，两种金属离子就能同时在阴极上析出。因此，必须改变金属离子的析出电位，使其与另一种金属离子的析出电位相等，这是保证二元合金或多元合金电解共沉积的关键。

析出电位发生变化的原因如下：

（1）由于浓差极化，金属离子在阴极附近的活度下降，析出电位比平衡电位负移；

（2）金属离子与其他离子形成配位离子，导致活度下降，析出电位比平衡电位负移；

（3）由于析出金属与阴极金属相互作用（去极化作用），析出电位比平衡电位正移；

（4）由于电化学极化作用，析出电位比平衡电位负移。

在实际电解生产合金或制备合金薄膜保护层的过程中，往往需要多种金属离子同时在阴极上放电，如在钢件上电镀一层镍铬保护层。在水溶液电镀行业中，离子共析现象比比皆是。在熔盐电镀行业中，多元合金电解制备稀土镁合金、稀土镁锂合金、稀土铝锂合金等都会遇到多种金属离子电解共沉积问题。

若使合金中的几种成分在阴极上能够电解共沉积，最基本的条件是构成合金组分的几种金属离子析出电位相等。若要求两种金属离子在阴极上同时析出，即

$$M_1^{n_1+} + n_1e^- = M_1 \tag{2.2}$$

$$M_2^{n_2+} + n_2e^- = M_2 \tag{2.3}$$

必须满足 $E_{M_1^{n_1+}/M_1} = E_{M_2^{n_2+}/M_2}$ 的条件。在平衡状态下，析出电位符合能斯特（Nernst）方程，有下列关系：

$$E = E_1^{\ominus} + \frac{RT}{nF}\ln\frac{a_{M_1^{n_1+}}}{a_{M_1}} = E_2^{\ominus} + \frac{RT}{nF}\ln\frac{a_{M_2^{n_2+}}}{a_{M_2}} \tag{2.4}$$

在实际电解过程中平衡共沉积是很少见的，大多数合金电解共沉积是非平衡过程。

考虑极化与去极化作用，析出电位等于平衡电位与极化电位及去极化电位的代数和，则共沉积时析出电位应有如下关系：

$$E = E_1^{\ominus} + \frac{RT}{nF}\ln\frac{a_{M_1^{n_1+}}}{a_{M_1}} + \Delta E_1 = E_2^{\ominus} + \frac{RT}{nF}\ln\frac{a_{M_2^{n_2+}}}{a_{M_2}} + \Delta E_2 \tag{2.5}$$

式（2.5）表明两种金属离子同时在阴极上放电涉及四个方面：

（1）金属离子的标准析出电位 $E^{\ominus}$；

（2）金属离子的活度 a；

（3）金属离子放电时阴极材料上的过电位 η；

（4）去极化作用（通常在阴极上形成固溶体或化合物时，产生去极化作用）。

2.2.3　标准析出电位

下面以镁和锂的电解共沉积为例加以说明。700℃时，Li^+、Mg^{2+}的标准析出电位分别为：$E_{Li}^{\ominus} = -3.51V$，$E_{Mg}^{\ominus} = -2.60V$，两者相差近 1V，因此必须通过改变

离子活度 a 和控制过电位 η，才能实现这两种离子的电解共沉积。$MgCl_2$ 和 LiCl 等氯化物的分解电压列于表 2.1。

表 2.1　某些氯化物的分解电压

化合物	E/V		化合物	E/V	
	熔点	700℃		熔点	700℃
$MgCl_2$	2.59	2.61	$MnCl_2$	—	1.854
LiCl	3.53	3.41	$FeCl_2$	—	1.163
KCl	3.40	3.53	$FeCl_3$	—	0.780
NaCl	3.25	3.39	$AlCl_3$	—	1.730
$CaCl_2$	3.28	3.38	$TiCl_3$	—	1.817
$BaCl_2$	3.44	3.62	$TiCl_2$	—	1.825

ЛебедеВ[3]对原电池 $Mg/MgCl_2/Cl_2(C)$的电动势做过测定。测出的电动势与温度的关系数据列于表 2.2。

表 2.2　$Mg/MgCl_2/Cl_2(C)$的电动势与温度的关系

温度/℃	电动势/V
718	2.5443
723	2.5415
733	2.5358
751	2.5223
765	2.5147

电动势与温度的关系可表示为

$$E_{MgCl_2}=2.544-0.66\times10^{-3}\left(t-718\right) \tag{2.6}$$

许多研究者也对 $MgCl_2$ 的分解电压进行过测试或计算。在 714～800℃，原电池 $Mg/MgCl_2/Cl_2(C)$的电动势为 2.499～2.591V，$dE/dT=(0.66\times10^{-3}\sim1.21\times10^{-3})$V/℃。热力学数据计算得到的分解电压在 714～800℃时为 2.507～2.690V，$dE/dT=-(0.32\times10^{-3}\sim0.56\times10^{-3})$V/℃。714℃时，$MgCl_2$ 的分解电压可取(2.50 ± 0.02)V。

$MgCl_2$ 的分解电压与熔体中 $MgCl_2$ 的活度有关，通过热力学计算所得的纯 $MgCl_2$ 的分解电压如下：700℃时为 2.586V，750℃时为 2.508V。ЛебедеВ[3]根据 $MgCl_2$ 的活度计算了 $MgCl_2$ 在氯化物电解质中的分解电压，其结果列于表 2.3。

表 2.3　$MgCl_2$ 在氯化物电解质中的分解电压

电解质成分（摩尔分数）/%					E/V	
$MgCl_2$	KCl	NaCl	$CaCl_2$	$BaCl_2$	750℃	800℃
20.00	80.00	—	—	—	—	2.558
50.00	50.00	—	—	—	—	2.548
80.00	20.00	—	—	—	—	2.497
20.00	—	80.00	—	—	—	2.596
50.00	—	50.00	—	—	—	2.502
80.00	—	20.00	—	—	—	2.558
12.12	87.88	—	—	—	2.854	2.817
11.00	52.60	36.20	—	—	2.802	2.770
12.28	32.06	53.00	2.66	—	2.767	2.739
12.79	13.20	63.10	—	10.91	2.755	2.719
10.00	—	90.00	—	—	2.752	2.720
10.90	8.05	63.10	17.95	—	2.741	2.701

表 2.3 中的数据说明，熔体中存在 NaCl 或 KCl 时，$MgCl_2$ 的分解电压升高，这是由于在熔融状态下 Mg^{2+}容易生成 $MgCl_3^-$。KCl 的影响更明显，750℃下，当 KCl 质量分数从 8.05%增加至 87.88%时，$MgCl_2$ 的分解电压升高 0.113V。这说明 $KMgCl_3$ 更稳定。钠及钾仅当 Mg^{2+}浓度很低时才放电析出，而且共同放电电压比 NaCl 或 KCl 的分解电压都要低。这说明析出的钠和钾溶入镁中产生了去极化作用，因此在电解 Mg^{2+}时熔盐中 Mg^{2+}浓度不宜太低，否则就会有钠、钾的析出。

2.2.4　过电位

在一定的电流密度下，电极电位与平衡电位的差值称为该电流密度下的过电位 η，亦称超电位，即

$$\eta = \phi - \phi_{平} \tag{2.7}$$

过电位 η 是表征电极极化程度的参数，在电极过程动力学中有重要的意义。习惯上取过电位为正值，因此规定阴极极化时，$\eta_c = \phi_{平} - \phi_c$；阳极极化时，$\eta_a = \phi_a - \phi_{平}$。

按照控制步骤将电极的极化分成不同的类型。根据电极过程的基本历程，常见的极化类型是浓差极化和电化学极化，并将与之相应的过电位称为浓差过电位和活化过电位。浓差极化是指液相传质步骤成为控制步骤时引起的电极极化。电化学极化是指反应物质在电极表面得失电子的电化学步骤成为控制步骤时引起的电

极极化。除此之外，还有表面转化步骤（前置转化或随后转化）成为控制步骤时引起的电极极化，称为表面转化极化；生成结晶态（如金属晶体）新相时吸附态原子进入晶格的过程（结晶过程）迟缓而成为控制步骤时引起的电极极化，称为电结晶极化，等等。下面分别讨论浓差极化和电化学极化下电解共沉积的情况。

分析电极过程的速度可预计沉积合金中各组分的比例。若电解共沉积过程受扩散控制，则在忽略对流的情况下，二元合金的沉积有如下关系：

$$i_1 = D_1 F \frac{\mathrm{d}C_1}{\mathrm{d}x} + it_1 \tag{2.8}$$

$$i_2 = D_2 F \frac{\mathrm{d}C_2}{\mathrm{d}x} + it_2 \tag{2.9}$$

$$i = i_1 + i_2 \tag{2.10}$$

式中，i_1、i_2、i 分别为沉积第 1、2 种金属以及这两种金属共沉积的电流密度；D_1、D_2 和 t_1、t_2 分别为第 1、2 种金属离子的扩散系数和迁移数；$\frac{\mathrm{d}C_1}{\mathrm{d}x}$、$\frac{\mathrm{d}C_2}{\mathrm{d}x}$ 分别为第 1、2 种金属离子在电极表面的浓度梯度。若认为各种金属离子的扩散系数近乎相等，即 $D_1 \approx D_2 \approx D$，则各种金属离子的迁移数同它的浓度成正比。设扩散层的厚度 δ 是常数，可把浓度梯度表示为 $\frac{C^{\mathrm{o}} - C^{\mathrm{s}}}{\delta}$（$C^{\mathrm{o}}$ 为熔体中金属离子的本体浓度，C^{s} 为电极表面浓度，单位为 mol/cm^3），于是两种金属沉积的物质的量之比（摩尔比）符合

$$R_1 = \frac{i_1}{i_2} = \frac{(C_1^{\mathrm{o}} - C_1^{\mathrm{s}}) + [i(t_1 + t_2)\delta / (DF)][C_1^{\mathrm{s}} / (C_1^{\mathrm{s}} + C_2^{\mathrm{s}})]}{(C_2^{\mathrm{o}} - C_2^{\mathrm{s}}) + [i(t_1 + t_2)\delta / (DF)][C_2^{\mathrm{s}} / (C_1^{\mathrm{s}} + C_2^{\mathrm{s}})]} \tag{2.11}$$

当有大量支持电解质存在时，式（2.11）简化为

$$R_1 = \frac{C_1^{\mathrm{o}} - C_1^{\mathrm{s}}}{C_2^{\mathrm{o}} - C_2^{\mathrm{s}}} \tag{2.12}$$

对于较易沉积的金属（假设是第 1 种金属），有

$$R_1 > \frac{C_1^{\mathrm{o}}}{C_2^{\mathrm{o}}} \tag{2.13}$$

式（2.13）表明，在合金中较易沉积的金属相对于较难沉积的金属的物质的量之比大于它们在电解质中的物质的量之比。

当电解共沉积过程受扩散控制时，升高电流密度、增加导电盐含量，能使较易沉积的金属在合金中的含量减小；升高温度、加强搅拌、增大金属离子总浓度（其中各离子的比例保持不变），能使较易沉积的金属在合金中的含量增大。

当电解共沉积过程受活化控制时，根据巴特勒-福尔默（Butler-Volmer）方程，可导出两种金属离子同时还原时沉积电流密度之比：

$$\frac{i_1}{i_2}=\frac{i_1^0}{i_2^0}\exp\left[\frac{F}{RT}(\alpha E_{e1}-\beta E_{e2})\right]\exp\left[\frac{F}{RT}(\beta-\alpha)E\right] \tag{2.14}$$

可见 i_1/i_2 取决于交换电流密度 i_1^0 与 i_2^0、传递系数 α 与 β、平衡电位 E_{e1} 与 E_{e2}，以及析出电位 E。当 $\alpha=\beta$ 时，i_1/i_2 与 E 无关。对式（2.14）进行讨论，有如下情况。

（1）在 $i_1^0>i_2^0$、E_{e1} 正于 E_{e2}、$\alpha=\beta$ 的条件下，沉积 M_1 占优势。

（2）在 E_{e1} 正于 E_{e2} 及 $\beta>\alpha$（发散的塔费尔曲线）的条件下，沉积 M_1 占优势，见图 2.1 中曲线 1 与曲线 4。

（3）在 E_{e1} 正于 E_{e2} 及 $\beta<\alpha$（收敛的塔费尔曲线）的条件下，当电位正于 E' 时沉积 M_1 占优势，当电位负于 E' 时沉积 M_2 占优势，见图 2.1 曲线 2 与曲线 4。

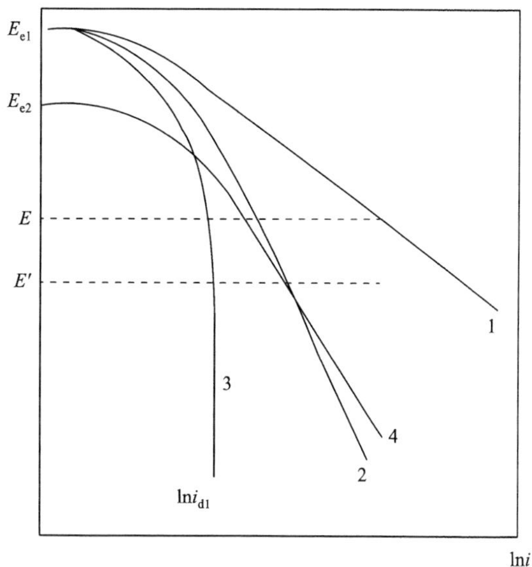

图 2.1　金属沉积时的塔费尔曲线

1，2，3-M_1；4-M_2

（4）在浓差极化达到极限扩散的情况下，阴极表面附近较不活泼金属离子的浓度会明显降低，导致阴极电位迅速负移，达到较活泼金属离子还原的电位，这也会使两种金属离子共沉积出来。在这种条件下形成的沉积物往往呈粉末状或树枝状，这对于沉积固体合金是不适宜的。在高于合金熔点的温度下电解制得的是液态合金，这就不存在沉积物结晶形态的问题。

若沉积 M_1，出现极限电流：

$$i_{d1} = \frac{nFDC_1^0}{\delta} \tag{2.15}$$

则

$$\frac{i_1}{i_2} = \frac{i_{d1}}{i_2^0} \exp\left[\frac{\beta F}{RT}(E - E_{e2})\right] \tag{2.16}$$

$$\frac{i_1}{i_2} = \frac{nFDC_1^0}{\delta i_2^0} \exp\left[\frac{\beta F}{RT}(E - E_{e2})\right] \tag{2.17}$$

当析出电位处于出现极限电流的范围时，沉积 M_2 占优势，见图 2.1 曲线 3 与曲线 4。

一般来说，电解制取合金的结构有如下规律：

（1）两种金属原子半径及晶体形状越接近，越有利于生成均匀相的固溶体；

（2）如果两种金属原子的化学性质（如电负性）、结晶化学性质都相似，则生成的合金具有相应于平衡状态的结构；

（3）两种金属原子的电负性相差越大，它们之间发生反应的概率越大；

（4）生成固溶体或化合物导致阴极去极化。

由于金属电解共沉积的理论至今还不完善，许多研究者利用经验方法来解决实际问题。

2.2.5 去极化作用

根据形成固溶体或化合物的自由能变，去极化值可估计为

$$\Delta E = -\frac{\Delta G}{nF} \tag{2.18}$$

例如，在氯化物熔体中，镁在铝电极上沉积时可生成 Al-Mg 合金，由式（2.18）算出去极化值约为 300mV，而实验测得的去极化值为 330mV，两者数值相近。这个去极化值是相对于析出纯 Mg 而言的。

Kröger[4]讨论了阴极沉积合金的条件。他认为，如果两组分的沉积速度常数是同一数量级，则有两类共沉积：第一类是个别组分的电极电位之差大于形成合金时引起的电位移（去极化）；第二类是个别组分的电极电位之差小于形成合金时引起的电位移。第一类共沉积的析出电位取决于活泼性较大的组分，并随着组成的改变而单调地变化。第二类共沉积的析出电位取决于哪一组分，与沉积物的组成有关。沉积物组成达到某一中间值时，决定析出电位的组分可能发生变化。因此，只有对于第一类共沉积，准静止电位才能反映出沉积的特征。

两种金属离子在相同电位下才能实现熔盐电解共沉积。但是在合金共沉积体系中，单种金属的去极化值一般难以预测，故这一关系在实际应用时受到限制。

极化曲线能反映合金沉积的规律，因此测定极化曲线可作为研究和解释电沉积的手段。例如，在钨酸盐熔体中，钨析出电位负于钼析出电位，它们共沉积时的析出电位可以从测定的极化曲线中找到答案。从图 2.2 可见，钨、钼共沉积的极化曲线处在钨、钼各自单独沉积的极化曲线的左方，即电位更正。这种类型曲线多见于直接在电极上形成固溶体或化合物的情况。

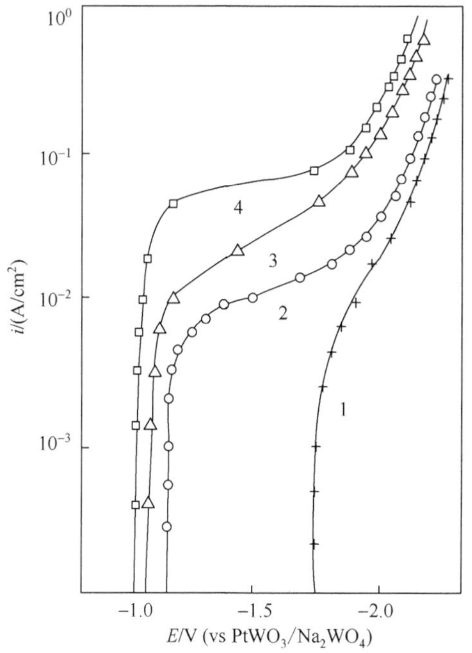

图 2.2　钨、钼及其合金沉积时的阴极极化曲线（850℃，镍电极）

1-Na_2WO_4；2-Na_2WO_4-WO_3（1%）；3-Na_2WO_4-MoO_3（1%）；4-Na_2WO_4-WO_3（1%）-MoO_3（1%）

根据以上讨论的四个影响金属离子在阴极上同时放电或电解共沉积的因素可以看出：过电位中极化部分包含电化学极化 η_A、浓差极化 η_C，以及由溶液中欧姆电阻产生的电压降（欧姆极化 η_0）三个部分，即

$$\eta_i = \eta_A + \eta_C + \eta_0 \tag{2.19}$$

欧姆极化与电极过程中的电极材料无关，只取决于电解质的电导和电解槽结构。因为在极化电流中包含欧姆电压降产生的电流分量，所以称为欧姆极化。在研究多种金属离子电解共沉积时，一般不会考虑它的影响。

与水溶液相比，熔盐体系因为温度高，活化能降低，电化学极化小，其极化电流密度通常不大于 0.03A/cm^2，所以在改善金属离子电极电位方面也不会有太大的空间。

唯一可以利用的只有浓差极化。浓差极化分两类：①由放电离子扩散困难引起的极化；②由电解产物扩散困难引起的极化。对于熔盐体系，大多数浓差极化都属于第一类。

电流通过电解槽时，电极表面附近的金属离子由于电迁移而引起浓度变化；同时，溶液中金属离子则发生反向扩散作用，它力图使浓度趋于均匀。最后，两者速度相等，达到动态平衡，这时电极电位也有新的稳定值。根据能斯特方程，有

$$E = E^{\ominus} + \frac{RT}{nF}\ln C_{表} \tag{2.20}$$

式中，$C_{表}$为阴极表面附近的离子浓度。

根据菲克（Fick）第一定律，扩散流量为

$$D\left(\frac{\partial C}{\partial x}\right)_{x=0} \tag{2.21}$$

所以由扩散而通过的电流密度为

$$i = nFD\left(\frac{\partial C}{\partial x}\right)_{x=0} \tag{2.22}$$

在稳态扩散时，电流密度为

$$i = nFD\frac{C_0 - C_{表}}{\delta} \tag{2.23}$$

式中，C_0为原始浓度；δ为扩散层厚度。当电流密度增大到极限电流密度时，$C_{表}$趋近于 0。

因此，式（2.23）近似为

$$i_{\mathrm{L}} = nFD\frac{C_0}{\delta} \tag{2.24}$$

式中，i_{L}为极限电流密度。将式（2.23）代入式（2.24），有

$$i = i_{\mathrm{L}}\left(1 - \frac{C_{表}}{C_0}\right) \tag{2.25}$$

或

$$C_{表} = C_0\left(1 - \frac{i}{i_{\mathrm{L}}}\right) \tag{2.26}$$

将式（2.26）代入式（2.20）得

$$E = E^{\ominus} + \frac{RT}{nF}\ln C_0 + \frac{RT}{nF}\ln\left(1 - \frac{i}{i_{\mathrm{L}}}\right) \tag{2.27}$$

因为 $E_e = E^\ominus + \frac{RT}{nF}\ln C_0$，$\Delta E = E - E_e = \eta_C$，即浓差极化，所以

$$\Delta E = \frac{RT}{nF}\ln\frac{C_{表}}{C_0} = \frac{RT}{nF}\ln\left(1 - \frac{i}{i_L}\right) \tag{2.28}$$

式（2.28）称为浓差极化方程。根据式（2.28）可知 η_C 与 i 的关系，如图 2.3 所示。

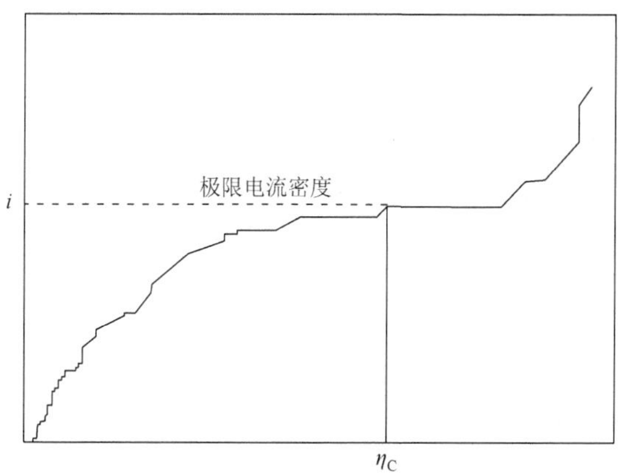

图 2.3　浓差极化曲线

从浓差极化曲线看出，若放电离子的浓度低，可出现极限电流。

1. 镁锂离子共析的条件

根据上面的分析，Mg^{2+}、Li^+要在 LiCl-KCl-$MgCl_2$ 熔盐的阴极上同时放电，必须使 Mg^{2+}的析出电位与 Li^+的析出电位相等或相近。在单一氯化物熔盐中，600℃时 Mg^{2+}的析出电位为−2.60V，Li^+的析出电位为−3.57V，二者相差−0.97V。如何使它们的析出电位相近呢？

700℃时，Li^+和 Mg^{2+}的标准析出电位分别为 $E^\ominus_{Li} = -3.51V$ 和 $E^\ominus_{Mg} = -2.60V$[5]。设 $\eta_1 = \eta_2$，即 Li^+和 Mg^{2+}的 η_C 远小于 1，不予考虑。令 $E_{Mg} = E_{Li}$，即

$$E^\ominus_{Mg} + \frac{2.3RT}{2F}\lg a_{Mg} = E^\ominus_{Li} + \frac{2.3RT}{F}\lg a_{Li} \tag{2.29}$$

由于 $a = C\gamma$（γ 为离子的活度系数），假设 $\gamma_{Mg^{2+}} = \gamma_{Li^+} = 1$，用浓度来代替活度，式（2.29）可以写为

$$-2.60 + 3.51 = 0.187\lg\frac{C_{Li}}{C_{Mg}^{1/2}}$$

因此

$$\lg\frac{C_{\text{Li}}}{C_{\text{Mg}}^{1/2}}=4.8$$

$$\frac{C_{\text{Li}}}{C_{\text{Mg}}^{1/2}}=10^{4.8}$$

$$C_{\text{Li}}=6.3\times10^{4}\sqrt{C_{\text{Mg}}}$$

当电解质中含 5%的 $MgCl_2$，即 $C_{\text{Mg}}=0.8\text{mol/L}$ 时，$C_{\text{Li}}=5.6\times10^{4}\text{mol/L}$。此时 Li^+才能与 Mg^{2+}在阴极上同时放电，而 Li^+和 Mg^{2+}的浓度相差 7 万倍。因此，单纯利用浓度差不能满足镁锂电解共沉积的要求。

熔盐中电化学极化非常小，通常不大于 0.03V，不易利用。实际电解中发现，Li^+在镁阴极上有 0.60V 的去极化作用，它在镁阴极上的放电电位为 $E_{\text{Li}}=-3.51-(-0.60)=-2.91\text{V}$，与 Mg^{2+}的放电电位差 0.31V。是否可以考虑利用 Mg^{2+}大电流密度放电造成浓差极化，使放电电位负移的原理来实现镁锂离子共析呢？我们可以通过下面的计算予以分析。

稳态时浓差极化方程如下：

$$\eta=-\frac{RT}{nF}\ln\left(1-\frac{I}{I_{\text{L}}}\right) \tag{2.30}$$

由式（2.30）知，当 $I\to I_{\text{L}}$ 时，$\eta\to\propto$ 理论上是可行的。对于

$$\eta=-0.0941\lg\left(1-\frac{I}{I_{\text{L}}}\right)$$

当 $\eta=0.31$ 时，$I/I_{\text{L}}=0.999$。

也就是说，Mg^{2+}的放电电流要达到极限电流的 99.9%才能产生 0.31V 的浓差极化。那么在给定条件下 Mg^{2+}放电的极限电流是多少呢？极限电流与初始浓度的关系如下：

$$I_{\text{L}}=nFD\frac{C^{0}}{\delta} \tag{2.31}$$

设 $D=3\times10^{-5}\text{cm}^2/\text{s}$，$\delta=0.001\text{cm}$，将参数代入式（2.31），并设初始浓度 $C_0=0.78\text{mol/L}$（此为实验数据），这时的电流密度为 45.6A/cm^2。这样大的电流密度将使电解情况恶化且电流效率低下。

事实上，实验中使用较小的电流密度就能制备出镁锂合金。LiCl-KCl-$MgCl_2$ 熔盐体系中 Mg^{2+}、Li^+能共同在阴极上放电是多种因素影响的结果。其主要因素有：Li^+在镁阴极上（电解产生）的去极化作用；$MgCl_2$ 与 KCl 生成络离子，使 Mg^{2+}的析出电位负移；降低电解质中 $MgCl_2$ 浓度，造成较大的浓差极化，使 Mg^{2+}

的析出电位负移。因此，镁锂离子共析的条件不一定非要达到 Mg^{2+} 的极限电流，这个电流值太大。

2. 镁锂离子共析的工艺要求

两种金属离子析出电位相等或相近只是为它们的共同析出创造了条件，至于实际上能否共沉积，还要看具体工艺条件下两种金属在阴极上还原时的极化值，以下面三种情况来说明。

（1）电沉积金属 B 时的极化比金属 A 小得多，如图 2.4（a）所示，在一定的电流密度范围，金属 B 上各点的电极电位均比金属 A 的平衡电位还正。在这种情况下，金属 A 与 B 的共沉积实际上是不可能的，即只能有单金属 B 析出。

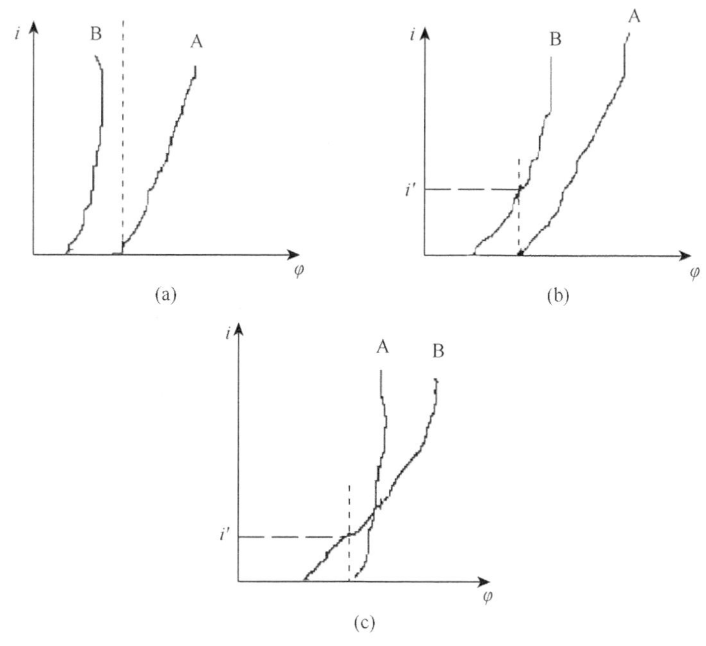

图 2.4　金属 A 和 B 的阴极极化曲线

（2）两种金属的阴极极化相近，极化曲线几乎平行，如图 2.4（b）所示，在阴极电位达到 φ_A 以前，只有金属 B 析出；电流密度增加至 i'，阴极电位达到 φ_A 时，才开始有金属 A 析出。

（3）电沉积金属 B 的极化大于金属 A，两种金属的阴极极化曲线相交，如图 2.4（c）所示，在电流密度达到 i' 以前，只有金属 B 析出；电流密度增加至 i'，阴极电位为 φ_A，开始沉积金属 A。在两条曲线相交的电位，金属 A 和 B 析出的当量物质相等。

在 LiCl-KCl 熔盐电解质体系中，金属锂的极化曲线与金属镁的极化曲线有着相同的趋势，见图 2.5 和图 2.6。

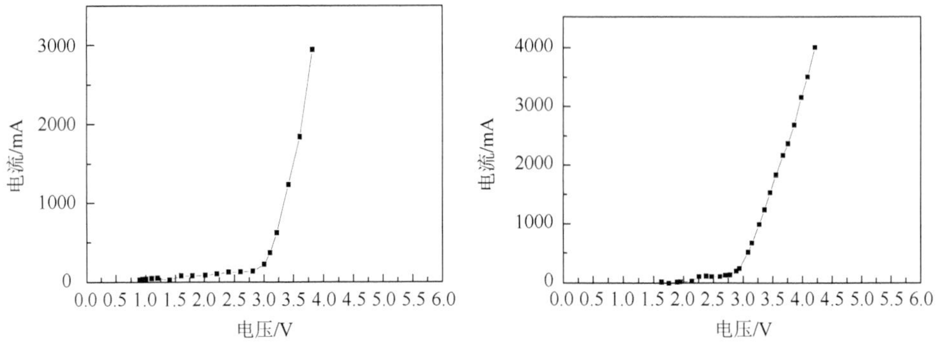

图 2.5　金属锂的极化曲线　　　图 2.6　金属镁的极化曲线

它们的关系与图 2.4（a）相似，若不采用浓差极化措施，即减少 $MgCl_2$ 在电解质中的浓度，这两种离子是不会共同析出在阴极而形成合金的。

镁锂合金制备的重要工艺条件是确定在 Mg^{2+} 放电时，Li^{+} 开始放电的 Mg^{2+} 质量分数。两种离子共同放电时，在绘制出的该体系电解的伏安曲线上，可以找到明显的拐点。因为镁锂合金制备要求电解质中 $MgCl_2$ 质量分数低，所以拐点不明显。我们采用直接测定电解产物的方法来确定镁锂共析点。图 2.7 给出了在两种电流密度下电解时，镁锂合金中 Mg 与电解质中 $MgCl_2$ 质量分数的关系。

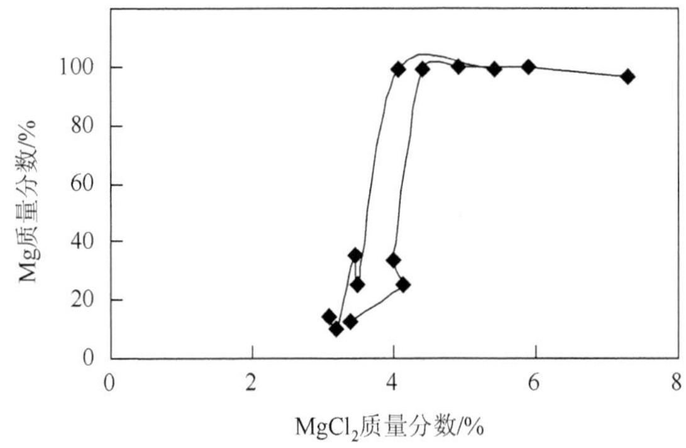

图 2.7　镁锂合金中 Mg 与电解质中 $MgCl_2$ 质量分数的关系

图 2.7 左侧曲线的电流密度为 2.5A/cm^2，右侧曲线的电流密度为 12.5A/cm^2。两条曲线趋势相同，在拐点处曲线非常陡峭，大电流密度的拐点出现较早，此时

$MgCl_2$ 质量分数为 4.9%，小电流密度的拐点处 $MgCl_2$ 质量分数为 3.8%，两者相差 1.1%。从图中看出，合金浓度发生跃变，这正说明因 Mg^{2+} 质量分数低，当达到 Li^+ 的析出电位时，Li^+ 将承担绝大部分的电流份额。因此合金的组成不能按极化曲线计算。在工艺设计时，没有一个可依据的共析点，不易实现连续生产。合金成分由电解总时间及原料加入比例决定，$MgCl_2$ 加入是间断的，所以电解过程中 $MgCl_2$ 质量分数以锯齿状发生变化。

两种金属离子共沉积要求其析出电位很接近。Mg^{2+}、Li^+ 析出电位相差近 1V，这个差距太大，会造成析出 Mg 而不析出 Li。因此，要设法降低 Mg^{2+} 的析出电位、升高 Li^+ 的析出电位。根据电解共沉积的基本原理，可以采用以下方法实现镁锂电解共沉积：①以 KCl 为导电电解质，在大量 KCl 存在的熔盐体系中 $MgCl_2$ 的活度会大幅度降低，以达到降低 Mg^{2+} 析出电位的目的；②提高熔盐电解时的电流密度，达到 Mg^{2+} 的极限电流密度后，Mg^{2+} 的析出电位迅速负移，达到 Li^+ 的析出电位，就可以实现镁锂电解共沉积；③电解之初生成的是 Mg，故 Li^+ 在 Mg 上沉积，随之在镁锂合金上沉积。Li^+ 在 Mg（镁锂合金）上析出时有很大的去极化效应，使 Li^+ 析出电位正移，有利于生成镁锂合金。

实际上，二元合金的电解原理基本相同，镁锂合金电解规律[6-10]对于稀土合金电解同样适用。

2.3　稀土镁锂合金电解

2.3.1　镁-锂-镝合金电解

以 $MgCl_2$-LiCl-KCl-KF 为电解质体系，各成分的质量分数分别为 5%～13%、41%～45%、41%～45%和 5%，再按 $MgCl_2$ 质量的 1%～7%加入 Dy_2O_3，控制温度为 660～760℃，待坩埚内物料熔融后，通入直流电电解，控制阴极电流密度为 10～15A/cm^2，达到或接近 Mg^{2+} 的极限电流密度；阳极电流密度为 0.4～0.6A/cm^2，槽电压为 7～8V，经过 1～2h 的电解，在熔盐电解槽底部于阴极附近沉积出液态 Mg-Li-Dy 合金，冷凝后得固态 Mg-Li-Dy 合金。图 2.8 是在 $MgCl_2$、LiCl、KCl、KF 和 Dy_2O_3 的质量分数分别为 13.6%、40.7%、40.7%、4.5%和 0.5%，电流密度为 12.7A/cm^2，电解温度为 680℃的条件下，电解 2h 所得到的合金的 X 射线衍射（X-ray diffraction，XRD）谱图。从图中可以初步判断，Mg-Li-Dy 合金主相为 α-Mg 相（简称 α 相），另外包含 β-Li 相（简称 β 相）和 $DyMg_3$。

图 2.9 是在 $MgCl_2$、LiCl、KCl、KF 和 Dy_2O_3 的质量分数分别为 13.6%、40.7%、40.7%、4.5%和 0.5%，电解温度为 680℃的条件下，电解 1h 所得到的电

流密度与电流效率的关系。从图中可以看出，随着电流密度的增加，电流效率先增加后减少，这说明在该体系下存在一个最佳的电流密度使电流效率达到最高，并且最佳电流密度为 11～12A/cm^2。当电流密度在此区间时，能保证电解液有一定的搅动和翻滚，这样有利于电解液的循环流动和产生气体的排出。但是电流密度过高会使电解液翻滚严重，导致部分从阴极上析出的金属被带到阳极附近而被重新氧化，造成电流的空耗，使电流效率下降。过低的电流密度不利于电解液的循环流动，同样会影响电流效率。

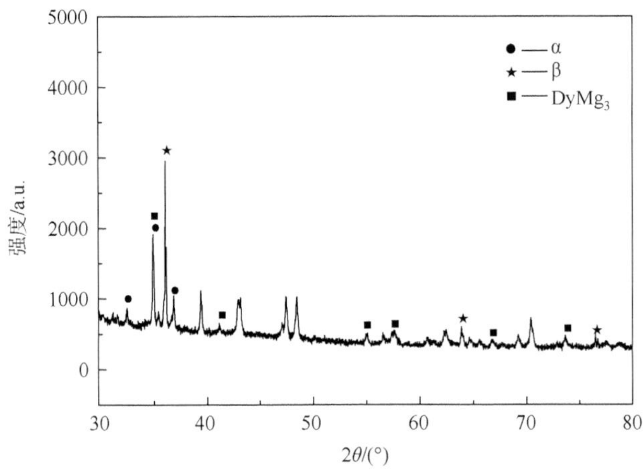

图 2.8　Mg-Li-Dy 合金的 XRD 谱图

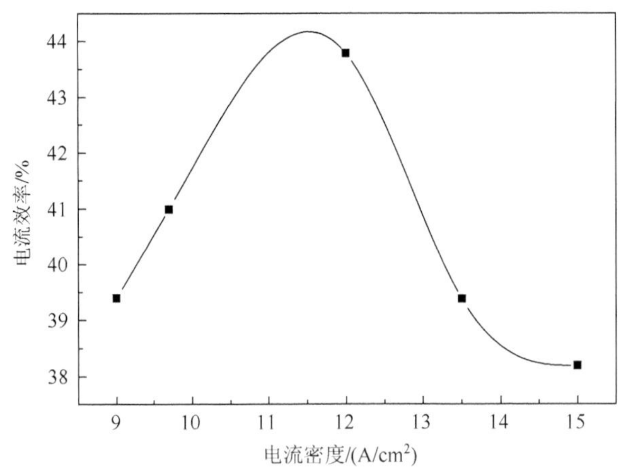

图 2.9　电流密度与电流效率的关系

图 2.10 是在 $MgCl_2$、LiCl、KCl、KF 和 Dy_2O_3 的质量分数分别为 13.6%、

40.7%、40.7%、4.5%和 0.5%，电流密度为 12.7A/cm^2 的条件下，电解 1h 所得到的电解温度与电流效率的关系。从图中可以看出，随着电解温度的升高，电流效率先增加后减少。当电解温度超过 740℃之后，电流效率降到很低，这说明电解温度过高对合金的烧损尤其是对合金中锂的烧损严重，致使电流效率降低。电解温度过低，电解液中的离子扩散速度慢，同样不利于电流效率的提高。

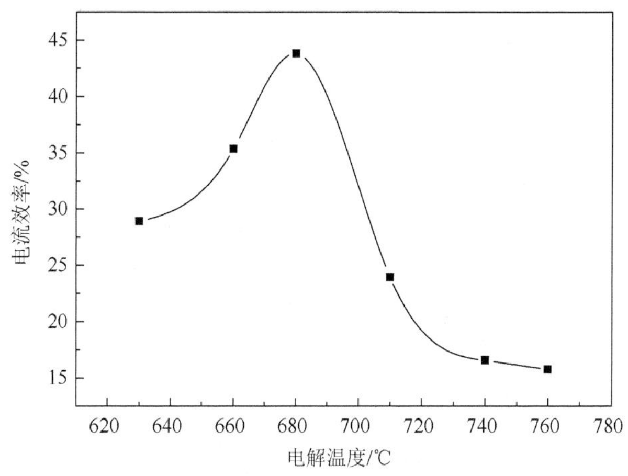

图 2.10　电解温度与电流效率的关系

图 2.11 为不同 Dy 含量时 Mg-Li-Dy 合金的金相显微组织，可以看出，当 Dy 质量分数为 9%、10%、12%时，Dy 对合金均有细化和球化作用；当 Dy 质量分数为 10%和 12%时，部分合金呈现树枝状；当 Dy 质量分数为 16%时，虽然合金无明显的树枝状，但是 Dy 对合金的细化作用不如 Dy 质量分数为 9%的合金；当 Dy 质量分数为 20%时，合金中的树枝状消失，并且细化和球化明显。

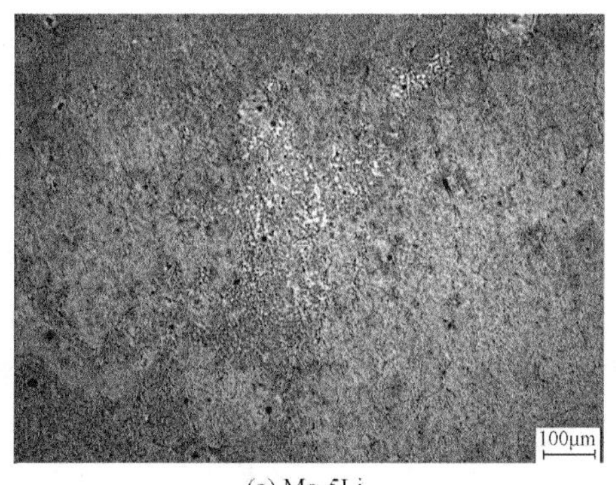

(a) Mg-5Li

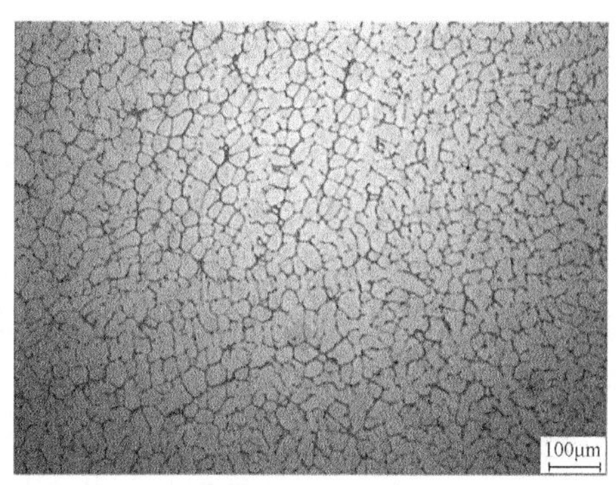

(b) Mg-5Li-9Dy

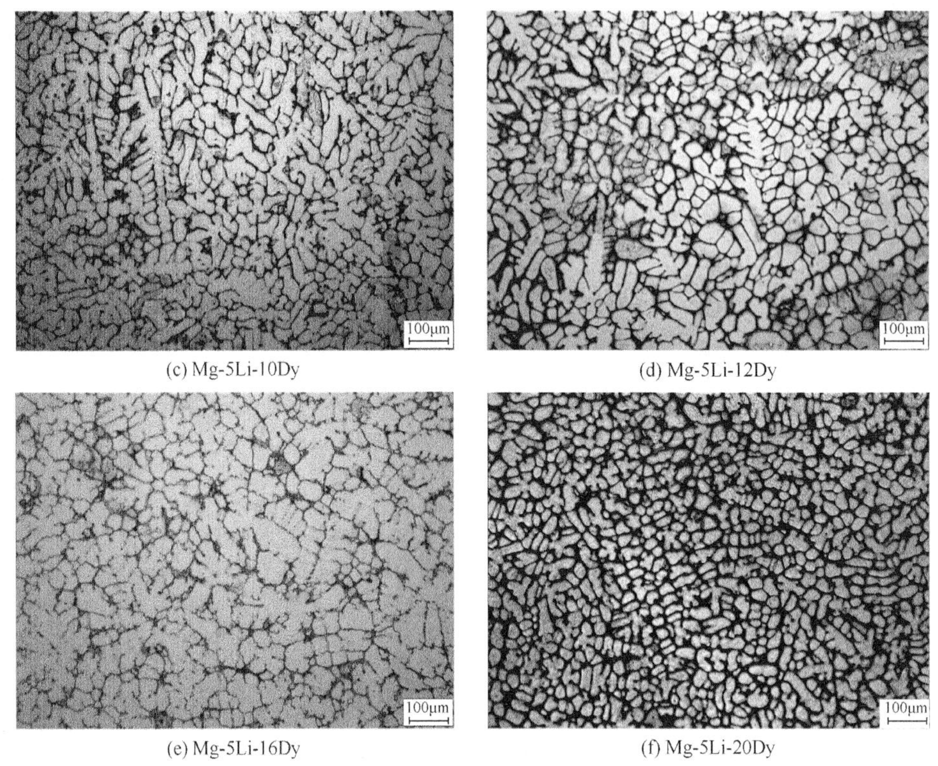

(c) Mg-5Li-10Dy　(d) Mg-5Li-12Dy

(e) Mg-5Li-16Dy　(f) Mg-5Li-20Dy

图 2.11　Mg-Li-Dy 合金的金相显微组织

2.3.2　镁-锂-镨合金电解

以 $MgCl_2$-LiCl-KCl-KF 为电解质体系，各成分的质量分数分别为 5%～14%、42%～45%、42%～45%、2%～5%，再按 $MgCl_2$ 质量的 1%～4%加入 Pr_6O_{11}，以惰性金属钼（Mo）为阴极、石墨为阳极，电解温度为 640～750℃，采取下沉阴极法，极间距为 4cm，阴极电流密度为 6～16A/cm^2，阳极电流密度为 0.5A/cm^2，槽电压为 5.7～8.2V，经 1～2h 的电解，在熔盐电解槽于阴极附近沉积出 Mg-Li-Pr 合金。熔盐电解共沉积制备的 Mg-Li-Pr 合金组成（质量分数）为：镁 38.0%～92.0%，锂 2.0%～61.1%，镨 0.9%～6.0%。

图 2.12 为不同 Pr 含量时 Mg-Li-Pr 合金的金相显微组织。从图 2.12 可以看出，合金为枝晶组织，随着 Pr 含量的增加，合金中 α 相减少、β 相增多，且合金试样的晶粒明显细化。不含 Pr 的合金晶粒明显较大，平均晶粒尺寸为 300～500μm，当 Pr 质量分数为 2%时，合金晶粒明显细化，平均晶粒尺寸为 100～200μm。当 Pr 质量分数大于或等于 3%时，合金晶粒细化更加明显并且 α 相消失。Pr 在合金中与镁形成金属间化合物，使得合金中镁的含量减少、锂的含量增加，所以合金中 α 相随着 Pr

含量的增加不断减少、最终消失。初晶 Mg 和 Pr 形成金属间化合物会阻碍 α 相和 β 相的长大，从而细化合金的组织。

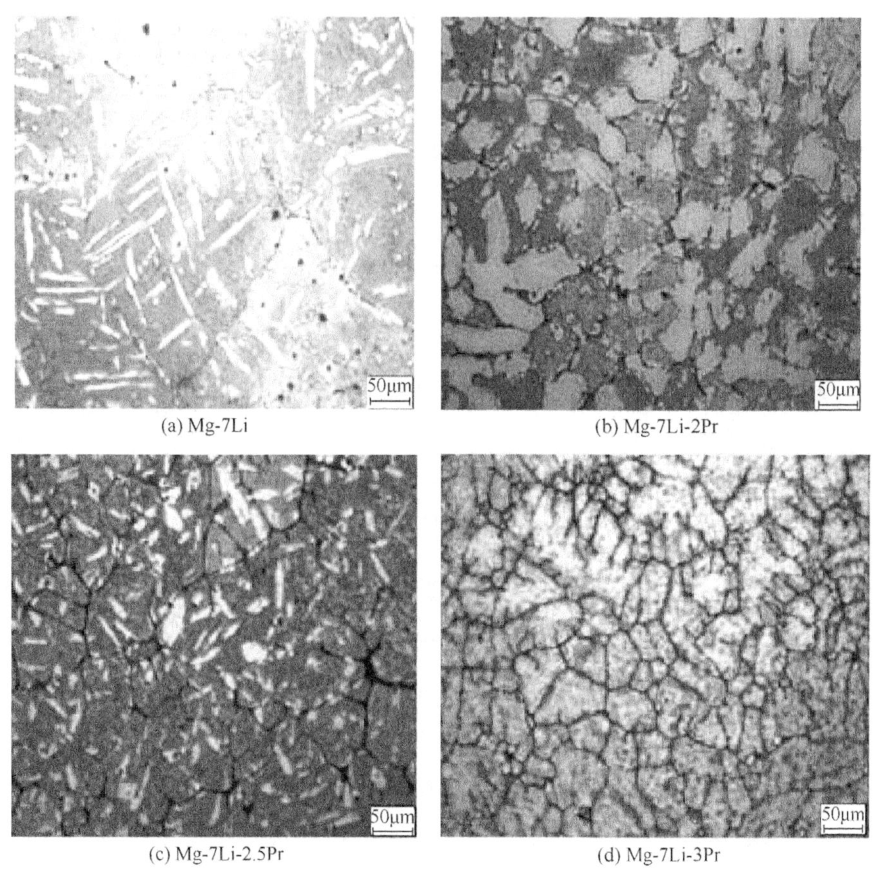

(a) Mg-7Li　(b) Mg-7Li-2Pr　(c) Mg-7Li-2.5Pr　(d) Mg-7Li-3Pr

图 2.12　Mg-Li-Pr 合金的金相显微组织

2.3.3　镁-锂-钬合金电解

以 $MgCl_2$-LiCl-KCl-KF 为电解质体系，加入 Ho_2O_3 加热至 650℃熔融，以金属钼（Mo）为阴极、石墨为阳极，电解温度为 650～800℃，采取下沉阴极法，在阴极电流密度为 12～16A/cm^2、阳极电流密度为 0.5～0.6A/cm^2、槽电压为 4.6～7.6V 的条件下，经 1～2h 的电解，在熔盐电解槽于阴极附近沉积出 Mg-Li-Ho 合金。由熔盐电解共沉积制得的 Mg-Li-Ho 合金组成（质量分数）为：锂 10%～36%、钬 0.9%～13.7%和余量的镁。

图 2.13 为不同 Ho 含量时 Mg-Li-Ho 合金的金相显微组织。从图中可以看出，

Ho 对 Mg-Li 合金有明显的细化晶粒效果，而且随着 Ho 含量的增加，细化效果越发明显。

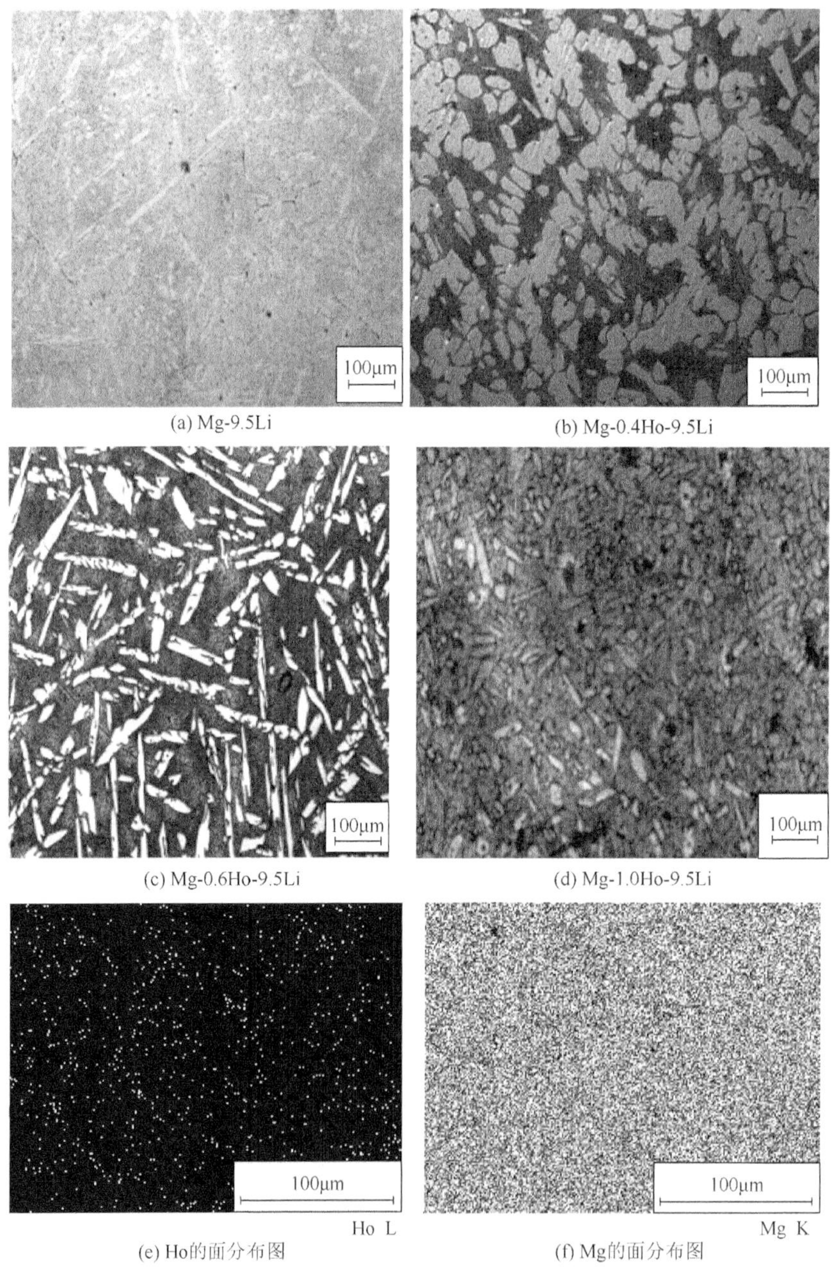

(a) Mg-9.5Li　(b) Mg-0.4Ho-9.5Li

(c) Mg-0.6Ho-9.5Li　(d) Mg-1.0Ho-9.5Li

(e) Ho的面分布图　(f) Mg的面分布图

图 2.13　Mg-Li-Ho 合金的金相显微组织和元素的面分布图

图 2.13（e）和（f）为 Mg-6Li-2Ho 合金中元素 Ho 和 Mg 的面分布图。从图中可以看出，合金中金属 Ho 和 Mg 的分布是均匀的，无偏析现象产生。

2.3.4　镁-锂-钇合金电解

以 $MgCl_2$-LiCl-KCl-KF 为电解质体系，各成分的质量分数分别为 14.6%、38.8%、38.8%、7.8%，再按 $MgCl_2$ 质量的 3.3%加入 Y_2O_3，以惰性金属电极为阴极、石墨为阳极，电解温度为 750℃，极间距为 4cm，阴极电流密度为 $12A/cm^2$，阳极电流密度为 $0.5A/cm^2$，槽电压为 8.1～8.3V，经过 1h 的电解，在熔盐电解槽于阴极附近沉积出 Mg-Li-Y 合金，镁、锂、钇的含量（质量分数）分别为 93.7%、3.2%、3.1%。

有学者还研究了直接从 LiCl-KCl-$MgCl_2$-YCl_3 熔盐中制备 Mg-Li-Y 合金的电化学行为。图 2.14 为 670℃时在钼电极上 LiCl-KCl 熔盐的典型循环伏安曲线，扫描速度为 0.1V/s。在阴极方向从电位约为–2.26V 开始，阴极电流急剧增加，出现了一个阴极峰 C。由于在 670℃时没有 Mo-Li 二元合金或金属间化合物存在，阴极峰 C 为金属 Li 的沉积；反向扫描时，在阳极方向出现了一个相应于金属 Li 溶解（氧化）的阳极峰 C′。

图 2.15 为 670℃时在钼电极上 LiCl-KCl 熔盐中添加 YCl_3 和 $MgCl_2$ 的循环伏安曲线。

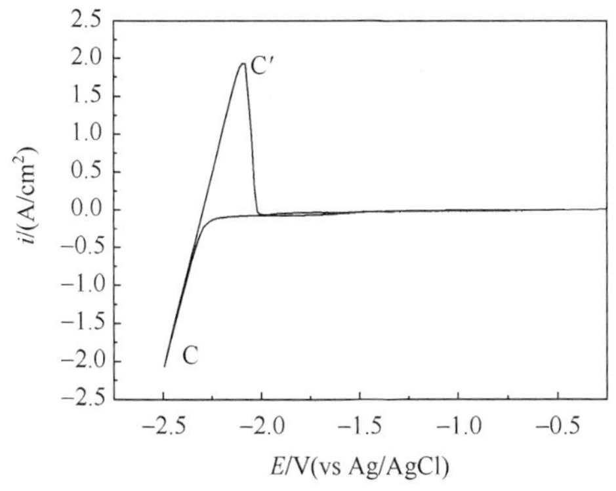

图 2.14　LiCl-KCl 熔盐在钼电极上的典型循环伏安曲线

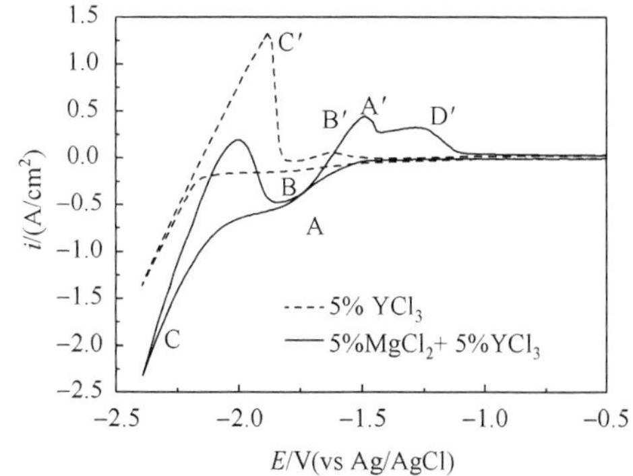

图 2.15　LiCl-KCl 熔盐中添加 YCl_3 和 $MgCl_2$ 前后的循环伏安曲线

图 2.15 中虚线为只添加 5%（质量分数）YCl_3 之后的循环伏安曲线，除了相应于金属 Li 的沉积/溶解的阴极/阳极峰（C/C′），还观察到了另一对相应于金属 Y 的沉积/溶解的阴极/阳极峰（B/B′）。实线为添加 5%$MgCl_2$ 和 5%YCl_3 之后的循环

伏安曲线。在阴极扫描方向，从电位约−1.50V 处观察到一个新的阴极峰 A，由于在氯化物体系中 $MgCl_2$ 的析出电位比 YCl_3 和 LiCl 要正，此峰应为 Mg^{2+} 的阴极还原。然而我们没有观察到相应于金属 Y 沉积的阴极峰 B，这可能是由于 Mg 和 Y 沉积的阴极峰非常接近，以至于峰 B 被一个较大规模的峰 A 所掩盖。在峰 A 之后还观察到一个很大的阴极电流背景，这个电流背景很可能由两个电流背景叠加而形成。一个电流背景为 Mg-Y 合金的形成（Mg 预先沉积在 Mo 电极上，Y 在 Mg 电极上的欠电位沉积）；另一个电流背景为液态 Mg-Li 合金的形成（Li 在预先沉积在 Mo 电极上的 Mg 的欠电位沉积）。在阳极扫描方向，除了相应于金属 Li 溶解的阳极峰 C′，又观察到了两个额外的阳极峰 A′和 D′。在温度为 670℃时，稀释的 5%$MgCl_2$ 溶液中 Mg^{2+}/Mg 电化学体系是可逆的。对于一个在 670℃包含不溶性物质沉积和两电子转移的可逆电极反应，$E_p-E_{p/2}$（$E_{p/2}$ 为半峰电位）为 0.031V。考虑 Mg^{2+}/Mg 电化学体系的峰电位和半峰电位差值，峰 A′应该为 Mg 溶解（氧化）的阳极峰，峰 D′可能为在 Mo 电极上的欠电位沉积 Mg 溶解（氧化）的阳极峰。

为了证实峰 D′为在 Mo 电极上的欠电位沉积 Mg 溶解（氧化）的阳极峰，在 Mo 电极上、不同温度下，对含 1%$MgCl_2$ 的 LiCl-KCl 熔盐进行循环伏安测试（图 2.16）。除了相应于 Mg 沉积/溶解的阴极/阳极峰（A/A′），在温度为 480℃和 670℃时还分别观察到了在峰 A/A′之前相应于 Mg 的欠电位沉积/溶解的阴极/阳极峰（D/D′）。在 Mo 电极上固态和液态 Mg（Mg 的熔点为 650℃）的沉积都呈现出欠电位行为。

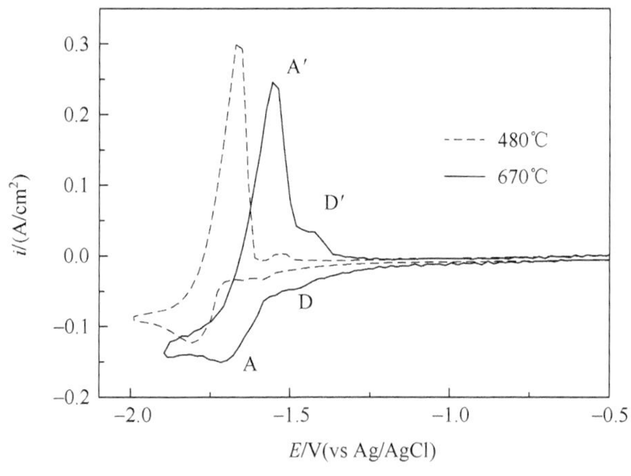

图 2.16　在钼电极上、不同温度下含 1%$MgCl_2$ 的 LiCl-KCl 熔盐的循环伏安曲线

图 2.16 中，熔盐中 Mg^{2+}和 Y^{3+}浓度相同，但是电流峰相差很大。这种奇怪的现象是由 O^{2-}对 Y^{3+}很敏感而形成沉淀物 Y_2O_3 造成的。为了避免沉淀物 Y_2O_3 的形

成，测量之前我们对该熔盐鼓入 HCl 气体 30min 之后，又通入氩气赶走多余的 HCl 以纯化熔盐。图 2.17 为通入 HCl 气体之后在 LiCl-KCl 熔盐中添加 YCl_3 和（或）$MgCl_2$ 的循环伏安曲线。每条曲线都观察到了一对对应于液态 Li 沉积/溶解的阴极/阳极峰（C/C′）。在曲线 1 中，另一对阴极/阳极峰（A/A′）对应于液态 Mg 沉积/溶解，在阳极方向仅观察到了阳极峰 D′而没有观测到相应于液态 Mg 的欠电位沉积的阴极峰 D，这可能是由于阴极峰 D 的规模太小而被掩盖。同时在曲线 1 中也观察到了 Li 在液态 Mg 上显著的欠电位沉积，这可以从阴极峰 A 之后的一个重要的电流背景得到证实。在曲线 2 中，在 Mo 电极上含有相同浓度的 YCl_3 的 LiCl-KCl 熔盐与没有鼓入 HCl 气体的循环伏安曲线（图 2.17 中的虚线）有很大的不同。一对较强的相应于 Y 沉积/溶解的阴极/阳极峰（B/B′）代替了较弱的阴极/阳极峰，这是由于没有沉淀物 Y_2O_3 形成。在曲线 3 中，在阴极扫描方向，从−1.66V 起首先观察到了相应于 Mg 沉积的阴极峰 A；同时检测到了相应于 Y 沉积的阴极峰 B（从−2.05V 开始析出）。相比于曲线 1 和曲线 2，曲线 3 中 Mg 和 Y 的沉积起始电位稍微负移。Mg 沉积起始电位负移一部分是由电解液成分改变引起的；另一部分是由 Mg-Y 合金（Y 在预沉积 Mg 上的欠电位沉积）的形成引起的。相比于曲线 1，峰 A 的形状也清楚地表明 Mg-Y 合金的形成（峰 A 变宽变大是由形成 Mg-Y 合金的阴极电流叠加造成的）。在 Li 沉积之前，Li 在预沉积的 Mg-Y 合金上的欠电位沉积将形成 Mg-Li-Y 合金。在阳极扫描方向，峰 A′和 B′分别为金属 Mg 和 Y 溶解的阳极峰。

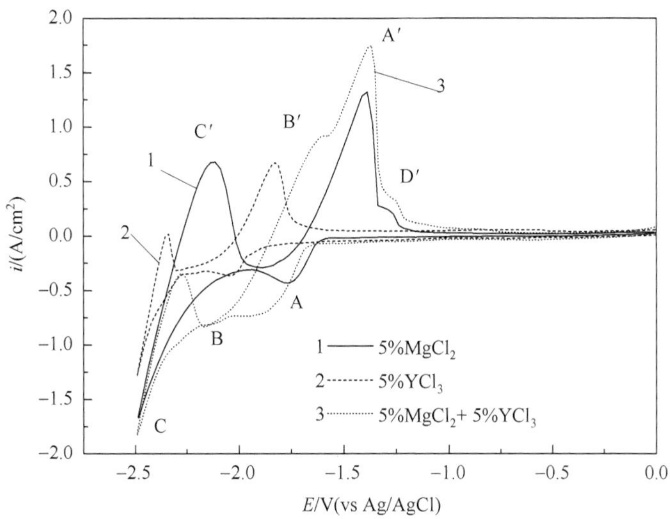

图 2.17　通入 HCl 气体之后含 YCl_3 和（或）$MgCl_2$ 的 LiCl-KCl 熔盐的循环伏安曲线

为了研究 Mg、Li 和 Y 的沉积和溶解，采用不同类型的恒电流阶跃技术。图 2.18（a）为在钼电极（$S = 0.322cm^2$）上、不同电流下含 5%YCl_3 的 LiCl-KCl-$MgCl_2$ 熔盐的计时电位曲线。当阴极电流低于–150mA（电流密度低于–0.47A/cm^2）时，曲线出现了两个电位平台，这两个平台分别相应于 Mg^{2+}和 Li^+还原成金属，而相应于 Y^{3+}还原成金属的电位平台并没有被检测到。在循环伏安测试中，我们解释了这是由 $MgCl_2$ 和 YCl_3 的析出电位非常接近造成的。在此电流下，Mg、Li 和 Y 的电解共沉积出现。在反向计时电位曲线（图 2.18（b））中，阳极电流以相同于阴极极化电流大小（300mA）突然反向极化约 11s。平台 1′和 2′分别相应于 Mg^{2+}和 Li^+的阳极溶解。很明显，镁和锂的沉积和溶解电位范围与循环伏安测试中的相同。

基于循环伏安和计时电位的实验结果，在含不同浓度 $MgCl_2$ 和 YCl_3 的 LiCl-KCl 熔盐体系中，670℃下在钼电极上进行恒电流电解。图 2.19 为以 6.2A/cm^2 电流密度恒电流电解含不同浓度 $MgCl_2$ 和 YCl_3 的 LiCl-KCl 熔盐体系 2h，得到不同相结构的 Mg-Li-Y 合金的 XRD 谱图。从含 10%$MgCl_2$ + 0.2%YCl_3、9%$MgCl_2$ + 0.5%YCl_3 和 8%$MgCl_2$ + 0.2%YCl_3（质量分数）的 LiCl-KCl 熔盐中恒电流电解分别得到了样品 a、b 和 c。当 LiCl-KCl 熔盐中 YCl_3 的质量分数为 0.2%时，如样品 a 和 c，由于合金中 Y 含量较低，Y 对 Mg-Li 合金的相结构没有明显的影响。当 YCl_3 的质量分数增加到 0.5%时，出现了一个新的 $Mg_{24}Y_5$ 相。$Mg_{24}Y_5$ 新相的存在表明 Mg-Li-Y 合金中 Y 含量较高。在恒电流电解条件下，LiCl-KCl 熔盐中 $MgCl_2$ 浓度越低，Mg-Li-Y 合金中 Li 含量越高（从 α 相到 β 相）。基于以上的结果，我们可以推断 Mg-Li-Y 合金相的变化依赖于熔盐中 $MgCl_2$ 浓度的变化，且 Li 和 Y 含量可以通过 $MgCl_2$ 和 YCl_3 浓度的变化来调节。

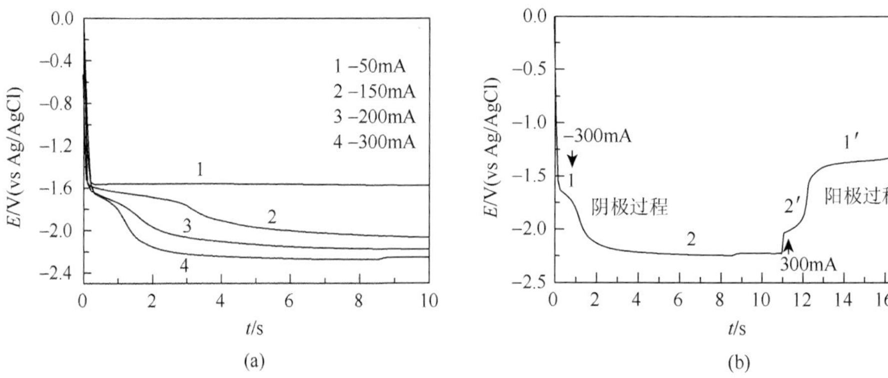

图 2.18 钼电极、不同电流、含 5%YCl_3 的 LiCl-KCl-$MgCl_2$ 熔盐的计时电位曲线（a）和反向计时电位曲线（b）

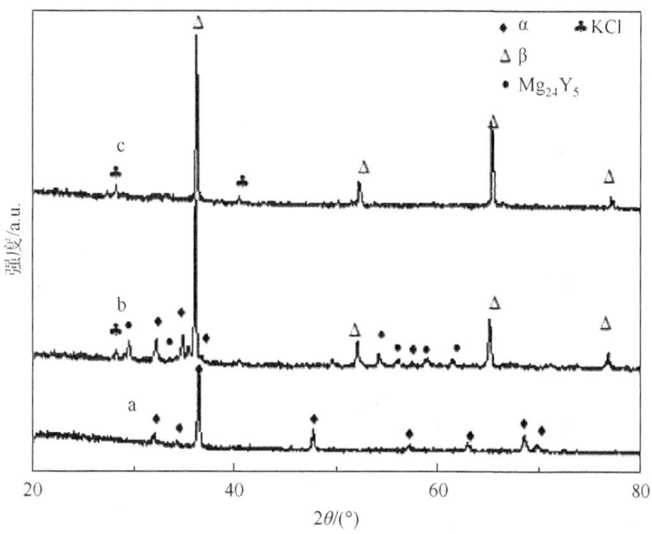

图 2.19　以 6.2A/cm^2 电流密度恒电流电解 2h 不同浓度 $MgCl_2$ 和 YCl_3 的 LiCl-KCl 熔盐体系得到不同相结构的 Mg-Li-Y 合金的 XRD 谱图

a 指 10%$MgCl_2$ + 0.2%YCl_3；b 指 9%$MgCl_2$ + 0.5%YCl_3；c 指 8%$MgCl_2$ + 0.2%YCl_3

从 LiCl-KCl-0.2%YCl_3-10%$MgCl_2$ 熔盐中电解共沉积得到的 Mg-Li-Y 合金展现了单一的 α 相结构，如图 2.20（a）所示。从图中可以看出有一些黑色颗粒分布在 Mg-Li-Y 合金中，大多数黑色颗粒沿晶界分布。从 LiCl-KCl-0.5%YCl_3-9%$MgCl_2$ 熔盐中电解共沉积得到的 Mg-Li-Y 合金样品展现了 HCP-Mg 树枝状和 BCC-Mg + $Mg_{24}Y_5$ 共晶结构，如图 2.20（b）所示，从金相显微镜得到的结果与 XRD 分析结果一致。

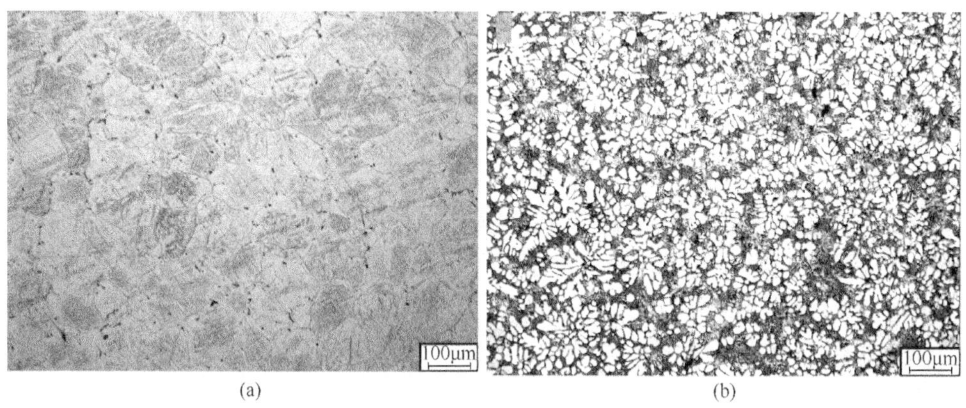

图 2.20　从（a）LiCl-KCl-0.2%YCl_3-10%$MgCl_2$ 和（b）LiCl-KCl-0.5%YCl_3-9%$MgCl_2$ 熔盐中电解共沉积制备的 Mg-Li-Y 合金的金相显微组织

为了检测 Y 元素在 Mg-Li-Y 合金中是否均匀分布，我们进行了元素的面扫描分析。图 2.21 和图 2.22 为从 LiCl-KCl-0.2%YCl_3-10%$MgCl_2$ 熔盐中电解共沉积得到的 Mg-Li-Y 合金的扫描电子显微镜（scanning electron microscope，SEM）和能量色散 X 射线谱（X-ray energy dispersive spectrum，EDS）图。SEM 图像中的白色颗粒对应于金相显微镜中的黑色颗粒。(001)、(002)和(003)点的 EDS 分析结果表明该沉积物由 Mg、Y 和 O 元素组成。根据 EDS 的定量分析结果，沿晶界分布的白色颗粒很可能是 Y 的氧化物或 Mg-Y 化合物。同时，EDS 分析结果表明：Y 元素主要分布在晶界处（(003)点占 21.98%，(002)点占 4.21%）。

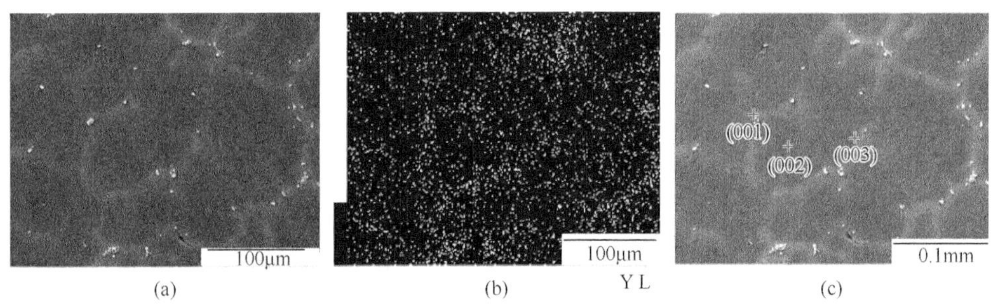

(a)　(b)　(c)

图 2.21　LiCl-KCl-0.2%YCl_3-10%$MgCl_2$ 熔盐中电解共沉积得到的 Mg-Li-Y 合金 SEM 图

从分析结果来看，Mg-Li-Y 合金的成分与 XRD 谱图的相结构一致，且用于金相显微照片和 SEM 分析的 Mg-Li-Y 合金在不同 YCl_3 浓度时 Li 和 Y 含量都会发生变化，分别为 Mg-0.2%Li-3.8%Y 合金（从 LiCl-KCl-0.2%YCl_3-10%$MgCl_2$ 熔盐中电解共沉积得到）和 Mg-12.1%Li-9.7%Y 合金（从 LiCl-KCl-0.5%YCl_3-9%$MgCl_2$ 熔盐中电解共沉积得到）。在恒电流电解且电流密度相同的情况下，含有等浓度 YCl_3 的 LiCl-KCl 熔盐中 $MgCl_2$ 浓度越高，Mg-Li-Y 合金的 Li 含量越低。当 $MgCl_2$ 浓度高于 11%时，合金中的 Li 含量非常低，通过恒电流电解得到的沉积物基本上是 Mg-Y 合金。这说明 Mg^{2+}浓度高，而 Li^{+}达不到与其共沉积的条件，因而就不能与其发生电解共沉积。这种情形与我们之前讨论的 Mg-Li 合金电解共沉积的情形极其相似。

除了以上合金的熔盐电解研究，我们还进行了 400℃以下低温电解铝-锂合金以及稀土铝-锂合金的研究，也取得了较为理想的结果。由于熔盐电解制备合金存在合金化、固溶化、去极化等一系列优点，有望在高熔点合金（钛、锆等合金）的电解中取得突破性进展。这会为开展新型合金的研究提供可靠的基础数据。

低温熔盐电解多元合金是在工业上很有发展前途的新工艺方法。熔盐电解可以实现合金成分以及相组成的可控性，这对新型合金的研究有着重要意义。

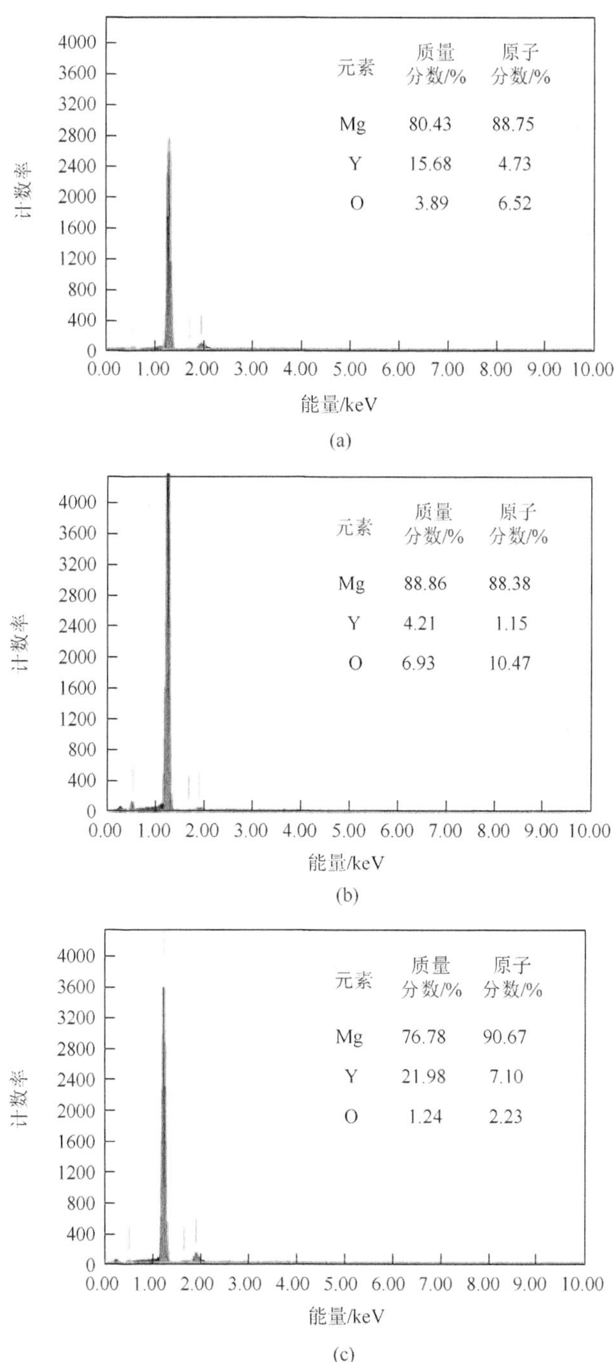

图 2.22　LiCl-KCl-0.2%YCl_3-10%$MgCl_2$ 熔盐中电解共沉积得到的 Mg-Li-Y 合金 EDS 结果

参 考 文 献

[1] Zhang M L, Yan Y D, Hou Z Y, et al. Preparation of Mg-Li alloys by electrolysis in molten salt at low temperature. Chinese Chemical Letters，2007，18（3）：329-332.

[2] Zhang M L，Yan Y D，Hou Z Y，et al. An electrochemical method for the preparation of Mg-Li alloys at low temperature molten salt system. Journal of Alloys and Compounds，2007，440（1-2）：362-367.

[3] ЛебедеВ О А. Производствмагниязлектролизом. Москва：Металлургия，1988.

[4] Kröger F A. Discussion of "A quantitative model for the diffusion of phosphorus in silicon and the emitter dip effect". Journal of the Electrochemical Society，1978，125（6）：995.

[5] 颜永得，张密林，韩伟，等. KCl-LiCl-$MgCl_2$熔盐体系中共电沉积制备 Mg-Li 合金及理论分析. 无机化学学报，2008，24（6）：902-906.

[6] Yan Y D, Zhang M L, Han W, et al. Electrochemical code position of Mg-Li alloys from a molten KCl-LiCl-$MgCl_2$ system. Chemistry Letters，2008，37（2）：212-213.

[7] Yan Y D，Zhang M L，Xue Y，et al. Electrochemical formation of Mg-Li-Ca alloys by codeposition of Mg，Li and Ca from LiCl-KCl-$MgCl_2$-$CaCl_2$ melts. Physical Chemistry Chemical Physics，2009，11（29）：6148-6155.

[8] Yan Y D，Zhang M L，Xue Y，et al. Electrochemical study of Mg-Li-Al alloys by codeposition from LiCl-KCl-$MgCl_2$-$AlCl_3$ melts. Journal of Applied Electrochemistry，2009，39（3）：455-461.

[9] Yan Y D，Zhang M L，Xue Y，et al. Study on the preparation of by Mg-Li-Zn alloys electrochemical codeposition from LiCl-KCl-$MgCl_2$-$ZnCl_2$ melts. Electrochimica Acta，2009，54（11）：3387-3393.

[10] Zhang M L，Yan Y D，Han W，et al. Electrochemical preparation of Mg-Li-Y alloys by codeposition from LiCl-KCl-$MgCl_2$-YCl_3 melts. Electrochemistry，2009，57（8）：699-701.

第 3 章　镧系元素合金电解的递变规律

关于稀土合金的电解，张密林课题组已经开展了近 20 年的研究工作，总结归纳合金析出电位和镧系元素某种参数的相关规律，对镧系元素合金电解应用具有非常重要的理论意义。关于镧系元素性质的递变规律研究，最早可以追溯到 1927 年 Smith[1]在 *Nature* 上发表的“The Rare Earths”论文，该论文总结了镧系元素的颜色随核外电子排布的变化规律。中华人民共和国成立后，我国稀土资源的开发利用带动了有关稀土元素的基础研究。杨频[2]在总结镧系元素性质之后，发现了利用某些参数作为判据，可判定镧系元素的成键类型是金属键、离子键或共价键。在镧系元素的萃取研究方面，先后有人提出了四分组效应[3]、双双效应[4]和斜 W 效应[5]等规律。这都是根据镧系元素本身的性质进行总结而提出的一些基本规律，为镧系元素的研究和开发利用提供了重要的科学规律，对镧系元素的应用起到了关键的推动作用。随后的半个多世纪，这方面的研究未能有较大的理论突破。

著者课题组基于在稀土镁锂合金、稀土铝锂合金、稀土铜合金、稀土镍合金等方面开展的工作，总结镧系元素在活性电极上析出电位的递变规律。

3.1　镧系元素的价电子层结构

镧系元素气态原子的 4f 轨道的填充呈现两种构型，即 $4f^{n-1}5d^16s^2$ 和 $4f^n6s^2$。其中，La、Ce、Gd、Lu 的基态为 $4f^{n-1}5d^16s^2$ 构型，能量较低，其余原子皆为 $4f^n6s^2$ 构型。La、Gd、Lu 的构型可以用 f^0、f^7、f^{14}（全空、半满和全满）的洪德定则来解释，但 Ce 的构型尚不能得到满意的解释。

镧系元素在固态时的电子构型与气态时的电子构型不尽相同，除 Eu 和 Yb 仍保持 $4f^n6s^2$ 构型以外，其余原子都为 $4f^{n-1}5d^16s^2$ 构型。

从气态变到固态，其本质是原子间通过金属键的形式结合成为金属晶体。这个过程就是价层轨道的重叠过程。实验表明，镧系元素在形成金属键时的成键电子数除 Eu 和 Yb 为 2、Ce 为 3.1 外，其余皆为 3。因此，Eu 和 Yb 只有 $6s^2$ 电子参与成键，气、固态一致，其余原子在固态时减少一个 f 电子、增加一个 d 电子。

表 3.1 列出了镧系元素在气态时和在固态时原子的价电子排布及镧系元素离子的价电子排布。

表 3.1 镧系元素价电子排布

原子序数	元素名称	元素符号	原子实	电子排布				
				原子的价电子排布		离子的价电子排布		
				气态原子	固态原子	RE^{2+}	RE^{3+}	RE^{4+}
57	镧	La	[Xe]	$5d^16s^2$	$5d^16s^2$	$5d^1$	[Xe]	—
58	铈	Ce	[Xe]	$4f^15d^16s^2$	$4f^15d^16s^2$	$4f^2$	$4f^1$	[Xe]
59	镨	Pr	[Xe]	$4f^36s^2$	$4f^25d^16s^2$	$4f^3$	$4f^2$	$4f^1$
60	钕	Nd	[Xe]	$4f^46s^2$	$4f^35d^16s^2$	$4f^4$	$4f^3$	$4f^2$
61	钷	Pm	[Xe]	$4f^56s^2$	$4f^45d^16s^2$	—	$4f^4$	—
62	钐	Sm	[Xe]	$4f^66s^2$	$4f^55d^16s^2$	$4f^6$	$4f^5$	—
63	铕	Eu	[Xe]	$4f^76s^2$	$4f^76s^2$	$4f^7$	$4f^6$	—
64	钆	Gd	[Xe]	$4f^75d^16s^2$	$4f^75d^16s^2$	$4f^75d^1$	$4f^7$	—
65	铽	Tb	[Xe]	$4f^96s^2$	$4f^85d^16s^2$	$4f^9$	$4f^8$	$4f^7$
66	镝	Dy	[Xe]	$4f^{10}6s^2$	$4f^95d^16s^2$	$4f^{10}$	$4f^9$	$4f^8$
67	钬	Ho	[Xe]	$4f^{11}6s^2$	$4f^{10}5d^16s^2$	$4f^{11}$	$4f^{10}$	—
68	铒	Er	[Xe]	$4f^{12}6s^2$	$4f^{11}5d^16s^2$	$4f^{12}$	$4f^{11}$	—
69	铥	Tm	[Xe]	$4f^{13}6s^2$	$4f^{12}5d^16s^2$	$4f^{13}$	$4f^{12}$	—
70	镱	Yb	[Xe]	$4f^{14}6s^2$	$4f^{14}6s^2$	$4f^{14}$	$4f^{13}$	—
71	镥	Lu	[Xe]	$4f^{14}5d^16s^2$	$4f^{14}5d^16s^2$	$4f^{14}5d^1$	$4f^{14}$	—

3.2 镧系元素化合物的热力学性质规律

1. 三分组效应

三分组效应是将镧系元素分为轻、中、重三组分组法的热力学依据，图 3.1 是 $LnCl_3$ 和 $LnCl_3 \cdot 6H_2O$ 的标准溶解焓的变化规律，然而对这种分组效应的电子结构解释还有待进一步的认识。

2. 四分组效应

在 15 个镧系元素的液-液萃取体系中，以 lg*D*（*D* 为萃取分配比，表示某元素在有机相和水相浓度的比值）对原子序数作图能够用四条平滑的曲线将图上描出的 15 个点分成 4 个四元组，Gd 点为第二组和第三组所共用，第一组和第二组的曲线延长线在 Nd 和 Pm 间的区域相交，第三组和第四组的曲线延长线在 Ho 和 Er 间的区域相交，交点相当于 $f^{1/4}$ 和 $f^{3/4}$ 充满（图 3.2），这种现象称为四分组效应。

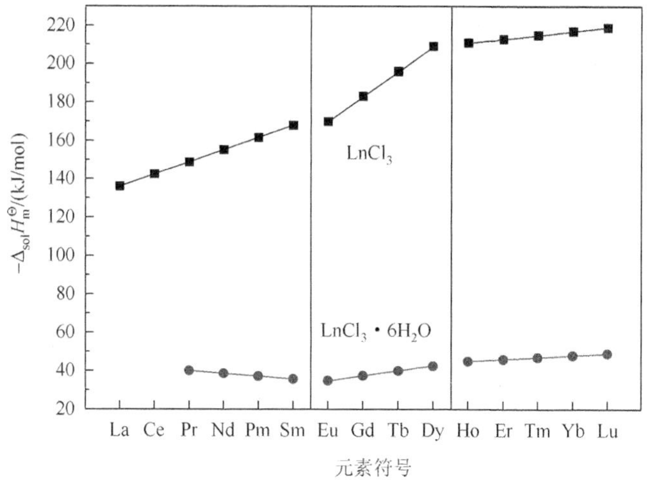

图 3.1　$LnCl_3$ 和 $LnCl_3 \cdot 6H_2O$ 的标准溶解焓的变化规律

Ln 代表镧系元素

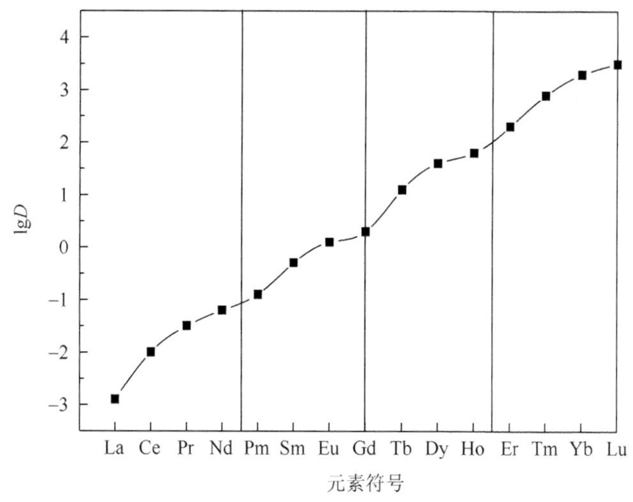

图 3.2　镧系元素萃取分配比的对数与原子序数的关系

四分组效应可从热力学和量子力学的角度进行解释。从热力学角度讲，萃取过程往往伴随配合物的形成过程，配合物的稳定性会影响它们各自的萃取性能，配合物的稳定性又和电子层的结构有关。量子力学从 4f 电子层结构的本身去找原因。四分组效应指出四条曲线的交点分别在 Nd-Pm、Gd 和 Ho-Er，各相应于 $f^{3.5}$、f^7 和 $f^{10.5}$，即 4f 亚层的 1/4、2/4 和 3/4 充满。除了半满、全满稳定结构，1/4 充满和 3/4 充满也是一种稳定结构。这种 1/4 和 3/4 满壳层效应是电子云收缩率在小数点后第三位上的变化所引起的。一般说来，1/4 和 3/4 的稳定化能量只有半满稳定化能量的 1/6。既然是稳定结构，屏蔽就大，有效核电荷就小，配合物的稳定性差，在水溶液中的溶解度小。

3. 双双效应

若以两相邻元素的萃取分离系数 β（$=D_{Z+1}/D_Z$）对原子序数作图，出现如图 3.3 所示的双双效应的规律。

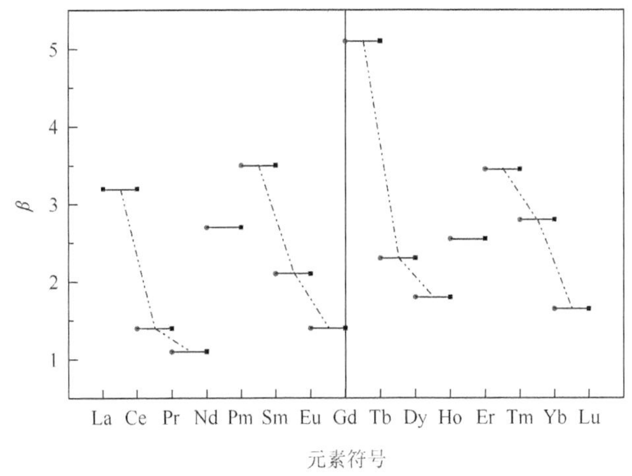

图 3.3　相邻镧系元素的萃取分离系数与原子系数的关系

短横线代表相邻两元素的 β

在 14 个 β 值中有 4 个极大值、4 个极小值：极大值是 La-Ce、Pm-Sm、Gd-Tb、Er-Tm 的线，极小值是 Pr-Nd、Eu-Gd、Dy-Ho、Yb-Lu 的线。

Gd 把图形分成变化趋势相同的 La-Gd 和 Gd-Lu 两部分。Nd-Pm 和 Ho-Er 两双元素分别把 La-Gd 和 Gd-Lu 两部分分成了两套 3 个 β 值小组（其 β 值分别介于两套 3 个 β 值小组之间）。

双双效应是在四分组效应的基础上发展起来的，双双效应的依据源于 f^0、$f^{3.5}$、f^7、$f^{10.5}$、f^{14} 结构的稳定性。事实上，双双效应的图形由四组相似图形构成。

4. 斜 W 效应

若以镧系元素离子乙二胺四乙酸（ethylene diamine tetraacetic acid，EDTA）配合物的稳定常数的对数对离子总角动量 L 作图，可得到一个斜 W 图形（图 3.4）。镧系元素离子催化反应的活化能也有类似的性质。

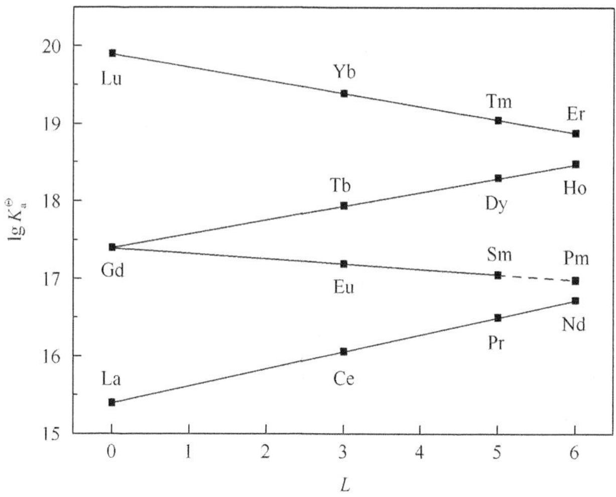

图 3.4　镧系元素离子 EDTA 配合物的稳定常数的对数与离子总角动量的关系

斜 W 效应认为总角动量是影响稳定常数的关键因素。对于斜 W 图形，$L=0$ 的 La、Gd 和 Lu 的 f 电子构型分别为 f^0、f^7、f^{14}（全空、半满和全满），它们处于 W 形的起点、中点和终点；$L=6$ 的 Nd-Pm 对和 Ho-Er 对为 W 形的底，其交点分别相应于 1/4 和 3/4 满壳层的结构；Gd 处于特殊的地位，为两个小组的突变点。从这个意义上讲，斜 W 效应也是以将镧系元素分成两个小组的 Gd 为突变点，以 Nd-Pm 对和 Ho-Er 对为每组的中心。这与双双效应和四分组效应颇为相似。

5. *双峰效应*

表 3.2 列出了镧系元素的原子半径和离子半径。随着原子序数依次增加，15 个镧系元素的原子半径和离子半径总趋势是减小的，此现象称为镧系收缩。

表 3.2　镧系元素原子半径及离子半径

原子序数	元素名称	元素符号	离子半径/pm			原子半径/pm
			Ln^{2+}	Ln^{3+}	Ln^{4+}	
57	镧	La	—	106.1	—	187.7
58	铈	Ce	—	103.4	92	182.5
59	镨	Pr	—	101.3	90	182.8
60	钕	Nd	—	99.5	—	182.1
61	钷	Pm	—	97.9	—	181.0
62	钐	Sm	111	96.4	—	180.2
63	铕	Eu	109	95.0	—	198.3
64	钆	Gd	—	93.8	—	180.2

续表

原子序数	元素名称	元素符号	离子半径/pm			原子半径/pm
			Ln^{2+}	Ln^{3+}	Ln^{4+}	
65	铽	Tb	—	92.3	84	178.2
66	镝	Dy	—	90.8	—	177.3
67	钬	Ho	—	89.4	—	176.6
68	铒	Er	—	88.1	—	175.7
69	铥	Tm	94	86.9	—	174.6
70	镱	Yb	93	85.8	—	194.0
71	镥	Lu	—	84.8	—	173.4

注：$1pm = 10^{-12}m$

镧系收缩主要归因于依次填充的$(n-2)$f 电子，其屏蔽常数 σ 可能略小于 1.00（约为 0.98[6]），对核电荷的屏蔽不够完全，使有效核电荷 Z^*递增，核对电子的引力增大，使其更靠近核；其次归因于相对论性效应，重元素的相对论性收缩较为显著。

将镧系元素的原子半径对原子序数作图，如图 3.5 所示。一方面，由于镧系收缩，镧系元素原子半径从 La 的 187.7pm 到 Lu 的 173.4pm，共缩小了 14.3pm。另一方面，原子半径不是单调地减小，而是在 Eu 和 Yb 处出现峰、在 Ce 处出现谷，此现象称为峰谷效应或双峰效应。

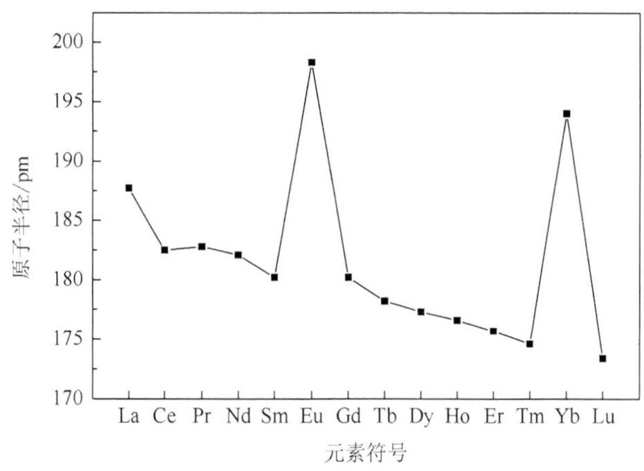

图 3.5　镧系元素原子半径与原子序数的关系

除原子半径外，镧系金属、合金态或共价态化合物一系列物理化学性质都呈现出双峰效应，如原子体积、密度、原子的热膨胀系数、等温压缩率、弹性模量、切变模量、熔点、沸点、升华热、第三电离能、第一二三电离能的总和、电负性、德拜温度、硬度、锌（镉、汞、铊）金属互化物的晶格常数、硫化物的键长等[7-10]。图 3.6 呈现了部分镧系金属、合金态或共价态化合物的物理化学性质双峰图。

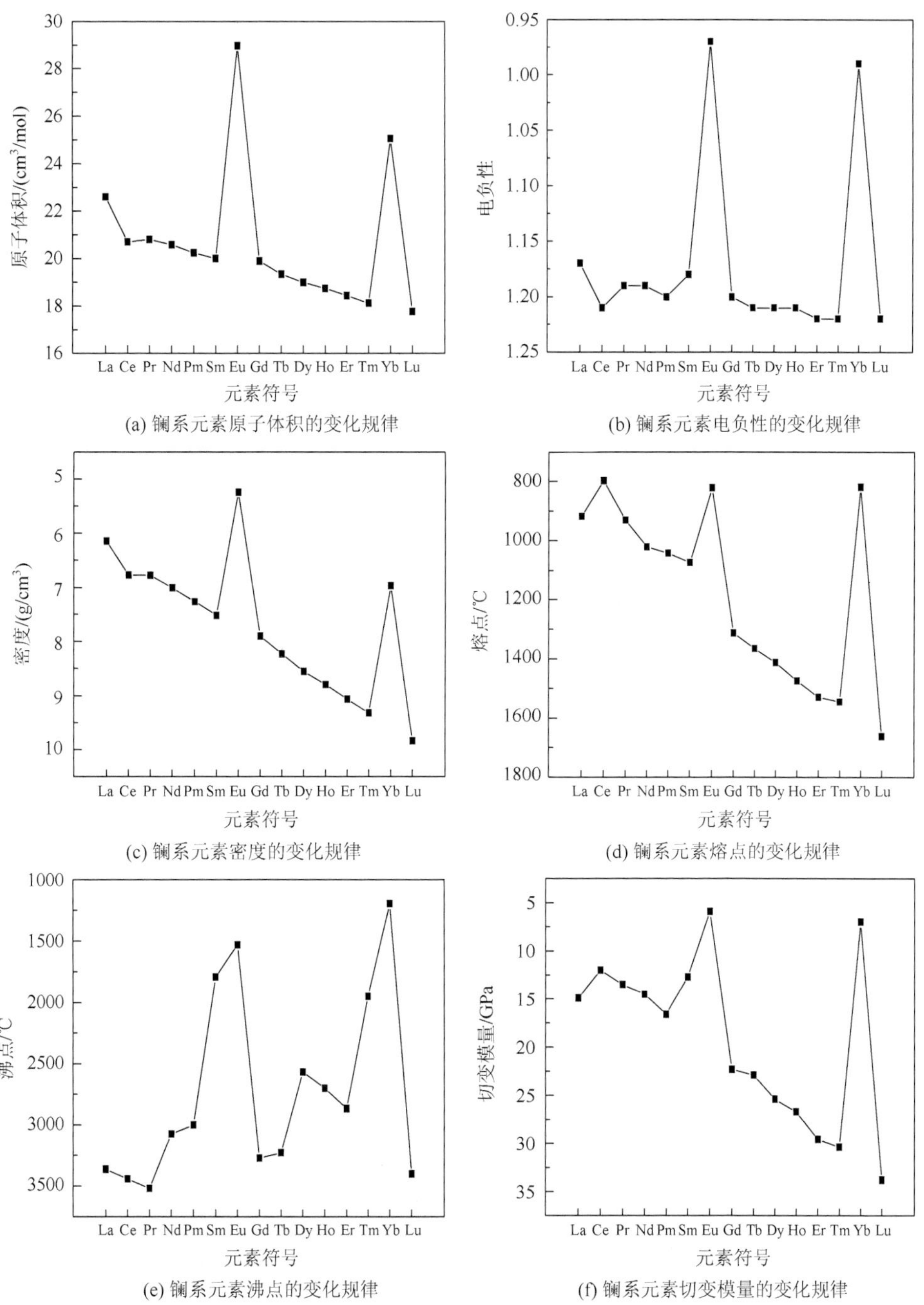

(a) 镧系元素原子体积的变化规律

(b) 镧系元素电负性的变化规律

(c) 镧系元素密度的变化规律

(d) 镧系元素熔点的变化规律

(e) 镧系元素沸点的变化规律

(f) 镧系元素切变模量的变化规律

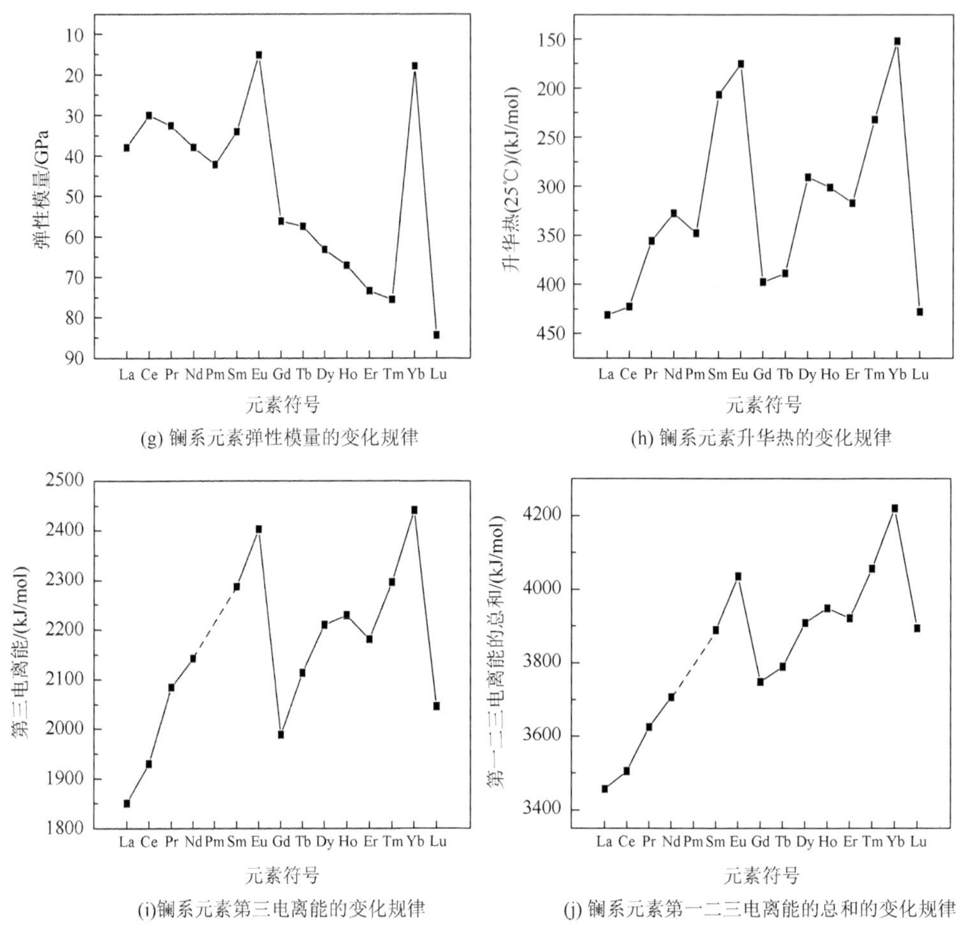

图 3.6　部分镧系金属、合金态或共价态化合物的物理化学性质双峰图

3.3～3.8 节将重点介绍镧系元素离子在不同阴极上电解析出电位的基本规律[11-17]，这对稀土二元合金电解研究和发现新的金属间化合物具有重要意义。

3.3　镧系元素在铜电极上电解的电化学行为

实验采用 W 电极（$S = 0.322cm^2$）为工作电极，光谱纯石墨棒（$\phi = 6.0mm$）为辅助电极，Ag/AgCl 电极作为参比电极（将银丝插入含 1.0%AgCl（摩尔分数）的 LiCl-KCl 共晶熔盐中，外用底部钻小孔的刚玉套管），实验温度为 923K。利用瑞士万通 302N 电化学工作站。实验原理和设备示意图见图 3.7。

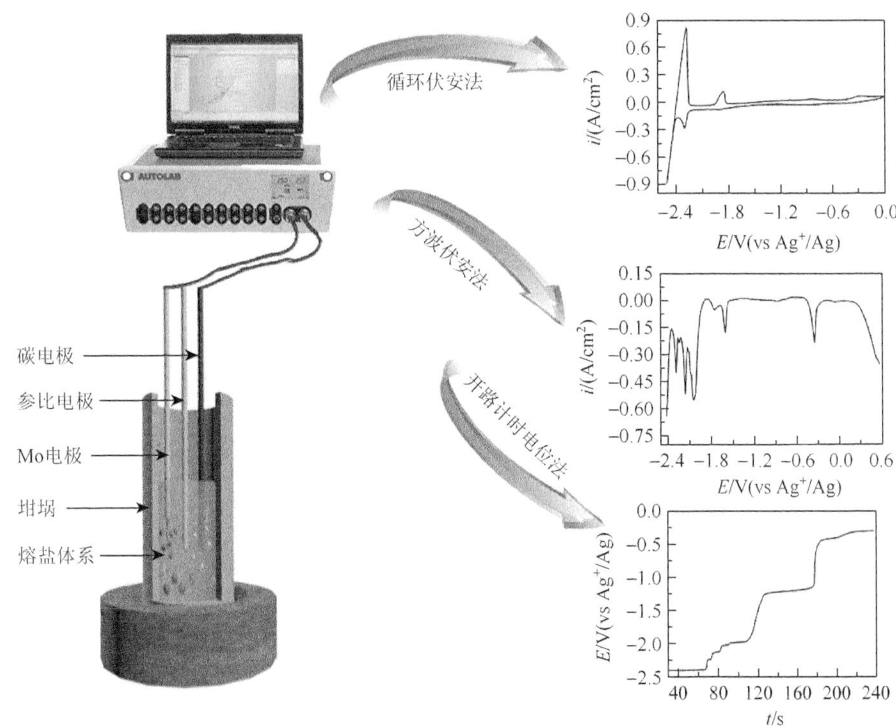

图 3.7　实验原理和设备示意图

3.3.1　镧系元素在铜电极上的开路计时电位曲线

为了突出二元合金形成电位的研究，本书略去了循环伏安法和方波伏安法的数据。现将利用开路计时电位法测得的镧系元素在铜电极上析出形成合金的电位曲线示于图 3.8。

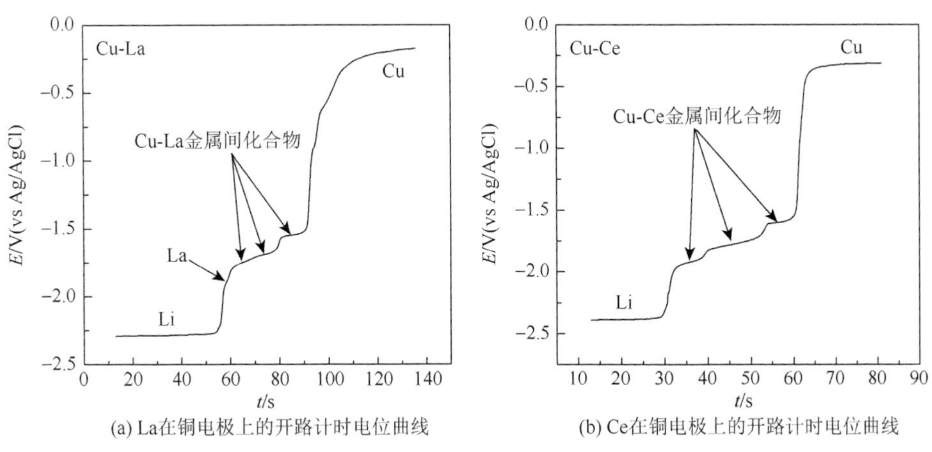

(a) La在铜电极上的开路计时电位曲线　(b) Ce在铜电极上的开路计时电位曲线

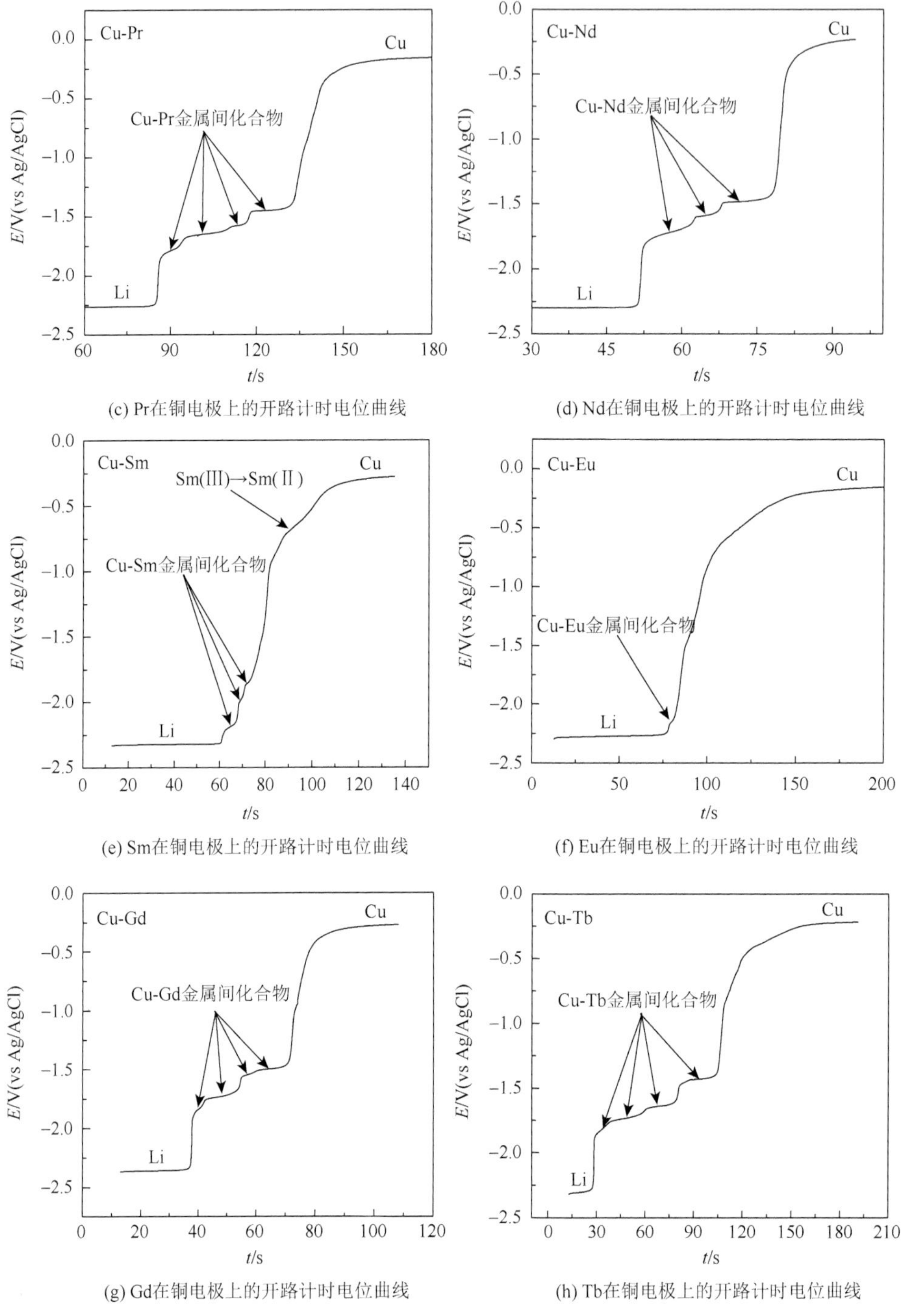

(c) Pr在铜电极上的开路计时电位曲线

(d) Nd在铜电极上的开路计时电位曲线

(e) Sm在铜电极上的开路计时电位曲线

(f) Eu在铜电极上的开路计时电位曲线

(g) Gd在铜电极上的开路计时电位曲线

(h) Tb在铜电极上的开路计时电位曲线

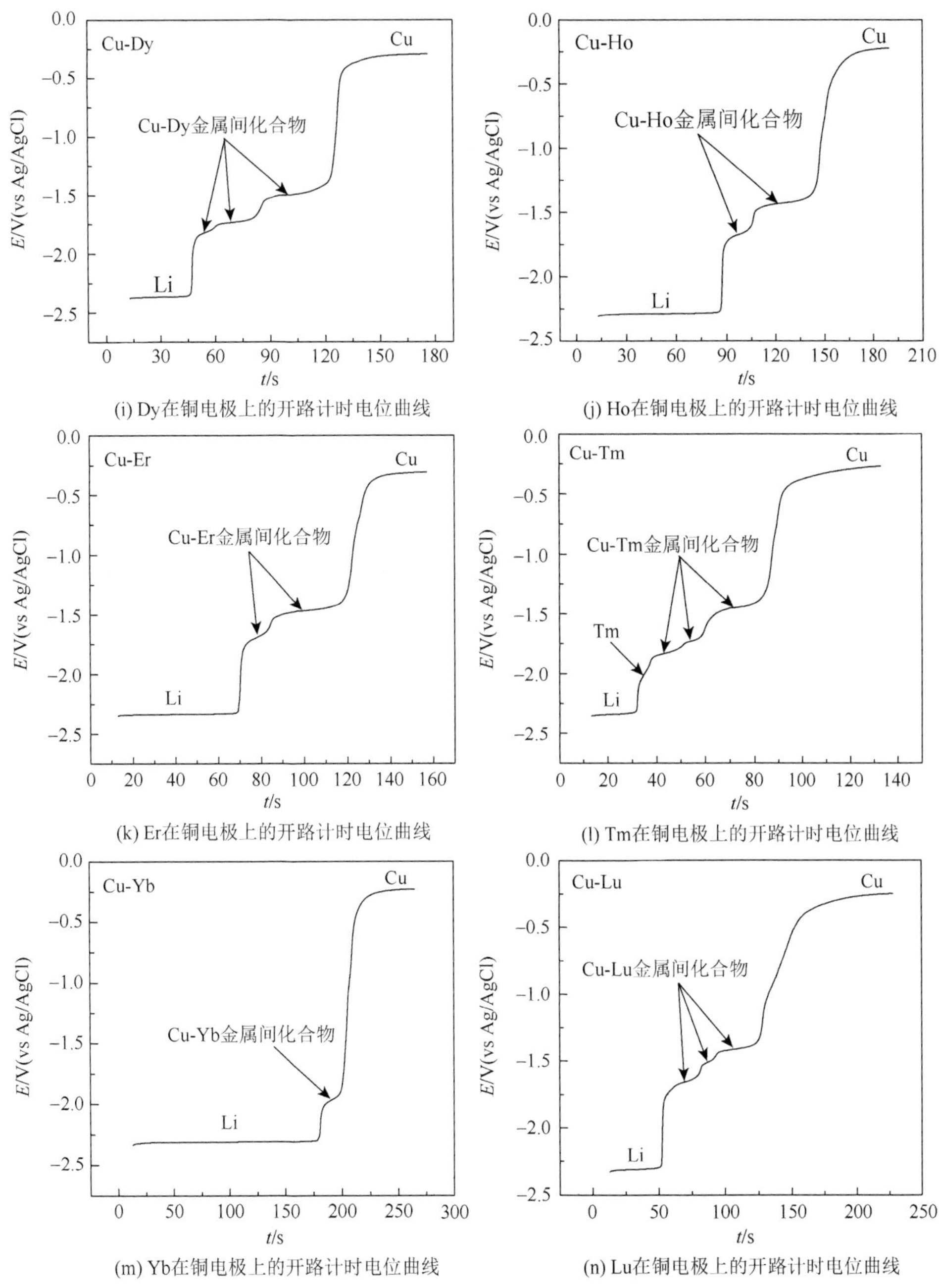

(i) Dy在铜电极上的开路计时电位曲线

(j) Ho在铜电极上的开路计时电位曲线

(k) Er在铜电极上的开路计时电位曲线

(l) Tm在铜电极上的开路计时电位曲线

(m) Yb在铜电极上的开路计时电位曲线

(n) Lu在铜电极上的开路计时电位曲线

图 3.8　镧系元素在铜电极上的开路计时电位曲线

从开路计时电位曲线可以观察到，镧系元素可以与铜形成多个金属间化合物。为了研究和寻找镧系元素在铜电极上析出电位的规律，取近邻铜电极形成金属间化合物的电位，其数值列于表 3.3。

表 3.3　镧系元素在铜电极上的析出电位

元素	析出电位/V	元素	析出电位/V
La	−1.535	Tb	−1.443
Ce	−1.484	Dy	−1.439
Pr	−1.482	Ho	−1.430
Nd	−1.475	Er	−1.430
Sm	−1.833	Tm	−1.428
Eu	−2.051	Yb	−1.945
Gd	−1.458	Lu	−1.420

3.3.2　镧系元素在铜电极上析出电位的递变规律

根据表 3.3 中的数据可知，Eu、Yb 在铜电极上的析出电位绝对值明显大于其他镧系元素的析出电位绝对值。Eu、Yb 的原子半径大于其他镧系元素，由此我们想到，镧系元素在铜电极上的析出电位随镧系元素原子序数的变化将会有同样的规律，以镧系元素在铜电极上的析出电位对原子序数作图，见图 3.9。从图中发现这一规律呈现出明显的双峰效应。

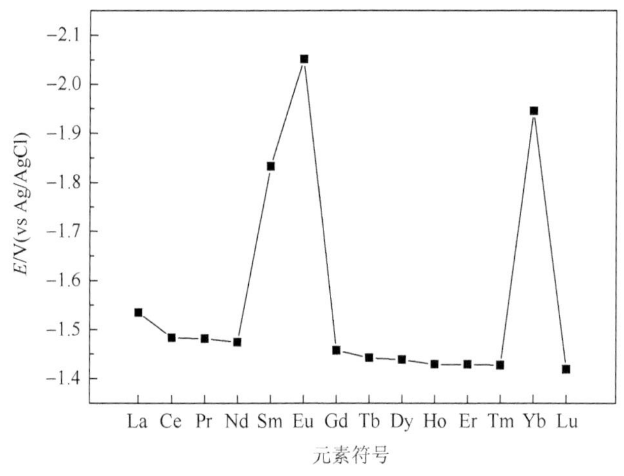

图 3.9　镧系元素在铜电极上的析出电位的递变规律

3.3.3　镧系元素半径与析出电位间关系的数学方程

对比图 3.8 和图 3.9，是否镧系元素在铜电极上的析出电位与镧系元素的原子半径有某种数学关联呢？经过多次拟合和反复归纳，我们把镧系元素对形成合金的贡献定义为 $x_2 = r_2/(r_1 + r_2)$，而把阴极铜对形成合金的贡献定义为 $x_1 = r_1/(r_1 + r_2)$，其中，r_1、r_2 分别为阴极铜和镧系元素的半径，我们发现了一个适合这个关系的数学方程：

$$\frac{1}{\frac{E_2}{E_1}\times\left(\frac{r_2}{r_1}\right)^3} = a'(x_1\ln x_1 + x_2\ln x_2) + b'$$

整理上式，得

$$\frac{E_1\times r_1^3}{E_2\times r_2^3} = a'(x_1\ln x_1 + x_2\ln x_2) + b'$$

由于对某一特定的阴极，E_1 和 r_1 均为常数，所以，上式可以写为

$$\frac{1}{E_2\times r_2^3} = a(x_1\ln x_1 + x_2\ln x_2) + b$$

式中，$a = a'/(E_1\times r_1^3)$；$b = b'/(E_1\times r_1^3)$。

由上式可以看出：以 $\frac{1}{E_2\times r_2^3}$ 对 $x_1\ln x_1 + x_2\ln x_2$ 作图应该为一条直线，见图 3.10。

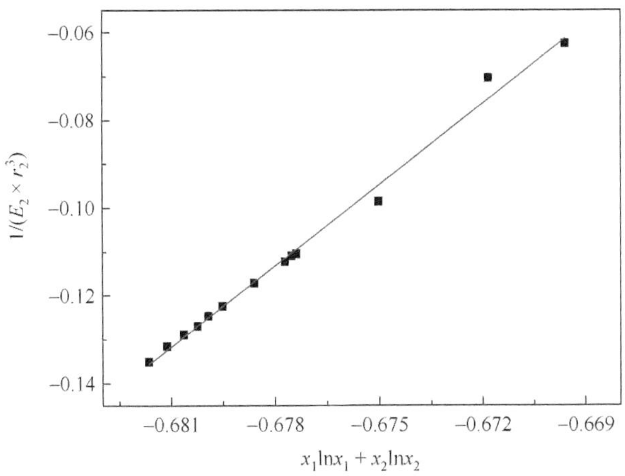

图 3.10　以 $\frac{1}{E_2\times r_2^3}$ 对 $x_1\ln x_1 + x_2\ln x_2$ 作图所得的曲线（一）

拟合得到的方程为

$$\frac{1}{E_2\times r_2^3} = 6.17\times(x_1\ln x_1 + x_2\ln x_2) + 4.07$$

将镧系元素在铜电极上析出电位的实验值和利用上述方程得出的计算值进行比较，列于表 3.4，可以看出误差较小。

表 3.4　镧系元素在铜电极上的析出电位的实验值、计算值及误差

元素	析出电位（实验值）/V	析出电位（计算值）/V	误差
La	−1.535	−1.595	3.76%
Ce	−1.484	−1.491	0.47%
Pr	−1.482	−1.496	0.94%
Nd	−1.475	−1.486	0.74%
Sm	−1.833	−1.461	−25.46%
Eu	−2.051	−2.090	1.87%
Gd	−1.458	−1.461	0.21%
Tb	−1.443	−1.441	−0.14%
Dy	−1.439	−1.434	−0.35%
Ho	−1.430	−1.429	−0.07%
Er	−1.430	−1.424	−0.42%
Tm	−1.428	−1.418	−0.71%
Yb	−1.945	−1.821	−6.81%
Lu	−1.420	−1.414	−0.42%

注：误差为（计算值−实验值）/计算值×100%

根据拟合得到的方程，计算镧系元素在铜电极上的析出电位，析出电位的实验值与计算值的误差除 Sm 和 Yb 较大外，其他元素吻合较好。

3.4　镧系元素在镍电极上电解的电化学行为

实验采用 W 电极（$S = 0.322\text{cm}^2$）为工作电极，光谱纯石墨棒（$\phi = 6.0\text{mm}$）为辅助电极，Ag/AgCl 电极作为参比电极，实验温度为 923K。在 LiCl-KCl 熔盐体系中进行电化学研究。

3.4.1　镧系元素在镍电极上的开路计时电位曲线

利用与 3.3 节同样的方法测得镧系元素在镍电极上析出的开路计时电位曲线，如图 3.11 所示。

由图 3.11 得到镧系元素在镍电极上的析出电位，列于表 3.5。

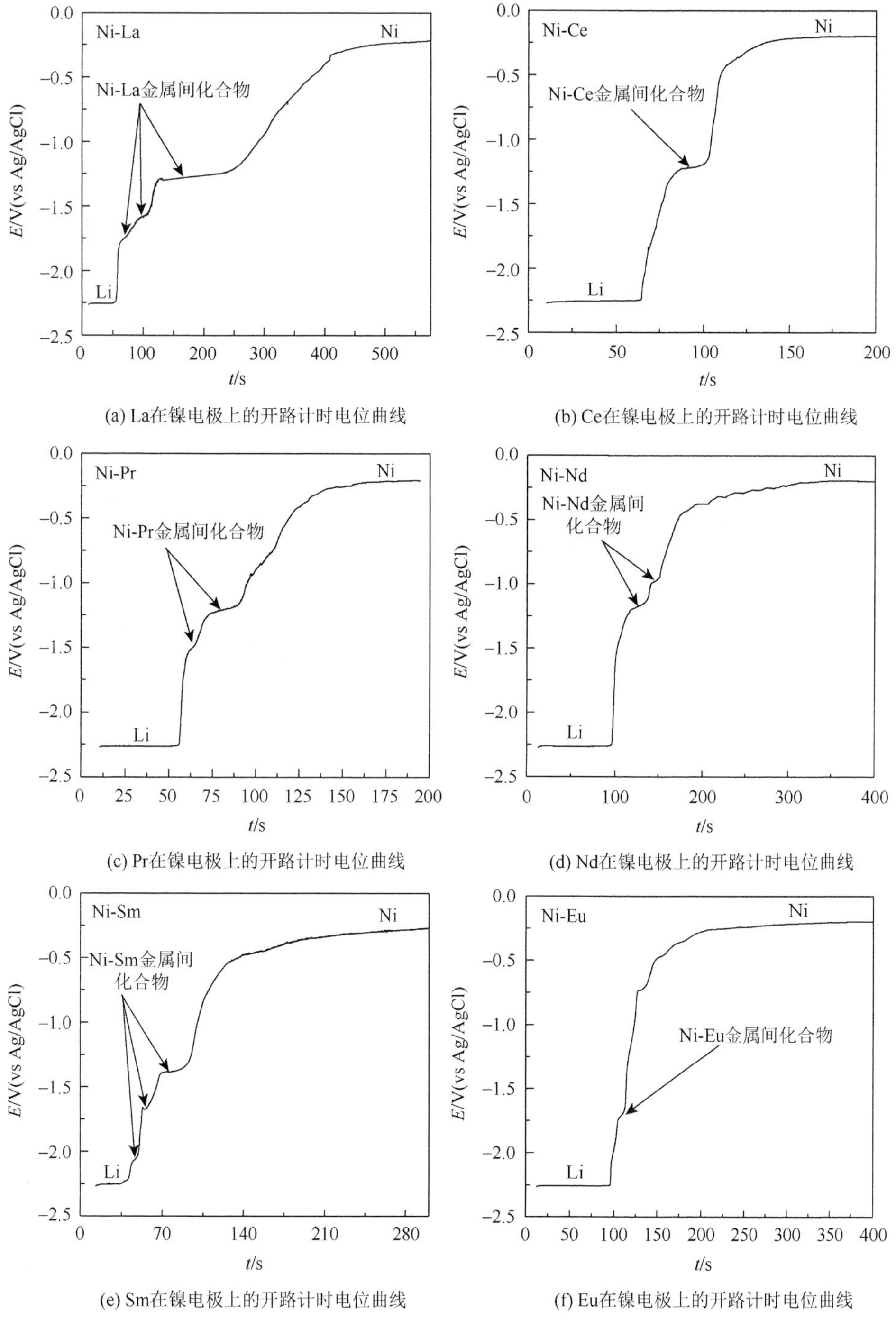

(a) La在镍电极上的开路计时电位曲线

(b) Ce在镍电极上的开路计时电位曲线

(c) Pr在镍电极上的开路计时电位曲线

(d) Nd在镍电极上的开路计时电位曲线

(e) Sm在镍电极上的开路计时电位曲线

(f) Eu在镍电极上的开路计时电位曲线

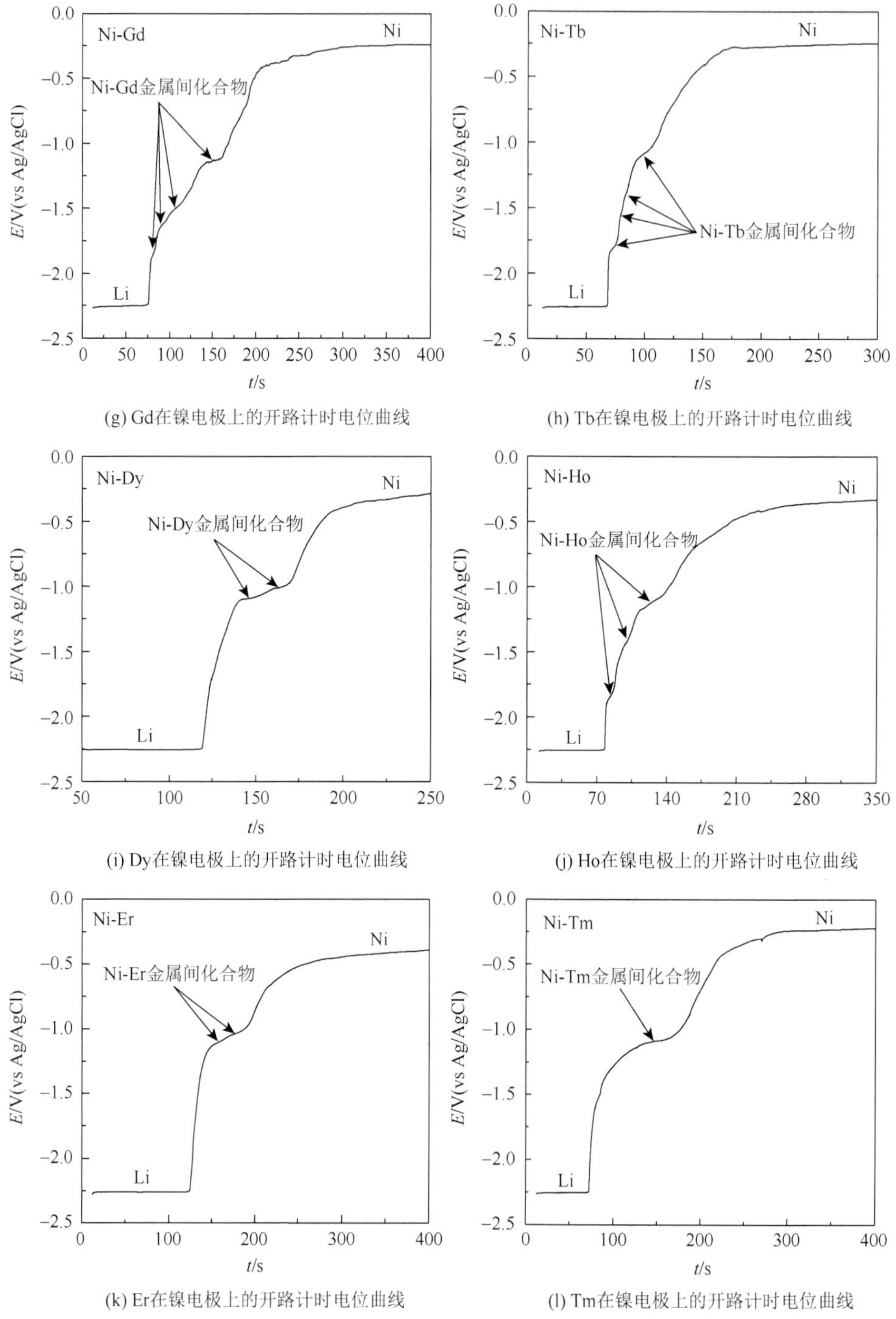

(g) Gd在镍电极上的开路计时电位曲线

(h) Tb在镍电极上的开路计时电位曲线

(i) Dy在镍电极上的开路计时电位曲线

(j) Ho在镍电极上的开路计时电位曲线

(k) Er在镍电极上的开路计时电位曲线

(l) Tm在镍电极上的开路计时电位曲线

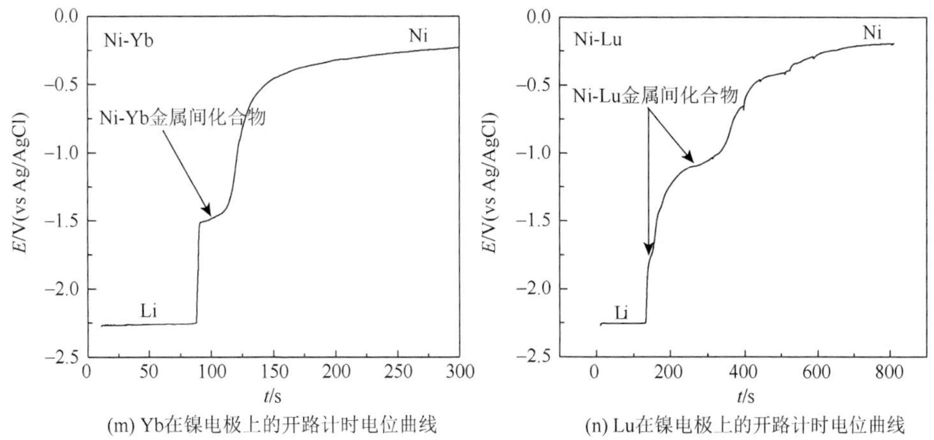

(m) Yb在镍电极上的开路计时电位曲线　(n) Lu在镍电极上的开路计时电位曲线

图 3.11　镧系元素在镍电极上的开路计时电位曲线

表 3.5　镧系元素在镍电极上的析出电位

元素	析出电位/V	元素	析出电位/V
La	−1.276	Tb	−1.110
Ce	−1.214	Dy	−1.093
Pr	−1.206	Ho	−1.118
Nd	−1.171	Er	−1.101
Sm	−1.373	Tm	−1.076
Eu	−1.697	Yb	−1.504
Gd	−1.137	Lu	−1.057

3.4.2　镧系元素在镍电极上析出电位的递变规律

以镧系元素在镍电极上的析出电位对原子序数作图，见图 3.12。

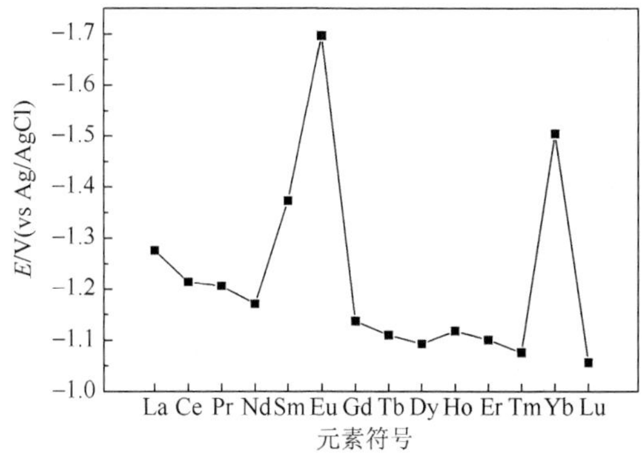

图 3.12　镧系元素在镍电极上的析出电位的递变规律

由图 3.12 可以看出，镧系元素在镍电极上的析出电位的递变规律呈现出明显的双峰效应。

3.4.3 镧系元素半径与析出电位间关系的数学方程

根据表 3.5 的数据和稀土元素半径，以 $\dfrac{1}{E_2 \times r_2^{\ 3}}$ 对 $x_1 \ln x_1 + x_2 \ln x_2$ 作图，见图 3.13。

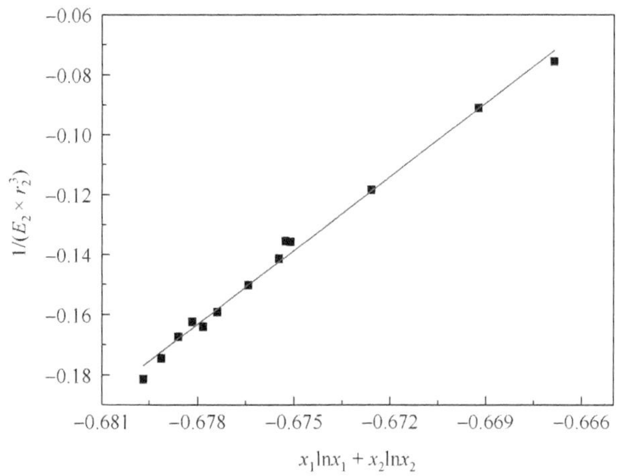

图 3.13 以 $\dfrac{1}{E_2 \times r_2^{\ 3}}$ 对 $x_1 \ln x_1 + x_2 \ln x_2$ 作图所得的曲线（二）

拟合得到的方程为

$$\frac{1}{E_2 \times r_2^{\ 3}} = 8.20 \times (x_1 \ln x_1 + x_2 \ln x_2) + 5.40$$

将镧系元素在镍电极上的析出电位的实验值和利用上述方程得出的计算值进行比较，列于表 3.6，可以看出误差较小。

表 3.6 镧系元素在镍电极上的析出电位的实验值、计算值及误差

元素	析出电位（实验值）/V	析出电位（计算值）/V	误差
La	−1.276	−1.272	−0.31%
Ce	−1.214	−1.168	−3.94%
Pr	−1.206	−1.173	−2.81%
Nd	−1.171	−1.162	−0.77%
Sm	−1.373	−1.137	−20.76%

续表

元素	析出电位（实验值）/V	析出电位（计算值）/V	误差
Eu	−1.697	−1.782	4.77%
Gd	−1.137	−1.137	0
Tb	−1.110	−1.116	0.54%
Dy	−1.093	−1.108	1.35%
Ho	−1.118	−1.103	−1.36%
Er	−1.101	−1.096	−0.46%
Tm	−1.076	−1.090	1.28%
Yb	−1.504	−1.500	−0.27%
Lu	−1.057	−1.084	2.49%

根据拟合得到的方程，计算镧系元素在镍电极上的析出电位，析出电位的实验值与计算值的误差除 Sm 较大外，其他元素吻合较好。

3.5　镧系元素在铝电极上电解的电化学行为

实验采用 W 电极（$S = 0.322\text{cm}^2$）为工作电极，光谱纯石墨棒（$\phi = 6.0\text{mm}$）为辅助电极，Ag/AgCl 电极作为参比电极，实验温度为 923K。

3.5.1　镧系元素在铝电极上的开路计时电位曲线

实验同 3.3 节，得到部分镧系元素在铝电极上析出的开路计时电位曲线，见图 3.14。

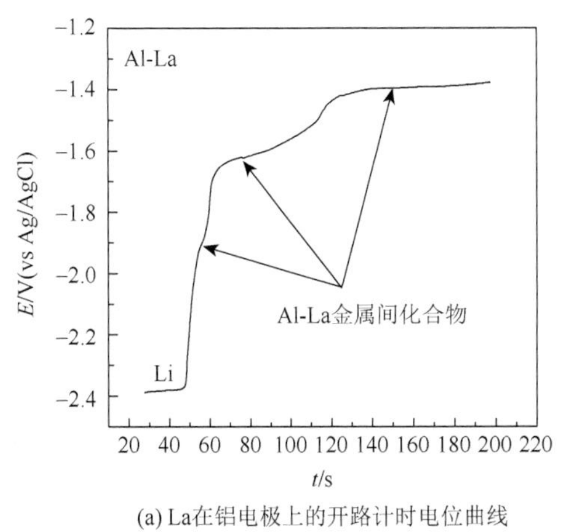

(a) La在铝电极上的开路计时电位曲线

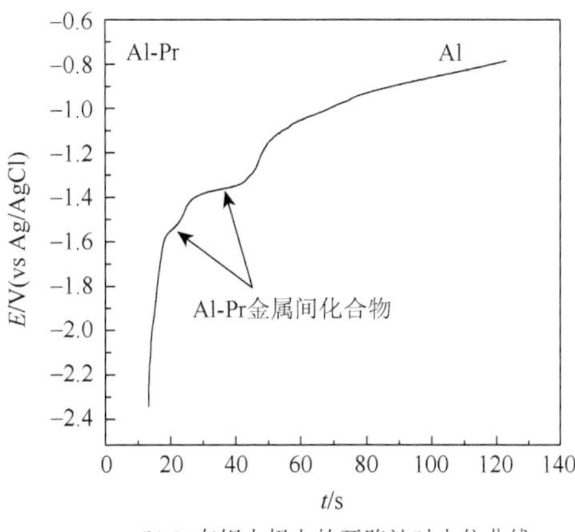

(b) Pr在铝电极上的开路计时电位曲线

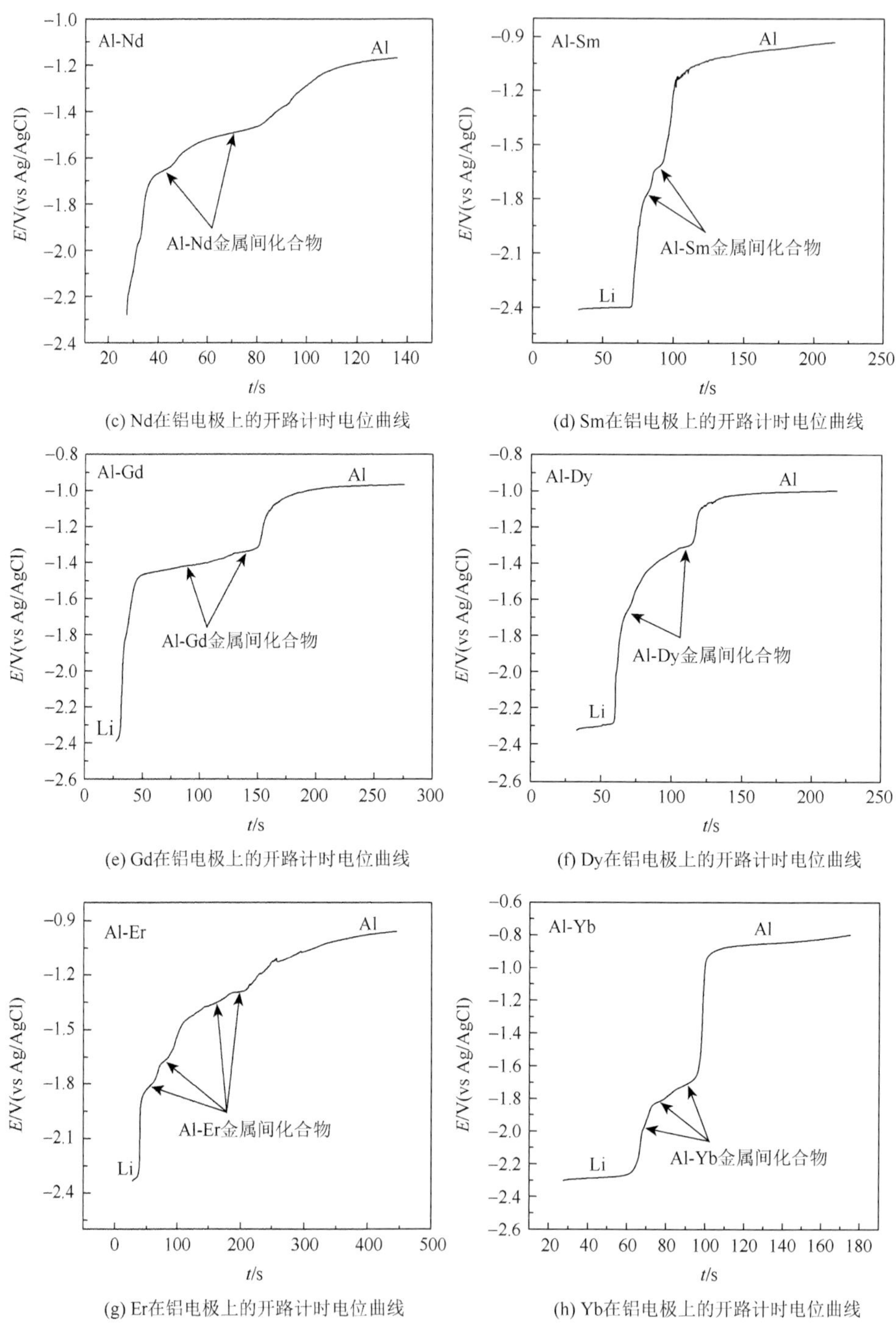

(c) Nd在铝电极上的开路计时电位曲线

(d) Sm在铝电极上的开路计时电位曲线

(e) Gd在铝电极上的开路计时电位曲线

(f) Dy在铝电极上的开路计时电位曲线

(g) Er在铝电极上的开路计时电位曲线

(h) Yb在铝电极上的开路计时电位曲线

图 3.14　部分镧系元素在铝电极上的开路计时电位曲线

由图 3.14 得到镧系元素在铝电极上的析出电位，列于表 3.7。

表 3.7　镧系元素在铝电极上的析出电位

元素	析出电位/V	元素	析出电位/V
La	−1.396	Tb	−1.335
Ce	−1.331	Dy	−1.333
Pr	−1.335	Ho	−1.343
Nd	−1.326	Er	−1.332
Sm	−1.529	Tm	−1.330
Eu	−1.831	Yb	−1.776
Gd	−1.338	Lu	−1.343

3.5.2　镧系元素在铝电极上析出电位的递变规律

以镧系元素在铝电极上的析出电位对原子序数作图，见图 3.15。

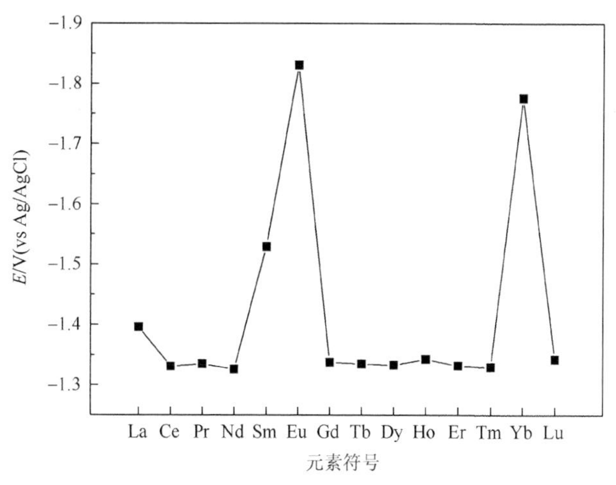

图 3.15　镧系元素在铝电极上的析出电位的递变规律

由图 3.15 可以看出，镧系元素在铝电极上的析出电位的递变规律呈现出明显的双峰效应。

3.5.3　镧系元素半径与析出电位间关系的数学方程

根据表 3.7 的数据和稀土元素半径，以 $\dfrac{1}{E_2 \times r_2^{\,3}}$ 对 $x_1 \ln x_1 + x_2 \ln x_2$ 作图，见图 3.16。

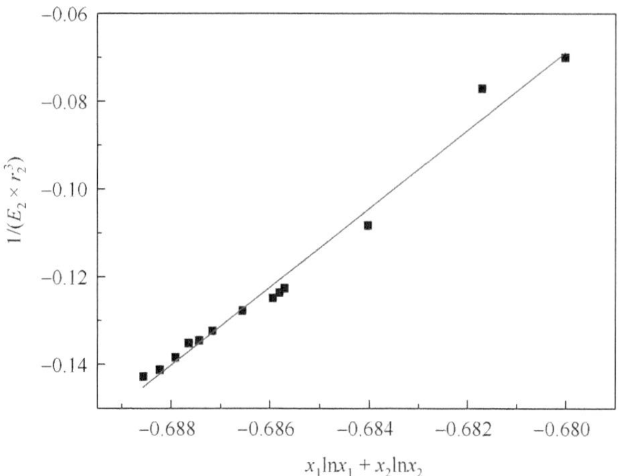

图 3.16 以 $\frac{1}{E_2 \times r_2^{\ 3}}$ 对 $x_1 \ln x_1 + x_2 \ln x_2$ 作图所得的曲线（三）

拟合得到的方程为

$$\frac{1}{E_2 \times r_2^{\ 3}} = 8.93 \times (x_1 \ln x_1 + x_2 \ln x_2) + 6.00$$

将镧系元素在铝电极上的析出电位的实验值和利用上述方程得出的计算值进行比较，列于表 3.8。

表 3.8 镧系元素在铝电极上的析出电位的实验值、计算值及误差

元素	析出电位（实验值）/V	析出电位（计算值）/V	误差
La	−1.396	−1.443	3.26%
Ce	−1.331	−1.364	2.42%
Pr	−1.335	−1.367	2.34%
Nd	−1.326	−1.360	2.50%
Sm	−1.529	−1.343	−13.85%
Eu	−1.831	−1.860	1.56%
Gd	−1.338	−1.343	0.37%
Tb	−1.335	−1.331	−0.30%
Dy	−1.333	−1.327	−0.45%
Ho	−1.343	−1.325	−1.36%
Er	−1.332	−1.323	−0.68%
Tm	−1.330	−1.321	−0.68%
Yb	−1.776	−1.631	−8.89%
Lu	−1.343	−1.321	−1.67%

根据拟合得到的方程，计算镧系元素在铝电极上的析出电位，析出电位的实验值与计算值的误差除 Sm 和 Yb 较大外，其他元素吻合较好。

3.6 镧系元素在锌电极上电解的电化学行为

实验采用 W 电极（$S = 0.322\text{cm}^2$）为工作电极，光谱纯石墨棒（$\phi = 6.0\text{mm}$）为辅助电极，Ag/AgCl 电极作为参比电极，实验温度为 923K。

3.6.1 镧系元素在锌电极上的开路计时电位曲线

利用与 3.3 节同样的方法测得部分镧系元素在锌电极上析出的开路计时电位曲线，如图 3.17 所示。

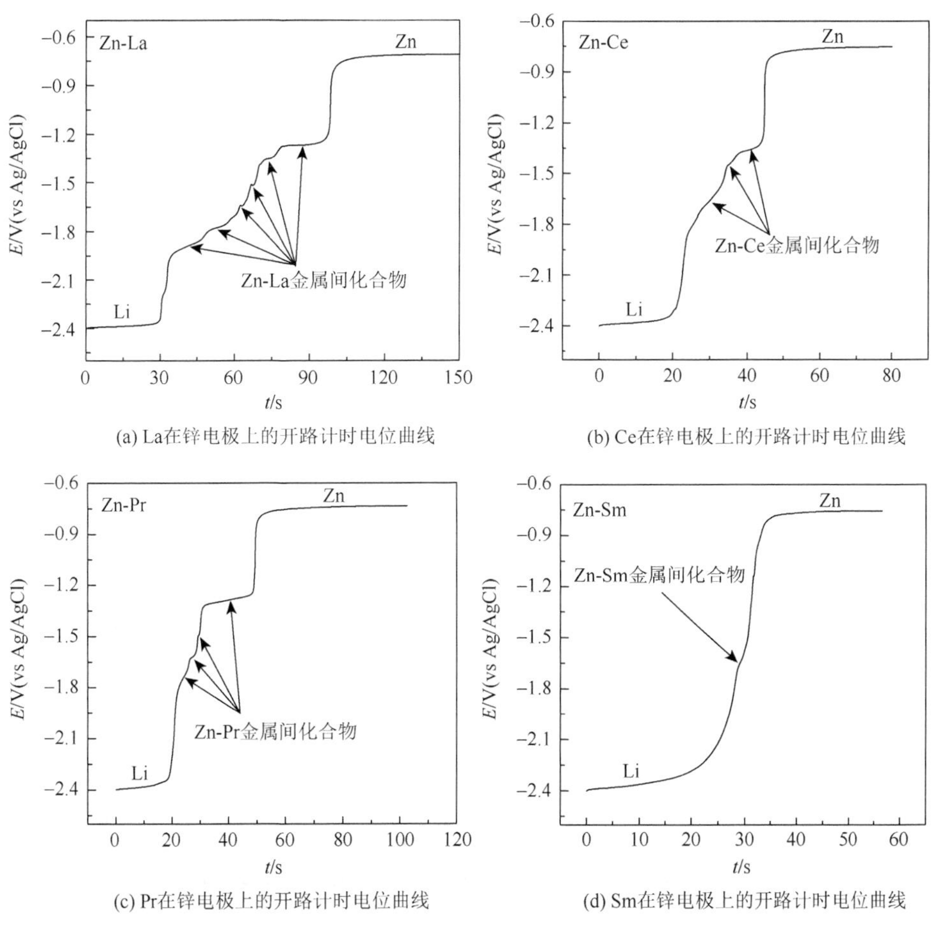

(a) La在锌电极上的开路计时电位曲线

(b) Ce在锌电极上的开路计时电位曲线

(c) Pr在锌电极上的开路计时电位曲线

(d) Sm在锌电极上的开路计时电位曲线

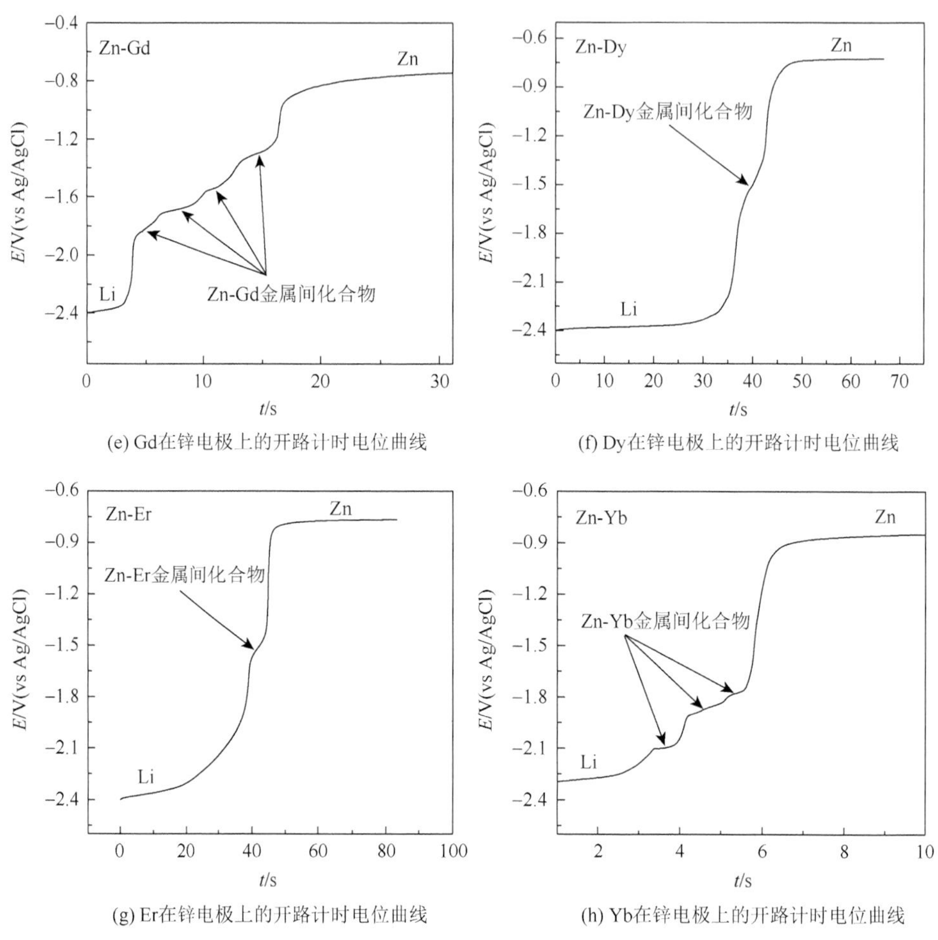

(e) Gd在锌电极上的开路计时电位曲线

(f) Dy在锌电极上的开路计时电位曲线

(g) Er在锌电极上的开路计时电位曲线

(h) Yb在锌电极上的开路计时电位曲线

图 3.17　部分镧系元素在锌电极上的开路计时电位曲线

由图 3.17 得到镧系元素在锌电极上的析出电位，列于表 3.9。

表 3.9　镧系元素在锌电极上的析出电位

元素	析出电位/V	元素	析出电位/V
La	−1.191	Tb	−1.178
Ce	−1.183	Dy	−1.179
Pr	−1.171	Ho	−1.179
Nd	−1.165	Er	−1.160
Sm	−1.356	Tm	−1.163
Eu	−1.557	Yb	−1.455
Gd	−1.180	Lu	−1.160

3.6.2　镧系元素在锌电极上析出电位的递变规律

以镧系元素在锌电极上的析出电位对原子序数作图，见图 3.18。

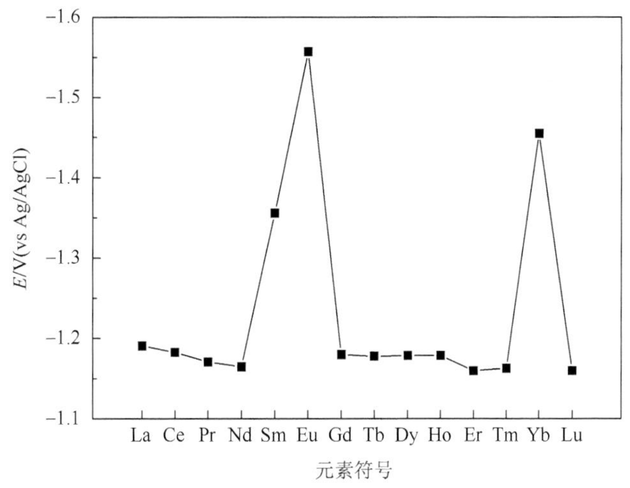

图 3.18　镧系元素在锌电极上的析出电位的递变规律

由图 3.18 可以看出，镧系元素在锌电极上的析出电位的递变规律呈现出明显的双峰效应。

3.6.3　镧系元素半径与析出电位间关系的数学方程

根据表 3.9 的数据和稀土元素半径，以$\frac{1}{E_2 \times r_2^{\ 3}}$对$x_1 \ln x_1 + x_2 \ln x_2$作图，见图 3.19。拟合得到的方程为

$$\frac{1}{E_2 \times r_2^{\ 3}} = 7.64 \times (x_1 \ln x_1 + x_2 \ln x_2) + 5.07$$

将镧系元素在锌电极上的析出电位的实验值和利用上述方程得出的计算值进行比较，列于表 3.10。

表 3.10　镧系元素在锌电极上的析出电位的实验值、计算值及误差

元素	析出电位（实验值）/V	析出电位（计算值）/V	误差
La	−1.191	−1.252	4.87%
Ce	−1.183	−1.192	0.76%

续表

元素	析出电位（实验值）/V	析出电位（计算值）/V	误差
Pr	−1.171	−1.195	2.01%
Nd	−1.165	−1.189	2.02%
Sm	−1.356	−1.176	−15.31%
Eu	−1.557	−1.541	−1.04%
Gd	−1.180	−1.176	−0.34%
Tb	−1.178	−1.167	−0.94%
Dy	−1.179	−1.163	−1.38%
Ho	−1.179	−1.161	−1.55%
Er	−1.160	−1.160	0
Tm	−1.163	−1.158	−0.43%
Yb	−1.455	−1.386	−4.98%
Lu	−1.160	−1.158	−0.17%

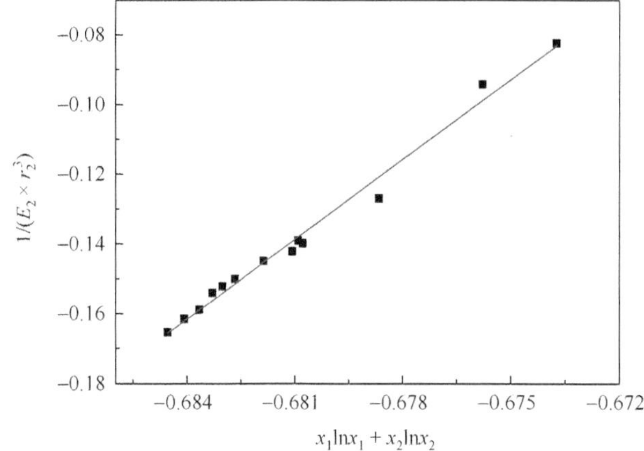

图 3.19 以 $\frac{1}{E_2 \times r_2^3}$ 对 $x_1 \ln x_1 + x_2 \ln x_2$ 作图所得的曲线（四）

根据拟合得到的方程，计算镧系元素在锌电极上的析出电位，析出电位的实验值与计算值的误差除 Sm 较大外，其他元素吻合较好。

3.7 镧系元素在锡电极上电解的电化学行为

本节对镧系元素在锡电极上沉积的电化学行为进行了研究，主要通过开路计时电位法获得稀土元素在锡极上的沉积电位，并进一步研究稀土在锡阴极上沉积电位的递变规律。

3.7.1　镧系元素在锡电极上的开路计时电位曲线

利用与 3.3 节同样的方法测得部分镧系元素在锡电极上析出的开路计时电位曲线，如图 3.20 所示。

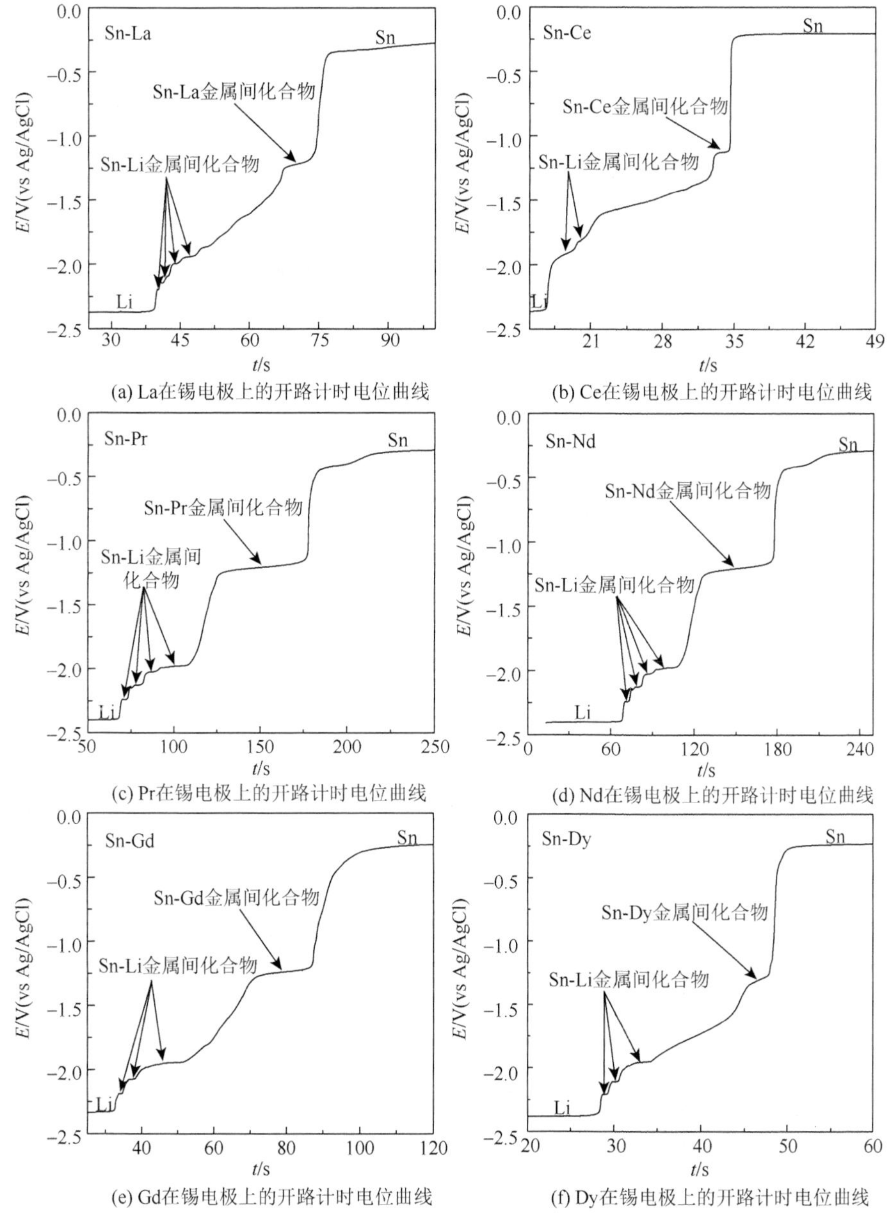

(a) La在锡电极上的开路计时电位曲线　(b) Ce在锡电极上的开路计时电位曲线

(c) Pr在锡电极上的开路计时电位曲线　(d) Nd在锡电极上的开路计时电位曲线

(e) Gd在锡电极上的开路计时电位曲线　(f) Dy在锡电极上的开路计时电位曲线

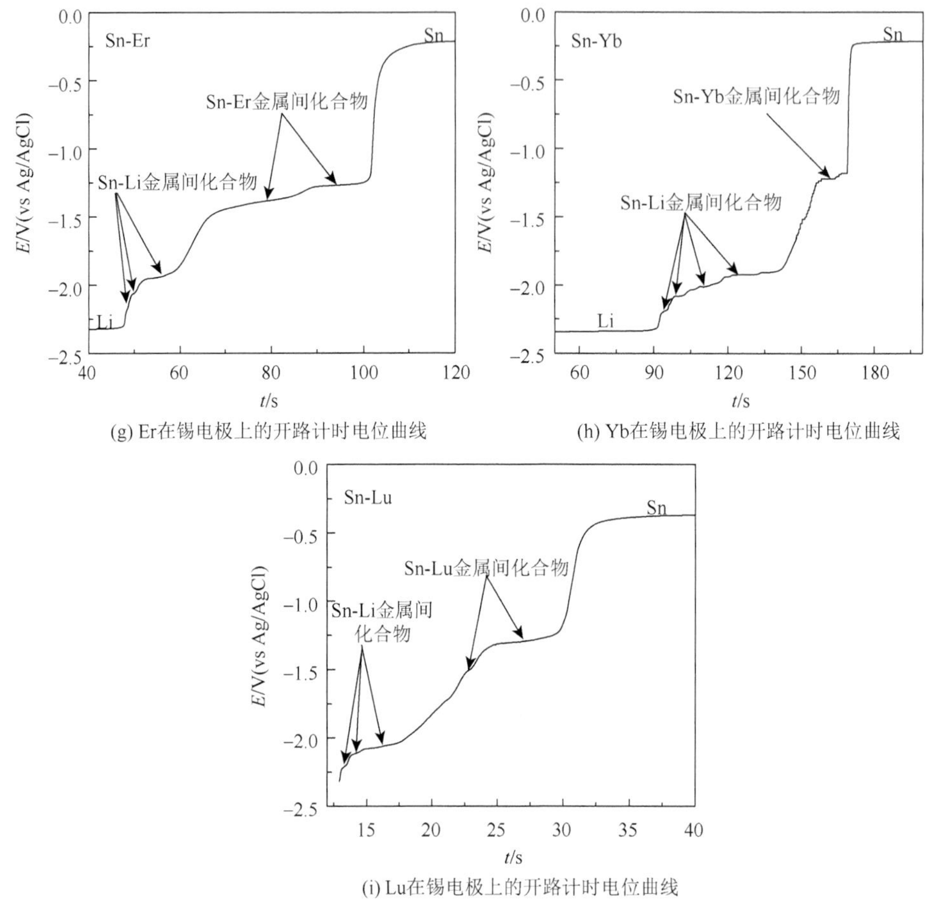

(g) Er在锡电极上的开路计时电位曲线

(h) Yb在锡电极上的开路计时电位曲线

(i) Lu在锡电极上的开路计时电位曲线

图 3.20　部分镧系元素在锡电极上的开路计时电位曲线

由图 3.20 得到镧系元素在锡电极上的析出电位，列于表 3.11。

表 3.11　镧系元素在锡电极上的析出电位

元素	析出电位/V	元素	析出电位/V
La	−1.203	Tb	—
Ce	−1.212	Dy	−1.249
Pr	−1.216	Ho	—
Nd	−1.215	Er	−1.257
Sm	—	Tm	—
Eu	—	Yb	−1.208
Gd	−1.224	Lu	−1.272

3.7.2　镧系元素半径与析出电位间关系的数学方程

根据表 3.11 的数据和稀土元素半径，以$\frac{1}{E_2 \times r_2^{\ 3}}$对$x_1 \ln x_1 + x_2 \ln x_2$作图，见图 3.21。

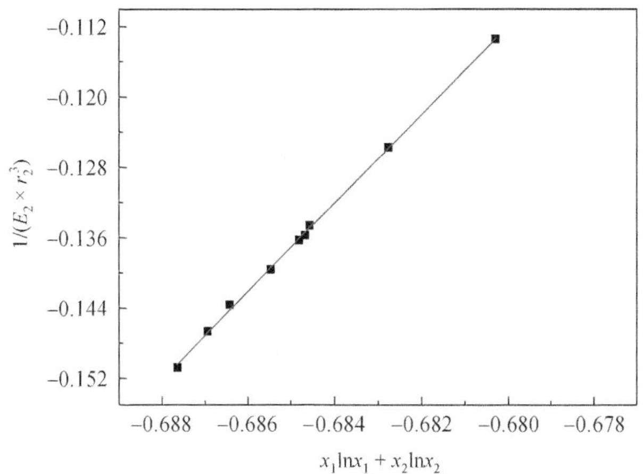

图 3.21　以$\frac{1}{E_2 \times r_2^{\ 3}}$对$x_1 \ln x_1 + x_2 \ln x_2$作图所得的曲线（五）

拟合得到的方程为

$$\frac{1}{E_2 \times r_2^{\ 3}} = 5.05 \times (x_1 \ln x_1 + x_2 \ln x_2) + 3.32$$

将镧系元素在锡电极上的析出电位的实验值和利用上述方程得出的计算值进行比较，列于表 3.12。

表 3.12　镧系元素在锡电极上的析出电位的实验值、计算值及误差

元素	析出电位（实验值）/V	析出电位（计算值）/V	误差
La	−1.203	−1.202	−0.08%
Ce	−1.212	−1.215	0.25%
Pr	−1.216	−1.214	−0.16%
Nd	−1.215	−1.217	0.16%
Sm	—	−1.226	—
Eu	—	−1.229	—

续表

元素	析出电位（实验值）/V	析出电位（计算值）/V	误差
Gd	−1.224	−1.226	0.16%
Tb	—	−1.238	—
Dy	−1.249	−1.244	−0.40%
Ho	—	−1.249	—
Er	−1.257	−1.256	−0.08%
Tm	—	−1.265	—
Yb	−1.208	−1.208	0
Lu	−1.272	−1.275	0.24%

根据拟合得到的方程，计算镧系元素在锡电极上的析出电位，析出电位的实验值与计算值吻合较好。

3.8　镧系元素在铅电极上电解的电化学行为

实验采用 W 电极（$S = 0.322cm^2$）为工作电极，光谱纯石墨棒（$\phi = 6.0mm$）为辅助电极，Ag/AgCl 电极作为参比电极，实验温度为 873K。

3.8.1　镧系元素在铅电极上的开路计时电位曲线

利用与 3.3 节同样的方法测得部分镧系元素在铅电极上析出的开路计时电位曲线，如图 3.22 所示。

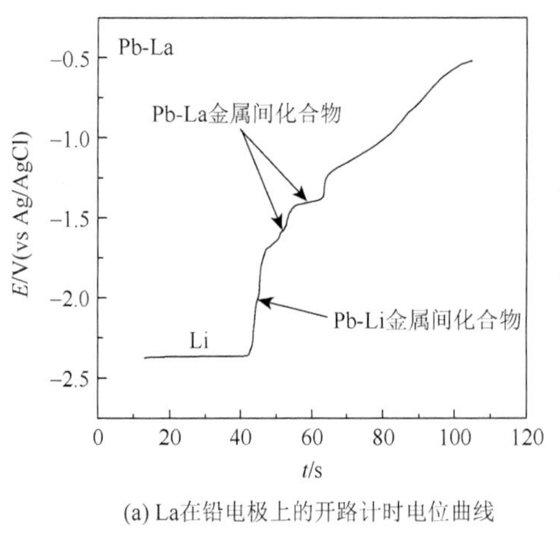

(a) La在铅电极上的开路计时电位曲线

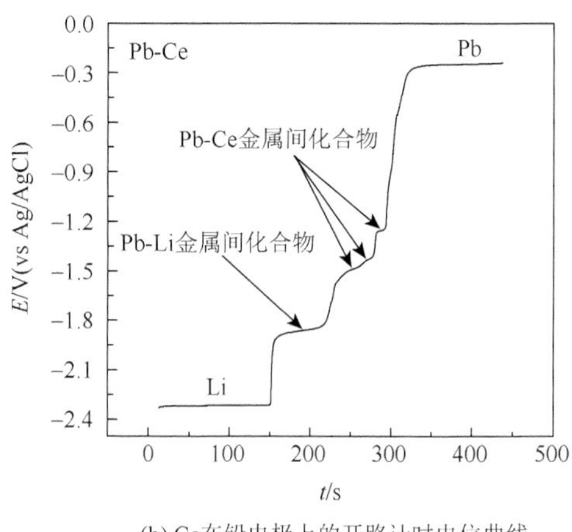

(b) Ce在铅电极上的开路计时电位曲线

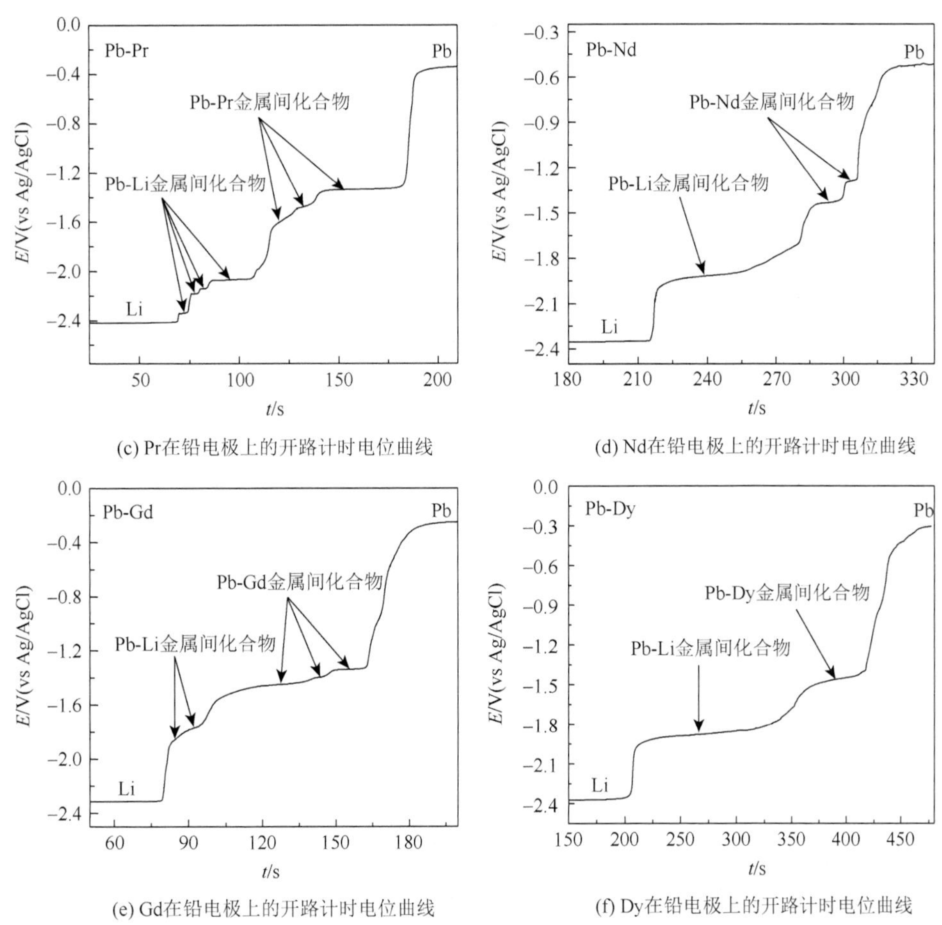

(c) Pr在铅电极上的开路计时电位曲线

(d) Nd在铅电极上的开路计时电位曲线

(e) Gd在铅电极上的开路计时电位曲线

(f) Dy在铅电极上的开路计时电位曲线

图 3.22　部分镧系元素在铅电极上的开路计时电位曲线

由图 3.22 得到镧系元素在铅电极上的析出电位，列于表 3.13。

表 3.13　镧系元素在铅电极上的析出电位

元素	析出电位/V	元素	析出电位/V
La	−1.326	Tb	—
Ce	−1.286	Dy	−1.283
Pr	−1.273	Ho	—
Nd	−1.266	Er	−1.255
Sm	−1.609	Tm	−1.236
Eu	−2.030	Yb	−1.667
Gd	−1.296	Lu	—

3.8.2　镧系元素半径与析出电位间关系的数学方程

根据表 3.13 的数据和稀土元素半径，以 $\frac{1}{E_2 \times r_2^3}$ 对 $x_1 \ln x_1 + x_2 \ln x_2$ 作图，见图 3.23。

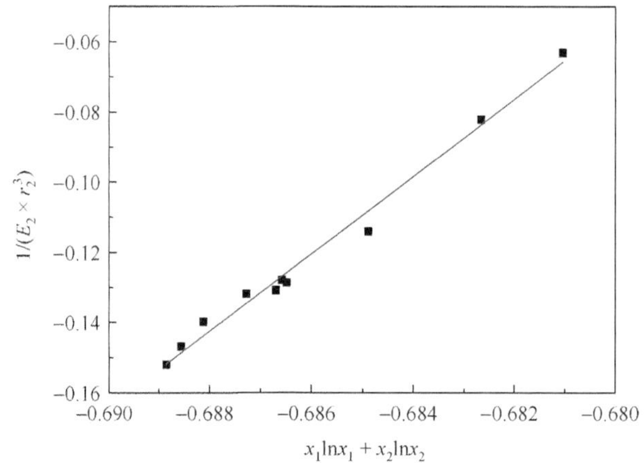

图 3.23　以 $\frac{1}{E_2 \times r_2^3}$ 对 $x_1 \ln x_1 + x_2 \ln x_2$ 作图所得的曲线（六）

拟合得到的方程为

$$\frac{1}{E_2 \times r_2^3} = 11.02 \times (x_1 \ln x_1 + x_2 \ln x_2) + 7.44$$

将镧系元素在铅电极上的析出电位的实验值和利用上述方程得出的计算值进行比较，列于表 3.14。

表 3.14　镧系元素在铅电极上的析出电位的实验值、计算值及误差

元素	析出电位（实验值）/V	析出电位（计算值）/V	误差
La	−1.326	−1.412	6.09%
Ce	−1.286	−1.309	1.76%
Pr	−1.273	−1.313	3.05%
Nd	−1.266	−1.303	2.84%
Sm	−1.609	−1.281	−25.60%
Eu	−2.030	−1.980	−2.53%

续表

元素	析出电位（实验值）/V	析出电位（计算值）/V	误差
Gd	−1.296	−1.281	−1.17%
Tb	—	−1.263	—
Dy	−1.283	−1.257	−2.07%
Ho	—	−1.254	—
Er	−1.255	−1.250	−0.40%
Tm	−1.236	−1.246	0.80%
Yb	−1.667	−1.658	−0.54%
Lu	—	−1.244	—

根据拟合得到的方程，计算镧系元素在铅电极上的析出电位，析出电位的实验值与计算值的误差除 Sm 较大外，其他元素吻合较好。

3.9　考虑析出电位和电负性的回归方程

镧系元素价电子层电子结构排布的差异能够说明镧系元素化学性质的差异。镧系元素在参与化学反应时需要失去价电子，4f 轨道被外层电子有效地屏蔽着，且 $E_{4f}<E_{5d}$，因而在结构为 $4f^n6s^2$ 的情况下，4f 电子要参与反应，必须先由 4f 轨道跃迁到 5d 轨道。这样，由于电子构型不同，所需激发能不同，元素的性质就有了差异。

另外，激发的结果是增加了一个成键电子，成键时可以多释放出一份成键能。对大多数镧系元素的原子，其成键能大于激发能，从而导致 4f 电子向 5d 轨道跃迁。但对于 Eu 和 Yb，由于 4f 轨道处于半满和全满的稳定状态，要使 4f 电子激发必须破坏这种稳定结构，因而所需激发能较大，激发能高于成键能，电子不容易跃迁，使得 Eu 和 Yb 在化学反应中往往以 $6s^2$ 电子参与反应，故 Eu 和 Yb 所形成的金属键结合能远比其他镧系元素小。成键能的差别影响了性质，这就是镧系金属和共价化合物一系列物理化学性质呈现出双峰效应的原因。

休姆-罗瑟里（Hume-Rothery）定则指出，影响两个金属元素形成合金固溶体的最主要因素为：①溶剂金属与溶质金属的原子半径差别；②溶剂金属与溶质金属的电负性差别[18, 19]。

间隙式固溶体的固溶度（非金属溶质的极限溶解度）都是有限的，而置换式固溶体的固溶度随合金系的不同有很大差别——从 10^{-6} 到 1。为了预计置换式初级固溶体的固溶度，休姆和罗瑟里提出了以下经验规则。

（1）如果形成合金的元素的原子半径之差超过 15%，则固溶度极为有限。这一规则称为 15%规则。

（2）如果形成合金的元素的电负性相差很大，例如，当 Gordy 定义的电负性相差 0.4 以上时，固溶度就极小，此时元素易形成稳定的中间相——正常价化合物。

（3）两个元素的相互固溶度是与它们各自的原子价有关的，且高价元素在低价元素中的固溶度大于低价元素在高价元素中的固溶度。这一规则称为相对价效应。

（4）如果用价电子浓度表示合金的成分，那么ⅡB～ⅤB 族溶质元素在ⅠB 族溶剂元素中的固溶度都相同——$e/a \approx 1.36$，而与具体的元素种类无关。这表明在这种情形下，价电子浓度 e/a 是决定固溶度的一个重要因素。以 Cu 作溶剂为例，Zn、Ga、Ge、As 等 2～5 价元素在 Cu 中的初级固溶度分别为 38%、20%、12%和 7.0%，相应的极限价电子浓度分别为 1.38、1.40、1.36 和 1.28。

（5）两个元素形成无限（或连续）固溶体的必要条件是它们具有相同的晶体结构。Cu-Ni、Cr-Mo、Mo-W、Ti-Zr 等形成无限固溶体的合金系都符合此规则。

对于上述休姆-罗瑟里定则，还需要作以下说明。

（1）在上述 5 条规则中，只有第 1、2 两条规则是普遍规则，其余三条规则都限于特定情况。例如，相对价效应仅当低价元素为 Cu、Ag、Au 等ⅠB 族元素时才成立；又如，价电子浓度虽然是影响固溶度的一个因素，但并非任意两个具有相同结构的初级固溶体的固溶度都对应着相同的价电子浓度；至于第 5 条规则，虽然它是普遍成立的，但并不是用来确定初级固溶体的固溶度的规则。由于这些原因，不同文献中休姆-罗瑟里定则的内容可能不尽相同，有的只包括第 1～4 条、第 1～3 条甚至第 1、2 条规则。但无论如何，第 1、2 两条规则都是共同的，是休姆-罗瑟里定则的最基本内容。

（2）休姆-罗瑟里定则的第 1、2 两条规则都是否定的规则，即它们只指出了在什么条件下不可能有显著的固溶度，而没有指出在什么条件下肯定有显著的固溶度。

（3）休姆-罗瑟里定则的第 1、2 两条规则只是定性或半定量的规则。例如，显著的固溶度并没有确切的规定。作为近似估算，人们通常认为固溶度大于 5%（摩尔分数）就算是显著的固溶度。

与固溶体相似，原子半径和电负性对金属间化合物的形成与晶体结构都有影响。因此，根据休姆-罗瑟里定则，我们进一步推测：析出电位与原子半径及电负性之间可能存在着某种数学关系。当一个变量受到两个或多个变量的影响时，常常会用到多元线性回归分析，以多个自变量的最优组合来预测或估计因变量。

因此，我们通过多元线性回归分析得出如下公式[20]：

$$E = a \times \Delta r + b \times \Delta\chi + c \times \Delta r \times \Delta\chi + d$$

式中，E 为镧系元素在活性电极的析出电位；Δr 为镧系元素与活性电极元素的原子半径差；$\Delta\chi$ 为镧系元素与活性电极元素的电负性差。

如图 3.24 所示，多元线性回归分析曲线结果表明，预测的可靠性和拟合优度好，对于 Cu、Ni、Al、Zn 活性电极，可决系数 R^2 均大于 0.99；对于 Sn、Pb 活性电极，可决系数 R^2 均大于 0.96。通过该公式预测的锕系元素 Th 和 U 在 Cu 及 Ni 活性电极上的析出电位与实验值吻合良好。

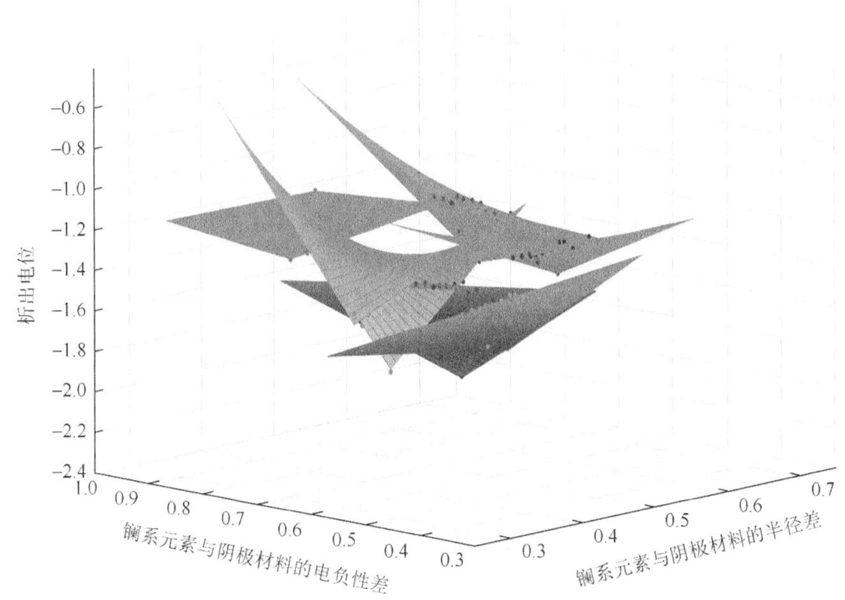

图 3.24　多元线性回归分析图

在多元回归分析中，可决系数是通径系数的平方，表达式为

$$R^2 = \mathrm{SSR/SST} = 1 - \mathrm{SSE/SST}$$

式中，SST = SSR + SSE，其中，SST（total sum of squares）为总平方和，SSR（regression sum of squares）为回归平方和，SSE（error sum of squares）为残差平方和。

可决系数是模型解释的变差与总变差的比，取值为 0～1。可决系数越大，说明模型解释的变差占总变差的比例越高，自变量对因变量的解释程度越高，即回归线与实验值越接近，模型的拟合优度越好；反之，可决系数越小，说明模型的拟合优度越差。

此模型的拟合优度好，自变量（镧系元素与活性电极元素的原子半径差及电负性差）对因变量（镧系元素在活性电极的析出电位）的解释程度高。

根据上述两个方程，可以预测镧系元素在活性金属阴极上的析出电位。该方程也可以外推到锕系元素及过渡元素。这项工作的意义在于在早期阶段，为基于熔盐电解的乏核燃料干法后处理过程提供可靠的理论模型。这一理论模型也有望为乏燃料干法后处理过程筛选合适的分离材料和进一步建立更为先进的分离过程提供新的依据。

众所周知，金属间化合物是介于金属合金和陶瓷的一类材料，它们的长程有序化使其具有许多优异的力学性能。许多金属间化合物显示出非常高的屈服强度，并且往往能够维持到很高的温度。金属间化合物是一类极具潜力的新型高温结构材料，它具有密度小、抗高温、耐氧化等突出优点，研究这类材料使其达到实际应用水平是目前材料学中一个非常活跃的领域。金属间化合物常采用的制备工艺有熔铸、定向凝固、喷射成型、热机械处理等。熔盐电解能够准确控制金属间化合物的析出电位，易于电解出单相金属间化合物，用于制备高纯金属间化合物。由我们归纳的数学方程，根据两种金属的半径就能够较为准确地预测二元合金电解电位，这为单相金属间化合物的电解制备和发现新的金属间化合物提高可靠的理论依据。

另外，有些领域要进行多种金属的分离与提纯，例如，核电的乏燃料干法后处理就是要把锕系元素和稀土元素以及其他元素进行分离。然而锕系元素具有放射性，有些锕系元素还有剧毒，实验操作上会要求苛刻的条件。如果预先知道在某一个阴极上的析出电位，就可以省去事前的很多烦琐的工作，并且把放射性和毒性的危害降到最低程度。显而易见，本章归纳的两个方程在这个领域会展示其应用前景。

本章归纳的这两个方程不仅对镧系元素析出电位的预测适用，而且对锕系元素、过渡元素、碱土金属元素之间形成的金属间化合物析出电位的预测同样适用，有可能成为预测任意两个元素形成金属间化合物的析出电位普适性方程。

参 考 文 献

[1] Smith J D M. The rare earths. Nature，1927，120：583-584.

[2] 杨频. 晶型和键型的过渡. 科学通报，1976，21：136-139.

[3] Peppard D F，Mason G W，Lewey S. A tetrad effect in the liquid-liquid extraction ordering of lanthanides(III). Journal of Inorganic and Nuclear Chemistry，1969，31（7）：2271-2272.

[4] Fidelis I，Siekierski S. The regularities in stability constants of some rare earth complexes. Journal of Inorganic and Nuclear Chemistry，1966，28（1）：185-188.

[5] Sinha S P. Application of the "inclined W" theory in predicting the sixth and the higher ionization potentials for the lanthanide series. Inorganica Chimica Acta，1978，27：253-260.

[6] 徐光宪. 物质结构简明教程. 北京：高等教育出版社，1965.

[7] Gschneidner K A. Physical properties and interrelationships of metallic and semimetallic elements. Solid State Physics，1964，16：275-426.

[8] 温元凯，邵俊. 镧系元素电离势的计算和讨论. 金属学报，1976，12：124.

[9] 温元凯. 离子极化的研究. 中国科学技术大学学报，1974，4：145.

[10] Andelli A I，Palenzona A. Atomic size of rare earths in intermetallic compounds. MX compounds of CsCl type. Journal of the Less Common Metals，1965，9：1.

[11] Xu H B，Zhang M L，Yan Y D，et al. Theoretical investigation of lanthanide and transition metal on Al cathode：Equilibrium potential and atomic radii analysis by a mathematical equation. Colloids and Surfaces A，2020，590：124490.

[12] Xu H B，Zhang M L，Yan Y D，et al. Quantitative description of the deposition potentials and atomic radius of the Co-Ln alloy by a mathematical equation. Journal of the Electrochemical Society，2020，167：122502.

[13] Xu H B，Zhang M L，Yan Y D，et al. The Potential of Ni-Ln alloys over the whole composition range in phase diagram-prediction and experiment. New Journal of Chemistry，2020，44：18686-18693.

[14] Xu H B，Zhang M L，Yan Y D，et al. Extraction of neodymium from other fission products by co-reduction of Sn and Nd. Applied Organometallic Chemistry，2019，33：4802.

[15] Xu H B，Qu J M，Zhang M L，et al. The linear relationship derived from the deposition potential of Pb-Ln alloy and atomic radius. New Journal of Chemistry，2018，42：16533-16541.

[16] Xu H B，Zhang M L，Yan Y D，et al. New mathematical formulation for the deposition potential and atomic radius：Theoretical background and applications to Sn-Ln intermetallic compounds. Journal of Physical Chemistry C，2018，122：3463-3470.

[17] Wang P，Ji D B，Zhang M L，et al. A study on the periodic rule of reduction potentials of lanthanides on liquid zinc electrode. Journal of the Electrochemical Society，2019，166：689-693.

[18] Hume-Rothery W. Atomic diameters，atomic volumes and solid solubility relations in alloys. Acta Metallurgica，1966，14：17-20.

[19] Hume-Rothery W. The effect of electronegativity on solid and liquid miscibility. Journal of the Less-common Metals，1962，4：390-392.

[20] Zhang M L，Wang P，Zhang Y M，et al. New formulation for reduction potentials of (Cu,Ni,Al,Zn)-lanthanide alloys—Implications for electrolysis-based pyroprocessing of spent nuclear fuel. Electrochemistry Communications，2018，93：180-182.

第 4 章 稀土二元合金电解电位基本规律

众所周知，很多功能材料与金属间化合物有着密切的联系，例如，号称“磁王”的 Nd-Fe-B 永磁材料，$LaNi_5$ 储氢材料，Sm_2Co_{17}、$SmCo_5$ 磁性材料，Gd-Si-Ge 磁制冷材料，Dy-Fe 磁致伸缩材料都是具有特殊功能的新材料，并且都与稀土有关。因此，研究稀土二元合金的电解机理和电化学过程可以深入探索二元合金金属间化合物的形成规律，对新金属间化合物的发现具有重要意义。

4.1 金属间化合物相的特性

金属间化合物作为功能材料已得到广泛应用，如半导体、超导体、储氢合金、记忆合金及磁性材料等。作为结构材料，金属间化合物因自身存在脆性和环境敏感性等不足而长期停留于学术研究阶段，未能在工业应用中发挥应有的作用。直到 20 世纪 70 年代，人们发现通过合金化（或添加某些微量元素），引起适当的形变或者相变，可以使某些金属间化合物在一定程度上克服上述缺点，从而引发全世界科技人员的研究与开发热潮。金属间化合物作为结构材料具有十分诱人的特点：首先，由于其键合力强，金属间化合物可用于比普通合金更高的工作温度；其次，在很多情况下，金属间化合物具有比普通合金更高的比强度、比刚度及抗氧化能力。现有合金材料的开发总是希望寻找新的金属间化合物，这些化合物可能具有比传统合金更加优异的性能。这让人们可以想象金属间化合物的化学性质与二元合金相组成之间的关系、金属化学因素影响的晶体结构，以及单个合金相和整个材料的物理化学性质。

在研究和开发金属间化合物的过程中，相图是必不可少的工具。二元和多元相图是研究和开发金属间化合物材料的基本依据，金属间化合物在接近平衡条件下的基本特征和各相之间的关系都可以在相图上表示出来。金属间化合物在相图中作为一个相而存在。它存在于一定的成分区间和一定的温度范围，具有一定的相结构，即具有一定的晶体结构。相结构是金属间化合物的重要基本特征。金属间化合物作为一个合金相，在不同的条件下可以发生平衡的及非平衡的相变，通过控制相变可以得到金属间化合物的不同组织和性能。

4.2　金属间化合物相的分类

金属间化合物是在当量成分附近有限范围内金属之间形成的化合物，其晶体结构长程有序。现已发现 4000 余种金属间化合物，它们在电子结构及结合键、晶体结构和性能方面都有其特点。

晶体的结合键有 4 种基本形式，即金属键、共价键、离子键、分子键等其他弱键。金属间化合物键合的形式取决于电子结构。大体上，金属间化合物按照键合特点可以分为四类。

（1）第一类金属间化合物的键合特性和其金属组成元素相似，主要是金属键，即结合键来自脱离局部地区的公有化结合电子与原子核的交互作用。这种公有化电子密度并非各处绝对均匀，点阵类型在异类原子间的分布密度高些，但不形成共价键。电子化合物和密排相 KN_2 等属于这一类。

（2）第二类金属间化合物的结合键是金属键 + 部分共价键。它来自部分局部化分布的结合电子。如同过渡元素的电子结构，金属间化合物的电子轨迹可以互相重叠形成能带，各种各样的重叠轨迹形式导致复杂的能带结构，有增强结合键能量和减弱结合键能量两种结合状态。

（3）第三类金属间化合物具有强的离子键。典型代表是正常价化合物。阳离子的价电子数正好满足阴离子的由 8 个价电子组成的稳定的价电子壳的要求，其典型结构类似 NaCl 结构，由 Na^+与 Cl^-分别组成的两个面心立方亚点阵穿插组成单胞。主要结合键来自阴阳离子之间的库仑力，共价键的成分较小。另一种典型结构是反氧化钙结构（A_2B 型，如 Mg_2Si），硅占有面心立方点阵的位置，镁占有 8 个四面体的中间位置，它具有 8 个价电子，满足完整的阴离子稳定价电子壳要求。还有一种结构是阳离子的价电子数不能正好满足组成阴离子的稳定价电子壳的要求，为了组成稳定的价电子壳，阴离子间就有强的共价电子及共价键，而阴阳离子之间仍然是离子键结合。这类金属间化合物的典型代表是 AlSb、AlP、BeTe 等。

（4）第四类金属间化合物具有强的共价键。典型代表是具有类似金刚石四面体结构的金属间化合物，阴离子（和阳离子）各有 4 个组成四面体的阳（阴）离子为最近邻，其价电子为阴阳离子共有，形成共价键。典型代表是 ZnS、$CdAs_2$，平均每个原子必须有 4 个价电子。

金属间化合物的键性是多样化的，属于同一类主要结合键的金属间化合物的键性有时也会有很大差别。

4.3　Ni-Ln 合金电解析出电位规律

著者及其团队在电解稀土镍二元合金的研究过程中发现了新规律，即合金金属间化合物的形成电位与合金组成有数学关系，这个数学方程能够很好地描述合金金属间化合物的形成规律。

开路计时电位法是一种适用于研究合金形成和测定溶解电位的电化学技术，通常用于获得平衡电位（或析出电位）。该技术给出的电位响应保持在恒定电位，直到完成相应金属间化合物的相变。以 Ce-Ni 合金电解为例，Ce-Ni 金属间化合物是在 LiCl-KCl-$CeCl_3$ 熔体中以−2.5V 的电位通过阴极沉积到 Mo 电极上制备的。从开路计时电位曲线上观察到 7 个平台，见图 4.1。

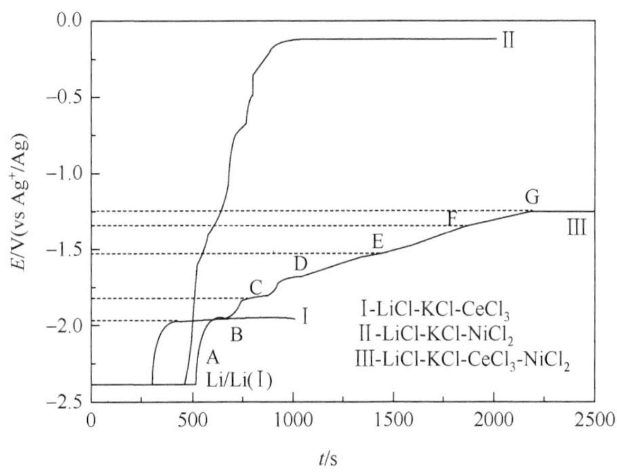

图 4.1　分别在 LiCl-KCl-$CeCl_3$、LiCl-KCl-$NiCl_2$ 和 LiCl-KCl-$CeCl_3$-$NiCl_2$ 熔盐体系中获得的开路计时电位曲线（工作电极为钼丝，温度为 873K，析出电位为−2.5V）

曲线Ⅲ有 7 个拐点，也就是有 7 个平台，分别对应 7 个平衡反应。

平台 A：$Li(\text{I})+e^- \longleftrightarrow Li$　（4.1）

平台 B：$Ce(\text{III})+3e^- \longleftrightarrow Ce$　（4.2）

平台 G：$Ce(\text{III})+3e^- + 5Ni \longleftrightarrow CeNi_5$　（4.3）

平台 F：$Ce(\text{III})+3e^- + 7/3CeNi_5 \longleftrightarrow 10/3CeNi_{7/2}$　（4.4）

平台 E：$Ce(\text{III})+3e^- + 3Ce_2Ni_7 \longleftrightarrow 7CeNi_3$　（4.5）

平台 D：$Ce(\text{III})+3e^- + 2CeNi_3 \longleftrightarrow 3CeNi_2$　（4.6）

平台 C：$Ce(\text{III}) +3e^- +Ni \longleftrightarrow CeNi$　（4.7）

平台 C、D、E、F 和 G 分别为 CeNi、$CeNi_2$、$CeNi_3$、Ce_2Ni_7、$CeNi_5$ 五种金属间化合物的形成电位。Ce-Ni 合金形成电位和组成见表 4.1。

表 4.1　Ce-Ni 合金形成电位和组成

参数	Ce	CeNi	$CeNi_2$	$CeNi_3$	Ce_2Ni_7	$CeNi_5$
形成电位/V	−1.99	−1.76	−1.60	−1.48	−1.39	−1.274
Ce 原子分数/%	100	50	33	25	22	17

通过观察表 4.1 中的数据不难发现，随着 Ce 原子分数的增加，合金的形成电位负移。形成电位和原子分数之间存在一定的联系。经过大量的实验，本书建立形成电位与合金组成之间的关系为

$$C = \mathrm{e}^{(E-a)/b} \tag{4.8}$$

$$\ln C=(E-a)/b \tag{4.9}$$

式中，E 为 Ce-Ni 合金的形成电位，V；C 为合金中 Ce 原子分数，%。Ce 原子分数与形成电位的关系如图 4.2 所示。

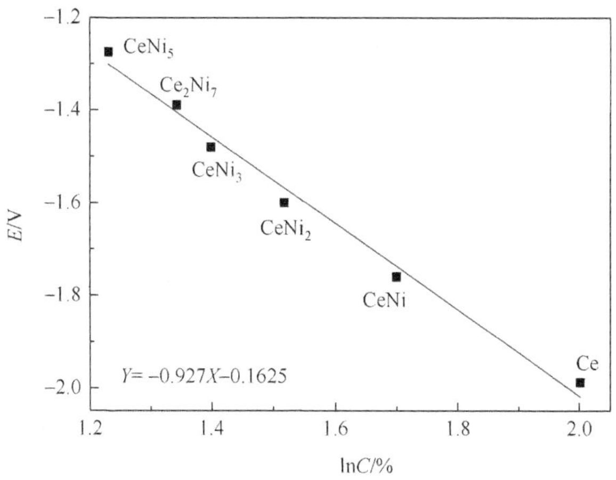

图 4.2　Ce-Ni 合金的形成电位与合金组成之间的关系

将图 4.2 中的曲线拟合，得出方程为 $\ln C = (E + 2.01681)/(-0.40265)$，$R^2 = 0.998$。这说明该方程可以非常准确地描述 Ce-Ni 合金的形成电位与合金组成之间的关系。

基于相图，了解从一种相到另一种相的转变需要建立元素浓度和合金平衡电位之间关系的数学模型。该数学模型使人们能够构建未知相图的拓扑结构，并评估现有相图的合理性。众所周知，相图中标出的合金组成都是整数原子比。实际

上也应该存在具有非整数原子比的合金。因此，根据数学模型，我们可以通过改变镧系元素的原子分数来推导出非整数原子比合金的形成电位。例如 Ce-Ni 合金，未记录在相图中的合金（包括 Ce_4Ni、Ce_3Ni、Ce_7Ni_3、Ce_3Ni_2、Ce_2Ni_3、Ce_3Ni_7 合金）预测如表 4.2 所示，虽然并不是所有合金都是真实存在的，但可以证明本书开发的模型可以预测相图中具有未标记或非整数原子比合金的形成电位。

表 4.2 基于数学模型预测未知化合物的形成电位

参数	Ce_4Ni	Ce_3Ni	Ce_7Ni_3	Ce_3Ni_2	Ce_2Ni_3	Ce_3Ni_7
Ce 原子分数/%	80	75	70	60	40	30
形成电位/V	−1.927	−1.901	−1.873	−1.811	−1.648	−1.532

如图 4.3 所示，一方面，温度与组成之间建立联系，另一方面，形成电位与合金组分之间建立联系。Ce-Ni 合金的相图如图 4.3（a）所示。相图中标出了六种合金相。图 4.3（b）显示了形成电位与金属间化合物的关系。实验结果与 Ce-Ni 合金金属间化合物在相图中的位置一致。然而，Ce-Ni 合金实验测量中未能获得 Ce_7Ni_3 相的形成电位数据，这可能是由结晶温度或金属间化合物的热力学稳定性引起的。如果前面的数学模型是可靠的，就可以得到关于原子分数、温度和形成电位的三维相图。利用本书的方程，只要知道合金组成，就可以知道电解的电位和使用的温度，或者说，可以通过熔盐电解的方法进行任意组成金属间化合物的制备，这很有希望获得相图中没有的新金属间化合物。稀土金属存在铁磁性（Gd）和超导性（La），这些现象都是在获得足够纯的金属时发现的，还有原子分数为百分之几的一些杂质主要以间隙元素（如 H、C、N、O）存在。最先发现 La 的超导性的 Mendelssohn 和 Daunt 所用的镧样品也含有 1%Fe（质量分数，换算为原子分数，为 25%Fe），且该样品仍具有超导性（$T_c = 47K$），也许是 Fe 在 La 中不溶解的缘故。在稀土合金相图的研究中更令人深思，第一个稀土金属二元相图是在 1911 年由 Vogel 发表的。但到 20 世纪中期，人们就发现此图中多处有误。此后 20 年，Vogel 研究了若干稀土多元体系的相图，也发现了多处不准确。实际上 La、Ce、Pr 的二元相图研究始于 20 世纪 30 年代。限于稀土纯度，在此时期发表的相图都存在问题，许多这样的“二元”相图实际上可能只是三元或四元相图中的一个角或一个截面。在这个“二元”相图中含有第三种或第四种元素。这里面第三种或第四种元素首先要考虑的就是 Fe 和 C，因为在这些发表的相图中所使用的金属 La 的熔点是 800～810℃，正好与 La-C 体系中富 La 的共晶点（806℃）重叠。这说明很多有关稀土二元合金的相图在最初的测定中存在一定的误差[1]。因此，若干稀土二元合金的金属间化合物有可能还没有被发现，本书将为发现新的稀土二元合金的金属间化合物提供基本依据

和理论指导，继而丰富稀土合金相图的发展，为合金电解技术提供新的视角，可显著节省人力、物力。本书中提供的数学模型对于想要自行确定相平衡并希望深入了解等压相图中相平衡的人很有帮助。

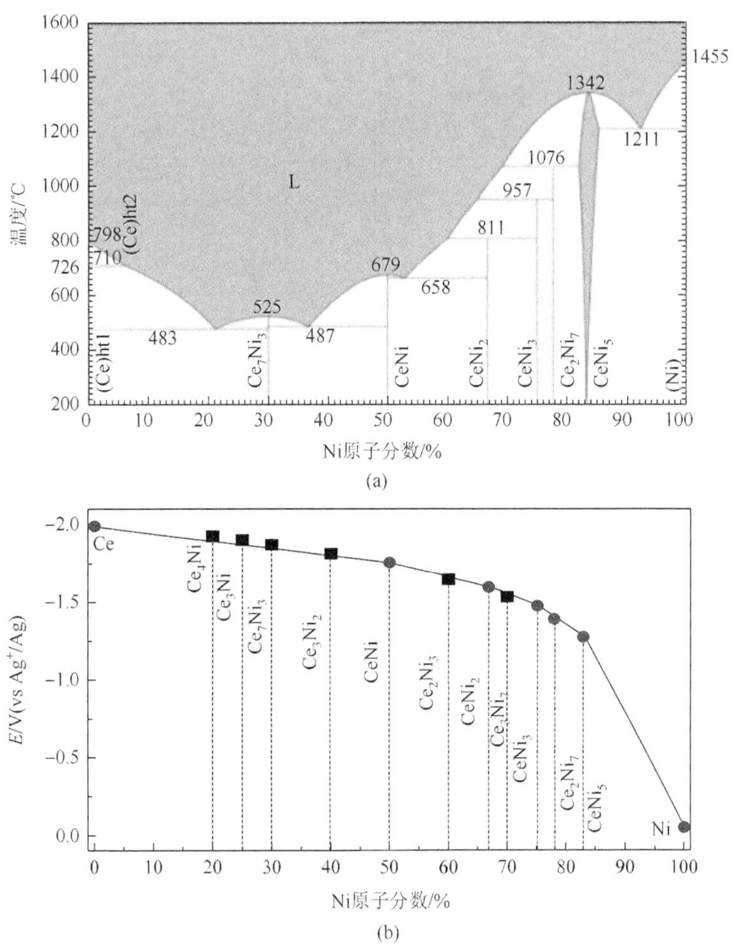

图 4.3　Ce-Ni 合金的相图及形成电位与 Ni 原子分数的关系

此外，为了验证本书关于合金形成电位和金属间化合物组成之间关系的数学方程的普适性，对 Ni-La、Ni-Pr、Ni-Nd、Ni-Gd 二元体系进行研究，分析 873K 时 La、Pr、Nd 和 Gd 在 Ni 阴极上的电化学行为。用开路计时电位法分别测定 Ni-La、Ni-Pr、Ni-Nd、Ni-Gd 四个二元体系的放电曲线，见图 4.4（a）～（d）。

从这四个二元体系的放电曲线并结合其相图可以清楚地看出，相图中的金属间化合物具有相似的组成和相似的热力学稳定性。这导致在相图中，任意化合物初级结晶液相线几乎与相邻相初级结晶液相线的延续区域一致。Ni-La、Ni-Pr、

Ni-Nd、Ni-Gd 合金金属间化合物的形成电位和相图中金属间化合物的组成是否具有相同的规律性呢？

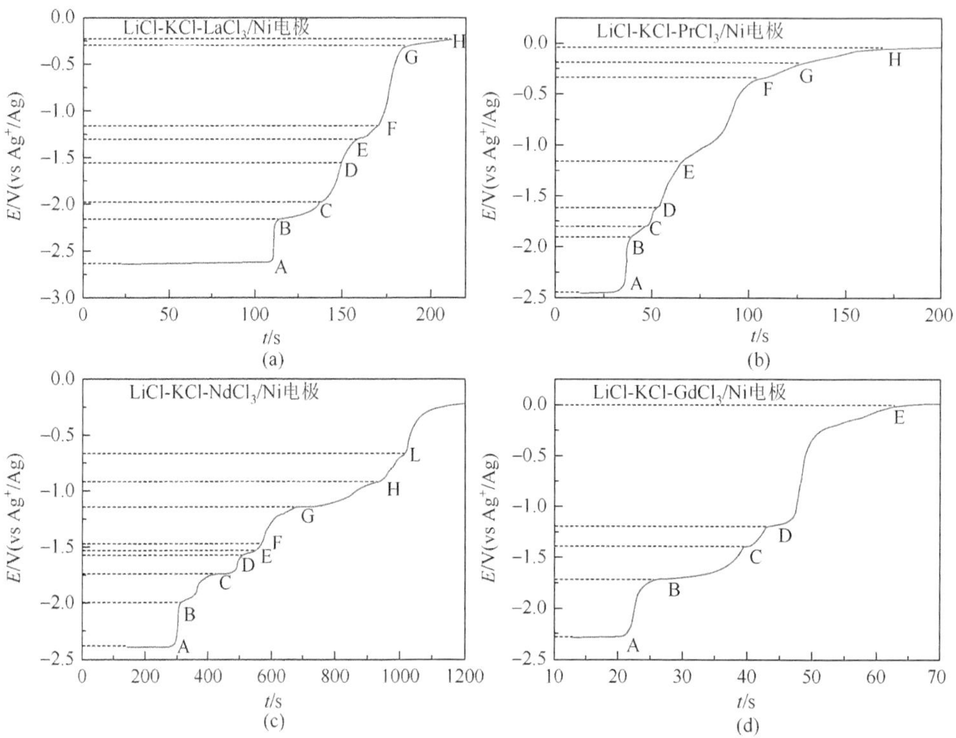

图 4.4　La、Pr、Nd、Gd 分别与 Ni 沉积的开路计时电位曲线

将图 4.4 中的金属间化合物的形成电位对应相图的金属间化合物组成数据分别列于表 4.3～表 4.6。

表 4.3　Ni-Nd 合金金属间化合物种类、Ni 原子分数与合金电解电位之间的关系

参数	Nd	Nd_7Ni_3	NdNi	$NdNi_2$	$NdNi_3$	Nd_2Ni_7	$NdNi_5$	Nd_2Ni_{17}
Ni 原子分数/%	100	70	50	33.3	25	22.2	16.66	10.526
电位/V	−2.449	−1.941	−1.804	−1.619	−0.332	−0.200	−0.892	−0.684

表 4.4　Ni-Pr 合金金属间化合物种类、Ni 原子分数与合金电解电位之间的关系

参数	Pr	Pr_3Ni	Pr_7Ni_3	PrNi	Pr_2Ni_7	$PrNi_5$
Ni 原子分数/%	100	75	70	50	22.3	16.8
电位/V	−2.449	−1.941	−1.804	−1.619	−0.332	−0.200

表 4.5　Ni-La 合金金属间化合物种类、Ni 原子分数与合金电解电位之间的关系

参数	La	La_3Ni	La_7Ni_3	LaNi	La_2Ni_3	$LaNi_2$	$LaNi_5$
Ni 原子分数/%	100	70	50	33.3	25	22.2	16.66
电位/V	−2.449	−1.941	−1.804	−1.619	−0.332	−0.200	−0.892

表 4.6　Ni-Gd 合金金属间化合物种类、Ni 原子分数与合金电解电位之间的关系

参数	Gd	Gd_3Ni	Gd_3Ni_2	GdNi	Gd_2Ni_7
Ni 原子分数/%	100	75	60	50	22.3
电位/V	−2.276	−1.710	−1.385	−1.196	−0.120

将表 4.3～表 4.6 的数据代入方程并作图，见图 4.5。

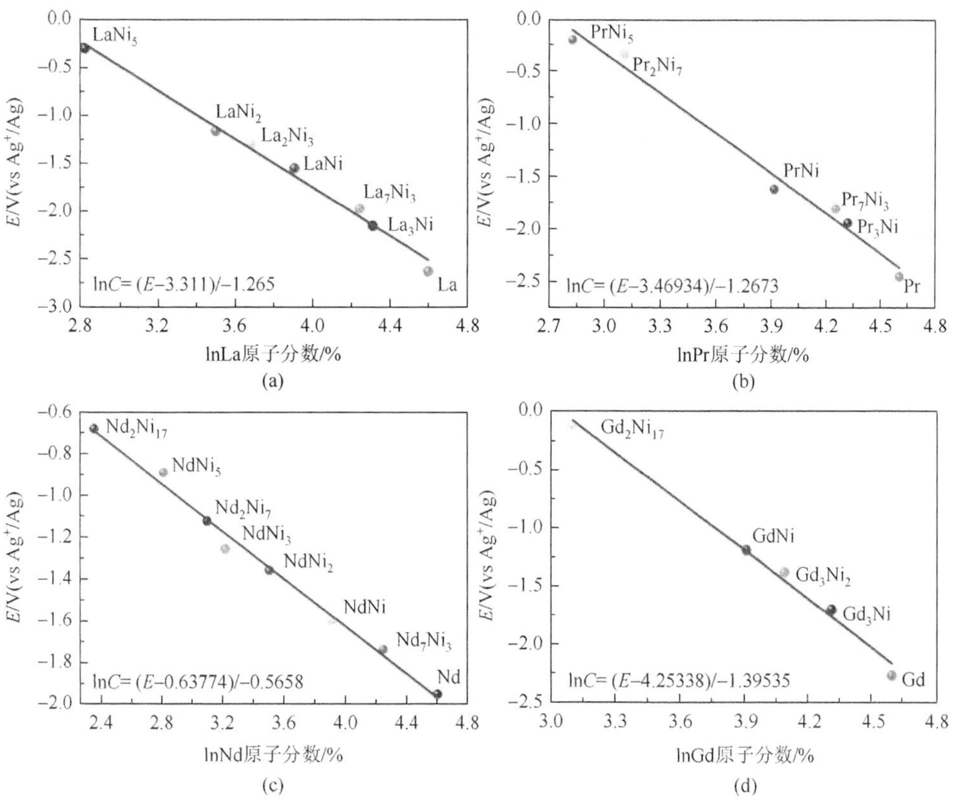

图 4.5　Ni-La、Ni-Pr、Ni-Nd 和 Ni-Gd 合金的形成电位与组成之间的线性关系

根据所提出的回归方程和拟合结果，发现金属间化合物组成与形成电位密切相关。更直接的二元合金组成、形成电位之间的关系如图 4.6 和图 4.7 所示。Ni-La

合金的相图见图 4.6（a），相图中标出了 9 种合金相。Ni-La 合金的形成电位与 Ni 原子分数的关系如图 4.6（b）所示。比较图 4.6（a）和（b），可以看出由不同 Ni 原子分数形成的 6 种金属间化合物具有相应的形成电位。实验条件下没有得到 La_7Ni_{16}、$LaNi_3$ 和 La_2Ni_7 3 种金属间化合物，这是由于晶格形成条件（包括离子浓度、实验温度、吉布斯自由能等）不同。如图 4.6（b）中的虚线所示，可以根据 Ni 原子分数预测 La_7Ni_{16}、$LaNi_3$ 和 La_2Ni_7 的形成电位。此外，还可以预测相图中未标出的一些金属间化合物（如 La_9Ni 和 La_4Ni）的形成电位。当然，这种未标记的金属间化合物可能并不存在，只是描述了这种方法的实用性。类似地，

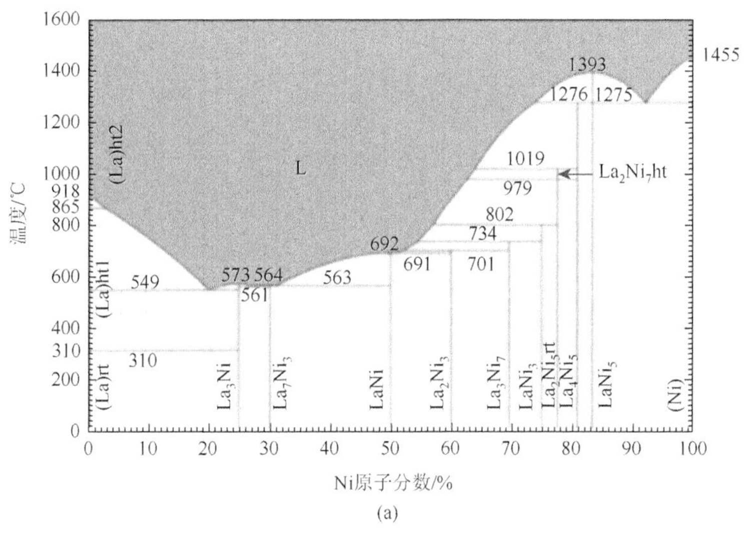

(a)

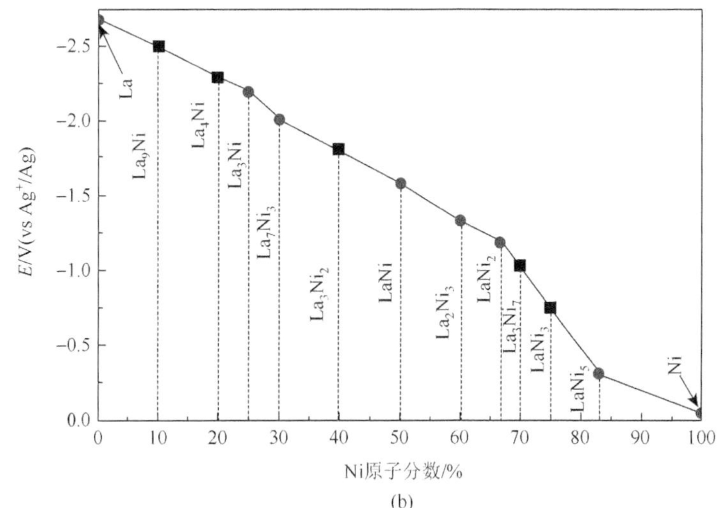

(b)

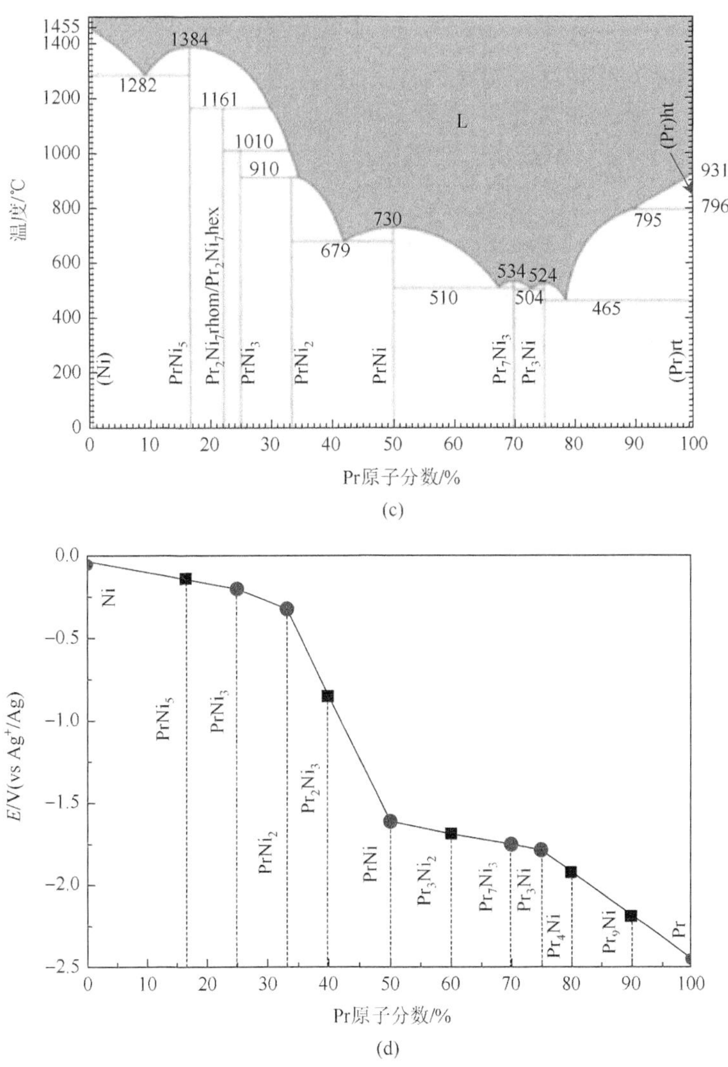

图 4.6　Ni-La 和 Ni-Pr 合金的相图及形成电位与组成的关系

Ni-Pr、Ni-Nd 和 Ni-Gd 合金的相图分别见图 4.6（c）、图 4.7（a）和图 4.7（c），而 Ni-Pr、Ni-Nd、Ni-Gd 合金的形成电位与 Ni 原子分数分别显示在图 4.6（d）、图 4.7（b）和图 4.7（d）中。数学方程的特点是具有通用性和简单性。两个（或多个）相之间的二元合金的任何形成电位都可以通过适当的原子分数计算得到。相图中未标记的非整数原子比的金属间化合物的形成电位也可以通过方程计算得到。相信在未来的科技发展过程中，一定会有新的金属间化合物被发现，以此来丰富和改进稀土二元合金相图。

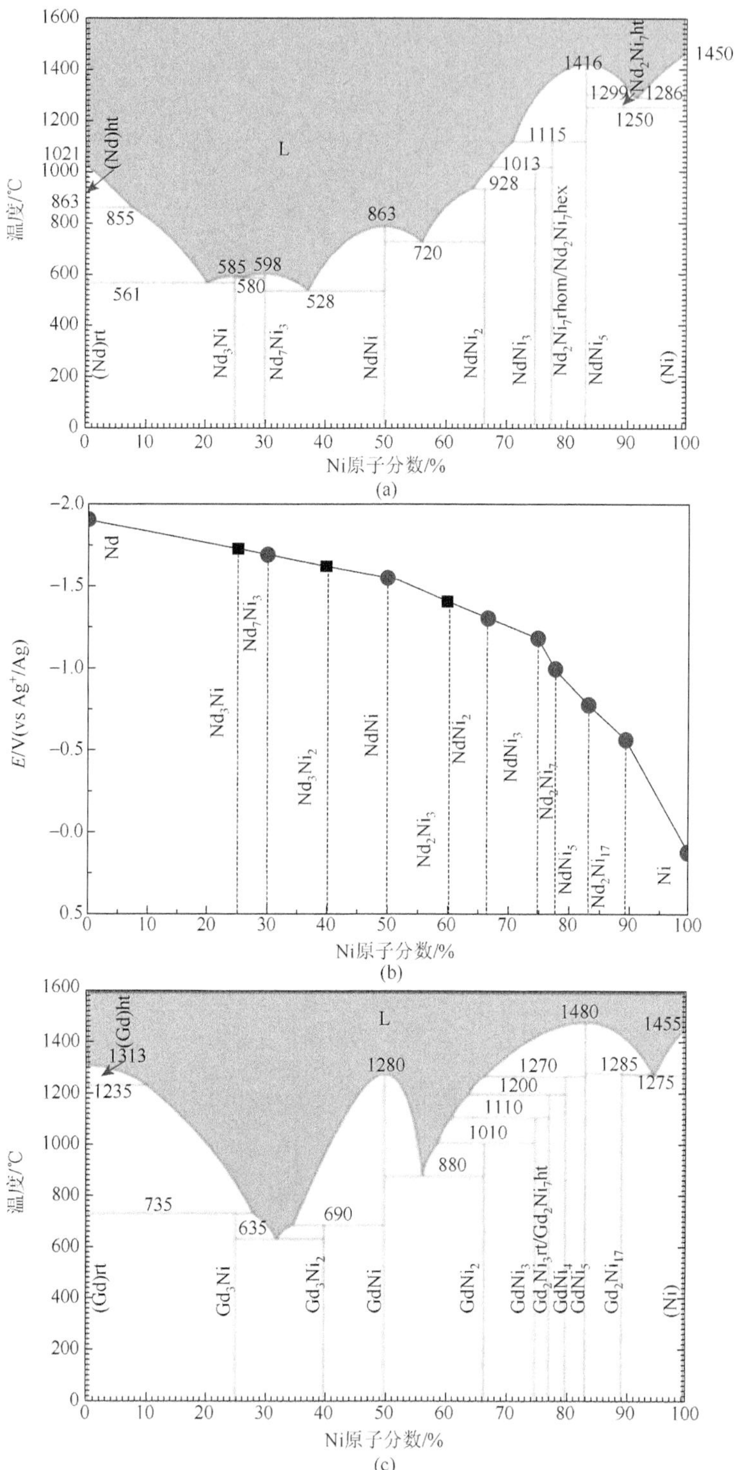

温度/℃
Ni原子分数/%
L
(Nd)ht
(Nd)rt
Nd3Ni
Nd7Ni3
NdNi
NdNi2
NdNi3
Nd2Ni7-rhom/Nd2Ni7-hex
NdNi5
Nd2Ni7ht
(Ni)
1416
1450
1299
1286
1250
1115
1021
1013
928
863
855
863
720
585
598
580
561
528
(a)
E/V(vs Ag+/Ag)
Ni原子分数/%
Nd
Nd3Ni
Nd7Ni3
Nd3Ni2
NdNi
Nd2Ni3
NdNi2
NdNi3
Nd2Ni7
NdNi5
Nd2Ni17
Ni
(b)
温度/℃
Ni原子分数/%
L
(Gd)ht
(Gd)rt
1313
1235
1280
1480
1455
1270
1285
1275
1200
1110
1010
880
735
690
635
Gd3Ni
Gd3Ni2
GdNi
GdNi2
GdNi3
Gd2Ni7rt/Gd2Ni7ht
GdNi4
GdNi5
Gd2Ni17
(Ni)
(c)

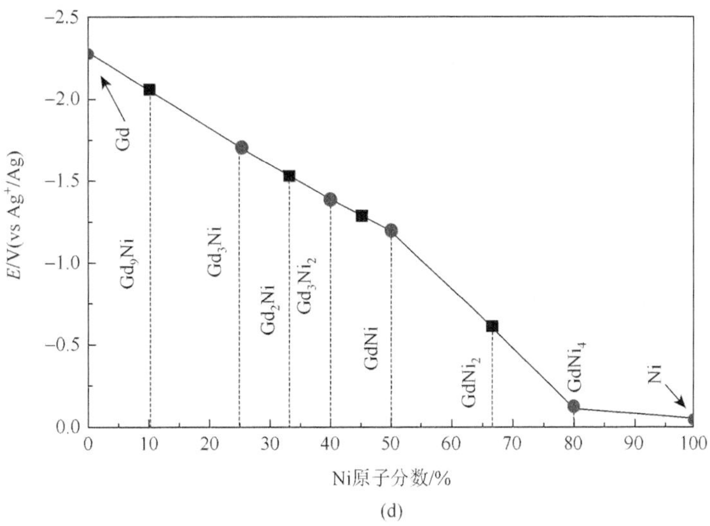

图 4.7　Ni-Nd 和 Ni-Gd 合金的相图及形成电位与 Ni 原子分数的关系

本章主要介绍了镍和镧系 5 个元素二元合金形成电位的规律，并归纳总结出了金属间化合物组成和形成电位之间关系的数学方程。通过该方程可以预测新的金属间化合物，对将来新金属间化合物的发现和丰富完善稀土二元合金相图的工作具有非常重要的指导意义[2]。

参 考 文 献

[1] Gschneidner K A，Eyring L. Two-Hundred-Year Impact of Rare Earths on Science. North Holland：Elsevier，1988.

[2] Xu H B，Zhang M L，Yan Y D，et al. The potential of Ni-Ln alloys over the whole composition range in phase diagram-prediction and experiment. New Journal of Chemistry，2020，44：18686-18693.

第 5 章　稀土镁锂合金

镁锂合金是密度最小的金属材料，也称为超轻合金。20 世纪 30 年代首次出现了有关向镁合金中添加锂的研究[1]。镁和锂能够相互形成固溶体（α 相和 β 相），且随着锂含量的增加，合金组织逐渐由 α 相（密排六方晶格结构）过渡到 β 相（体心立方晶格结构）。锂加入镁中除了能够获得密度比纯镁还小的合金，还能明显改善镁合金的塑性加工性能。这是因为具有体心立方晶格结构的 β 相合金在变形过程中产生的晶格滑移系较多、加工硬化程度较小，在比较低的温度条件下就能够实现其塑性加工。

镁锂合金虽然具有密度小、塑性加工性能好等优点，但是综合力学性能较差，无法满足工业应用需求。对合金进行适当的合金化是提高合金材料力学性能的常见手段之一，因此，对镁锂合金的合金化研究是高性能镁锂合金制备的关键技术之一。众多研究者对于合金元素对镁锂合金组织与性能的影响进行了研究，这些合金元素主要集中于铝、锌、稀土元素（包括混合稀土、Y、Ce、Nd、La 等）、钙、铜、银等。

本章主要介绍合金元素在镁锂合金中的作用及对镁锂合金组织、结构、力学性能等的影响，结合近年来研究稀土镁锂合金的成果，详细讨论合金元素对镁锂合金组织及性能的影响。

5.1　稀土镁锂合金中的主要合金元素

镁锂合金的力学性能很差，不能作为结构材料应用于工业领域。在镁锂合金中加入适量的合金元素，可以明显提高镁锂合金的性能。镁锂合金中的合金元素主要有三类[2]：

（1）固溶度较大的元素，如 Ag、Cd、Zn、Al、In、Tl 等，其中研究较多的是 Al、Zn、Cd、Ag；

（2）固溶度较小的元素，如 Ni、Co、Cu、Ca、Sr、Ba、Ce、Si、Ge、Sn、Pb、Sb、Bi 等；

（3）固溶度很小的元素，如 K、Be、B、Cr、Mo、W、V、Ti、Zr、Th、Fe、Mn 等。

第一类元素的强化效果优异，但合金的组织及性能稳定性较差，在室温或稍高于室温的情况下易产生过时效现象；第三类元素的强化效果较弱，但组织及性能稳定性好。目前研究较多的是第一类元素。

5.2　稀土元素对镁锂合金的影响

稀土元素加入镁锂合金中，通过固溶强化和形成细小弥散的金属间化合物，可提高合金的综合性能；通过提高析出相的热稳定性，可改善合金在较高温度下的力学性能。此外，稀土元素还可以提高镁锂合金的再结晶温度，并促使镁锂合金的时效强化。稀土元素在镁锂合金中的固溶度均较小，能与镁形成多种金属间化合物。表 5.1 为轻稀土元素在镁中的最大固溶度，表 5.2 为镁和主要稀土元素的原子半径及电负性。本节分别讨论不同稀土元素在镁锂合金中的作用。

表 5.1　轻稀土元素在镁中的最大固溶度

原子序数	元素符号	最大固溶度
57	La	0.14
58	Ce	0.09
59	Pr	0
60	Nd	约 1
61	Pm	—
62	Sm	约 1
63	Eu	0
64	Gd	4.53

表 5.2　镁和主要稀土元素的原子半径和电负性

元素符号	原子半径/nm	与镁原子半径差/%	电负性
Mg	0.160	0	1.31
La	0.188	14.89	1.10
Ce	0.183	12.56	1.12
Pr	0.183	12.56	1.13
Nd	0.182	12.08	1.14
Y	0.182	12.08	1.22
Gd	0.178	10.11	1.20
Sc	0.165	3.03	1.36
Er	0.174	8.05	1.24

5.2.1　钕在镁锂合金中的作用

Nd 不能明显提高 Mg-8Li 合金的机械强度和耐热性能[3]。Nd 在 Mg-8Li 合金

中主要以 Mg_3Nd 相形式存在，Mg_3Nd 对于合金的机械强度和耐热性能是有利因素。但是 Nd 使得 Mg-8Li 合金中 α 初生相减少，影响合金机械强度和耐热性能的提高。此外，Nd 能够提高 Mg-8Li 合金的再结晶温度，并使得合金具有时效硬化现象（使得 α 相从过饱和的 β 相中析出）。

Nd 在 Mg-Li-Al 合金中并不以 Mg_3Nd 相形式存在，而是以 Al_2Nd 相形式存在[3]。此外，Nd 对 LA141 合金具有显著的晶粒细化作用。当质量分数为 0.6%左右时，LA141 合金的晶粒尺寸最小，晶粒尺寸减小 30%（图 5.1）。在 Al_2Nd 相存在和 Nd 对合金晶粒细化效果的共同作用下，LA141 合金的强度随着 Nd 含量的增加迅速提高，有时可以使合金强度提高 45%左右（图 5.2）。徐伟等[4]研究了 Mg-(0～6)Li-2Al-Zn-4Y-3Nd 合金中稀土的存在形式，结果表明，合金中主要有两种稀土化合物，分别是 Nd_3Zn_{11} 和 Al_2Y，其中，Nd_3Zn_{11} 相随着 Li 含量的增多而逐渐减少，Al_2Y 相的量基本保持不变。

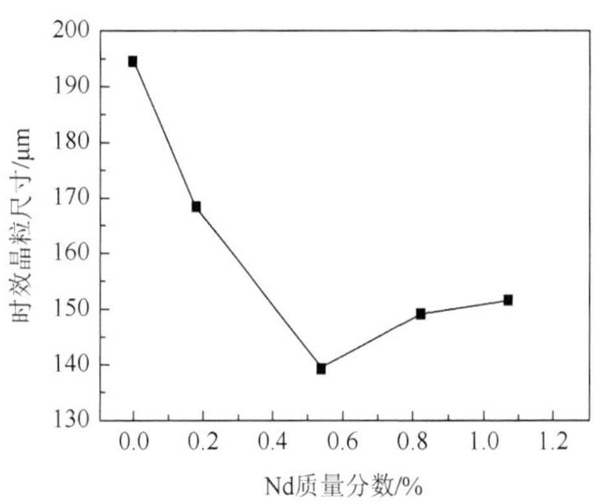

图 5.1　Nd 质量分数对 LA141 合金晶粒尺寸的影响

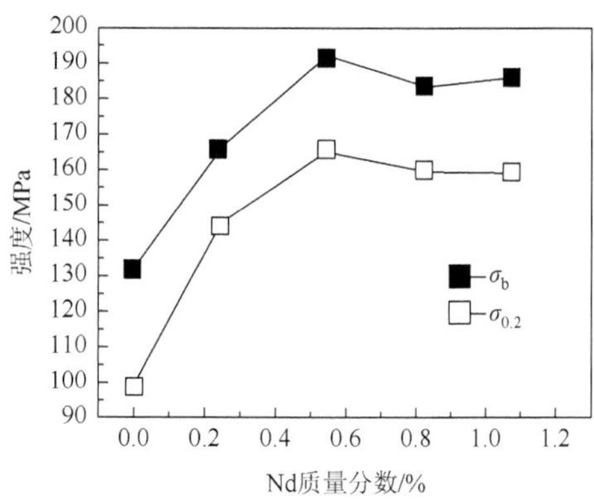

图 5.2　Nd 质量分数对 LA141 合金强度的影响

5.2.2　铈在镁锂合金中的作用

Ce 在 Mg-Li-Al 合金中主要以 Al_2Ce 相形式存在。在 LA81 合金中添加 1%Ce 后，合金内 Al_2Ce 相呈棒状均匀分布，经挤压变形后，棒状 Al_2Ce 相在外来挤压力的作用下被破碎成为短棒状并沿挤压方向分布，挤压后的强度和伸长率均得到提高，抗拉强度由 160MPa 提高到 187MPa，伸长率由 16%提高至 33%。张密林等[5, 6]还发现，随着 Ce 含量增加，Mg-16Li-5Al-*x*Ce 合金中 Al_2Ce 相的量增加，$Mg_{17}Al_{12}$ 和 LiAl 相的量减少，晶粒得到细化，Al_2Ce 相分布在晶界附近并钉扎晶界，使合金的断裂方式由沿晶断裂逐渐变为解理断裂，还能在 150℃有效阻止晶界滑移，从而提高合金的耐热性能。当 Ce 质量分数大于 0.6%时，Al_2Ce 相有割裂基体的负面作用，从而降低 Mg-16Li-5Al-xCe 合金的力学性能。

5.2.3　钇在镁锂合金中的作用

Ninomiya 和 Miyake[7]将 Mg-8.5Li 合金与 Mg-8.5Li-1Y 合金在室温下冷轧到预定厚度，然后进行拉伸试验，应变速率为 $4\times10^{-3}s^{-1}$。结果表明，Mg-8.5Li-1Y 合金的强度在轧制态时比 Mg-8.5Li 合金的高。Mg-8.5Li 合金在 350℃、应变速率为 $2\times10^{-4}s^{-1}$条件下的伸长率接近 600%，而 Mg-8.5Li-1Y 合金的最大伸长率为 400%，但此时的应变速率是 $4\times10^{-3}s^{-1}$，是 Mg-8.5Li 合金的 20 倍。因此，Mg-8.5Li-1Y 合金虽然伸长率稍低，但从生产实用的角度考虑，其生产效率更高，更具有实际应用价值。

高 Y 含量的 Mg-Li 合金会形成 γ 相（$Mg_{24}Y_5$ 相）。在 Mg-7.28Li-8.02Y 合金中除了存在呈长条状分布于基体 β 相中的 α 相，还存在沿晶界分布且呈网状结构的 γ 相[8]。在淬火处理过程中，随着淬火温度的升高，合金中的 Mg 和 γ 相在 β 相中的固溶度增加，硬度增加；同时，温度的升高使得 γ 相的形貌逐渐变为圆球状且均匀分布。因此，固溶度的提高和 γ 相的球化与均匀分布是升高淬火温度时合金硬度和强度提高的原因。淬火态合金经 150℃时效后强度和塑性均有所下降，分析其原因：一方面，在时效过程中合金的晶粒长大；另一方面，长时间的保温时效后 Mg 在 β 相中的固溶度降低，α 相和 γ 相沿 β 相晶界析出。

王涛等[9]研究了 Y 对 LA83 双相镁锂合金组织的影响。Y 使得呈板条分布的 α 相逐渐被细化和球化。当 Y 的质量分数达 3%时，合金内形成大量 Al_2Y 相。

5.2.4　钪在镁锂合金中的作用

Wu 等[10]研究了微量 Sc（质量分数为 0.01%）对于 LAZ1010 合金组织和性能的影响。微量 Sc 使得合金只能在室温下进行时效处理，否则将发生时效软化现象；而不加 Sc 的合金需要在室温或 50℃以下进行时效硬化热处理，如图 5.3 所示。时效温度下降可能与时效过程中在 LAZ1010Sc 合金内存在 Widanstätten 型组织的 α 相有关（图 5.4）。微量 Sc 促进 θ 相（$MgAlLi_2$ 相）分解成平衡相 AlLi 相。加入微量 Sc 后合金的力学性能发生微小变化，屈服强度由 154.8MPa 提高到 172.1MPa，抗拉强度由 172.5MPa 提高到 186.0MPa，伸长率由 28.9%降低至 25.2%。合金时效后的显微组织见图 5.4。

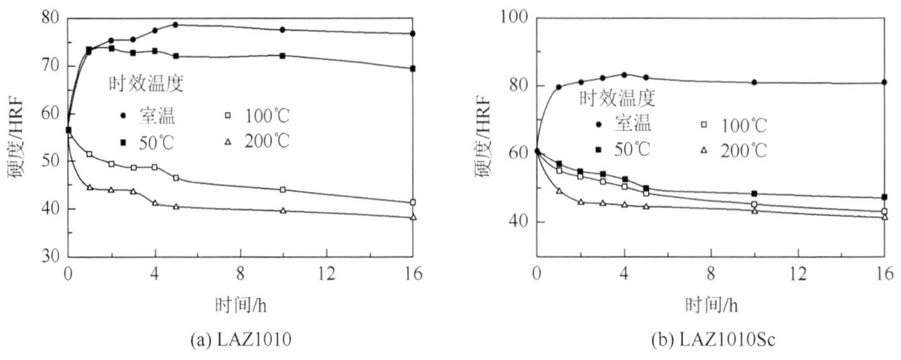

图 5.3　不同温度下合金的时效曲线

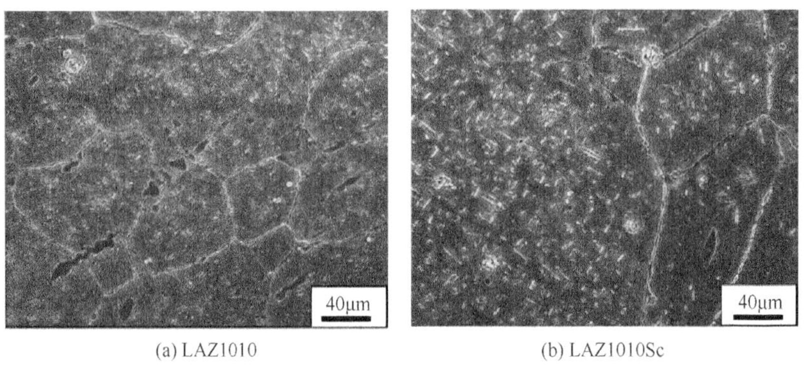

(a) LAZ1010　　(b) LAZ1010Sc

图 5.4　时效后合金的显微组织

5.2.5　混合稀土在镁锂合金中的作用

混合稀土比单一稀土便宜许多，用混合稀土对镁锂合金进行合金化更具有工业应用价值。因此，混合稀土对镁锂合金的合金化研究受到了广泛的重视。1992 年，Tanno 等[11]研究了混合稀土在 Mg-8Li 合金中的作用，添加 1%和 2%的稀土对合金的晶粒尺寸有细化作用；当稀土含量较高时，稀土与镁能够形成稀土金属间化合物，这使得合金的伸长率下降。此外，稀土与镁结合形成金属间化合物消耗了一定量的镁，降低合金基体的镁/锂比，使得合金基体内 α 相的比例减少，强化效果减弱，导致合金的强度下降；同时，稀土金属间化合物的形成使得合金的高温热稳定性提高。Sanschagrin 等[12]在 Mg-8Li-7Al-Si 合金中加入 4.5%的富铈混合稀土（质量比 Ce∶La∶Nd∶Pr = 57.7∶16.5∶11.8∶6.7），在合金内观察到基体中存在大量均匀分布的 $REAl_3$、$REAl_4$ 和 REAlSi 等相，混合稀土还能够促使 Mg-8Li-7Al-Si 合金内部中大块状 $MgAlLi_2$ 相和 Mg_2Si 相的比例减少，也就是通常所说的晶粒细化效应，如图 5.5 所示。混合稀土使得合金的弹性模量显著提高，强度也有所提高，但伸长率降低，密度也稍有提高，如表 5.3 所示。

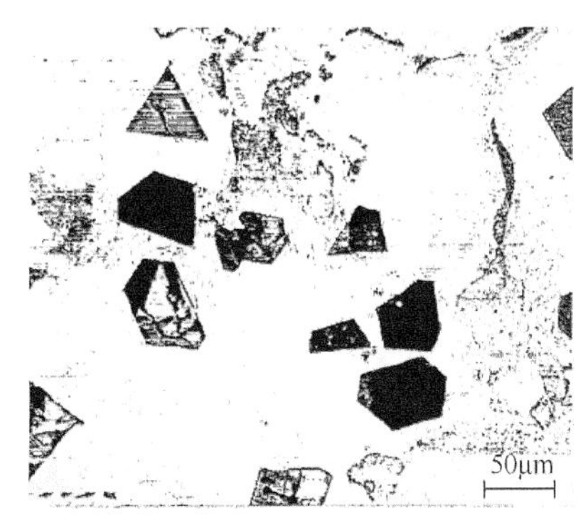

(a) Mg-8Li-7Al-Si

(b) Mg-8Li-7Al-Si-4.5RE

图 5.5　Mg-8Li-7Al-Si 合金加稀土前后的金相照片

表 5.3　不同合金元素条件下 Mg-8Li 基合金的室温性能对比

合金	弹性模量/GPa	屈服强度 $\sigma_{0.2}$/MPa	伸长率/%	密度/(g/cm^3)
Mg-8Li	40	93	52	1.51
Mg-8Li-7Al	39	184	33	1.53
Mg-8Li-7Al-1Sn	44	145	20	1.59
Mg-8Li-7Al-1Sn-4.5RE	53	200	14	1.60

Wang 等[13]的研究表明，在 Mg-7Li-6Al-6Zn-xLPC（x = 0～1.0%，质量比 La：Pr：Ce = 85：10：5）合金晶界处会生成稳定的 $LaAl_2Zn_2$ 相，从而抑制热稳定性差的 $Mg_{17}Al_{12}$ 相的生成和晶粒长大，还可钉扎晶界从而阻止晶界滑移和形变，提高合金的室温和高温强度。当在 Mg-7Li-Al 合金中加入 0.5%的 LPC（质量比 La：Pr：Ce = 85：10：5）时，稀土不能完全溶解于基体中，合金中会析出 Al_3La 相，使合金组织略变粗大，硬度和强度提高。但在 Mg-9Li-5Al-Zn 合金中添加 0.6%的 LPC（质量比 La：Pr：Ce = 85：10：5）时，可使所加入的稀土全部溶解于合金中，起到弥散强化作用[14]。

在 Mg-10Li-4Al 合金中加入 0～1.2%的 LPC（质量比 La：Pr：Ce = 85：10：5）时，在合金凝固过程中 La 富集于固/液界面前沿导致成分过冷，使晶粒细化；LPC 加入量小于 0.6%时，晶粒细化作用特别明显[15]。La 与 Al 结合形成 Al_3La 金属间化合物，并使合金内的 $Mg_{17}Al_{12}$ 相、α 相和 AlLi 相的数量显著减少。随着 LPC 加入量的增加，合金的强度和伸长率均增大，但强度的增大速率随 LPC 加入量的增加而减小；当 LPC 加入量大于 0.9%后，合金的伸长率开始下降。

对混合稀土中各元素对 Mg-7Li-14Zn 合金的影响进行成分优化的研究表明，混合稀土中 Nd、Ce、La 对于合金的力学性能影响逐渐减弱，优化的加入量为：1.1%～1.3%Nd、0.4%～0.6%La、0.8%～1.0%Ce，其中，Nd 主要固溶于 α 相中起到固溶强化的作用，而 Ce 和 La 分别以 Mg_3Ce 相、$Mg_{17}Ce_2$ 相和 $Mg_{17}La_2$ 相的形式析出。

刘鹏和赵平[16]研究 Mg-8.16Li-4.10Zn-0.59Zr-2.68Y-2.14LPC（LPC 的质量比 La∶Pr∶Ce = 85∶10∶5）合金的组织和性能时发现，合金中除了 α 相，还存在大量稳定的 MgLiZnRE 网状化合物，此化合物属于脆性相，它减少了 Zn 在基体中的固溶量，从而影响其固溶强化效果，使合金强度降低。把此合金在 480℃、氢压为 0.1MPa 的条件下保温 24h，可使直径为 12mm 的样品完全氢化，网状化合物会完全消失，氢与网状化合物中的稀土反应生成小颗粒状的稀土氢化物，释放出的 Zn 重新进入合金基体，从而使得合金强度提高。

5.3　稀土镁锂合金的组织和性能

5.3.1　LAZ532 合金

此前已经介绍了俄罗斯和美国的几种工业牌号镁锂合金，这些合金的 Li 含量都较高，而力学性能比较低。为了探索低 Li 含量镁锂合金的组织和性能，著者及其团队近年来开展了 Li 质量分数为 5%～7%的合金（Mg-5Li-3Al-2Zn 合金，简称 LAZ532 合金）研究。表 5.4 为合金的化学成分。总体来说，合金内各元素的测试成分与设计成分相近，除了 Li，所有合金元素的测试含量均稍低于对应的设计含量，而 Li 的测试含量高于设计含量。在 LAZ532-6RE 合金中，Li 质量分数甚至达到 6.506%，使得镁锂合金进入 α + β 双相区[17]。

表 5.4　合金的设计成分与测试成分对比

名义组分	组成/%（质量分数）						
	Li	Al	Zn	La	Pr	Ce	RE（La + Pr + Ce）
LAZ532-0RE	5.615	2.885	1.656	—	—	—	—
LAZ532-1RE	5.622	2.890	1.726	0.495	0.197	0.136	0.828
LAZ532-2RE	5.628	2.876	1.537	0.967	0.358	0.287	1.612
LAZ532-3RE	5.526	2.884	1.981	1.559	0.676	0. 341	2.576
LAZ532-6RE	6.506	2.758	1.922	2.771	0.816	0.636	4.223

LAZ532 合金的金相显微组织如图 5.6 所示。由这些结果可知，LAZ532 合金由 α 相和 AlLi 相组成。随着 RE 在合金中的加入，AlLi 相被细化，而且 AlLi 相的含量下降；同时一些颗粒状 Al_3La 相分布于 α 相内，此时 Al_3La 相的尺寸是最小的；当 RE 质量分数高于 3%时，Al_3La 相开始聚集并变成短棒状。RE 使 LAZ532 合金内的 α 相得到细化。从图 5.6 中还可以看出，LAZ532-6RE 合金中存在 β 相，这是因为在此合金内的 Li 含量已进入镁锂合金的双相区。

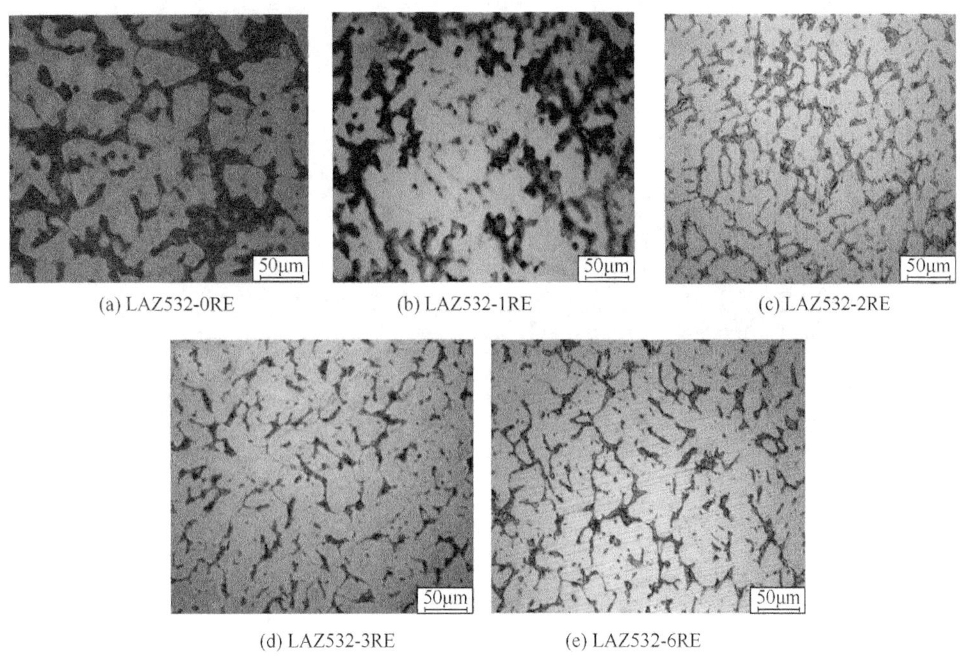

(a) LAZ532-0RE　(b) LAZ532-1RE　(c) LAZ532-2RE

(d) LAZ532-3RE　(e) LAZ532-6RE

图 5.6　LAZ532 合金的金相显微组织

为更加清晰地观察 LAZ532 合金内的显微组织，利用 SEM 拍摄合金的二次电子像，如图 5.7 所示。从图中可以看出，LAZ532-2RE 合金内的析出相呈颗粒状，LAZ532-3RE 合金内的析出相呈短棒状，LAZ532-6RE 合金内的析出相呈类共析珠光体状。此外，LAZ532-6RE 合金内还可看到块状 β 相。

挤压后 LAZ532 合金的金相显微组织如图 5.7 所示。从图中可以看出，在 LAZ532-1RE 合金中，金相组织主要由变形带组成，存在部分再结晶组织；在 LAZ532-2RE 和 LAZ532-3RE 合金中，金相组织完全由再结晶组织构成，且 LAZ532-3RE 合金的晶粒尺寸大于 LAZ532-2RE 合金的晶粒尺寸；在 LAZ532-6RE 合金中，金相组织完全由变形带构成。

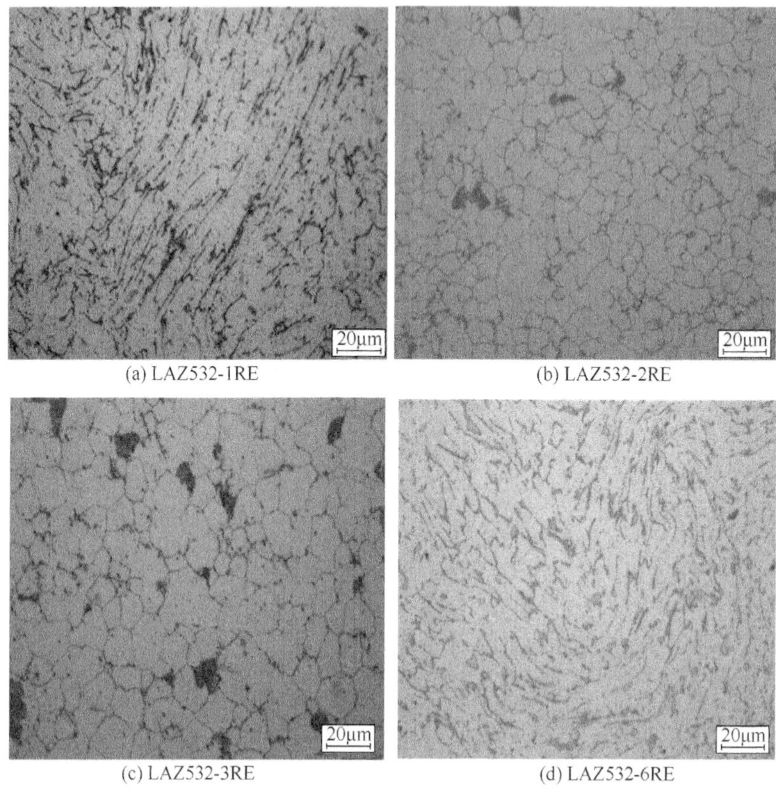

(a) LAZ532-1RE　(b) LAZ532-2RE

(c) LAZ532-3RE　(d) LAZ532-6RE

图 5.7　挤压后 LAZ532 合金的金相显微组织

稀土是表面活性元素。在合金凝固过程中，稀土能在析出相周围形成表面膜，此表面膜可阻止析出相的长大[18]。在含有稀土的镁锂合金凝固过程中，其平衡分配系数（k）小于 1[19]。这就意味着稀土能提高合金凝固的成分过冷，成分过冷将导致合金组织细化[20]。因此，在镁锂合金中加入稀土将有助于合金组织细化。

RE 与 Al 之间的电负性差比 RE 与合金中其他元素之间的电负性差大[14, 21]，因此 RE 与 Al 将优先于 RE 与其他元素形成化合物。根据结果可知，此化合物为 Al_3La。Al_3La 相的生成将消耗一定量的 Al 原子，这使得 Al 元素对合金组织的细化作用减弱（固溶于 Mg 中的 Al 原子也有助于提高凝固时的成分过冷度）。这就是 RE 含量大于 3%时合金的显微组织反而粗大的原因。同时，Al_3La 相消耗一定量的 Al 原子将导致 AlLi 相减少。

随着 RE 含量的增加，Al_3La 相的量增多，它们将相互聚集、尺寸增大。Al_3La 相主要在晶界处析出，Al_3La 相的聚集长大将有一定的方向性（沿晶界聚集）。因此，随着 RE 含量的增大，Al_3La 相将由颗粒状变为短棒状。

在挤压过程中，只有当变形的温度和由变形产生的储能达到一定值时，才有可能发生再结晶。越细小的晶粒对于变形过程的阻力越大，在合金内产生的储能也越高。在热变形过程中，初始晶粒尺寸越小的合金越有利于动态再结晶过程的进行[22, 23]。

在铸态合金中，随着 RE 质量分数的增加，合金的晶粒尺寸逐渐减小，并在 RE 含量为 2%时获得最细小的晶粒组织。当 RE 含量为 1%时，铸态合金的晶粒尺寸相对较大，因此 LAZ532-1RE 合金在变形过程中再结晶不充分，在挤压后显微组织由再结晶晶粒和变形带构成。

对于 LAZ532-2RE 和 LAZ532-3RE 合金，由于它们具有较细小的铸态晶粒组织，在挤压过程中再结晶过程发生较充分，其变形后的组织完全由等轴晶（再结晶晶粒）构成。试验过程中挤压速度较慢，发生动态再结晶后，再结晶晶粒有充分的时间长大，在晶粒长大的过程中，合金内的析出相能阻碍晶界的运动。因此，析出相尺寸是影响晶粒长大的一个主要因素，析出相越细小，越有利于获得细小的再结晶晶粒[24]。根据此分析可知，LAZ532-3RE 合金中 Al_3La 相的尺寸要大于 LAZ532-2RE 合金中 Al_3La 相的尺寸。因此，LAZ532-3RE 合金在挤压过程中再结晶晶粒的长大速度比 LAZ532-2RE 合金大，导致 LAZ532-3RE 合金的再结晶晶粒尺寸要略大于 LAZ532-2RE 合金。

在 LAZ532-6RE 合金中，高的 RE 含量使得合金内含有大量的类珠光体状 Al_3La 相，这些析出相可阻碍原子的扩散和晶界的运动，从而提高合金在热变形过程中的再结晶温度[24, 25]。因此，在 LAZ532-6RE 合金中，此变形温度下不足以驱动动态再结晶，再结晶过程无法发生，从而导致合金挤压后的显微组织完全由变形带构成。

合金的强度如图 5.8 所示，无论是铸态合金还是挤压态合金，其强度均随 RE 含量的增加而增大。当 RE 质量分数达 2%时，合金的强度达到最大值，继续增加 RE

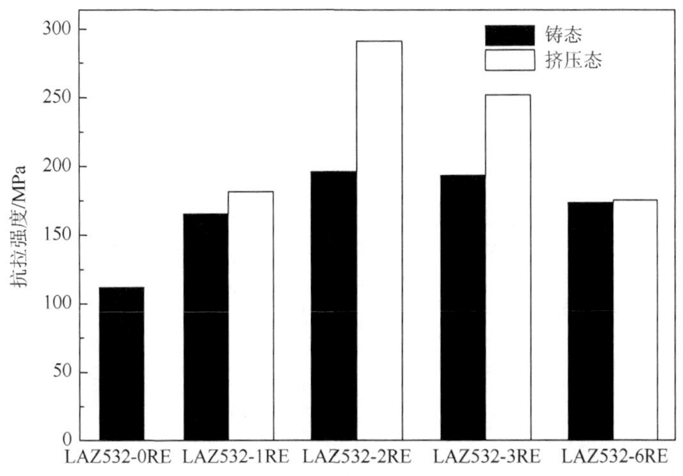

图 5.8　LAZ532 合金的抗拉强度

含量将使得合金的强度恶化。相比于铸态合金，挤压加工能提高合金的强度，其中 LAZ532-2RE 合金的强度提高幅度最大，其次是 LAZ532-3RE 合金，强度提高幅度最小的是 LAZ532-6RE 合金。铸态和挤压态合金的伸长率的变化趋势与合金的强度的变化趋势相同（图 5.9）。

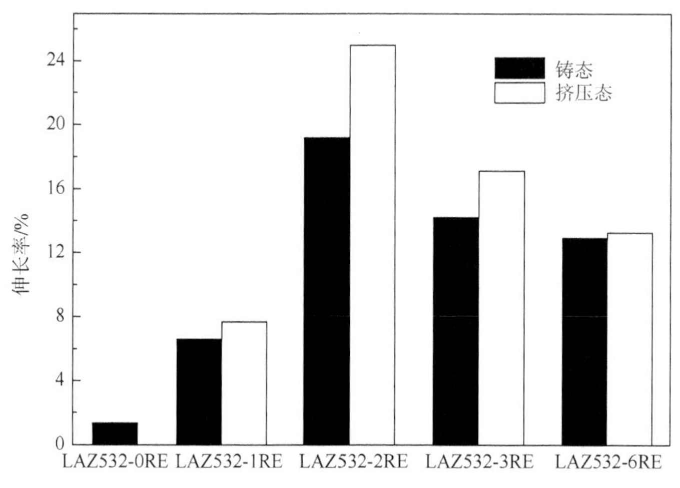

图 5.9　LAZ532 合金的伸长率

对 RE 影响 LAZ532 合金的力学性能进行分析表明，在铸态合金内，RE 导致合金的显微组织（包括 α 相、AlLi 相和 Al_3La 相）细化，使得合金的强度和伸长率同时提高[26]。因此，合金的强度和伸长率随着 RE 含量的增加而提高，并在 RE 质量分数达 2%时达到最高值。

为评估本实验所获得的合金的综合性能及应用价值，把 LAZ532-2RE 合金的各项性能指标与 AZ31 合金进行对比，对比结果列于表 5.5。从表中可以看出，LAZ532-2RE 合金的抗拉强度与 AZ31 合金接近，伸长率和比强度比 AZ31 合金大得多，密度比 AZ31 合金小。

表 5.5　AZ31 与 LAZ532-2RE 合金的力学性能和密度对比

参数	AZ31 合金	LAZ532-2RE 合金
抗拉强度/MPa	280	290
伸长率/%	14	25
比强度/(MPa/(g·cm^{-3}))	157.30	181.25
密度/(g/cm^3)	1.78	1.60

注：镁锂合金的密度一般低于 1.60g/cm^3，此表把 LAZ532-2RE 合金的密度定为 1.60g/cm^3

锂加入镁合金中不但明显地降低合金的密度，而且能够提高合金的塑性，适量的稀土能细化镁锂合金的显微组织并强化合金。因此，锂元素和稀土元素虽然增加了合金的成本，但是提高了合金的力学性能并降低了合金的密度，还提高了合金的塑性变形能力，这有利于提高合金变形加工过程中的成品率和加工效率，使得合金制备和加工的总成本未必比 AZ31 合金高。

5.3.2　LA81 和 LA83 合金

1. 合金显微组织

图 5.10 为 Y 对于 Mg-8Li-1Al-*x*Y 合金（简称 LA81 合金）和 Mg-8Li-3Al-*x*Y 合金（简称 LA83 合金）金相组织的影响。本实验中 Li 质量分数为 8%，合金处于两相区。从图中可以看出，在这 4 个合金试样中，α 相（图中白色部分）均匀地分布于 β 相（图中灰色部分）中；在 LA81 合金中，α 相为树枝晶状，随着 Al 含量的增加和 Y 含量的增加，α 相被细化并球状化。对图像中的白色区域进行图像统计计算（统计数据来自每个照片内 5 个任选区域的平均值）表明，4 个合金试样中白色区域所占的面积不同（LAY810：60.96%；LAY830：53.15%；LAY811：49.98%；LAY831：48.43%）。从这些数据中可以看出，Al 和 Y 均有利于抑制双相合金中 α 相的生成。

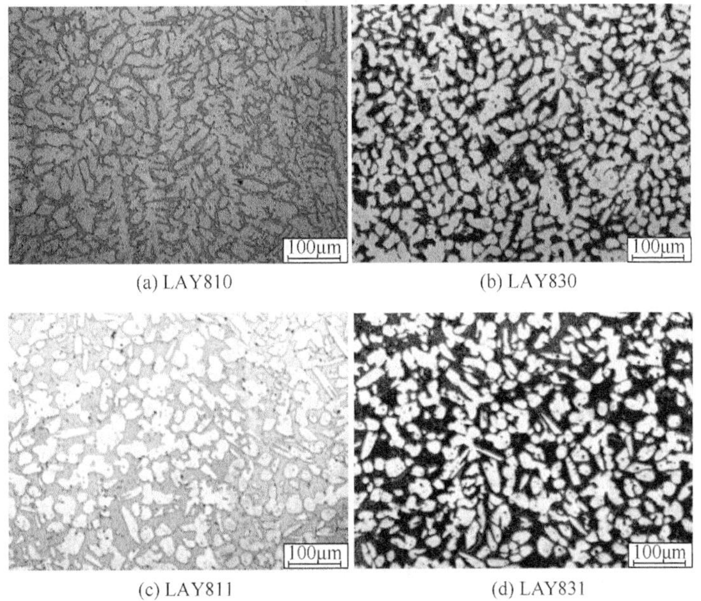

(a) LAY810　(b) LAY830

(c) LAY811　(d) LAY831

图 5.10　LA81 和 LA83 合金的金相照片

为更好地观察合金金相中的详细显微组织，图 5.11 为 4 个合金试样的高倍显微组织，LA81 合金由 α 相和 β 相组成，当 Al 质量分数由 1%增加到 3%时，在 β 相内出现黑色的絮状物（图 5.11（b）和（d））；当向 LAY810 和 LAY830 合金内添加 1%的 Y 时，在合金的 α 相和 β 相中出现块状物（图 5.11（c）和（d））。把这 4 个合金试样的金相显微组织与它们对应的 XRD 谱图（图 5.12）结合分析可知，存在于 β 相内的絮状物是 AlLi 相和 $MgAlLi_2$ 相，存在于 α 相和 β 相中的块状物是 AlY 相。

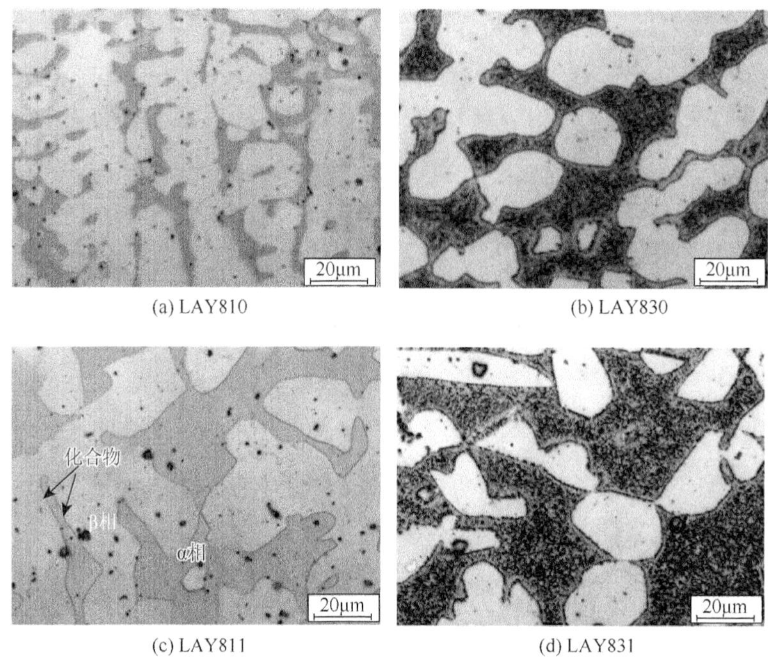

(a) LAY810　(b) LAY830
(c) LAY811　(d) LAY831

图 5.11　LA81 和 LA83 合金的高倍显微组织

图 5.13 是 LA81 和 LA83 合金金相组织的 SEM 照片。从图中可以看出，存在于 β 相内的絮状物（图 5.11（b）和（d））实际上是颗粒状的（图 5.13（a）和（c））。对图中各显微细节处进行 EDS 分析（虽然通过 EDS 无法获得 Li 含量的信息，但可根据其他元素的含量来间接推断），EDS 分析结果表明，在絮状物中颗粒尺寸较大的为 AlLi 相（如图 5.13（a）中的(001)点）；絮状物中也含有 $MgAlLi_2$ 相（如图 5.13（a）中的(005)点）；存在于 α 相和 β 相中的大尺寸块状物是 AlY 相（如图 5.13（b）中的(001)点和(002)点、图 5.13（c）中的(001)点和(002)点）。

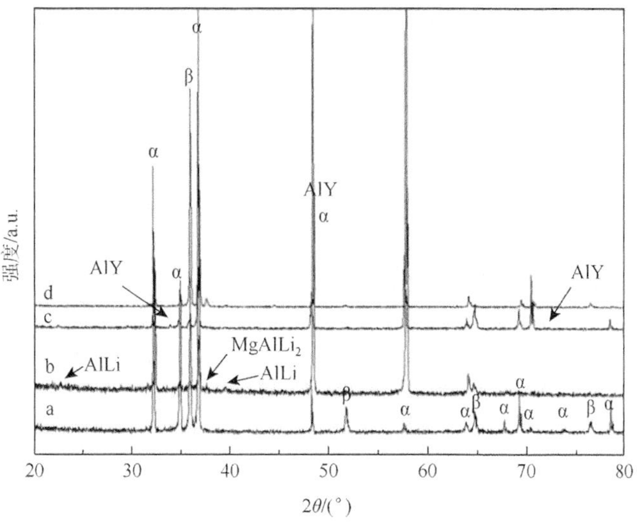

图 5.12　LA81 和 LA83 合金的 XRD 谱图

a 指 LAY810；b 指 LAY830；c 指 LAY811；d 指 LAY831

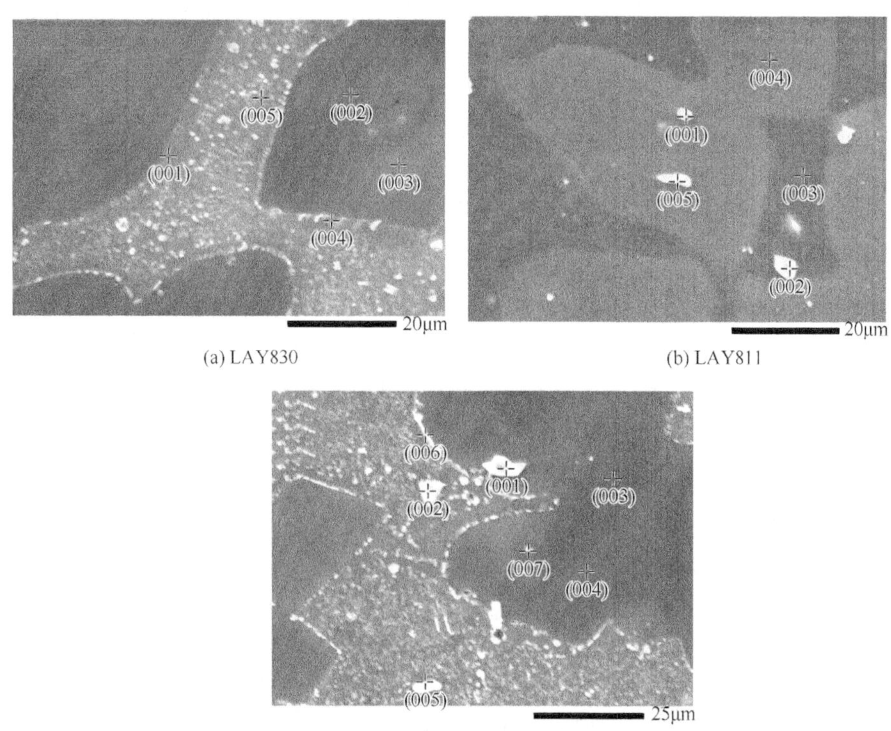

(a) LAY830　(b) LAY811

(c) LAY831

图 5.13　LA81 和 LA83 合金金相组织的 SEM 照片

为了解铸态、挤压态、挤压＋轧制态条件下合金金相显微组织的变化，分别对这三种状态下合金的金相照片进行统计。结果表明，在铸态合金中，这四种合金的晶粒尺寸为20～80μm；在挤压态合金中，这四种合金的金相组织为典型的等轴晶，且其晶粒尺寸为10～30μm，说明挤压过程发生显著的动态再结晶，且晶粒相比铸态组织已发生明显的细化；在挤压＋轧制态合金中，合金的显微组织完全由变形带组成，说明在轧制过程中没有发生动态再结晶[27]。表 5.6 给出了四种合金中 Al 和 Y 分别在 α 相和 β 相的含量数据。

表 5.6　四种合金中 Al 和 Y 分别在 α 相和 β 相的含量

合金		α 相		β 相	
		质量分数/%	原子分数/%	质量分数/%	原子分数/%
LAY810	Al	0	0	0	0
LAY830	Al	1.25	1.01	1.02	0.90
LAY811	Al	0	0	0	0
	Y	0.19	0.05	0.34	0.08
LAY831	Al	0.85	0.72	0.61	0.52
	Y	0.22	0.06	0.77	0.20

2. 合金力学性能

铸态、挤压态、挤压＋轧制态 LA81 和 LA83 合金的力学性能如图 5.14 所示。LAY810 和 LAY811 合金的铸态抗拉强度（分别为 109.86MPa 和 110.95MPa）明显低于 LAY830 和 LAY831 合金（分别为 142.08MPa 和 145.77MPa），而 LAY810 和 LAY811 合金的铸态伸长率（分别为 16%和 32%）比 LAY830 和 LAY831 合金（分别为 7%和 12%）大得多。

从以上分析可知，随着 Al 含量的增加，合金的抗拉强度上升而伸长率明显下降。Al 元素对合金的强化主要有三个机制：固溶强化，细晶强化，第二相（AlLi 相和 $MgAlLi_2$ 相）强化。Al 在 Mg 晶格中的固溶度较大，固溶强化占主导地位，固溶过程造成晶格畸变度增大，使合金的伸长率下降。因此，随着镁锂合金中 Al 含量的增加，合金的抗拉强度提高而伸长率显著下降。这一结论与文献[28]和[29]的报道相符。

从力学性能结果还可看出，在 Mg-Li-Al 合金中加入 1%的 Y 可显著地提高合金的伸长率(提高幅度达 1 倍左右,对于 LA81 合金由 16%提高到 32%,对于 LA83 合金由 7%提高到 12%)，抗拉强度也能得到一定程度的提高，但提高幅度不大。

加入 Y 后在合金中形成 AlY，同时合金中 α 相含量下降（这就意味着合金中 β 相含量上升），AlY 对于合金的强化有利，而合金中 α 相含量下降对于合金的强化不利（相对于 α 相，β 相是软化相[30]）。相反，α 相含量的下降对合金伸长率的提高是有利的（β 相比 α 相拥有更多的滑移系），AlY 第二相粒子对合金伸长率的提高不利。因此，无论对于合金的抗拉强度还是合金的伸长率，AlY 第二相粒子的出现和 α 相在合金中含量的降低均是一对矛盾体。Y 能显著提高合金的伸长率，而对合金抗拉强度的提高不是很明显。由此可以推断，α 相在合金中含量降低对合金力学性能的影响要比 AlY 第二相粒子的影响大，α 相在合金中含量的降低使得 α 相含量更接近 β 相含量，这对镁锂合金的超塑性加工是一个有利因素[31]。

由图 5.14 还可以看出，合金经挤压后抗拉强度和伸长率均得到较大的提高。以 LAY831 合金为例，合金经挤压后抗拉强度由铸态下的 145.77MPa 上升到 209.88MPa，伸长率由铸态下的 12%上升到 30%；挤压后再进行轧制时，合金的抗拉强度获得进一步的提高，但合金的伸长率下降。以 LAY831 合金为例，挤压态合金经轧制后，抗拉强度由 209.88MPa 上升到 230.78MPa，伸长率却由 30%下降到 25%。

因此，为获得尽可能高的合金抗拉强度，挤压工艺适合作为一个中间变形加工工艺，在强化合金的同时提高合金的伸长率，以利于后续变形加工；轧制变形加工适合作为变形加工的最后一道工序，以进一步提高合金的抗拉强度。

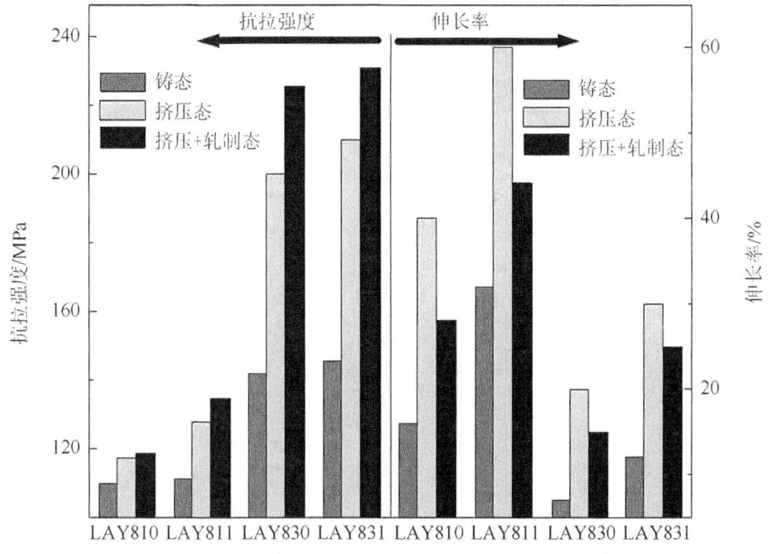

图 5.14　合金的铸态、挤压态、挤压 + 轧制态力学性能

5.3.3　Mg-8.5Li-*x*Ce 合金

1. 合金显微组织

图 5.15 为不同 Ce 含量条件下 Mg-8.5Li-*x*Ce 合金的金相显微组织。Mg-8.5Li-*x*Ce 合金的组织主要由 α 相（白色部分）和 β 相（灰色部分）组成，随着 Ce 含量的增加，α 相含量逐渐减少，并在 β 相中观察到一些黑色颗粒，经 XRD 分析（图 5.16）可推断此黑色颗粒为 $Mg_{12}Ce$ 相。此外，从这些金相照片中还可以看出，Ce 对于合金的显微组织具有很好的细化效果，且当 Ce 质量分数为 2%时，合金显微组织的细化效果最好[32]。

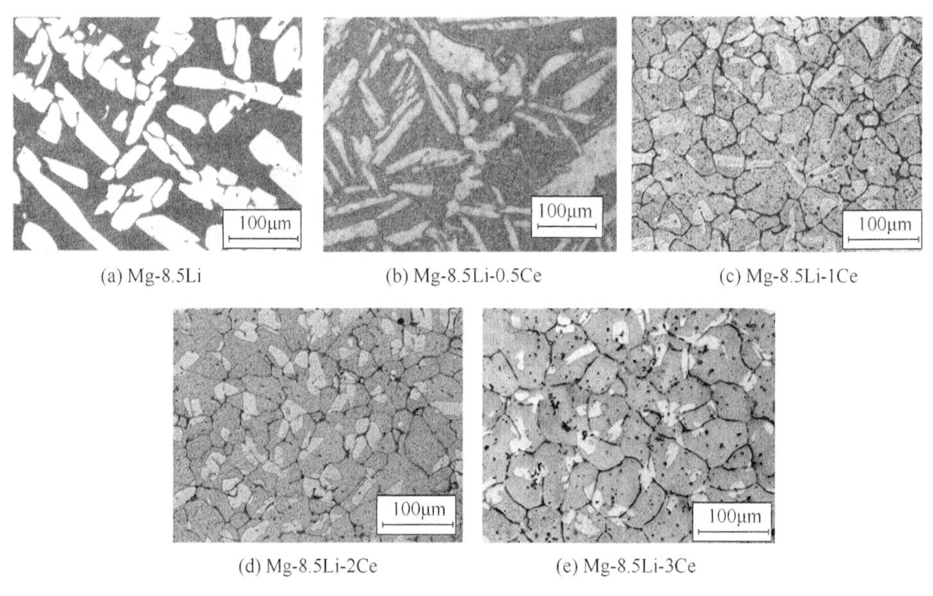

(a) Mg-8.5Li　(b) Mg-8.5Li-0.5Ce　(c) Mg-8.5Li-1Ce　(d) Mg-8.5Li-2Ce　(e) Mg-8.5Li-3Ce

图 5.15　Mg-8.5Li-*x*Ce 合金的金相显微组织

2. 合金力学性能

Mg-8.5Li-*x*Ce 合金的铸态、挤压态、轧制态力学性能如图 5.17 所示。从图中可以看出，挤压态和轧制态合金的力学性能优于相应的铸态合金，而且挤压态合金的力学性能优于轧制态合金。

在变形加工过程中，合金内的气孔和夹杂含量减少，而且晶粒细化。此外，变形使得合金的位错密度提高。因此，变形态合金的力学性能要优于铸态合金的力学性能。

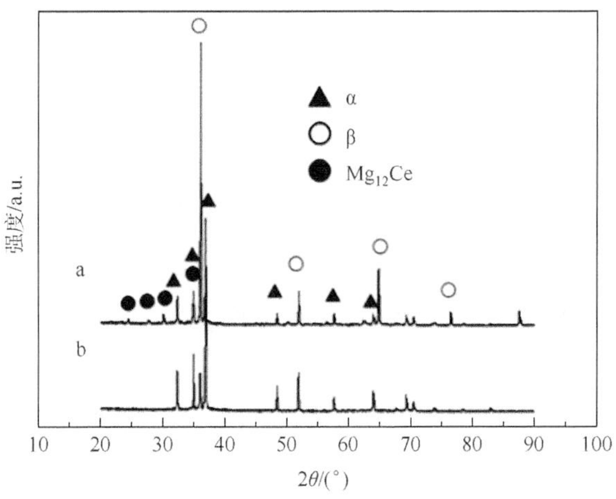

图 5.16 Mg-8.5Li-xCe 合金的 XRD 谱图

a 指 Mg-8.5Li-3Ce；b 指 Mg-8.5Li

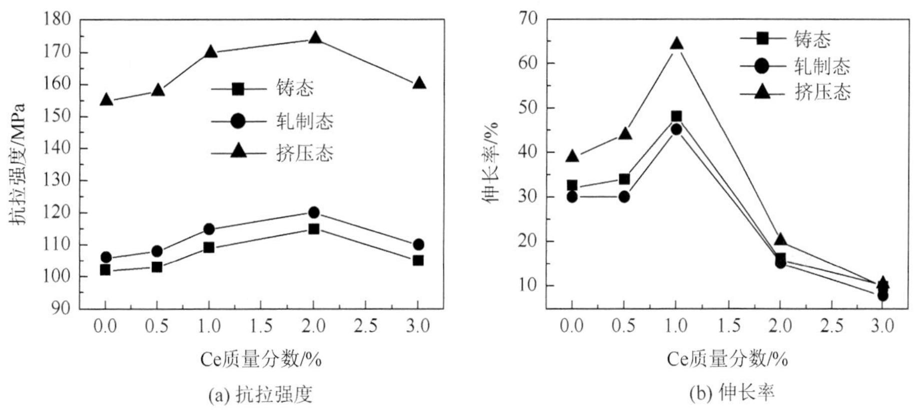

图 5.17 Mg-8.5Li-xCe 合金的力学性能

在挤压过程中，合金试样受到三向压应力作用；在轧制过程中，合金试样仅受到两个方向的压应力。因此，挤压态合金的力学性能要优于轧制态合金的力学性能。

由图 5.17 可以看出，当 Ce 质量分数为 2%时，合金的抗拉强度达到最大值；当 Ce 质量分数为 1%时，合金的伸长率达到最高值。

Ce 元素对于镁锂合金力学性能的影响包括两个方面：一方面是晶粒细化效果；另一方面是合金中 $Mg_{12}Ce$ 金属间化合物的作用。这两个方面均有利于强化合金，当 Ce 质量分数为 2%时，合金的晶粒细化效果最好（虽然继续提高 Ce 含量能增加合金内的 $Mg_{12}Ce$ 量，但是此后合金晶粒尺寸变大，因此当 Ce 质量分数大于 2%后，随着 Ce 含量的增加，晶粒粗化导致合金的抗拉强度下降）。

对于合金的伸长率，晶粒细化是一个有利因素。$Mg_{12}Ce$ 在镁锂合金中是硬质相，因此 $Mg_{12}Ce$ 对合金的伸长率是一个不利因素。在这两个因素的综合作用下，合金内 Ce 质量分数为 1%时，合金具有最大的伸长率。虽然 Ce 质量分数为 1%～2%时，增大 Ce 质量分数能继续细化合金组织，但 Ce 质量分数的增加会导致 $Mg_{12}Ce$ 量的增大，使得合金的伸长率不能提高，反而小于 Ce 质量分数为 1%时合金的伸长率。

5.3.4 Mg-5.6Li-3.37Al-1.68Zn-1.14Ce 合金

因为 Mg-5.6Li-3.37Al-1.68Zn-1.14Ce 合金中 Li 质量分数小于 5.7%，所以此合金为 α 相合金。α 相合金具有较高的硬度，可阻止晶粒的滑动和位错的滑移，使合金具有较高的强度。当 α 相组织被细化时，增强作用更加明显，合金强度和塑性都明显提高。但由于 α 相为密排六方晶体结构，晶体发生塑性变形时，滑移面总是原子排列最密的面，而滑移方向总是原子排列最密的方向，室温变形时仅限于基面 $\{0001\}\langle 11\bar{2}0\rangle$ 滑移，滑移系少，导致裂纹的产生概率增加，使 α 相合金的塑性变形能力差。因此，α 相合金的塑性一般比镁锂双相合金和 β 相合金低得多。

著者及其团队在对合金元素在镁锂合金中的作用及其三元相图分析的基础上，设计 α 相 Mg-5.6Li-3.37Al-1.68Zn-1.14Ce 合金[33]，将设计的合金在真空感应熔炼炉内进行熔铸，然后在 523K 挤压变形，并对其铸态和变形态的组织与性能进行研究。图 5.18 为变形前后 Mg-5.6Li-3.37Al-1.68Zn-1.14Ce 合金显微组织的变化。从图中可以看出，挤压变形后，合金组织由细小的等轴晶组成，经测量合金平均晶粒尺寸为 15μm，显微组织得到显著细化。

(a) 铸态　　(b) 挤压态

图 5.18　变形前后 Mg-5.6Li-3.37Al-1.68Zn-1.14Ce 合金显微组织的变化

在 523K 下进行挤压变形时，Mg-5.6Li-3.37Al-1.68Zn-1.14Ce 合金晶体内的多个滑移系同时启动，位错以多滑移和交滑移的方式运动，在晶内相互缠结、塞积形成位错墙，并进一步形成亚晶界。位错的滑移或攀移促进亚晶粒的合并，随着亚晶粒的长大，将构成大角度晶界，形成再结晶核心，最终形成新的晶粒，完成动态再结晶。

Mg-5.6Li-3.37Al-1.68Zn-1.14Ce 合金主要为 α 相组织，不存在 β 相。在合金内存在 Al_2Ce，这主要是由于 Al 与 Ce 的电负性差较大（Ce 与 Al、Mg、Li 的电负性差分别为 0.4、0.1、0.3），在 Ce 含量超过其在 α 相内的固溶度后，其将优先与合金内的 Al 结合形成 Al_2Ce。由于 Al_2Ce 熔点较高，在凝固过程中，先于晶界处析出的 Al_2Ce 可以起到阻碍晶粒长大而细化晶粒的作用。

表 5.7 为挤压前后 Mg-5.6Li-3.37Al-1.68Zn-1.14Ce 合金的力学性能变化。Mg-5.6Li-3.37Al-1.68Zn-1.14Ce 合金挤压变形后抗拉强度、屈服强度、伸长率都得到提升。挤压态合金的强度大于铸态合金的强度主要有两个原因：一是铸态组织中的缩松、气孔等缺陷经挤压加工后被焊合，使合金内部缺陷数量减少，故可使合金强度增加；二是挤压后细化晶粒，晶粒尺寸的减小会增加位错运动障碍的数量，降低位错的可动性，使合金强度提高。

表 5.7　挤压前后 Mg-5.6Li-3.37Al-1.68Zn-1.14Ce 合金的力学性能变化

加工状态	抗拉强度/MPa	屈服强度/MPa	伸长率/%
铸态	240	235	8
挤压态	285	260	9

图 5.19 为 Mg-5.6Li-3.37Al-1.68Zn-1.14Ce 合金铸态和挤压态的拉伸试样断口形貌。从图中可以看出，挤压态试样的拉伸断口韧窝细小，为典型的韧性断裂；铸态试样的断口虽然也存在一些韧窝，但韧窝尺寸较大，且在局部存在一些解理河流纹，说明铸态试样的强韧性不如挤压态试样，这主要是由于挤压变形使得合金的晶粒得到细化。

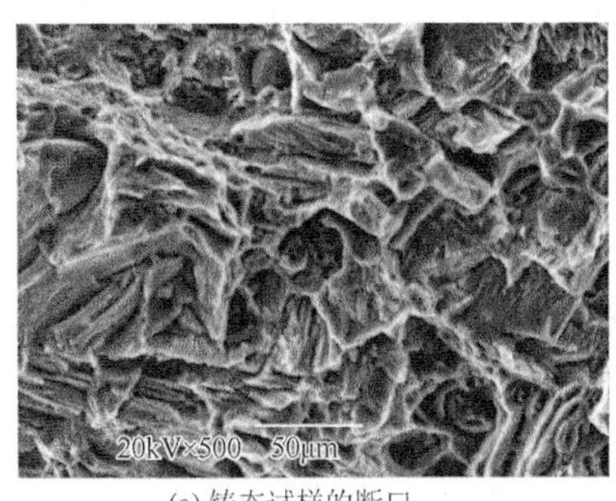

(a) 铸态试样的断口

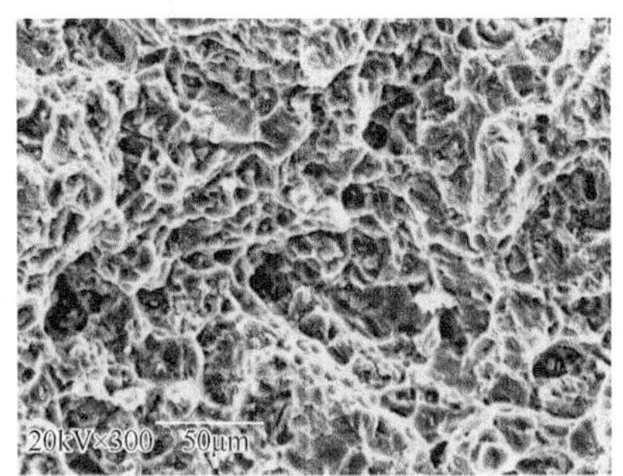

(b) 挤压态试样的断口

图 5.19　挤压前后 Mg-5.6Li-3.37Al-1.68Zn-1.14Ce 合金拉伸试样的断口形貌

5.3.5 Mg-5.5Li-3.0Al-1.2Zn-1.0Ce 合金

采用真空感应熔炼技术制备 Mg-5.5Li-3.0Al-1.2Zn-1.0Ce 合金，对合金进行挤压和挤压后轧制变形，研究变形过程中合金的组织、性能变化特点及变形行为。

图 5.20 为 Mg-5.5Li-3.0Al-1.2Zn-1.0Ce 合金的金相组织。由图可见，铸态合金为发达的枝晶组织，晶粒粗大；经 280℃挤压变形后，合金组织由细小的等轴晶组成，经 Leica Qwin 软件测量合金平均晶粒尺寸为 15μm，说明经 280℃挤压变形后合金发生了动态再结晶；合金挤压后再轧制变形有大量的孪晶生成，且孪晶密度随压下量增大而增加，孪晶的形成为合金的变形提供了新途径，使得合金变形更加容易。

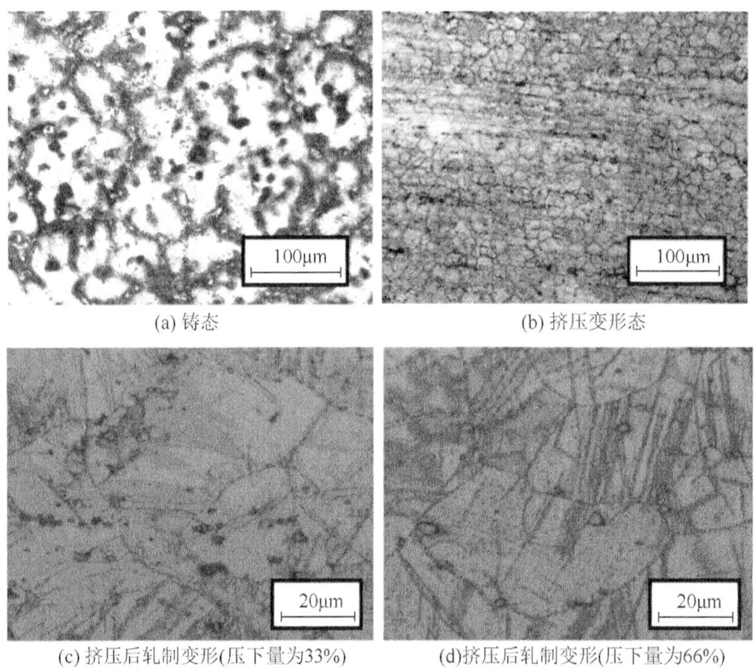

图 5.20 Mg-5.5Li-3.0Al-1.2Zn-1.0Ce 合金的金相组织

根据镁锂合金相图，Mg-5.5Li 合金的熔点（T_m）约为 870K，其理论再结晶温度（$0.4T_m$）约为 348K。在 523K 下进行挤压变形时，Mg-5.5Li-3.0Al-1.2Zn-1.0Ce 合金晶体内的多个滑移系同时启动，位错以多滑移和交滑移的方式运动，在晶内相互缠结、塞积形成位错墙，并进一步形成亚晶界。位错的滑移或攀移促进亚晶粒的合并，随着亚晶粒的长大，将构成大角度晶界，形成再结晶核心，最终形成新的晶粒，完成动态再结晶过程。

Mg-5.5Li-3.0Al-1.2Zn-1.0Ce 合金在温轧（辊温为 100℃）变形时，变形温度低，非基面滑移难以启动，因滑移系少而在晶界附近产生大的应力集中。这种大的应力集中可促进孪晶形核，并协调塑性变形。孪生位错均为不全位错，不像全位错那样容易因加工硬化而失去运动能力，因此孪晶晶核一旦形成，可在较宽的温度范围长大。

5.3.6　Mg-16Li-5Al-*x*Ce 合金

图 5.21 为 Mg-16Li-5Al-*x*Ce 铸态合金显微组织照片。由图可见，所制备的 Mg-16Li-5Al-*x*Ce 合金均为 β 相组织，Mg-16Li-5Al 合金晶粒比较粗大，随 Ce 含量的增加晶粒逐渐细化，Mg-16Li-5Al-0.6Ce 合金晶粒细化趋势减缓。Mg-16Li-5Al-*x*Ce 合金平均晶粒尺寸变化如图 5.22 所示。Mg-16Li-5Al 合金的平均晶粒尺寸接近 190μm；Mg-16Li-5Al-0.2Ce 合金的平均晶粒尺寸明显降低，大约降低 36%；Ce 含量继续增大，合金的平均晶粒尺寸降低幅度小，Mg-16Li-5Al-0.6Ce 和 Mg-16Li-5Al-1.0Ce 合金平均晶粒尺寸近似。由 Mg-16Li-5Al-0.2Ce 和 Mg-16Li-5Al-0.6Ce 合金的高倍形貌可见，在晶粒内分布大量规则排列的板条状组织，如图 5.23（b）和（c）所示。

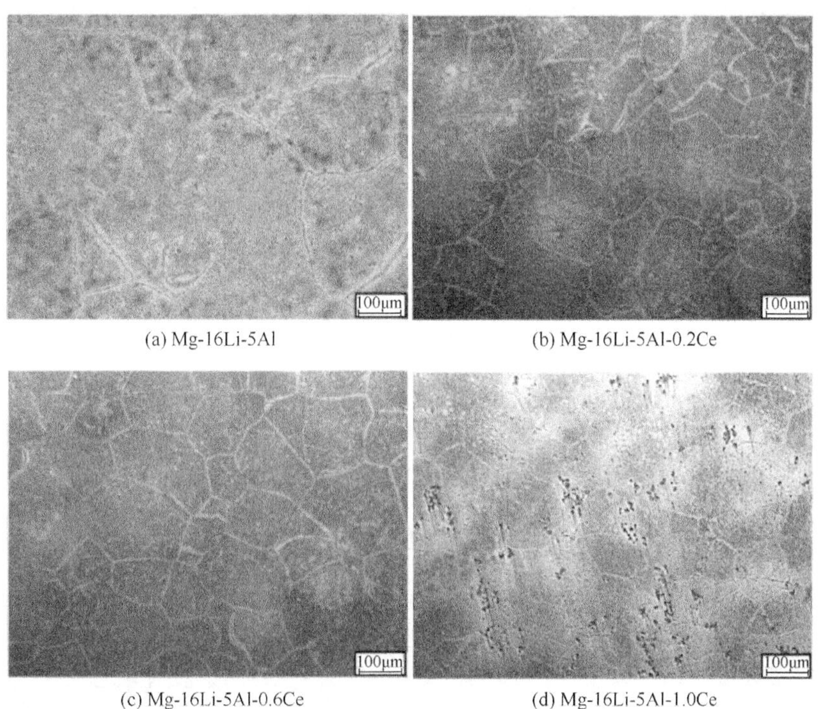

(a) Mg-16Li-5Al　(b) Mg-16Li-5Al-0.2Ce

(c) Mg-16Li-5Al-0.6Ce　(d) Mg-16Li-5Al-1.0Ce

图 5.21　Mg-16Li-5Al-*x*Ce 铸态合金显微组织

Mg-16Li-5Al-0.6Ce 合金中白色块状化合物数量较少且尺寸较小；Mg-16Li- 5Al-1.0Ce 合金中块状化合物聚集在晶界附近或晶界上，板条状化合物数量明显减少，如图 5.23（d）所示。

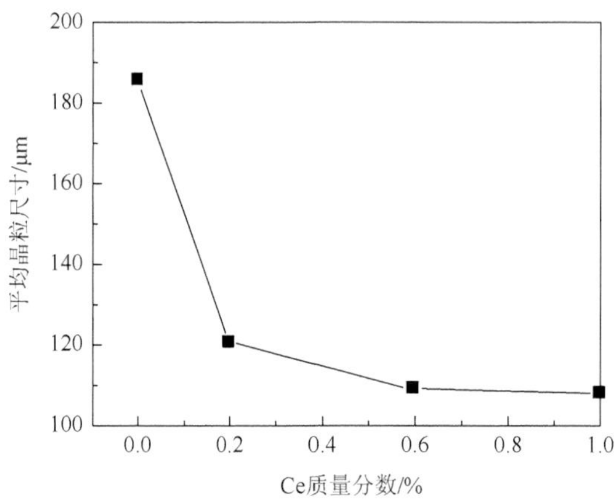

图 5.22　Mg-16Li-5Al-xCe 合金平均晶粒尺寸

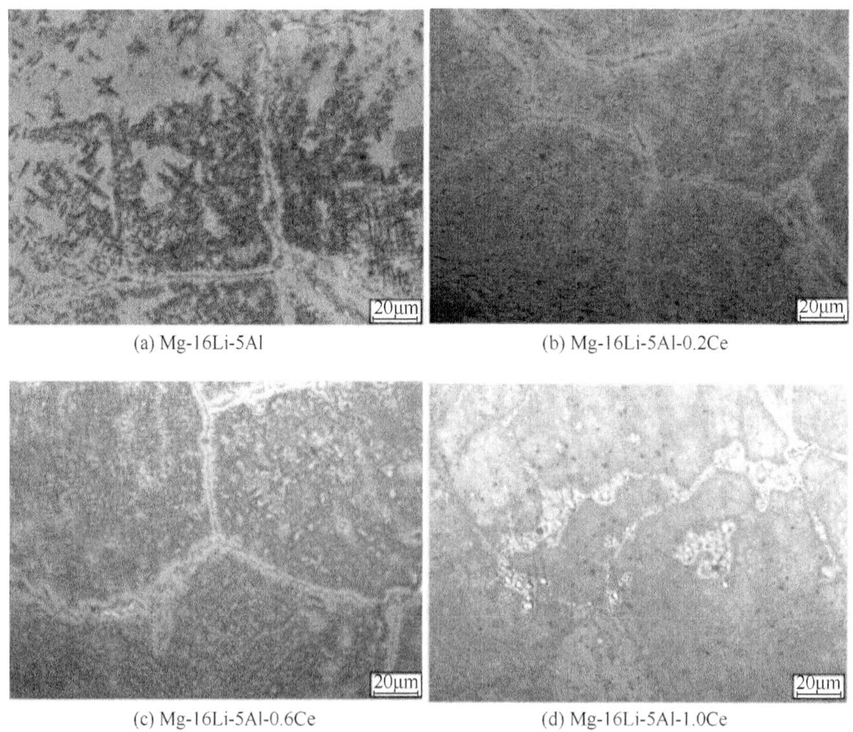

(a) Mg-16Li-5Al　(b) Mg-16Li-5Al-0.2Ce

(c) Mg-16Li-5Al-0.6Ce　(d) Mg-16Li-5Al-1.0Ce

图 5.23　Mg-16Li-5Al-xCe 铸态合金高倍显微组织

图 5.24 为 Mg-16Li-5Al-*x*Ce 铸态合金的 XRD 谱图。由图可见，Mg-16Li-5Al 合金主相为 β 相，另外包含 $Mg_{17}Al_{12}$、AlLi 两种化合物。加入 Ce 后，合金除出现 β 相、$Mg_{17}Al_{12}$ 和 AlLi 衍射峰外，还出现 Al_2Ce 衍射峰。

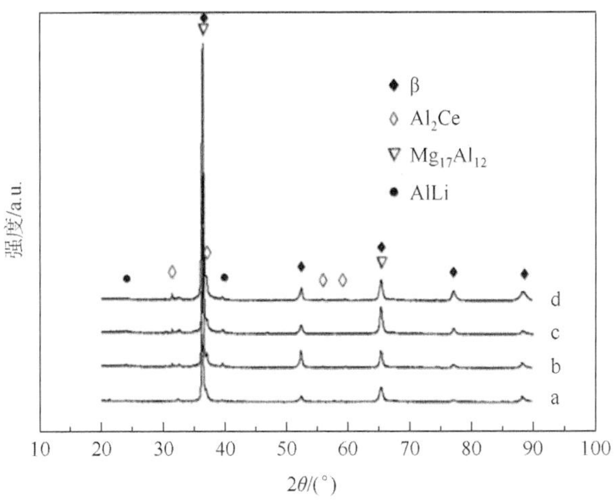

图 5.24　Mg-16Li-5Al-*x*Ce 铸态合金 XRD 谱图

a 指 Mg-16Li-5Al；b 指 Mg-16Li-5Al-0.2Ce；c 指 Mg-16Li-5Al-0.6Ce；d 指 Mg-16Li-5Al-1.0Ce

图 5.25 为 Mg-16Li-5Al-*x*Ce 铸态合金的 SEM 照片。因为镁锂合金中的 Li 非常活泼，在金相试样制备和组织表征过程中极容易氧化而将 O 元素带入，所以在实验结果中出现 O 元素。排除上述因素，晶界 A 和板条状化合物 B 的 EDS 分析结果基本相似。经 SEM 线扫描（图 5.26）和 EDS 分析，以及 XRD 的检测结果，可判断晶界处的析出物和板条状化合物为 $Mg_{17}Al_{12}$。本书中 $Mg_{17}Al_{12}$ 的形态与肖晓玲等[34]在 AZ91 合金中验证的 $Mg_{17}Al_{12}$ 析出相的形态相近，不同的是本书中 $Mg_{17}Al_{12}$ 相重叠且交叉分布，有可能是析出的时间和顺序不同造成的。白色块状化合物 C 中 Al 和 Ce 的原子比约为 2∶1，根据 Mg、Al 及 Ce 的电负性差（Ce 和

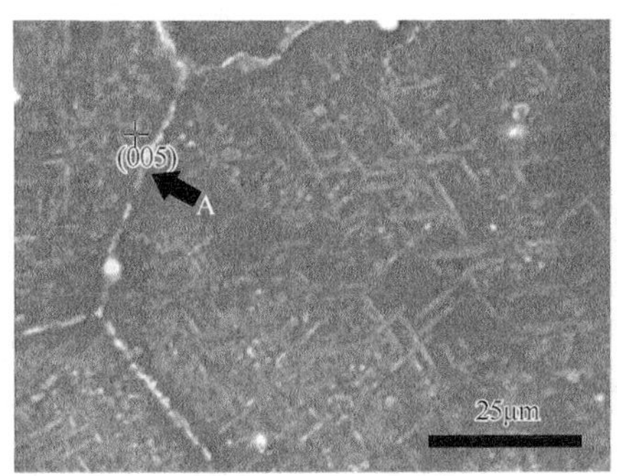

(a) Mg-16Li-5Al-0.2Ce

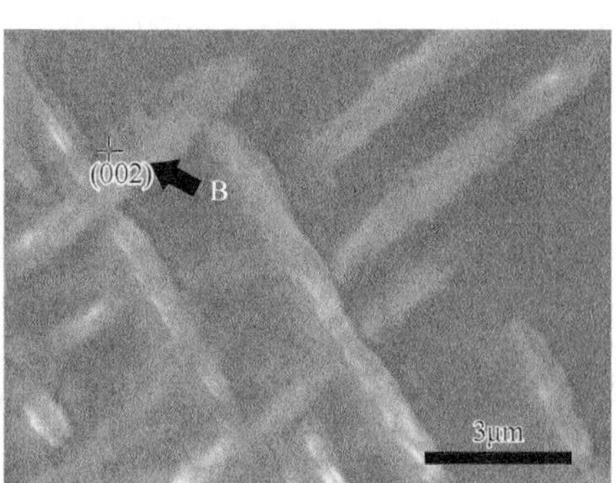

(b) 图(a)的放大图

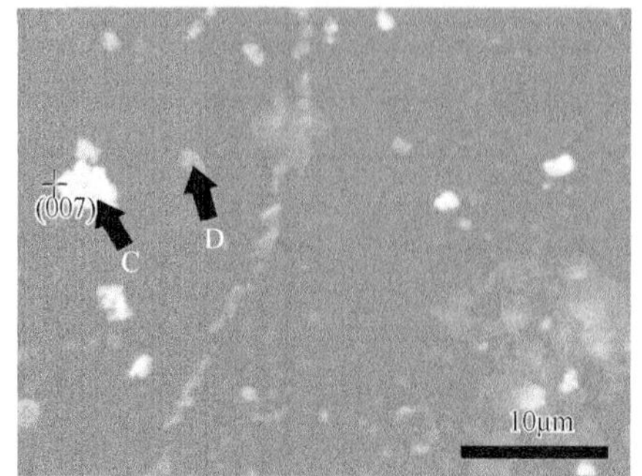

(c) Mg-16Li-5Al-1.0Ce

图 5.25　Mg-16Li-5Al-*x*Ce 铸态合金 SEM 照片

Al 的电负性差大于 Ce 与 Mg 的电负性差)，结合 XRD 中 Al_2Ce 衍射峰的出现，排除基体 Mg 对检测结果的影响，可判断该化合物为 Al_2Ce。从图 5.27 可以看到，合金的元素面分布显现的块状化合物为 Al_2Ce。

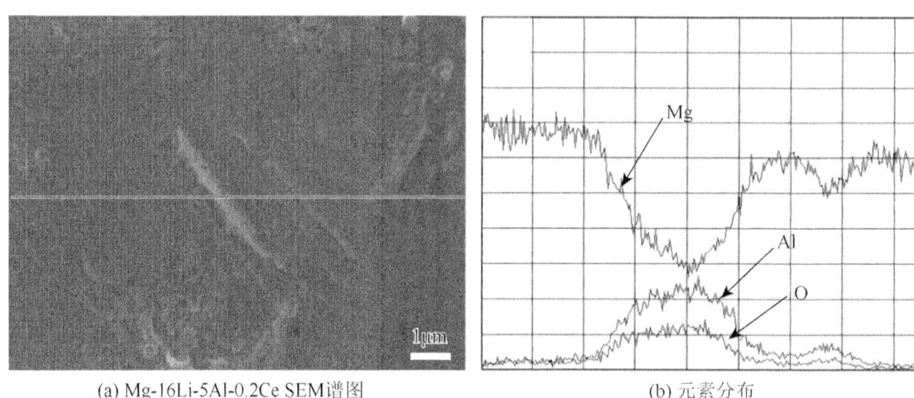

(a) Mg-16Li-5Al-0.2Ce SEM谱图　　(b) 元素分布

图 5.26　Mg-16Li-5Al-0.2Ce 合金线扫描谱图

(a) 块状化合物SEM形貌　　(b) Mg元素分布图

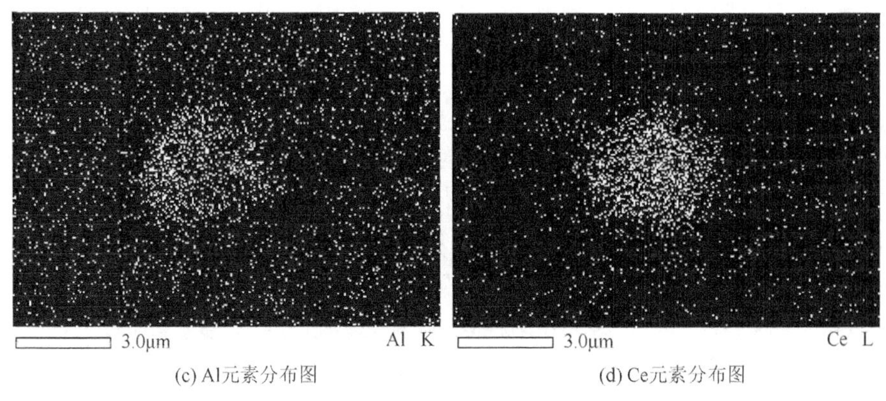

(c) Al元素分布图　(d) Ce元素分布图

图 5.27　Mg-16Li-5Al-0.2Ce 合金元素面分布图

图 5.28 为 Ce 含量对 Mg-16Li-5Al-*x*Ce 铸态合金强度的影响。由图可以看到，随 Ce 含量增大，抗拉强度增大，当 Ce 质量分数为 0.6%时，抗拉强度达到最大值。屈服强度具有与抗拉强度相同的变化规律，但变化幅度较小。细晶强化是合金强度提高的主要原因。另外，合金中存在大量的金属间化合物，如 $Mg_{17}Al_{12}$、AlLi、Al_3La、Al_2Ce 等，这些金属间化合物随 Ce 含量增加逐渐被细化，根据第二相粒子强化的机制，进一步促进了合金强度的提高。但铝稀土化合物消耗了多数的 Al，基体中起固溶强化的 Al 含量降低，而且大量硬脆的稀土化合物生成，增大裂纹的生成概率，所以当 Ce 质量分数大于 0.6%后合金的强度逐渐降低。

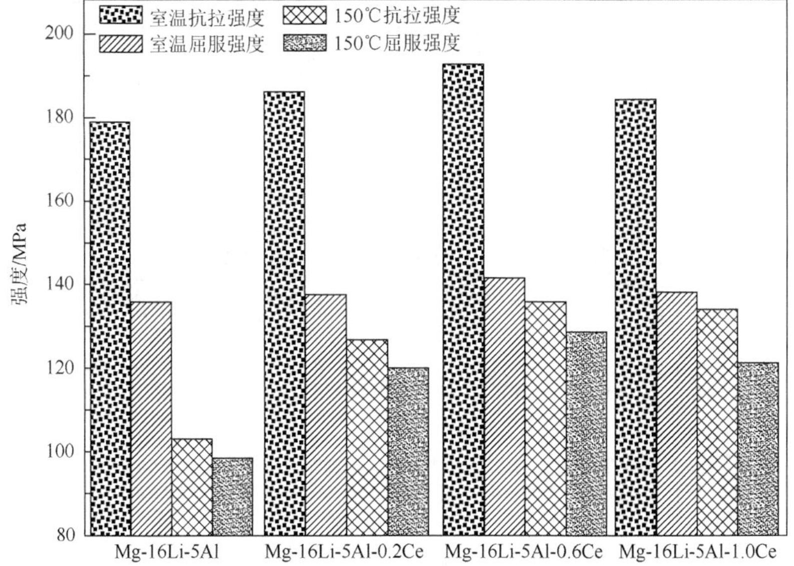

图 5.28　Ce 含量对 Mg-16Li-5Al-*x*Ce 铸态合金强度的影响

150℃时没添加 Ce 的合金强度相对于 Ce 质量分数为 0.6%的合金强度下降较多。这说明合金加入 Ce 后耐热性能得到改善。Mg-Li-Al 合金中的强化相 $Mg_{17}Al_{12}$ 熔点（437℃）较低，热稳定性差，当温度升高到 120℃时开始发生软化，不能有效钉扎晶界，抑制晶粒的变形，导致强度下降。铝稀土化合物的数量随 Ce 含量的增加而增多，结合基体中更多的 Al，使 $Mg_{17}Al_{12}$、AlLi 数量减少，而稀土化合物都具有较高的熔点（Al_2Ce 的熔点为 1135℃），热稳定性好，弥散分布在晶界附近和晶内，可有效地阻止位错的运动和晶界的滑移，因此增强合金的耐热性能。

图 5.29 为 Ce 含量对 Mg-16Li-5Al-*x*Ce 铸态合金显微硬度的影响。随 Ce 含量的增加，合金的显微硬度呈增大趋势。Ce 质量分数为 1.0%时，合金的显微硬度最高，比没加 Ce 的合金提高了 40%。由于 Mg-16Li-5Al 合金中 Al 含量较大，合金中生成很多交叉的板条状 $Mg_{17}Al_{12}$，$Mg_{17}Al_{12}$ 具有较高的硬度，使合金显微硬度相对较高。Mg-16Li-5Al 合金中加入 Ce 后，合金的显微硬度进一步得到增加，其原因是[35]：①合金中生成的 Al_3La 和 Al_2Ce 的显微硬度高于 $Mg_{17}Al_{12}$；②含有稀土的合金晶粒细化，产生细晶强化作用。

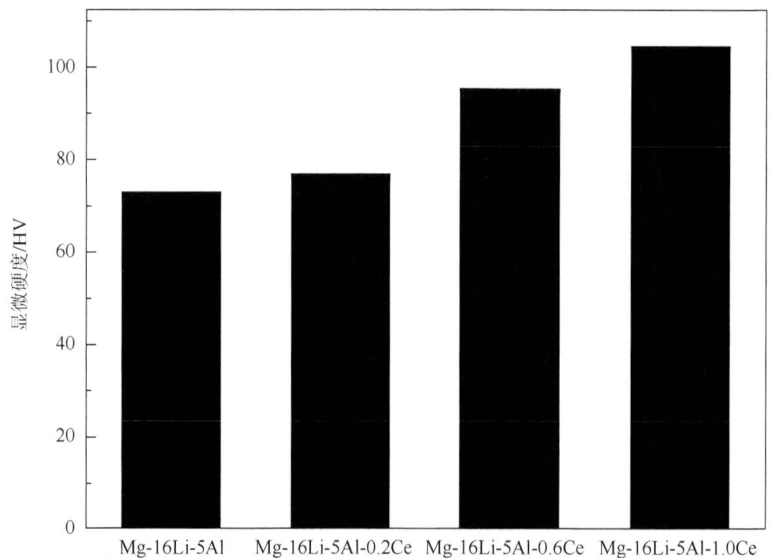

图 5.29　Ce 含量对 Mg-16Li-5Al-*x*Ce 铸态合金显微硬度的影响

5.3.7　LA141-*x*Nd 合金

图 5.30 为 LA141-*x*Nd 铸态合金的显微组织。由图可见，LA141-*x*Nd 铸态合金均为 β 相组织，不加 Nd 的合金晶粒粗大，而当 Nd 质量分数增大到 0.3%后合

金晶粒开始变小，Nd 质量分数为 0.6%时合金晶粒最小，平均晶粒尺寸相比于没添加 Nd 的合金降低约 30%。

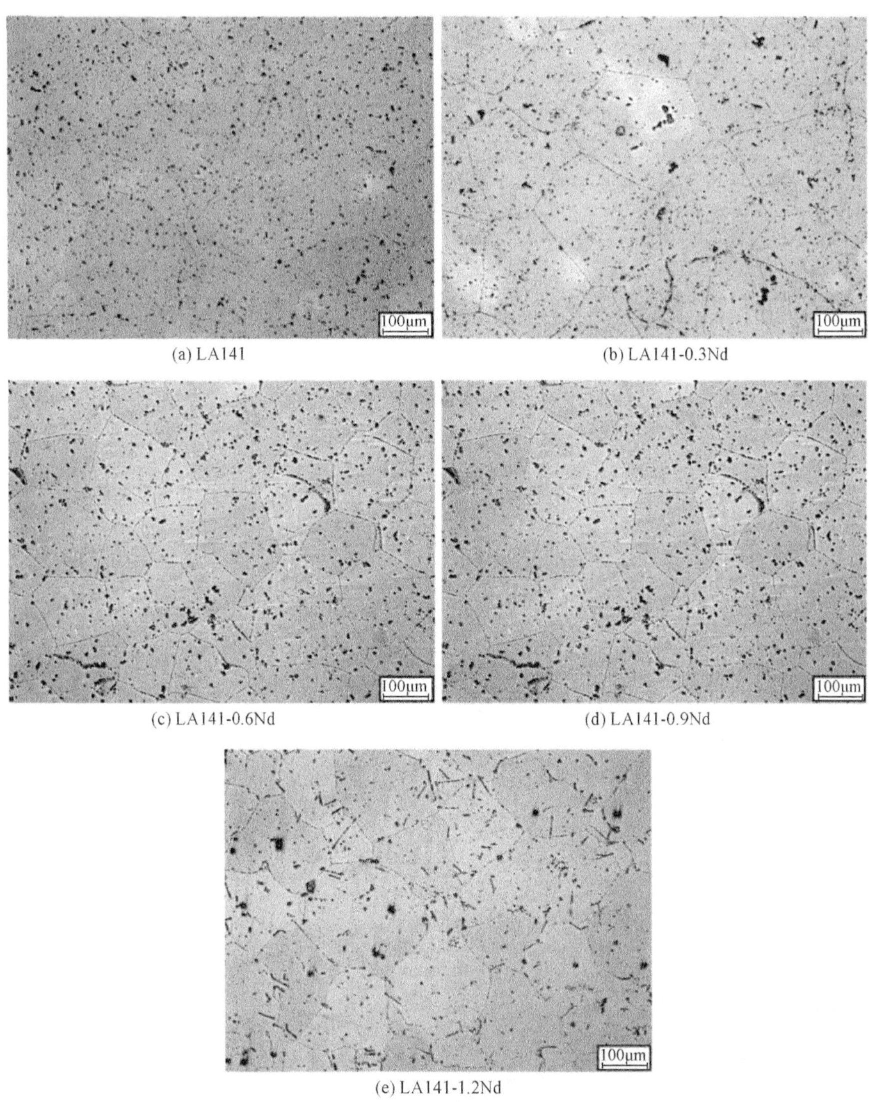

(a) LA141　(b) LA141-0.3Nd　(c) LA141-0.6Nd　(d) LA141-0.9Nd　(e) LA141-1.2Nd

图 5.30　LA141-xNd 铸态合金的显微组织

图 5.31 为 LA141-xNd 铸态合金的 XRD 谱图。从结果可知，LA141 合金主要由 β 相和 $Mg_{17}Al_{12}$ 相组成；LA141-1.2Nd 合金除 β 相和 $Mg_{17}Al_{12}$ 相外，还存在 Al_2Nd 相。

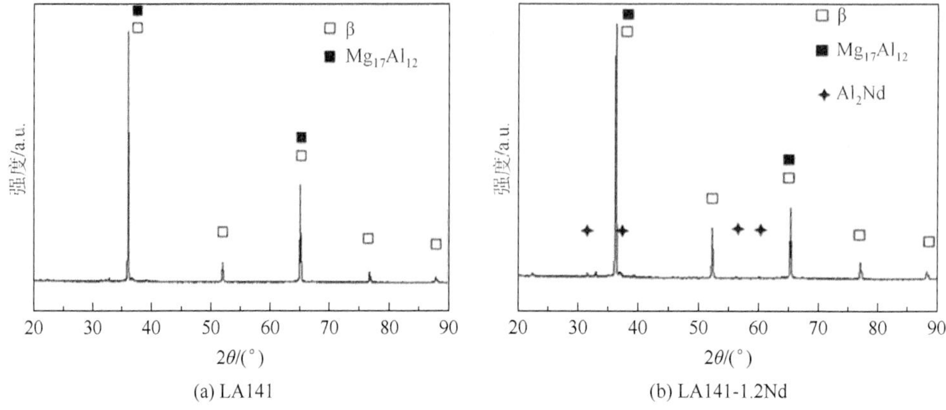

(a) LA141　　(b) LA141-1.2Nd

图 5.31　LA141-xNd 铸态合金的 XRD 谱图

挤压变形后 LA141-xNd 合金的显微组织如图 5.32 所示。LA141 合金经变形发生动态再结晶，组织形貌为等轴晶，晶粒比较均匀，平均晶粒尺寸为 56.1μm，约为铸态合金平均晶粒尺寸的 1/4，合金中的 $Mg_{17}Al_{12}$ 被破碎成更细小的颗粒。

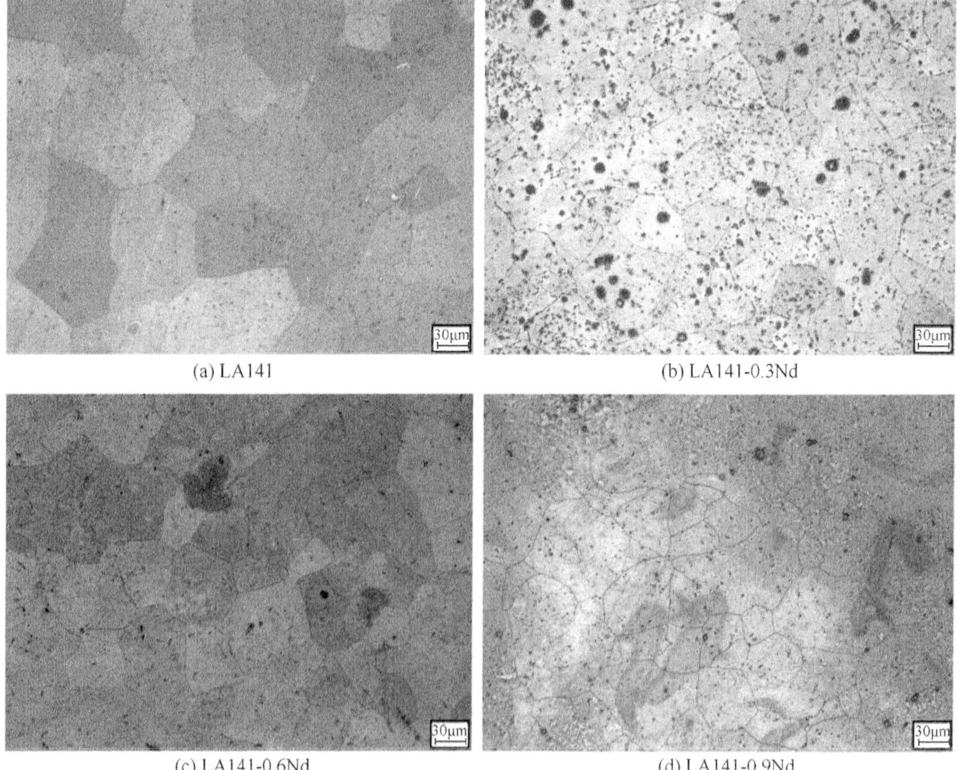

(a) LA141　　(b) LA141-0.3Nd

(c) LA141-0.6Nd　　(d) LA141-0.9Nd

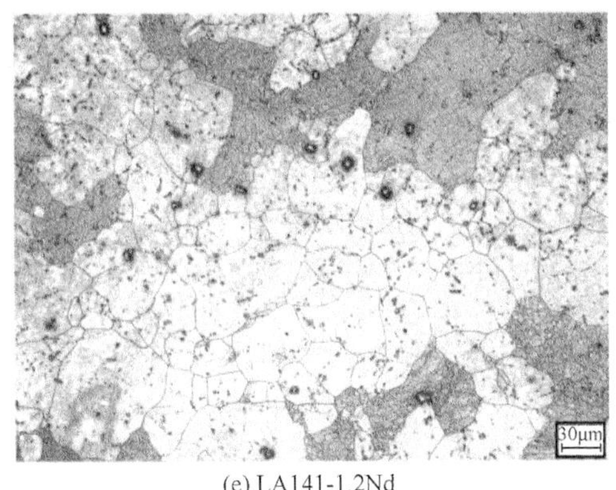

(e) LA141-1.2Nd

图 5.32　挤压后 LA141-*x*Nd 合金的显微组织

加入 Nd 的合金也发生动态再结晶，Nd 质量分数为 0.3%的合金平均晶粒尺寸低于 35μm，大小比较均匀。当 Nd 质量分数大于 0.6%时，晶粒大小不均，有的地方动态再结晶晶粒非常细小，在这个区域平均晶粒尺寸为 4.2μm，而晶粒较大的部分平均晶粒尺寸为 20～60μm。

本章重点介绍了稀土镁锂合金的研究现状，总结了著者及其团队近年来的研究成果。随着镁锂合金在航空航天领域和其他轻量化装备领域的快速应用，稀土镁锂合金一定会有更大的应用前景。

参 考 文 献

[1] Grube G，Zeppelin V H，Bumm H. Electrical conductivity and equilibrium diagrams of binary alloys XI. The system：Lithium-magnesium. Z. Elektrochem.，1934，40：160-164.

[2] 于化顺，闽光辉. 合金元素在 Mg-Li 基合金中的作用. 稀有金属材料与工程，1996，25（2）：1-5.

[3] Liu B，Zhang M L，Wu R Z. Effects of Nd on microstructure and mechanical properties of as-cast LA141 alloys. Materials Science and Engineering A，2008，487：347-351.

[4] 徐伟，刘滨，张密林. Li 含量对 Mg-2Al-1Zn-4Y-3Nd 合金铸态组织的影响. 化学工程师，2007，138（3）：51-53.

[5] Wang T，Zhang M L，Wu R Z. Microstructure and properties of Mg-8Li-1Al-1Ce alloy. Materials Letters，2008，62：1846-1848.

[6] 刘滨，张密林. Ce 对 Mg-Li-Al 合金组织及力学性能的影响. 特种铸造及有色合金，2007，27（5）：329-331.

[7] Ninomiya R，Miyake K. A study of superlight and superplastic Mg-Li based alloys. Journal of Japanese Institute of Light Metals，2001，51（10）：509-513.

[8] 赵亮，赵平. 热处理对 Mg-7.28Li-8.02Y 合金显微组织和力学性能的影响. 金属热处理，2008，33（8）：73-76.

[9] 王涛，张密林，牛中毅. Y 对 Mg-8Li-3Al 合金组织和性能的影响. 轻合金加工技术，2007，35（10）：35-37.

[10] Wu H Y，Gao Z W，Lin J Y，et al. Effects of minor scandium addition on the properties of Mg-Li-Al-Zn alloy. Journal of Alloys and Compounds，2009，474：158-163.

[11] Tanno O，Ohuchi K，Matuzawa K，et al. Effect of rare-earth elements on the structures and mechanical properties

of Mg-8%Li alloys. Journal of Japanese Institute of Light Metals，1992，42（1）：3-9.

[12] Sanschagrin A，Tremblay R，Angers R，et al. Mechanical properties and microstructure of new magnesium-lithium base alloys. Materials Science and Engineering A，1996，220：69-77.

[13] Wang T，Zhang M L，Niu Z Y，et al. Influence of rare earth elements on microstructure and mechanical properties of Mg-Li alloys. Journal of Rare Earths，2006，24：797-800.

[14] Wu R Z，Zhang M L，Wang T. Microstructure characterization and mechanical properties of Mg-9Li-5Al-1Zn-0.6RE alloy. Transactions of Nonferrous Metals Society of China，2007，17：448-451.

[15] 刘滨，张密林，胡耀宇，等. 富镧混合稀土对 Mg-10Li-4Al 合金组织和力学性能的影响. 航空材料学报，2007，27（5）：17-21.

[16] 刘鹏，赵平. 氢化处理铸造镁锂合金. 铸造，2006，55（5）：505-508.

[17] Wu R Z，Deng Y S，Zhang M L. Microstructure and mechanical properties of Mg-5Li-3Al-2Zn-*x*RE alloys. Journal of Materials Science，2009，44：4132-4139.

[18] Chang J，Moon I，Choi C. Refinement of cast microstructure of hypereutectic Al-Si alloys through the addition of rare earth metals. Journal of Materials Science，1998，33（20）：5015-5023.

[19] Bandyopadhyay T R，Krishna R P，Probhu N. Development of ultrahigh strength steel through electroslag remelting with inoculation. Ironmaking & Steelmaking，2006，33（4）：337-343.

[20] Kashyap K T，Yamdagni S. Modelling of soft impingement during solidification. Bull Material Science，2007，30（4）：403-406.

[21] Liu B，Zhang M L，Niu Z Y. Influence of RE on microstructure and mechanical properties of Mg-Li-Al alloys. Materials Science Forum，2007，546：211-213.

[22] Hu H E，Zhen L，Zhang B Y，et al. Microstructure characterization of 7050 aluminum alloy during dynamic recrystallization and dynamic recovery. Materials Characterization，2008，59：1185-1189.

[23] Kugler G，Turk R. Modeling the dynamic recrystallization under multi-stage hot deformation. Acta Materialia，2004，52（15）：4659-4668.

[24] Wu R Z，Zhang M L，Liu B. Influences of misch metal on microstructure and mechanical properties of Mg-10Li-4Al alloy. Journal of Rare Earths，2007，25：547-549.

[25] Kim S I，Choi S H，Lee Y. Influence of phosphorous and boron on dynamic recrystallization and microstructures of hot-rolled interstitial free steel. Materials Science and Engineering A，2005，406（1-2）：125-133.

[26] Chakravorty C R. Development of ultra light magnesium-lithium alloys. Bull Material Science，1994，17（6）：733-745.

[27] Wu R Z，Qu Z K，Zhang M L. Effects of the addition of Y in Mg-8Li-(1,3)Al alloy. Materials Science and Engineering A，2009，516：96-99.

[28] 马春江，张荻，覃继宁，等. Mg-Li-Al 合金的力学性能和阻尼性能. 中国有色金属学报，2000，10（S1）：10-14.

[29] Saito N，Mabuchi M，Nakanishi M，et al. Aging behavior and the mechanical properties of the Mg-Li-Al-Cu alloy. Scripta Materialia，1997，36：551-555.

[30] Li M F. Effect of alloying elements addition on the mechanical and corrosion properties of Mg-9Li alloys. Taibei：Tatung University，2007.

[31] Dong S L，Imai T，Lim S W，et al. Superplasticity in Mg-Li-Zn alloys processed by high ratio extrusion. Materials and Manufacturing Processes，2008，23（4）：336-341.

[32] Zhang M L，Wu R Z，Wang T. Microstructure and mechanical properties of Mg-8Li-(0-3)Ce alloys. Journal of

Materials Science，2009，44：1237-1240.

[33] Wang T，Zhang M L，Wu R Z. Microstructure and mechanical properties of Mg-5.6Li-3.37Al-1.14Ce alloy. Transactions of Nonferrous Metals Society of China，2007，17：444-447.

[34] 肖晓玲，罗承萍，聂建峰. AZ91Mg-Al 合金中 β-($Mg_{17}Al_{12}$)析出相的形态及其晶体学特征. 金属学报，2001，37（1）：1-7.

[35] Liu B，Zhang M L，Wu R Z. Influence of Ce on microstructure and mechanical properties of LA141 alloys. Transactions of Nonferrous Metals Society of China，2007，17：376-380.

第 6 章　稀土镁合金

镁合金被誉为“21 世纪绿色工程金属结构材料”。随着镁合金及其相关技术的发展，镁合金在国内各个领域的应用也得到了进一步的推广，并将成为 21 世纪重要的轻质结构材料。我国是世界上镁资源储量最大的国家，丰富的镁资源为我国镁产业的可持续发展提供了充足的资源保障。我国不仅不存在对国外镁资源的依存度问题，而且是世界上原镁的重要产地。现今我国已成为原镁生产、消费和加工的重要基地。

稀土元素与镁的原子半径相差在±15%范围内，稀土在镁中有较大固溶度。稀土可以有效地改善合金组织和微观结构、提高合金室温及高温力学性能、增强合金耐蚀性和耐热性、提高合金再结晶温度和减缓再结晶过程、起到时效强化作用，从而大幅度提高镁合金的高温强度和抗蠕变性能。因此，人们开发了一系列含稀土的镁合金，使它们具有高强、耐热、耐蚀等性能，有效地拓展了镁合金的应用领域。

6.1　稀土镁合金发展历程

1808 年，Davey 首次从汞合金中分馏出汞和镁。1852 年，Bunsen 电解 $MgCl_2$ 得到金属镁。至此，镁及镁合金作为一种新材料登上了历史舞台。在第二次世界大战期间，镁及镁合金得到了突飞猛进的发展。然而，由于纯镁的强度低，纯镁很难作为结构材料在工业生产上应用。提高镁强度的方法主要是加入其他种类的合金化元素，通过固溶、沉淀、细化晶粒、弥散强化等方式，使其能够满足工业应用的要求。

稀土是镁合金的合金化元素，已经开发的耐热镁合金中大多含有稀土元素。稀土镁合金具有耐高温和高强度等特点，但在初期的镁合金研究中，由于稀土昂贵，稀土镁合金主要应用于军事和航空航天领域。随着社会经济的发展、稀土成本的降低和对镁合金的迫切需求，稀土镁合金在航空航天、导弹、汽车、电子通信、仪表等军工和民用领域均有了较大拓展。纵观稀土镁合金的发展历程，大体上可以分为四个阶段。

（1）20 世纪 30 年代，人们发现在镁铝合金中加入稀土元素可以提高合金的高温性能[1]。1937 年，德国 Beek 和英国 Haughtion 进行了 Mg-MM（MM 为富铈稀土）的研发工作，进而开发了 AM6 型合金，并应用于 BMW-801D 飞机发动机，在第二次世界大战早期得到广泛使用。后来发现这类合金具有一个很大的缺陷——晶粒粗大，在铸造大尺寸样品和复杂零件时容易产生裂纹，这使其在应用上受到一定的限制。

（2）20 世纪 50 年代，Sauerwald[2]发现在稀土镁合金中加入 Zr 可以有效地细化合金晶粒。这一发现解决了稀土镁合金的工艺问题，为耐热稀土镁合金的研究和应用奠定了基础。Zr 在不含 Al、Mn 的稀土镁合金中可以与其他合金化元素一同加入，明显细化合金晶粒，改善合金的综合力学性能。基于此，成功开发了 EK 型（Mg-RE-Zr）合金，其中，EK30A 合金是第一个以稀土为主要合金化元素的高温铸造镁合金，这种含有大量稀土的镁合金在航空发动机上获得了应用。此后，Leontix[3]发现稀土使镁合金的耐热性能按 La、Ce、Nd 顺序提高。在 Mg-Zn 合金中加入稀土改善铸造性能和抗蠕变性能，开发了 ZE41 及 EZ33 合金。1959 年，Payne 和 Bailey[4]发现 Ag 能够改善稀土镁合金的时效硬化特性，并开发了 QE22、QE21 和 EQ21 等合金，其中，QE22A 铸造合金被广泛应用于飞机、导弹等装备，如美洲虎攻击机的座舱盖骨架、超黄蜂直升机的前起落架外筒和轮毂等。为了降低合金成本、拓展民用领域，1972 年，研究人员发现向 Mg-Al 合金中加入 1%的混合稀土可以提高合金的抗蠕变性能，尤其是当 Al 质量分数较低（≤4%）时，从而开发了 AE 型（AE42、AE41、AE21）合金，其中，AE42 合金的性能最佳，被通用电气公司用于生产汽车用变速器。这类合金的成功开发是耐热镁合金的一个里程碑，后来开发的新型耐热镁合金通常以 AE42 合金作为比较对象。这对扩大稀土镁合金的应用起到了推动作用。

（3）1979 年，Drits 等发现 Y 对镁合金有非常有益的影响，这是在开发耐热稀土镁合金领域的又一重要发现，由此开发出了一系列耐热高强的 WE 型合金，其中，WE54 合金在室温和高温下的抗拉强度、疲劳强度及抗蠕变性能都能够与铸造铝合金相媲美。改良 WE43 合金的强度略有下降，但伸长率提高，被用于赛车及 MD500 直升机的变速器壳体中。20 世纪 80 年代末，北京航空材料研究院与中国科学院长春应用化学研究所在 MB25 合金的基础上，用中国科学院长春应用化学研究所研制的 Mg-富 Y 中间合金成功研发 MB26 镁合金，用于国产歼 7 战斗机和轰炸机的受力构件[5]。

（4）20 世纪 90 年代，人们为了得到性能更加优异的镁合金，以满足对高技术领域的需求，开始了对 Mg-HRE（重稀土）合金的探索。重稀土（除去 Er 和 Yb）在镁中的最大固溶度为 10%～41%。和轻稀土相比，重稀土固溶度大，而且固溶度随着温度的降低迅速下降，具备很好的固溶强化和沉淀强化作用。近年来开发的 Mg-Gd 和 Mg-Sc 合金的拉伸性能与抗蠕变性能都超过以往的耐热稀土镁合金。

早在 20 世纪 60 年代，北京航空材料研究院等研发单位就对相关的镁合金体系做过系统研究。20 世纪 60～70 年代，上海跃龙化工厂开始生产和供应 Mg-Nd、Mg-富 Nd、Mg-Y、Mg-富 Y 中间合金。我国第一种在生产中应用的稀土镁合金是富铈混合稀土质量分数为 2.5%～4.0%的 ZM5 合金。ZM5 合金主要用于 WP11 发动机的离心机匣，也曾用于歼 6 战斗机发动机的前舱铸件。该合金在 200℃具有优异的抗蠕变性能，比苏联 MJI7 合金的抗蠕变性能提高了 1.5 倍，其铸件耐蚀性能也显著改善。

ZM2 合金是在 ZM1 合金的基础上加入 0.7%～1.7%富铈混合稀土研制而成。该合金容易铸造且焊接性能优良，能够在低于 200℃的高温条件下长期工作，主要用做飞机、发动机和导弹的铸件。

ZM9 合金是在 Mg-Zn-Zr 合金的基础上添加 Y 而研发的一种高强耐热铸造合金。该合金在 300℃的高温条件下具有良好的抗蠕变性能和高温持久强度，其性能接近 HZ32A 合金。同期研制的 ZM6 合金具有良好的高温瞬时力学性能和抗蠕变性能，既可以作为高强合金在室温下使用，也可以在低于 250℃条件下使用。

20 世纪 80 年代初，我国已经有了 ZM1、ZM2、ZM3、ZM4、ZM5、ZM6、ZM7、ZM8 及 ZM9 等 9 种牌号的铸造镁合金，其中包含北京航空材料研究院在中华人民共和国成立后近 30 年的时间里研制的 6 种稀土镁合金。这些成功研发的镁合金已经广泛应用于国内的航空事业，为中国航空工业的发展做出了卓越的贡献。

根据加工方式，镁合金主要分为铸造镁合金和变形镁合金[6]。变形镁合金通过变形可以生产尺寸多样的板材、棒材、管材、型材及锻件产品。通过对材料组织的控制和热处理工艺的应用可以得到比铸造镁合金更好、更多样性的力学性能。国际镁协会（International Magnesium Association，IMA）在 2000 年提出，研究与开发新型变形镁合金产品、工艺是最重要、最具挑战并且最长远的目标和计划。我国在变形镁合金方面做了很多突出的工作，已经研发完成并且获得牌号的变形镁合金有 MB1、MB2、MB3、MB4、MB5、MB6、MB7、MB8、MB15、MB22、MB25 等牌号。20 世纪 60 年代，我国相继建设了镁合金挤压生产线和镁合金压延生产线，为国民经济建设和国防建设做出了巨大贡献。在飞机的操纵系统上，采用 MB5、MB8、MB15 合金制成的零部件中 MB15 合金锻造件就达 40 多种，ϕ20～95mm 的棒材用量较大。采用 MB8、MB15 合金轧成厚度为 7～18mm 的板材，可以制作飞机舱门、壁板、连杆机构和导弹尾翼等。

20 世纪 90 年代后期，我国根据实际情况提出了新的稀土镁合金开发计划，分别启动了国家重点基础研究发展计划（973 计划）、国家高技术研究发展计划（863 计划）等重大项目，有力带动了稀土镁合金产业的发展。上海交通大学和中南大学开发的高强度镁合金取得了很大进展，上海交通大学研制的 GW123K 合金在室温下抗拉强度为 491MPa，屈服强度为 436MPa，伸长率为 3.6%[7-9]。

重庆大学对耐热镁合金用于民用领域开展了卓有成效的工作[10]。中国科学院金属研究所和中国科学院上海微系统与信息技术研究所对稀土镁合金的腐蚀开展了系统研究[11]。中国科学院长春应用化学研究所用自制的 Mg-富 Y 中间合金与中国科学院金属研究所合作研制了新型 MB26 合金并用于神舟六号飞船。一汽集团与中国科学院长春应用化学研究所合作开发的 AZ91 加稀土的镁合金已用于发动机罩盖。哈尔滨工业大学和大连工业大学在耐热稀土镁合金的焊接和复合材料等的研究领域积累了大量的基础数据[12]。吉林大学、东北大学、四川大学、山西闻喜银光镁业集团、台湾富士康科技集团、一汽集团、中国航空工业集团和南京云海镁业等单位在稀土镁合金设计、研发、应用等方面开展了卓有成效的工作[13-17]。

我国镁资源和稀土资源丰富，科学利用这两大资源优势，利用稀土与镁电解共沉积技术制取稀土镁合金，把稀土作为镁合金的一个创新源头，是稀土镁合金应用的重要方向。

6.2　稀土在镁合金中的作用

镁合金存在巨大的应用市场，特别是在全球铁、铝、锌等金属资源日益紧缺的大背景下，镁的资源优势和产品优势将得到充分发挥，镁合金将成为一种迅速崛起的工程材料。面临国际镁金属材料的高速发展，中国作为镁资源生产和出口大国，对镁合金开展深入的理论研究和应用开发尤为重要。然而，目前普通镁合金产品成品率低，抗蠕变性能差，耐热、耐蚀等性能较差等仍然是制约镁合金大规模应用的主要因素[18-21]。

稀土具有独特的核外电子结构。因此，它作为一类重要的合金化元素，在冶金、材料领域起着独特的作用，如净化合金熔体、细化合金组织、提高合金力学性能和耐蚀性能等。作为合金化元素或微合金化元素，稀土已经被广泛应用于钢铁及有色金属合金中[22]。在镁合金领域，尤其在耐热镁合金领域，稀土突出的净化、强化性能逐渐被人们认识。稀土是耐热镁合金中最具使用价值和最具发展潜力的合金化元素，其独特的作用是其他合金化元素所不能取代的。近年来，国内外科研工作者展开了广泛的合作，利用镁和稀土这两种资源，对稀土镁合金进行了系统研究。例如，中国科学院长春应用化学研究所从满足国家实际需求出发，致力于探索开发低成本、高性能的新型稀土镁合金，并取得了一定的成果，促进了稀土镁合金材料的开发利用。

在耐热镁合金中，稀土的作用十分突出，90%以上的耐热镁合金中含有稀土。稀土由于其特殊的电子结构而具有独特的物理和化学性质，能够从多方面提高镁合金的性能。

6.2.1　稀土对镁合金除气除杂的净化作用

稀土对镁合金熔体有很好的净化作用，具有除氢净化及除氧化夹杂物的作用。在熔炼过程中，镁的化学性质非常活泼，易与水发生反应而析氢。镁液中的氢会导致铸件产生气孔、针孔及缩松等铸造缺陷。在镁合金熔炼过程中加入稀土，稀土与水气和镁液中的氢反应，生成高熔点的稀土氢化物和稀土氧化物，密度较小的稀土氢化物和稀土氧化物上浮成固体渣，从而达到除氢的目的[23]。

镁与氧结合形成稳定的 MgO，是镁合金中形成氧化夹杂物的主要原因。氧化夹杂物使镁合金的力学性能和耐蚀性能降低，且易使镁合金产生疲劳裂纹等[24]。稀土与氧的亲和力比镁更大，因此在镁液中加入稀土，稀土将优先与氧结合生成稀土氧化物，从而达到去除氧化夹杂物的目的。

合金熔炼时稀土合金在合金液表面聚集，形成 MgO、RE_2O_3 等多元复合致密氧化物层，减轻氧化现象，提高合金的起燃温度，有利于合金的熔铸；合金液凝固过程中，稀土在固/液界面前沿富集，提高成分过冷度，细化合金组织（包括基体和第二相）；适量的稀土减小合金液的表面张力，有助于提高合金的铸造性能。

稀土的活泼性仅次于碱金属和碱土金属，几乎能和所有元素起化学反应，与杂质（如镁合金中常见的氢、氧化夹杂物、硫和铁等）反应可以生成并除去熔点高、密度大的化合物。

另外，稀土与镁或合金化元素生成熔点高、热稳定性好的第二相化合物，这些化合物在高温下不易长大变形或分解，因而能提高合金的强度和耐热性能。

稀土可以与镁合金中的氢、氧、硫等元素相互作用，并将溶液中的铁、钴、镍、铜等有害金属夹杂物转化为金属间化合物的形式被除去，提高合金的耐蚀性能。

6.2.2　稀土对镁合金的强化作用

稀土对镁合金的强化作用主要有细晶强化、固溶强化和弥散强化[25]。

1. 细晶强化作用

晶体金属的晶粒边界通常是大角度晶界，相邻的不同取向的晶粒受力产生塑性变形时，部分施密特（Schmid）因子大的晶粒内位错源首先运动，并沿着一定的晶面产生滑移和增殖。滑移到晶界的位错被晶界阻挡，这样一个晶粒的塑性变形就无法直接传播到相邻的晶粒中，而且造成塑性变形晶粒内位错塞积。在外力作用下，晶界上面的位错塞积产生一个应力场，可以作为相邻晶粒内位错源开动的驱动力。当应力场作用于位错源的作用力等于位错源开动的临界应力时，相邻晶粒内的位错源开始开动、滑移和增殖，造成塑性变形。塞积位错应力场强度和塞积位错数量与外加应力有关，而塞积位错数量正比于晶粒尺寸。因此，当金属材料的晶粒变小时，必须加大外力激活相邻晶粒内位错源，也就是说，细晶粒产生塑性变形要求更高的外力。在稀土镁合金中添加的稀土在固/液界面前沿富集引起成分过冷，过冷区形成新的形核带而形成细等轴晶。另外，稀土的富集阻碍 α 相生长，进一步促进晶粒的细化；在热加工和退火过程中阻碍再结晶及晶粒长大。

根据霍尔-佩奇（Hall-Petch）关系，即

$$\sigma_g = \sigma + K_s d^{-1/2}$$

式中，σ_g 为屈服强度；σ 为单晶屈服强度；K_s 为 Hall-Petch 常数；d 为晶粒尺寸。合金的强度随晶粒尺寸的降低而增加。纯镁的 K_s 很大，是一般体心立方和面心立方晶体 K_s 的数倍，也就是说，相对于体心立方和面心立方晶体，晶粒尺寸对密排六方金属强度影响更大，因此镁合金晶粒细化产生的强化效果更加显著。

2. 固溶强化作用

纯金属经过适当的合金化后强度、硬度提高的现象称为固溶强化。固溶强化的效果取决于溶质原子的性质、溶质的浓度及溶质与溶剂的原子半径差。一般来说，溶质与溶剂的原子半径差越大，溶质的浓度越高，其强化效果越好。它的作用原理是：在合金中加入的溶质原子和位错交互作用，引发局部点阵畸变，提高其均匀化温度和弹性模量，减慢扩散和自扩散过程，降低位错攀移的速率。大部分稀土在镁中具有较高的固溶度，稀土溶入镁基体中，RE^{3+} 置换 Mg^{2+}，电子云密度增大，使基体产生晶格畸变，原子间的结合力增强。稀土固溶强化的作用主要是稀土原子质量远大于镁原子，稀土原子半径也大于镁原子，稀土原子在镁原子中扩散系数小，减慢原子扩散，阻碍位错运动，从而强化基体，提高合金的强度和高温抗蠕变性能。

3. 弥散强化作用

稀土与镁或其他合金化元素在合金凝固过程中形成稳定的金属间化合物，这些含稀土的金属间化合物一般具有高熔点（表 6.1）、高热稳定性等特点，几乎所有稀土都能够与镁形成金属间化合物（表 6.2），它们呈细小化合物粒子弥散分布于晶界和晶内，在高温下可以钉扎晶界，抑制晶界滑移，同时阻碍位错运动，强化合金基体。

表 6.1　镁合金中常见含稀土的析出相及其熔点

合金系	析出相	熔点/℃	合金系	析出相	熔点/℃
Mg-La	$Mg_{17}La_2$	—	Mg-Yb	Mg_2Yb	718
Mg-Ce	$Mg_{12}Ce$	611	Mg-Lu	$Mg_{24}Lu_5$	—
Mg-Pr	$Mg_{12}Pr$	585	Mg-Y	$Mg_{24}Y_5$	620
Mg-Nd	$Mg_{41}Nd$	560	Mg-Sc	MgSc	—
Mg-Sm	$Mg_{5.2}Sm$	—	Mg-Th	$Mg_{23}Th_6$	772
Mg-Eu	$Mg_{17}Eu_2$	—	Mg-Al-La	$Al_{11}La_3$	1240
Mg-Gd	Mg_5Gd	640	Mg-Al-Ce	$Al_{11}Ce_3$	1235
Mg-Tb	$Mg_{24}Tb_5$	—	Mg-Al-Ce	Al_2Ce	1480
Mg-Dy	$Mg_{24}Dy_5$	610	Mg-Al-Nd	$Al_{11}Nd_3$	1235
Mg-Ho	$Mg_{24}Ho_5$	610	Mg-Al-Nd	Al_2Nd	1460
Mg-Er	$Mg_{24}Er_5$	620	Mg-Al-Y	Al_2Y	1485
Mg-Tm	$Mg_{24}Tm_5$	645			

表 6.2　稀土与镁形成的热力学稳定的金属间化合物

稀土元素	RE-Mg 稳定的金属间化合物	个数
Sc	—	0
Y	$Mg_{24+x}Y$（$x\leqslant1$）、Mg_2Y、$Mg_{1+x}Y$（$x<1$）	3
La	$Mg_{12}La$、$Mg_{17}La_2$、Mg_3La、Mg_2La、MgLa	5
Ce	$Mg_{12}Ce$、$Mg_{10.3}Ce$、$Mg_{41}Ce_5$、Mg_3Ce、Mg_2Ce、MgCe	6
Pr	$Mg_{12}Pr$、$Mg_{41}Pr_5$、Mg_3Pr、Mg_2Pr、MgPr	5
Nd	$Mg_{12}Nd$、$Mg_{41}Nd_5$、Mg_3Nd、Mg_2Nd、MgNd	5
Sm	$Mg_{41}Sm_5$、Mg_5Sm、Mg_3Sm、Mg_2Sm、MgSm	5
Eu	$Mg_{17}Eu_2$、Mg_5Eu、Mg_2Eu、MgEu	4
Gd	Mg_5Gd、Mg_3Gd、Mg_2Gd、MgGd	4
Tb	$Mg_{24}Tb_5$、Mg_3Tb、Mg_2Tb、MgTb	4
Dy	$Mg_{24}Dy_5$、Mg_2Dy、MgDy	3
Ho	$Mg_{24}Ho_5$、Mg_2Ho、MgHo	3
Er	$Mg_{24}Er_5$、Mg_2Er、MgEr	3
Tm	$Mg_{24}Tm_5$、Mg_2Tm、MgTm	3
Yb	Mg_2Yb	1
Lu	$Mg_{24}Lu_5$、Mg_2Lu、MgLu	3

另外，稀土在镁中所具有的较高固溶度随温度降低而降低，当处于高温下的单相固溶体快速冷却时，形成不稳定的过饱和固溶体，经过长时间的时效，形成细小而弥散的析出相。该析出相有较高的熔点和热稳定性。析出相与位错之间产生交互作用，提高合金的强度和高温抗蠕变性能。镁合金中添加两种或两种以上稀土时，稀土间的相互作用能够降低彼此在镁中的固溶度，并相互影响其过饱和固溶体的沉淀析出动力学，产生附加强化作用。

稀土对镁合金性能的提高主要表现在以下方面。

（1）提高镁合金的力学性能。稀土通过细晶强化、固溶强化、弥散强化及时效沉淀强化（其中的一种或几种强化机制）提高镁合金的力学性能，特别是高温力学性能，使得稀土镁合金成为高温高强镁合金的重要研发方向。

（2）提高镁合金的耐蚀性能。稀土能够与镁合金中有害杂质（如铁、镍）结合，降低它们的强阴极化作用，并且能够优化合金组织结构，抑制阴极过程[26]，提高合金基体的耐蚀性能。稀土使合金表面生成更加致密的腐蚀产物膜，抑制合金的进一步腐蚀，有效提高镁合金的耐蚀性能。此外，镁合金在稀土盐（如硝酸铈）溶液中能够生成耐蚀稀土化合物膜，这也是提高镁合金耐蚀性能的一种途径。

（3）提高镁合金的摩擦磨损性能和疲劳性能[27, 28]。在熔炼过程中，稀土能与水气和镁液中的氢反应，生成稀土氢化物和稀土氧化物以除去氢气，减少气孔、针孔及缩松等铸造缺陷，提高铸件质量，减少在摩擦过程中裂纹源的产生；稀土与氧、硫等杂质元素有较强的结合力，抑制这些杂质元素引起组织疏松的作用；稀土还可以净化晶界，增加晶界强度，使裂纹不易在晶界处产生。在大气环境中，几乎无法避免氧化作用的影响，摩擦表面的氧化物层对摩擦磨损起着非常重要的作用。稀土在氧化物膜与基体界面发生偏聚，提高氧化物膜的黏着力，细化氧化物膜的组织，有助于提高膜的耐磨性和抗剥离能力。

（4）改善镁合金的铸造性能和加工性能。镁合金在铸造过程中极易氧化燃烧，因此目前工业生产镁合金一般采用熔剂覆盖或气体保护法熔炼，但都存在不少缺点。稀土加入镁合金中可以降低合金在液态和固态下的氧化倾向，改善其铸造性能。例如，Mg-Y 合金具有突出的高温抗氧化性，其中，Mg-9%Y 合金在潮湿空气中于 1510℃保温 18h 后仅增重 1mg，而含钍合金在同样条件下则增重 15mg。主要原因是 Y 是镁合金熔体的表面活性元素，与镁形成氧化物能够在熔体表面形成致密的复合氧化物膜，有效阻止熔体和大气的接触，明显提高镁合金熔体的起燃温度。Y 通过提高镁合金熔体自身的起燃温度进而可能实现镁合金在空气中直接熔炼，这对镁合金进一步推广应用意义重大。在此基础上，添加不同的合金化元素，开发新型阻燃镁合金。例如，上海交通大学通过添加稀土和钙、锶等合金化元素开发的车用阻燃镁合金的燃点达到 700℃以上，具有广阔的应用前景。

大量结果表明，添加合适的稀土可以提高镁合金液的流动性，主要原因是：一方面，稀土是表面活性元素，能够减小合金液的表面张力；另一方面，稀土与镁能形成简单的共晶体系，结晶温度间隔小。因此，稀土加入镁合金后，增加合金的流动性，减少缩松、热裂倾向，提高充填性能，从而提高薄壁产品的成品率。

6.3 稀土镁合金研究进展

纵观稀土镁合金的研究现状[29, 30]，各国都在竞相开展稀土镁合金的研发，并且取得了巨大的进步，使稀土镁合金进入了空前的发展阶段。对稀土镁合金研究较多的是美国、欧洲、日本和俄罗斯。美国对镁合金这一工程材料投入大量的研究，在汽车工业、航空航天工业进行了广泛的新材料研制与推广应用工作，开发出 AE 系列稀土镁压铸合金，并将 WE 系列镁合金大规模投入应用。在高强耐热稀土镁合金研究与应用方面，美国始终处于领先位置。俄罗斯及其他一些国家为了寻找用于航空、火箭的新型合金，对稀土镁合金进行了系统的研究。含 10%钇的镁合金可以在 260℃下使用（镁钇合金已用于直升机尾翼零件及组合件中）。含 9%钇和 1%锌的镁合金在具有高耐热性能的同时具有高抗腐蚀稳定性。研究表明，可以用钇代替目前发现的能够有效提高镁合金耐热性能的合金元素钍，其耐热温度可达到 370℃，同时避免了钍的放射性。钇也是镁锂合金的优良添加剂。钇在镁中的固溶度较其他稀土元素大，且在镁基体中的扩散速度较小。据此，俄罗斯研制出含钕镁合金 MJI10，它在高温下软化过程慢，耐热性能较好。米格 23 战斗机的轮毂、发动机的附件机匣和前支承壳体等 20 种零件全部采用 MJI10 合金。俄罗斯在 Mg-Y-Nd-Zn-Zr 强热合金方面也做了大量工作。目前俄罗斯的航空航天及军事工业中已经广泛使用含钇的变形镁合金 BMJI10 和含钇、钕的铸造镁合金 BMJI14。相对于铝合金结构件，这些合金结构件的质量可降低 25%～50%。欧洲的稀土镁合金研究最为活跃，许多应用型稀土镁合金问世于欧洲。20 世纪 70 年代，欧美的汽车工业开始研究和开发压铸耐热镁合金。AS41 合金是第一个获得批准的压铸耐热镁合金。降低 Al 含量可进一步改善合金抗蠕变性能，但这种合金更难铸造。为防止生成降低流动性和伸长率的粗大 Mg_2Si 相，生产 AS41 合金需要相当快的凝固速率，一般采用高压铸造方法实现。加入少量钙可使砂型铸造和重力铸造的 AS41 合金组织变质，并细化 Mg_2Si 相。研究显示，在 AS41 合金中加 0.1%的 Ca 可以改善合金的极限抗拉强度及伸长率。AS 型镁合金曾用于大众甲壳虫（VW Beetle）汽车零部件等。此后北美进一步开发了用于该领域的 AE42 合金。AE42 合金迅速凝固可得到良好的力学性能，已完成了用此合金制作汽车零件的许多试验。AE42×1 合金的蠕变强度比 AS21 合金稍高，抗拉强度类似 AS41 合金，耐盐水腐蚀能力与 AZ91D 合金相近，仅铸造性能较 AS41A 合金稍差[31]。

在航空航天领域耐热镁合金的研究中，俄罗斯曾开发出含锌及含银的镁钍合金，但钍具有一定的放射性，因而限制了镁钍合金的应用，并且排除了未来应用的可能性。

稀土元素作为战略物资，在提高镁合金耐热性能方面一直受到极大重视。EK 型镁合金是最早应用的耐热铸造镁合金。后来人们发现银能明显改善稀土镁合金的时效硬化效应，开发出了 QE22、QH21 和 EQ21 合金。QE 型合金具有良好的抗疲劳性能，蠕变强度可与 EZ33 合金相媲美，并且具有接近镁钍合金的优良的高温抗拉性能和抗蠕变性能。EQ21 合金直到 250℃仍具有高强度，含银富钕稀土的 QE22A 合金长期以来广泛用于飞机、导弹部件的生产[29, 31]。

日本在追赶欧美的步伐方面反应迅速，积极研制汽车工业用稀土压铸镁合金。基于资源紧缺问题和可持续发展目标，日本一向重视新材料的开发研制和拓展材料的应用领域，开发出了一系列与欧美最新研究成果同步的新型耐热镁合金，如 MC8（EZ33A）、MC9（QE22A）、MC10（ZE41A）和 MD3A（AS41A）等合金[32]，并于 1994 年提出了一种 Mg-Al-Ca-Mn 合金发展思路，开发出了 MgAlCa 合金，因为其 Ca/Al 比大于 0.8，所以合金中 $Mg_{17}Al_{12}$ 弥散相被稳定的 Mg_2Ca 基沉淀物大量取代，具有良好的压铸性能及良好的高温力学性能，该合金抗蠕变性能优于 AE42 合金。

20 世纪 90 年代后期，日本在新型耐热镁合金民品应用研究领域取得了较大进展，获得了两种耐热镁合金的世界专利[33]。一种合金由 4.5%～10%铝、0.1%～3.0%钙、1.0%～3.0%稀土元素、0.2%～1.0%锰与镁组成，并且混合成分中铝、钙和稀土元素含量满足以下关系式：

$$1.66+1.33\text{Ca}+0.37\text{RE} \leqslant \text{Al} \leqslant 2.77+1.33\text{Ca}+0.74\text{RE}$$

这种镁合金中至少包含一种稀土元素和铝，可以使高温强度保持到 150℃，并且具有比 AZ91D、AE42 合金更好的耐高温、抗蠕变性能。

与欧美发展思路不同，另一种合金由 2%～6%铝、0.5%～4%钙、镁和微量杂质组成。这种高温镁合金的成分特点是限制 Ca/Al 比不超过 0.8（最好不超过 0.6），高温强度也可以保持到 150℃，同时具有良好的铸造性能。这种镁合金半固态铸造的铸件体现出比压铸件更为优异的耐热性能。

欧美主要稀土镁合金的化学成分如表 6.3 所示。耐热镁合金发展进程如图 6.1 所示。

表 6.3　欧美主要稀土镁合金的化学成分（单位：%）

合金	RE	Al	Y	Ag	Zn	Mn	Zr	Cu	Ni	其他	Mg
EK30A	2.5～4.4	—	—	—	—	—	0.2～0.4	—	—	—	余
EK31A	3.5～4.0	—	—	—	—	—	0.4～1.0	—	—	—	余
EZ33		—	—	—	2.0～3.1	—	0.5～1.0	0.1max	0.01max	0.03max	余
ZE41A	2.5～4.0	—	—	—	3.5～5.0	0.15max	0.4～1.0	0.1max	0.01max	0.03max	余
EQ21	0.75～1.75	—	3.75～4.25	1.3～1.7		—	0.4～1.0	0.05～0.1	0.01max	0.03max	余
QE22	2.0～3.0	—		2.0～3.0		—	0.4～1.0	—	—	—	余
WE43	2.4～3.4	—	3.75～4.25	—	0.2max	0.15max	0.4～1.0	0.03max	0.05max	—	余
WE54	2.0～4.0	—	4.75～5.5	—	0.2max	0.15max	0.4～1.0	0.03max	0.05max	—	余
AE41	1.0	4.0		—		—		—	0.05max	—	余
AE42	2.0	4.0		—		0.6		—	—	—	余

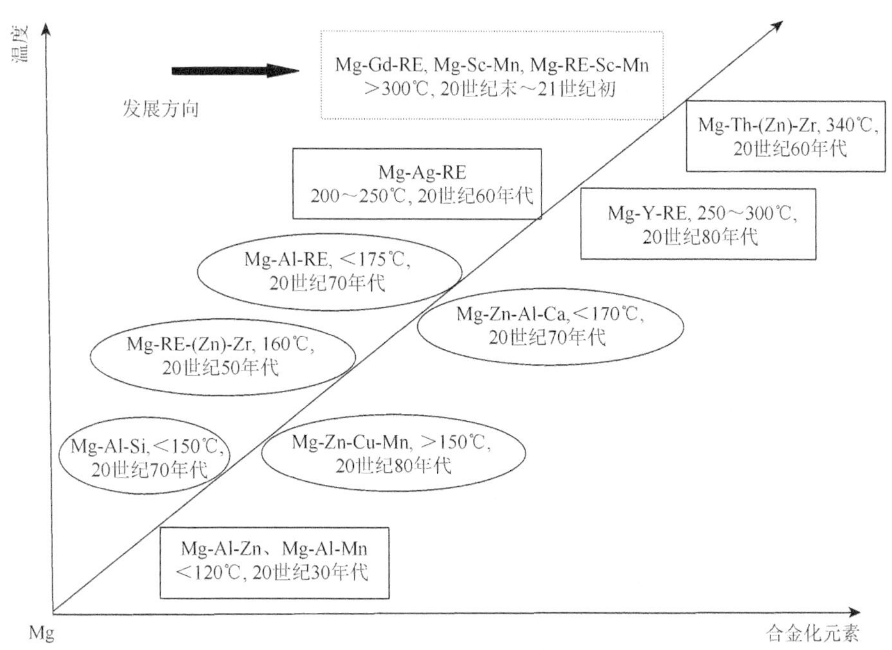

图 6.1　耐热镁合金发展进程示意图

我国早在 20 世纪 70 年代就对 Mg-Y-Zn-Zr 系铸造合金进行了研究，发现其显微组织、力学性能与合金中的钇和锌含量的比例密切相关。20 世纪 80 年代，我国已经有 9 种牌号的铸造镁合金，其中含稀土金属的铸造镁合金有 6 种。这些稀土镁合金广泛应用于国内的航空工业。最早的 ZM3 合金在 1967 年投入使用，曾用于歼 6 战斗机发动机的前舱铸件，其在 200℃时的蠕变性能比苏联 MЛ7 合金提高了 1.5 倍，实现了产品材料替代。20 世纪 70 年代，我国研制成功了 ZM4 合金，锌质量分数增加至 2%～3%，铸造工艺进一步改进。除了混合稀土用在热强镁合金中作为主要合金元素，钇特别受到人们的重视，1980 年研制成功的 ZM9 合金就是以钇为主要合金元素的热强合金。用 ZM9 合金制造 300℃下长期工作的零件的性能接近含钍合金 HZ32A，且无放射性，同时填补了国内 300℃以上使用镁合金的空白。1980 年同时研制成功以钕为主要合金元素的 ZM6 合金。ZM6 合金不但具有较高的室温力学性能，还具有良好的高温瞬时力学性能和抗蠕变性能，可在室温下作为高强合金使用，也可在 250℃下长期使用。ZM6 合金的性能与苏联 MЛ10 合金相当，美国采用它代替了出口我国的 ZH62A 合金部分铸件。这期间我国在耐热镁合金新材料的研究中一度处于世界先进水平，且大多集中于航空航天领域。

我国台湾省镁业属于深加工产业，发展规模庞大，目前集中于笔记本电脑、移动电话和数码相机三大产品上。随着耐热镁合金技术发展成熟，应用领域不断拓展，利用大陆原材料发展生产稀土镁合金的势头强劲，规模也在逐步扩大。20 世纪 80～90 年代，台湾省的镁合金压铸企业迅猛发展。截止到 1999 年 2 月末，台湾省有镁合金压铸企业 19 家，并且部分企业在大陆建厂，企业规模较大。

6.4 稀土铸造镁合金

常见的稀土铸造镁合金可分为 Mg-Al-RE 系、Mg-Zn-RE 系、Mg-RE 系合金三种类型[34, 35]。近些年来，主要采用合金化方法来研究稀土铸造镁合金中的微观组织及其对力学性能的影响。

6.4.1 Mg-Al-RE 系

Mg-Al 系合金是常用的铸造镁合金。Mg-Al 系合金中主要的强化相为低熔点 $Mg_{17}Al_{12}$ 相。当使用温度高于 120℃时，$Mg_{17}Al_{12}$ 相会软化，且晶界附近富 Al 的过饱和固溶体会发生 β-$Mg_{17}Al_{12}$ 相的非连续析出，最终导致合金抗蠕变性能的迅速降低。因此，可以通过改变 $Mg_{17}Al_{12}$ 相的结构和增添新的热强相来提高合金的力学性能及耐热性能。由于 RE 与 Al 之间可形成热稳定性高的金属间化合物，并充分抑制 $Mg_{17}Al_{12}$ 相的形成，Mg-Al-RE 合金具有较高的室温、高温力学性能和抗蠕变性能。Arun 等[36]研究了 Y 对 AZ91-Sb 铸造合金的高温力学性能的影响，发现在加入 0.6%的 Y 后，AZ91-0.5Sb 合金有优良的常温和高温力学性能，在 150℃时的抗拉强度、屈服强度和伸长率分别为 191MPa、111MPa 和 13%。继续增加 Y 含量，会形成粗大的 Al_2Y 相，导致组织和成分的不均匀，使合金的力学性能降低。减少合金中的 Al 含量，可提高 Mg-Al-RE 合金的耐热性能，开发出 AE 系稀土镁合金，如 AE21、AE41、AE42 合金。对压铸 Mg-4Al-Ce 合金的研究表明，加入 4%～6%的 Ce 可显著提高合金的高温性能，尤其是在 150～250℃时，合金的屈服强度比 Mg-4Al 合金提高了近 60%，其原因归结于晶粒的细化及热稳定性好的 $Mg_{11}Ce_3$ 相的出现。添加单一稀土元素对合金的力学性能提高有限，而加入多种稀土元素时，由于多种稀土元素间的相互作用，可以明显改善合金的力学性能。Wand 等[37]经研究发现，单独添加 0.9%的 Y 或 0.9%的 Nd 不能对 Mg-4Al 基合金起晶粒细化的作用，而复合添加等量的 Y 和 Nd 对 Mg-4Al 基合金有非常好的细化晶粒作用，且复合添加 0.9%的 Y 和 0.9%的 Nd 的 Mg-4Al 基合金拥有理想的力学性能和伸长率，其原因归结为大量热稳定性好且弥散分布的第二相的析出。Yang 等[38]通过复合添加 La、Sm 提高压铸 Mg-4Al 合金的力学性能。结果表明，在 Mg-4Al-3La-2Sm 合金中发现了 4 种 Al-(La,Sm)相，除了 AE44 中常见的块状 Al-(Sm,La)相和针状 Al-(La,Sm)相，还出现了花瓣状 $Al_{11}(La,Sm)_3$ 相和铁锤状 $Al_2(Sm,La)$相。其中，La 富集在针状 Al-(La,Sm)相中，Sm 则富集在其他三种相中。

由于拥有更多的 $Al_2(Sm,La)$相及更细小的晶粒，合金在常温下的抗拉强度、屈服强度和伸长率分别为 266MPa、170MPa 和 11.2%，200℃时的抗拉强度、屈服强度和伸长率分别达到 134MPa、109MPa 和 24%。李克杰等[39]研究了 Sm 对 Mg-6Al-1.2Y-0.9Nd 合金组织和性能的影响，发现在峰值时效条件下，加入 0.5%的 Sm 时，合金具有最高的力学性能，抗拉强度约为 250MPa，伸长率达 26%。少量 Sm 改善了合金室温拉伸性能，原因有二：一是 Sm 在镁中有较强的固溶强化作用；二是基体中形成了弥散分布的热稳定相（Al_2Y、Al_2Sm 相）和沉淀相（Mg_2Al_3 相）。

6.4.2　Mg-Zn-RE 系

AM 和 AZ 系列镁合金的室温强度和塑性较高，并且具有良好的铸造性能及成本上的明显优势，成为工业上广泛应用的镁合金。提高镁合金的耐热性能、采用合金化手段对镁合金在军工、民用等领域的广泛使用具有非常重要的现实意义。

一般来说，Mg-Zn 合金比 Mg-Al 合金具有更高的屈服强度，但在 Mg-Zn 合金中增加 Zn 含量会使合金在铸造过程中出现热裂倾向和显微缩松，导致合金力学性能降低。加入稀土可以改善 Mg-Zn 合金的力学性能和抗蠕变性能，因此开发出了 ZE 系稀土镁合金[40]，如 ZE33、ZE41、ZE53 合金。Yang 等[41]通过对 Mg-3.8Zn-2.2Ca-Gd 合金的研究，发现少量 Gd 可以显著提高合金的力学性能和抗蠕变性能。加入 1.49%的 Gd 时，合金具有最优的力学性能和抗蠕变性能。Xu 等[42]研究 Nd 和 Yb 对 Mg-5.5Zn-0.6Zr 合金组织和力学性能的影响，发现加入 Nd 和 Yb 能够有效地细化晶粒。经固溶处理后，合金中形成的 Mg-Zn-Yb 球状相含量随 Nd 和 Yb 的增加而增多，合金的力学性能得到显著提高。Mg-5.5Zn-0.6Zr-0.2Nd-1.5Yb 合金的抗拉强度、屈服强度和伸长率分别达到 255.6MPa、163.6MPa 和 17.4%。少量 Y 加入 Mg-Zn 合金中会形成 $Mg_3Y_2Zn_3$ 相和准晶 Mg_3YZn_6 相。一定含量的 $Mg_3Y_2Zn_3$ 相可以提高合金的力学性能，准晶 Mg_3YZn_6 相为正二十面体准晶相，这种结构可显著提高合金的力学性能[43-45]。

6.4.3　Mg-RE 系

目前 Mg-RE 系合金形成商业牌号的主要有西方国家的 EK30、EK31、WE33、WE43、WE54、MEZ 等，俄罗斯的 ML9、ML10、ML11、ML19、MA11、MA12 等，中国的 ZM3、ZM6、MB22，其中 MA11、MA12 和 MB22 为变形镁合金。Mg-RE 系常用的铸造合金有 WE 系和 Mg-Gd-Y 系合金。WE54 合金为第一个在商业上应用的含 Y 稀土镁合金。但是该合金在 150℃以上长期使用韧性会降低，因此，降低 Y 含量，同时增加 Nd 含量，开发出了 WE43 合金。

添加一种稀土元素对合金的力学性能提高有限，因此 Mg-RE 系合金多为多元稀土合金化镁合金。Nie 和 Muddle[46]、Antion 等[47]对 WE 系合金的沉淀相进行了详细的研究，发现在 250℃峰值时效条件下，WE 系合金同时存在三种亚稳相：β''、β'、$β_1$ 相。随着时效时间延长，$β_1$ 相在原位形成 R 相。Liu 和 Wan[48]对 Mg-4.0Y-2.5Nd-0.7Zr（WE43）合金的热处理制度进行了优化研究，发现合金经过 788K 热处理 4h、498K 时效处理 12h 后，大量细小的 β''、β'相弥散分布在基体内，合金的抗拉强度、屈服强度和伸长率达到 293MPa、175MPa 和 5.6%；Su 等[49]系统地研究了 Zn 质量分数（0～1.5%）对 Mg-4.0Y-2.4Nd 合金微观组织及力学性能的影响，发现加入 0.2%的 Zn 时 Mg-4.0Y-2.4Nd 合金具有最优的力学性能，在 225℃时效条件下，合金的室温抗拉强度、屈服强度和伸长率分别为 330MPa、265MPa 和 6.5%。他们将其归因于合金内部的片状 β'相含量增多。

6.5 LPSO 增强稀土镁合金

1994 年，Luo 等[50]报道了在 Mg-Y-Zn 基合金中加入高含量的 Y 和低含量的 Zn 时，在一定的制备工艺条件下，合金中会产生一种新的有序结构相，即 X 相。X 相的结构就是目前被证实的 18R 类型长周期堆垛有序（long period stacking ordered，LPSO）结构。2001 年，Kawamura 等[51]利用快速凝固粉末冶金工艺制备了 $Mg_{97}Y_2Zn_1$ 合金，该合金的室温力学性能如下：抗拉强度为 628MPa，屈服强度为 610MPa，伸长率为 5%，显微硬度为 136HV。该合金的室温屈服强度是商用 AZ91-T6 合金的 4 倍，同时高于其他商用铝合金（7075-T6）和商用钛合金（Ti-6Al-4V）。该合金具有良好的耐热性能，在 423K 时其屈服强度可以达到 510MPa，约为 WE54 合金的 2 倍[52-54]。这是迄今为止制备出的强度最高并保持良好塑性的新型高性能稀土镁合金，该合金的研制是稀土镁合金领域的一个重要突破。分析该合金的强化机制，发现该合金如此高的力学性能除了与细晶强化、固溶强化和 $Mg_{24}Y_5$ 相的弥散强化有关，合金中产生的新型 LPSO 相起到了关键的作用。2002 年，Kim 和 Kawamura 又用挤压的方法制备出了 LPSO 相增强的挤压态 $Mg_{97}Y_2Zn_1$ 合金。该合金室温屈服强度达到 375MPa，伸长率达到 4%[55]。2007 年，Chen 等[56]利用传统的铸造工艺结合传统的挤压工艺获得了室温屈服强度为 350MPa、伸长率为 10%的 LPSO 相增强的 $Mg_{97}Y_2Zn_1$ 合金，结合后续的等径角挤压工艺使该合金的室温屈服强度超过 400MPa。

由于 LPSO 相增强的稀土镁合金具有优异的力学性能，其极大地激发了国内外研究者的兴趣，并掀起了研究 LPSO 相增强的稀土镁合金的热潮。目前报道的 LPSO 相增强的稀土镁合金具有良好的室温、高温拉伸性能[57-62]、良好的压缩性能[63-67]、良好的抗蠕变性能[68-72]以及良好的超塑性成型性能[73-79]。例如，Bi 等[80]

研究了挤压态 $Mg_{97.5}Dy_2Zn_{0.5}$ 合金。该合金的屈服强度在 300℃的高温下仍然能够保持在 240MPa 以上，仅略低于该合金的室温屈服强度。其较高的耐高温性能与该合金中形成的 LPSO 增强相有密切的关系。Hagihara 等[67]报道了挤压态 $Mg_{89}Y_7Zn_4$ 合金的压缩性能，这种含 LPSO 增强相的镁合金在室温下的压缩屈服强度高达 480MPa。Garcés 等[69]研究了铸态 $Mg_{97}Y_2Zn_1$ 合金的抗蠕变性能，发现该合金具有优良的抗蠕变性能。这是该类 LPSO 相增强的稀土镁合金耐热性能优异的有效证明。目前，关于含 LPSO 增强相的稀土镁合金的超塑性成型性能的报道还很少，但是已有报道显示该类合金具备良好的超塑性成型性能。Inoue 等[81]研究了挤压态 $Mg_{97-3x}Y_{2x}Zn_x$（$x = 0.5$，1，1.5）合金的高温变形行为，结果显示该合金在 350～400℃条件下拉伸时表现出超塑性，伸长率在 200%以上。

6.5.1　LPSO 增强相在稀土镁合金中的形成

在一定的合金成分、铸造温度及冷却速度等条件下，当 RE、Zn(Cu/Ni)成分接近一定原子比的无序固溶体（镁基体或第二相）从高温区缓慢冷却到某一临界温度以下时，溶质原子（包括 Mg、RE 和 Zn(Cu/Ni)）会从统计随机分布状态过渡到占有一定位置的规则排列状态，即发生有序化过程，形成有序固溶体。这种有序固溶体具有特定的 LPSO 结构，它是成分有序化和堆垛层错有序化的综合体现。这种 LPSO 结构既可出现在镁基体中，也可出现在第二相中。除了凝固过程，在热处理、变形加工等过程中也会形成层片状 LPSO 结构，它们会以第二相或者以晶粒内部层片状精细条纹的形式出现。

以上是 LPSO 结构在 Mg-RE-Zn(Cu/Ni)合金中的形成过程，尽管稀土元素的理化性质相差不大，但是并不是所有的稀土元素在 Mg-RE-Zn(Cu/Ni)合金中都能形成 LPSO 结构。研究者在研究 Mg-Y-Zn 合金时发现：①在 Mg-Zn 和 Mg-Y 合金中都没有发现 LPSO 结构；②Y 原子半径（0.227nm）比 Mg 原子半径（0.172nm）大，Y 原子溶入镁基体中，将使镁晶格产生畸变，而 Zn 原子半径（0.153nm）比 Mg 原子半径小，恰好可以抵消 Y 原子带来的这种应变场，Zn 原子和 Y 原子必须同时存在于镁固溶体中才能形成较稳定的 LPSO 结构[82, 83]。这只是形成 LPSO 结构的必要条件，并不是充分条件。根据当前的研究结果，在 Mg-RE-Zn(Cu/Ni)合金中形成 LPSO 结构的条件可以暂时归纳为：①Mg、RE 和 Zn(Cu/Ni)原子两两混合都具有负的混合焓（其中 RE 和 Zn(Cu/Ni)原子混合焓的绝对值最大），这在众多稀土元素中没有明显的区分；②稀土元素在室温时必须和 Mg、Zn(Cu/Ni)元素一样具有密排六方结构，而不是六方结构、面心立方结构、体心立方结构或三方结构，即不是所有的稀土元素都能形成 LPSO 结构；③稀土元素在镁中具有较大的固溶度，一般大于 3.75%（原子分数），而那些在镁中的最大固溶度小于 1.2%

（原子分数）的稀土元素将不会形成 LPSO 结构，不同稀土元素在镁中的固溶度见图 6.2；④Zn(Cu/Ni)原子半径小于 Mg 原子半径，稀土元素原子半径大于 Mg 原子半径（稀土元素原子半径比 Mg 原子半径大 8.4%～11.9%）；⑤合金在凝固过程中具有比较大的过冷度或者在热处理过程中控制适当的温度和时间[84]。

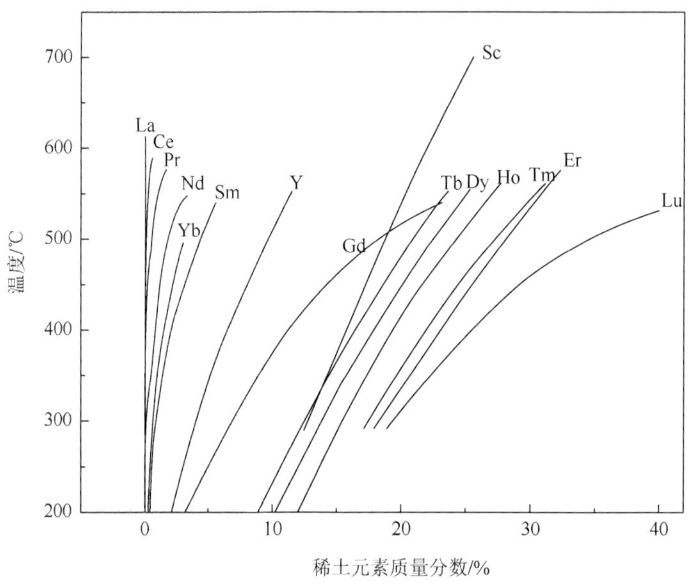

图 6.2　不同稀土元素在镁中的固溶度[85]

如上所述，在适当的制备工艺条件下，可以形成 LPSO 结构的稀土元素有 Y、Gd、Dy、Ho、Er、Tb 和 Tm。

6.5.2　LPSO 增强相的类型

镁合金中的 LPSO 结构与堆垛有序和化学有序两方面相关。镁具有密排六方结构，根据其密排面中原子堆垛的位置，为达到堆垛最紧密，密排面有三种类型，即 A、B、C（只表示密排层中原子堆垛的位置，与具体堆垛哪种原子没有关系），如图 6.3 所示。然而密排六方结构的镁中只有 A、B 两种密排面，按 ABABAB…的顺序堆垛起来。如果在理想密排六方结构里出现一层 C 排列，则 C 就是层错，如果层错周期性有规律地出现，就称为长周期堆垛（long period stacking，LPS）结构。ABCBCACA…这种用于表示密排面堆垛顺序的序列称为堆垛序列。如果不仅堆垛有序，在 A、B、C 三种类型的密排面中的原子种类与分布也有序，即化学有序，就称为 LPSO 结构。

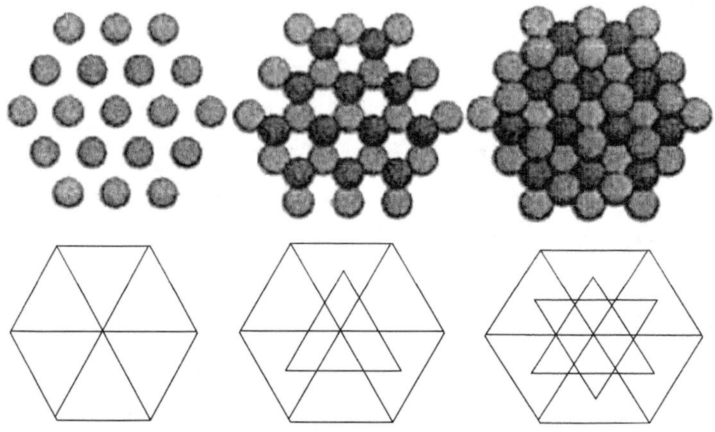

图 6.3　密排六方结构不同类型密排面示意图[24]

随着人们对 LPSO 结构的深入研究，在不同的合金熔铸、热处理及变形等工艺条件下，目前在镁合金中发现了 6H、10H、14H、18R 以及 24R 等 5 种类型 LPSO 结构[86-104]。

1. 6H 类型 LPSO 结构

Inoue 等[81]首先发现通过快速凝固/粉末冶金法制备的 $Mg_{97}Zn_2Y_1$ 合金中具有一种新型长周期六方结构，从高分辨透射电子显微镜（high-resolution transmission electron microscope，HRTEM）的二维点阵图片中可以看出，晶体中存在 ABACAB 型原子层堆垛结构，如图 6.4 所示。这种类型的原子层堆垛结构称为 6H 类型 LPSO 结构。另外，Inoue 等还指出 6H 类型 LPSO 结构的晶格常数分别为 $a = 0.560$nm，$c = 1.560$nm。

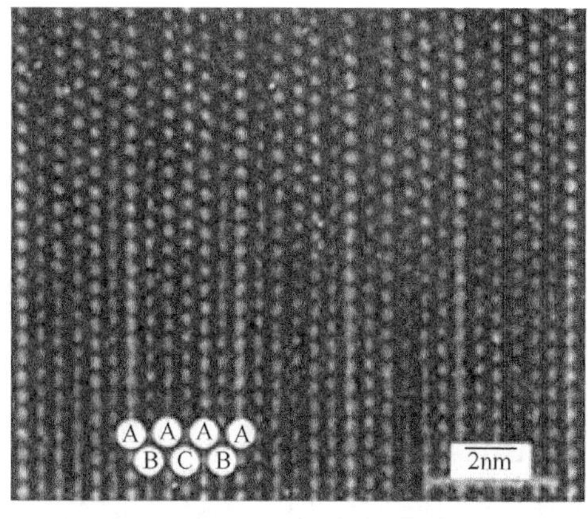

图 6.4　快速凝固/粉末冶金法制备的 $Mg_{97}Zn_2Y_1$ 合金中 LPSO 相的 HRTEM 图片[81]

随后，Abe 等[105]通过 HRTEM 和 Z 衬度扫描透射电子显微镜（scanning transmission electron microscope，STEM）进一步确认了 6H 类型 LPSO 结构堆垛顺序为 ABCBCB'A，其中 A 和 B'层是 Y 和 Zn 富集区，且 Zn 和 Y 原子随机地占据在 A 和 B'层的阵点上。此点阵结构是在理想的镁晶体六方点阵 6H 类型（ABCBCB）基础上发生了晶格畸变。6H 类型 LPSO 结构的点阵畸变可能是由于析出的较大原子尺寸的 Y 元素存在于原子层中。如图 6.5 所示，由密排六方结构的 Mg 转变为此结构要经历两个过程：①每隔 6 个密排面引入 1 个堆垛层错；②在错排面上或附近补充溶质原子（Zn 和 Y）。

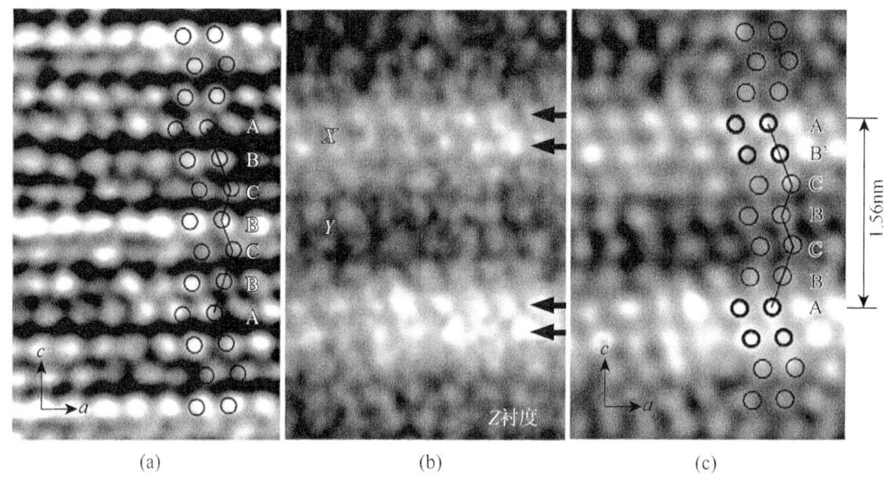

图 6.5　原子分辨率的（a）HRTEM 图片、（b）高角度环形暗场 STEM 图片和（c）傅里叶转变后的 Z 衬度 STEM 图片[105]

Gao 等[106]研究了 LPSO 结构的生长方式（图 6.6），该研究表明 Y 和 Zn 元素从晶界向晶内的扩散导致 LPSO 结构从晶界向晶内沿基面生长，一些 LPSO 相生长到晶粒内部就停止生长，而一些 LPSO 相会贯穿整个晶粒，其中在同一个晶粒内部 LPSO 相的生长方向是一致的。

2. 10H 类型 LPSO 结构

10H 类型 LPSO 结构在 Mg-RE-Zn 合金中比较少见，Matsuda 等[107]在研究快速凝固法制备的 $Mg_{97}Y_2Zn_1$ 合金中发现了 10H 类型 LPSO 结构，其二维点阵图片和选区电子衍射（selected area electron diffraction，SAED）图片如图 6.7 所示，有 10 个点以 ABACBCBCAB 的堆垛序列关于基面呈镜面对称的方式排列。在 SAED 图片中，这恒定的 10 个衍射斑点规则地排列在透射斑点与(0002)Mg 之间。另外，其晶格常数分别为 $a = 0.325$nm，$c = 2.603$nm。

图 6.6　6H 类型 LPSO 相的（a）明场照片和（b）SEM 照片[106]

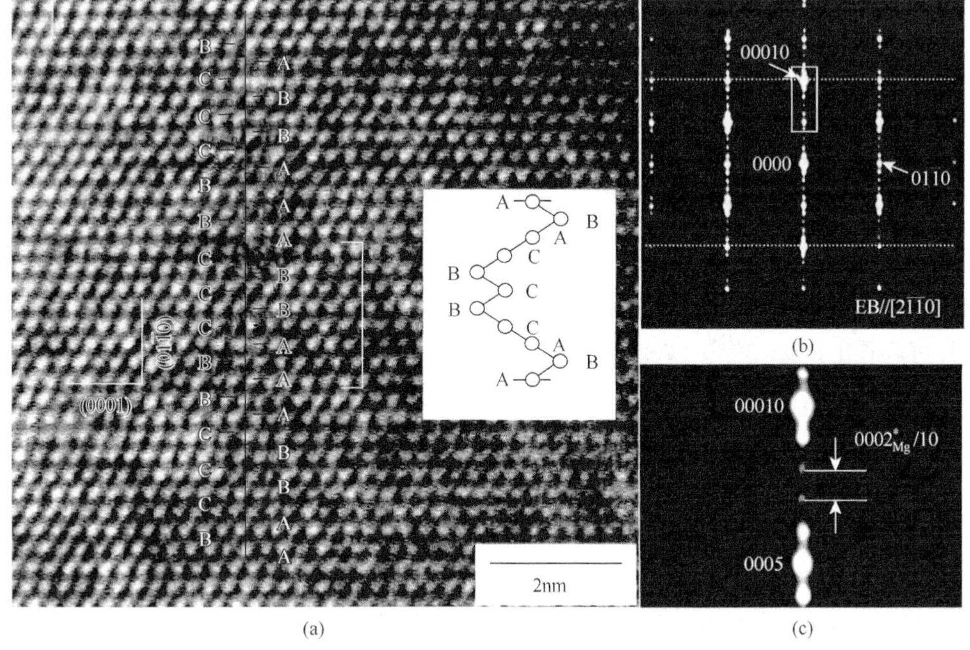

图 6.7　10H 类型 LPSO 结构的二维点阵图片和 SAED 图片[107]

3. 14H 类型 LPSO 结构

图 6.8 是 14H 类型 LPSO 结构的二维点阵图片和 SAED 图片。从图 6.8（a）中可以看出，14 类型 LPSO 结构的堆垛序列为 ACBCBABABABCBC，这些点关于基面呈镜面对称排布。在 SAED 图片中可以看到，有 14 个衍射斑点规则地分布在透射斑点与(0002)Mg 之间。另外，其晶格常数分别为 $a = 0.325$nm，$c = 3.694$nm[97, 107]。

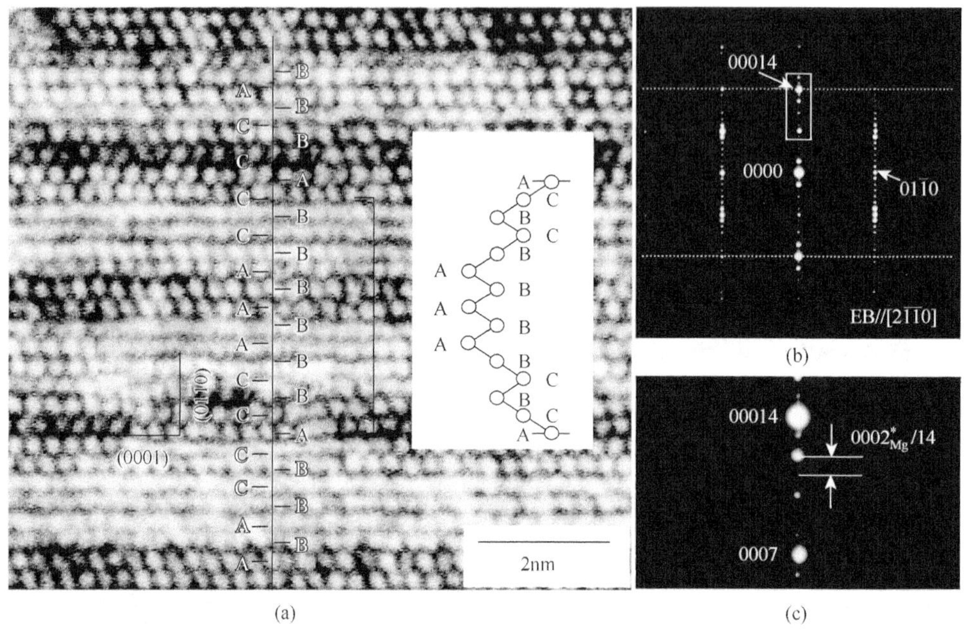

图 6.8　14H 类型 LPSO 结构的二维点阵图和 SAED 图片[107]

4. 18R 类型 LPSO 结构

图 6.9 是 18R 类型 LPSO 结构的二维点阵图片和 SAED 图片。从二维点阵图片可以看出，18R 类型 LPSO 结构的堆垛序列为 ABABABCACACABCBCBC。在 SAED 图片中可以看到，有 18 个衍射斑点规则地分布在透射斑点与(0002)Mg 之间。但是，这些点关于基面呈非镜面对称排布。另外，其晶格常数分别为 a = 0.320nm，c = 4.678nm[97, 107]。

5. 24R 类型 LPSO 结构

Matsuda 等[107]在研究快速凝固法制备 $Mg_{97}Y_2Zn_1$ 合金的过程中又发现了一种新型 LPSO 结构，称为 24R 类型 LPSO 结构，其二维点阵图片和 SAED 图片见图 6.10。从二维点阵图中可以看出，24R 类型 LPSO 结构的堆垛序列为 ABABABABCACACACABCBCBCBC，这些点相对于基面也不具有镜面对称性。从 SAED 图片可以看出，该结构的最小堆垛周期为 24。另外，其晶格常数分别为 a = 3.220nm，c = 5.181nm[97, 107]。

随着研究的深入，研究者逐步发现了具有其他堆垛序列的 LPSO 结构。目前已发现的 LPSO 结构的堆垛序列及其 a、c 值见表 6.4。

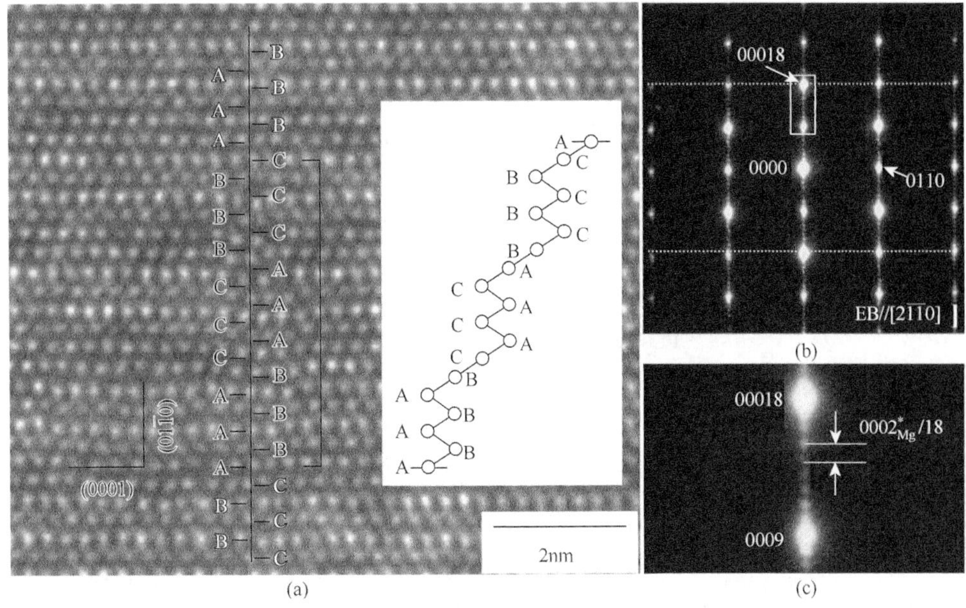

图 6.9 18R 类型 LPSO 结构的二维点阵图片和 SAED 图片[107]

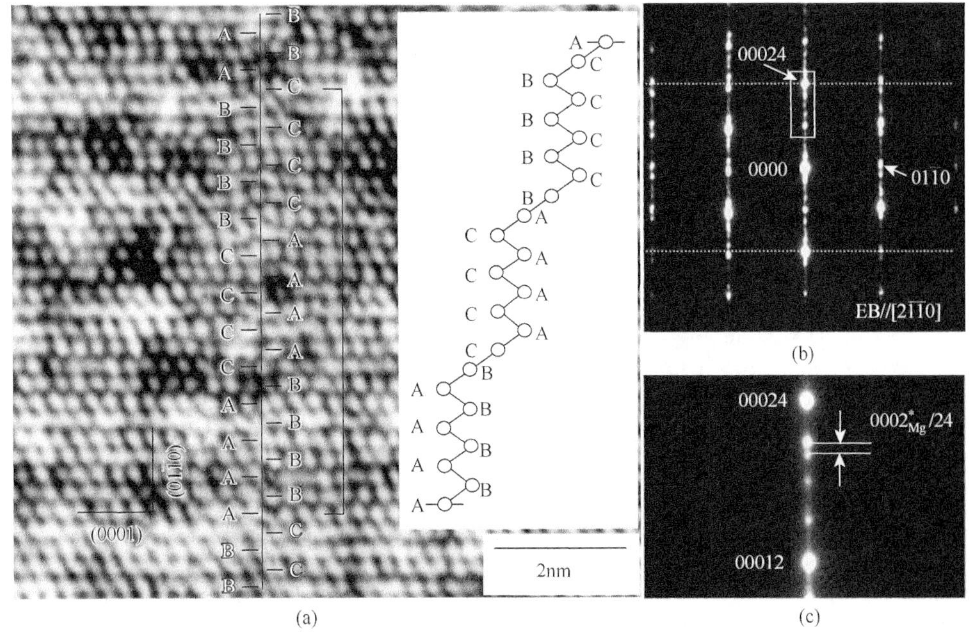

图 6.10 24R 类型 LPSO 结构的二维点阵图片和 SAED 图片[107]

表 6.4 不同类型的 LPSO 结构的堆垛序列及其 *a*、*c* 值

堆垛类型	排列方式	*a*/nm	*c*/nm	已有 LPSO 结构合金的组成
6H	ABCBCB'A	0.560	1.560	$Mg_{94}Y_4Zn_2$，$Mg_{87}Y_{10}Zn_3$
	ABACAB			$Mg_{88}Y_8Zn_4$
10H	ABACBCBCAB	0.325	2.603	$Mg_{97}Y_2Zn_1$
14H	ACBCBABABABCBC	0.325	3.694	$Mg_{87}Y_6Zn_7$
	ABABABACBCBCBC			$Mg_{87}Y_6Zn_7$，$Mg_{87}Er_6Zn_7$
	ABABABACACACAC			$Mg_{95.5}Gd_{2.5}Zn_1$
	ABACBCBCBCABAB	1.112	3.647	$Mg_{80}Y_5Cu_{15}$
18R	ACBCBCBACACACBABAB	0.321	0.521	$Mg_{94}Y_4Zn_2$
	ABABABCACACABCBCBC	0.320	4.678	$Mg_{90}Y_6Zn_4$，$Mg_{88}Er_5Zn_7$
24R	ABABABABCACACACABCBCBCBC	3.220	5.181	$Mg_{97}Y_2Zn_1$

6. 不同类型 LPSO 结构的转变

目前镁合金中的 LPSO 结构有 6H、10H、14H、18R 以及 24R 等五种类型，其中 6H、14H 和 18R 三种类型的 LPSO 结构较为常见。研究表明这三种类型的 LPSO 结构在合金热处理过程中可以发生转变[108-113]。例如，Itoi 等[108]研究了电磁感应熔炼/铜模浇注法制备的 $Mg_{97}Y_2Zn_1$ 合金，发现该合金具有 18R 类型 LPSO 结构，在随后的 773K 热处理超过 5h 后，18R 类型 LPSO 结构转变为 14H 类型 LPSO 结构，这种 14H 类型 LPSO 结构与快速凝固的 $Mg_{97}Y_2Zn_1$ 合金中 14H 型 LPSO 结构相同。Zhu 等[109]在研究 Mg-8Y-2Zn-0.6Zr 合金时发现该合金经过 773K 热处理 16h、473K 时效处理 50h 后，部分 18R 类型 LPSO 结构转变为 14H 类型 LPSO 结构，图 6.11 为该合金 18R 与 14H 类型 LPSO 结构共存的情形。

Amiya 等[110]还报道了 $Mg_{97}Y_2Zn_1$ 合金中的部分 14H 类型 LPSO 结构在 573K 退火 20min 后转化为 6H 类型 LPSO 结构。随后，Datta 等[111]通过第一性原理计算，发现 6H 类型 LPSO 结构是较稳定的结构。

目前已发现的 LPSO 结构有 6H、10H、14H、18R 以及 24R 等五种类型，但是这五种类型的 LPSO 结构在合金中的宏观形貌和生长位置没有任何区别，并且有些类型之间可以发生转变。造成这种现象的原因可能为：①LPSO 结构是一种如同 SiC 那样具有同质异构的晶体结构；②LPSO 相是一种亚稳相，其结构与该相中的 RE、Zn 等原子的聚集程度有关，其转变可能与镁基体中的溶质元素的扩散有关。

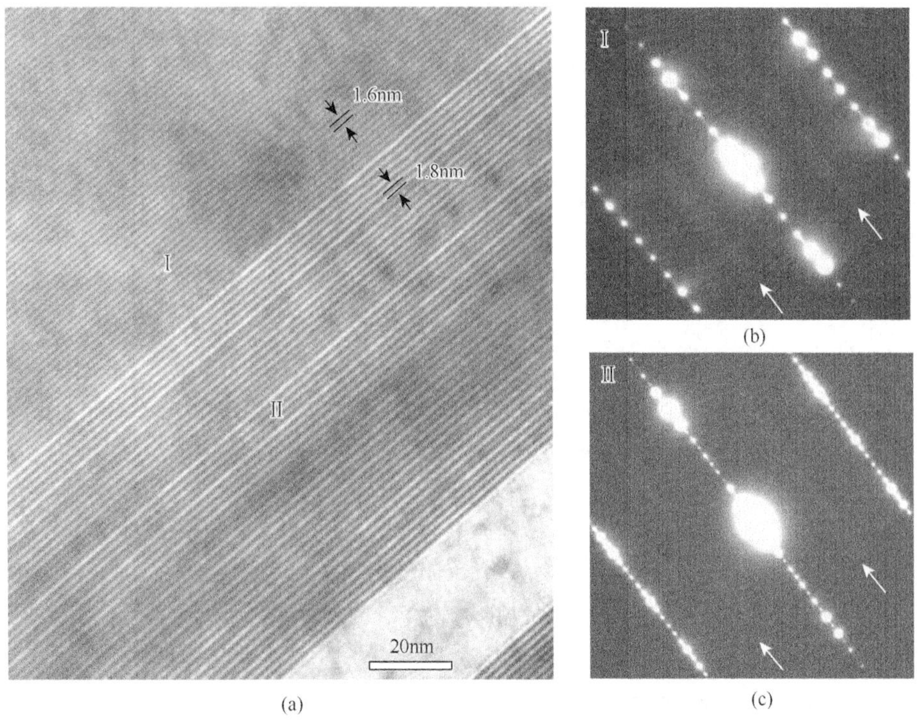

(a) (b) (c)

图 6.11 18R 类型 LPSO 结构在热处理后部分地转变为 14H 类型 LPSO 结构的透射明场像图片和 SAED 图片[109]

6.5.3 LPSO 结构增强的镁合金

目前的研究发现，LPSO 结构增强稀土镁合金可分为两种类型。第一种类型包括 Mg-Y-Zn、Mg-Dy-Zn、Mg-Ho-Zn 和 Mg-Er-Zn 等合金，这些合金在凝固过程中形成 18R 类型 LPSO 结构（其序列为 ABABABCACACABCBCBC），通过高温退火，18R 类型 LPSO 结构基本转变为 14H 类型 LPSO 结构（其序列为 ACBCBABABABCBC）。第二种类型包括 Mg-Gd-Zn、Mg-Tb-Zn 和 Mg-Tm-Zn 等合金，在其铸态中不存在或者少量存在 LPSO 结构，通过高温退火，14H 类型 LPSO 结构从镁基体过饱和固溶体中析出。这些 LPSO 结构增强稀土镁合金表现出优异的力学性能。

另外，随着对 LPSO 结构增强稀土镁合金研究的不断深入，越来越多的含 LPSO 结构增强的稀土镁合金被报道出来。2007 年，Hui 等[112]通过合适的成分设计和对凝固过程的良好控制制备出了具有高强度高塑性的 LPSO 结构增强 Mg-Cu-Y-Zn 大块非晶。与传统的大块非晶相比，含有 LPSO 结构的大块非晶具有更好的力学性能，特别是大幅度地改善了镁基大块非晶的塑性。$Mg_{81}Cu_{9.3}Y_{4.7}Zn_5$ 合金的抗压强度达到

1.2GPa，压缩塑性应变量达到 18%，改变了通常情况下 Mg-Y-Cu-Zn 大块非晶压缩塑性应变量为零的窘况。2013 年，Zhang 等[113]成功地将 LPSO 结构引入镁锂合金中，指出铸态 Mg-8Li-6Y-2Zn 合金中并不存在 LPSO 相，而该合金在经过 500℃热处理后，18R 类型 LPSO 相可以从$(Mg,Zn)_{24}Y_5$相中转化过来。另外，力学性能的测试表明 LPSO 相能够有效地增强挤压态 Mg-8Li-6Y-2Zn 合金的强度和塑性。

冷哲及其所在课题组[114-126]系统地研究了含 LPSO 相的镁合金，利用传统的铸造方法制备了含富钇和锌元素的 LPSO 结构增强的高性能镁合金，并得出如下结论。

（1）铸态 Mg-xRY(x = 6,9)-4Zn（RY 指富钇）合金由块状 LPSO 相、LPSO 精细条纹、网状 $Mg_3Zn_3Y_2$ 共晶相、少量 $Mg_{24}Y_5$ 相及含 LPSO 精细条纹的镁基体相 5 种相构成，其中块状 LPSO 相和 LPSO 精细条纹均为 6H 类型 LPSO 结构。随着 RY 含量的增多，铸态 Mg-xRY(x = 6,9)-4Zn 合金中块状 LPSO 相的体积分数从 10%增加到 24%，而影响合金力学性能的网状 $Mg_3Zn_3Y_2$ 共晶相的数量逐渐减小，且合金的枝晶壁间距从 60μm 减小到 42μm。LPSO 相可以有效地细化镁基体相。

（2）块状 LPSO 相和含 LPSO 精细条纹的镁基体相在室温及 250℃高温时都表现出了非常高的维氏硬度，并且其值随着温度的升高下降得十分缓慢。铸态 Mg-xRY(x = 6,9)-4Zn 合金表现出了优良的拉伸性能及良好的耐热性能。随着 RY 含量的增多，铸态 Mg-xRY(x = 6,9)-4Zn 合金的屈服强度、抗拉强度及伸长率都得到了明显的增高。室温下，铸态 Mg-9RY-4Zn 合金的屈服强度、抗拉强度和伸长率分别达到 106MPa、191MPa 和 7.7%。该合金的强度随温度的升高下降得十分缓慢。在 250℃高温下，铸态 Mg-9RY-4Zn 合金的屈服强度、抗拉强度仍然保持在 96MPa 和 161MPa，伸长率显著提高，达到 18.5%。块状 LPSO 相和 LPSO 精细条纹对铸态 Mg-xRY(x = 6,9)-4Zn 合金起到了重要的强化作用。块状 LPSO 相体积分数的增加和网状 $Mg_3Zn_3Y_2$ 共晶相数量的减少及枝晶壁间距的逐渐减小是铸态 Mg-9RY-4Zn 合金力学性能高于铸态 Mg-6RY-4Zn 合金力学性能的主要原因。

（3）挤压态 Mg-xRY(x = 6,9)-4Zn 合金由条带状 LPSO 相、动态再结晶内部的 LPSO 精细条纹、碎裂的 $Mg_3Zn_3Y_2$ 共晶相、少量 $Mg_{24}Y_5$ 相和含 LPSO 精细条纹的动态再结晶镁基体相构成，其中条带状 LPSO 相和动态再结晶内部的 LPSO 精细条纹均是 14H 类型 LPSO 结构。随着 RY 含量的增多，挤压态 Mg-xRY(x = 6,9)-4Zn 合金中条带状 LPSO 相的体积分数增加，动态再结晶的晶粒尺寸减小。

（4）经过挤压变形，由于 LPSO 结构阻碍位错运动产生的加工硬化作用，挤压态 Mg-xRY(x = 6,9)-4Zn 合金中的条带状 LPSO 相和含 LPSO 精细条纹的动态再结晶镁基体相的维氏硬度都得到了明显的增加。挤压态 Mg-xRY(x = 6,9)-4Zn 合金表现出了优良的拉伸性能及良好的耐热性能。随着 RY 含量的增多，挤压态 Mg-xRY(x = 6,9)-4Zn 合金的屈服强度、抗拉强度及伸长率都得到了明显的增高。

室温下，挤压态 Mg-9RY-4Zn 合金的屈服强度、抗拉强度和伸长率分别达到265MPa、353MPa 和 9.7%。随着温度的升高，该合金的屈服强度和抗拉强度逐渐下降。在 250℃高温下，挤压态 Mg-9RY-4Zn 合金的屈服强度、抗拉强度仍然可以保持在 223MPa 和 298MPa。该合金的伸长率随温度的升高增加很快，250℃时已经达到 26.6%。条带状 LPSO 相和含 LPSO 精细条纹的动态再结晶镁基体相对合金的力学性能起到了重要的强化作用。

（5）在时效过程中，挤压态 Mg-xRY(x = 6,9)-4Zn 合金表现出明显的时效硬化特征。经过 220℃长时间的时效，合金中 LPSO 相的形状、尺寸、体积分数、类型等均没有发生改变。合金中的动态再结晶晶粒尺寸略有增长，高体积分数的LPSO 相有助于抑制细小的动态再结晶晶粒的长大。另外，经过长时间的高温时效，大量的堆垛层错从镁基体中析出。

（6）峰值时效态 Mg-9RY-4Zn 合金表现出了最佳的综合力学性能。其室温屈服强度、抗拉强度和伸长率分别为 285MPa、376MPa 和 8.6%。随着测试温度的升高，其屈服强度和抗拉强度缓慢下降，而伸长率显著提高。当测试温度升高至250℃时，其屈服强度和抗拉强度仍然保持在 243MPa 和 316MPa，伸长率则高达15.3%。时效过程中保持稳定的条带状 LPSO 相和相对稳定的细小的动态再结晶对合金起到了强化作用，大量析出的堆垛层错也是合金力学性能提高的主要因素。

（7）挤压态 Mg-9RY-4Zn 合金中，在平行于挤压方向，LPSO 相呈条带状平行分布；在垂直于挤压方向，LPSO 相呈弯曲块状均匀弥散分布。挤压态 Mg-9RY-4Zn 合金中，平行于挤压方向和垂直于挤压方向的显微组织存在明显的不同。

6.5.4 稀土耐热镁合金

耐热性能差是阻碍镁合金广泛应用的主要原因之一。当温度升高时，镁合金的强度和抗蠕变性能大幅度下降，使它难以作为关键零件（如发动机零件）材料在汽车等工业中得到更广泛的应用。目前世界稀土铸造镁合金牌号数已占镁合金牌号总数的 50%以上，稀土铸造镁合金中稀土的质量分数一般为 2.5%～3%，其主要机制是稀土元素使晶界和相界扩散渗透性减少，使相界的凝固速度减慢，且第二相在整个持续时间内始终是位错运动的有效障碍，稀土元素可减少金属表面氧化物缺陷；加入稀土元素（如 Ce）后，在晶界生成高熔点化合物，对晶界起钉扎作用，从而提高合金的高温强度和蠕变强度，随稀土含量增加，合金的蠕变速率降低；在镁基体中稀土元素具有较大的固溶度，且随温度的下降，固溶度降低，满足与 Mg 形成时效型合金的必要条件。大多数稀土镁合金形成共晶反应，并且由于存在晶间热稳定性高的化合物，稀土镁合金具有良好的抗蠕变性能，在 200～250℃时仍具有良好的抗蠕变性能，尤其是 Y、Sc、Gd 等稀土元素在耐热镁合金中的作用研究已取得突破性进展。相信未来稀土一定会在高温环境应用的镁合金中发挥更大的作用。

参 考 文 献

[1] Spedding F H，Daane A H，Meggers W F. The rare earths. Physics Today，1961，15（5）：56-57.

[2] Sauerwald F. Der stand der entwicklungen der zwei-und vielstoffegierungen auf der basis magnesium-zirkon und magnesium-thorium-zirkon. Metallkde Z，1954，45：257-269.

[3] Leontix T E. The properties of sand cast Mg-RE alloys. Transaction of American Institute of Mining，Metallurgical，and Petroleum Engineers，1949，191：257-269.

[4] Payne R J M，Bailey N. Improvement of the age hardening properties of Mg-RE alloys by addition of Ag. Journal of the Japan Institute of Metals and Materials，1959-1960，88：417-427.

[5] 张洪杰，孟健，唐定骧. 高性能镁-稀土结构材料的研制、开发与应用. 中国稀土学报，2004，22：40-46.

[6] Polmear I J. Magnesium alloys applications. Materials Science and Technology，1994，10：1-14.

[7] Zou H H，Zeng X Q，Zhai C Q，et al. The effect of yttrium element on microstructure and mechanical properties of Mg-5Zn-2Al alloy. Materials Science and Engineering A，2005，402：142-148.

[8] 姚素娟，易丹青，李旺兴，等. 高温镁合金成分、组织设计与制备加工技术进展. 轻金属，2007，9：55-58.

[9] Gao X，He S M，Zeng X Q，et al. Microstructure evolution in a Mg-15Gd-0.5Zr（wt.%）alloy during isothermal aging at 250℃. Materials Science and Engineering A，2006，431：322-327.

[10] 杨明波，潘复生，李忠盛，等. Mg-Al 系耐热镁合金的合金元素及其作用. 材料导报，2005，4：46-49.

[11] Chen J，Wang J Q，Han E H，et al. States and transport of hydrogen in the corrosion process of an AZ91 magnesium alloy in aqueous solution. Corrosion Science，2008，50：1292-1305.

[12] Peng Q M，Wu Y M，Fang D Q，et al. Microstructures and properties of melt-spun and As-cast Mg-20Gd binary alloy. Jounal of Rare Earths，2006，24：466-470.

[13] 徐杰，刘子利，沈以赴，等. 镁合金焊接的研究和发展. 宇航材料工艺，2006，19：21-26.

[14] 刘畅，周宏，孙广平，等. 稀土对 AM60B 镁合金组织遗传性和性能的影响. 机械工程材料，2007，2：5-8.

[15] 李铮，赵凯，邸洪双，等. 双辊轧法生产变形镁合金薄带新工艺的研究. 轻金属，2003，12：10-14.

[16] 黄德明，刘红梅，陈云贵，等. 耐热铸造镁合金的研究应用进展. 轻金属，2005，8：49-54.

[17] 刘海峰，侯骏，刘耀辉，等. 压铸镁合金高温蠕变研究现状及进展. 铸造，2002，51：330-335.

[18] 师昌绪，李恒德，王淀佐，等. 加速我国金属镁工业发展的建议. 材料导报，2001，15（4）：5.

[19] 王渠东，丁文江. 镁合金研究开发现状与展望. 世界有色金属，2004，7：8.

[20] 权高峰，严峰，刘赵铭. 镁合金与我国的轨道交通. 科学中国人，2007，2：81.

[21] Polmear I J. Magnesium alloys and applications. Materials Science and Technology，1994，10（1）：1.

[22] 徐光宪. 稀土. 北京：冶金工业出版社，1997.

[23] 范才河，陈刚，严红革，等. 稀土在镁及镁合金中的作用. 材料导报，2005，19（7）：61.

[24] 韩英芬，刘建睿，沈淑娟，等. 镁合金中非金属夹杂物及其净化方法. 铸造技术，2006，27（6）：613.

[25] 孙茂才. 金属力学性能. 哈尔滨：哈尔滨工业大学出版社，2003.

[26] 周学华，卫中领，陈秋荣，等. 含稀土耐蚀 Mg-9Al 铸造镁合金腐蚀行为研究. 腐蚀与防护，2006，27：487.

[27] 祁庆琚，刘勇兵，杨晓红. 稀土对镁合金 AZ91D 摩擦磨损性能的影响. 中国稀土学报，2002，20：428.

[28] 杨友，刘勇兵，杨晓红. 压铸稀土镁合金高周疲劳试验研究. 铸造技术，2006，27：470.

[29] 马图哈 K H. 非铁合金的结构与性能. 丁道云，等，译. 北京：科学出版社，1999.

[30]　郭旭涛，李培杰，刘树勋，等. 稀土耐热镁合金发展现状及展望. 铸造，2002，51（2）：68-71.

[31]　刘光华. 稀土固体物理学. 北京：机械工业出版社，1997.

[32]　小池进. マグネシウム，合金铸物の制造法. JACT News，1996，10（20）：15472-15482.

[33]　Hirabara S，Sakamoto K，Sakate N，et al. Heat-resistant magnesium alloy member. EP Patent：0799901，1997-09-01.

[34]　赵志远. 稀土铸造镁合金在我国航空工业中的应用. 材料工程，1993（7）：8-10.

[35]　苏再军，黄艳香，刘楚明，等. 稀土铸造镁合金的研究现状及发展趋势. 特种铸造及有色合金，2015，35（10）：1047-1051.

[36]　Arun B，Raavikumar K K，Pillaiu T S，et al. Effect of antimony and yttrium addition on the high temperature properties of AZ91 magnesium alloy. Kalpakkam：6th International Conference on Creep，Fatigue and Creep-Fatigue Interaction，2013.

[37]　Wand J，Fu J W，Dong X U，et al. Microstructure and mechanical properties of as-cast Mg-Al-Sn-Y-Nd alloy. Materials and Design，2012，36（4）：432-437.

[38]　Yang Q，Bu F Q，Meng F Z，et al. The improved effects by the combinative addition of lanthanum and samarium on the microstructures and the tensile properties of high-pressure die-cast Mg-4Al-based alloy. Materials Science and Engineering，2015，A628（25）：319-326.

[39]　李克杰，李全安，井晓天，等. Sm 对 Mg-6Al-1.2Y-0.9Nd 合金组织和性能的影响. 稀有金属材料与工程，2010，39（1）：96-100.

[40]　陈振华. 镁合金. 北京：化学工业出版社，2004.

[41]　Yang M B，Guo T Z，Li H I. Effects of Gd addition on as-cast microstructure，tensile and creep properties of Mg-3.8Zn-2.2Ca（%）magnesium alloy. Materials Science and Engineering，2014，A609（15）：1-6.

[42]　Xu C X，Wand X，Zhanu J S，et al. Effect of Nd and Yb on the microstructure and mechanical properties of Mg-Zn-Zr alloy. Rare Metal Materials and Engineering，2014，43（8）：1809-1814.

[43]　Zhang Z Q，Liu X，Hu W Y，et al. Microstructure，mechanical properties and corrosion behaviors of Mg-Y-Zn-Zr alloys with specific Y/Zn mole ratios. Journal of Alloys and Compounds，2015，624（5）：116-125.

[44]　Qi F G，Zhang D F，Xiao H，et al. Effect of Y addition on microstructure and mechanical properties of Mg-Zn-Mn alloy. Transactions of Nonferrous Metals Society of China，2014，24（5）：1352-1364.

[45]　Fend H，Yang Y，Chang H X. Influence of W-phase on mechanical properties and damping capacity of Mg-Zn-Y-Nd-Zr alloys. Materials Science and Engineering，2014，A609（15）：7-15.

[46]　Nie J F，Muddle B C. Characterization of strengthening precipitate phases in a Mg-Y-Nd alloy. Acta Materialia，2000，48（8）：1691-1703.

[47]　Antion C，Donnadieu P，Perrard F，et al. Hardening precipitation in a Mg-4Y-3RE alloy. Acta Materialia，2003，51（18）：5335-5348.

[48]　Liu M，Wan Y C. Effects of heat treatments microstructures and mechanical properties of Mg-4Y-2.5Nd-0.7Zr alloy. Materials Science and Engineering，2012，A558（15）：1-6.

[49]　Su Z J，Liu M，Wan Y C. Microstructures and mechanical properties of high performance Mg-4Y-2.4Nd-0.2Zn-0.4Zr alloy. Materials and Design，2013，4（3）：466-472.

[50]　Luo Z P，Zhang S Q，Tang Y L，et al. Microstructures of Mg-Zn-Zr-RE alloys with high RE and low Zn contents. Journal of Alloys and Compounds，1994，209（1）：275-278.

[51]　Kawamura Y，Hayashi K，Inoue A，et al. Rapidly solidified powder metallurgy $Mg_{97}Zn_1Y_2$ alloys with excellent tensile yield strength above 600 MPa. Materials Transactions，2001，42：1171-1174.

[52] 张松，袁广银，卢晨，等. 长周期结构增强镁合金的研究进展. 材料导报，2008，22（2）：61-63.

[53] 陈振华，周涛，陈鼎. 快速凝固高性能镁合金研究进展——长周期堆垛有序结构镁合金. 材料导报，2008，21（11）：50-55.

[54] 高岩，王渠东，赵阳，等. $Mg_{97}Zn_1Y_2$ 合金中 LPSO 结构的研究现状. 材料导报，2008（1）：94-97.

[55] Zhang J，Liu S，Wu R，et al. Recent developments in high-strength Mg-RE-based alloys：Focusing on Mg-Gd and Mg-Y systems. Journal of Magnesium and Alloys，2018，6：277-291.

[56] Chen B，Lin D L，Zeng X Q，et al. Elevated temperature mechanical behavior of Mg-Y-Zn alloys. Materials Science Forum，2007，546：237-240.

[57] Zhang J，Leng Z，Liu S，et al. Microstructure and mechanical properties of Mg-Gd-Dy-Zn alloy with long period stacking ordered structure or stacking faults. Journal of Alloys and Compounds，2011，509（29）：7717-7722.

[58] Zheng L，Liu C，Wan Y，et al. Microstructures and mechanical properties of Mg-10Gd-6Y-2Zn-0.6Zr（wt.%）alloy. Journal of Alloys and Compounds，2011，509（35）：8832-8839.

[59] Hirano M，Yamasaki M，Hagihara K，et al. Effect of extrusion parameters on mechanical properties of $Mg_{97}Zn_1Y_2$ alloys at room and elevated temperatures. Materials Transactions，2010，51（9）：1640.

[60] Xu C，Xu S W，Zheng M Y，et al. Microstructures and mechanical properties of high-strength Mg-Gd-Y-Zn-Zr alloy sheets processed by severe hot rolling. Journal of Alloys and Compounds，2012，524：46-52.

[61] Xu C，Zheng M Y，Xu S W，et al. Microstructure and mechanical properties of rolled sheets of Mg-Gd-Y-Zn-Zr alloy：As-cast versus as-homogenized. Journal of Alloys and Compounds，2012，528：40-44.

[62] Xie J，Zhang J，You Z，et al. Towards developing Mg alloys with simultaneously improved strength and corrosion resistance via RE alloying. Journal of Magnesium and Alloys，2021，9（1）：41-56.

[63] Hagihara K，Sugino Y，Fukusumi Y，et al. Plastic deformation behavior of $Mg_{12}ZnY$ LPSO-phase with 14H-typed structure. Materials Transactions-JIM，2011，52（6）：1096.

[64] Hagihara K，Kinoshita A，Fukusumi Y，et al. High-temperature compressive deformation behavior of $Mg_{97}Zn_1Y_2$ extruded alloy containing a long-period stacking ordered（LPSO）phase. Materials Science and Engineering：A，2013，560：71-79.

[65] Itoi T，Ichikawa R，Hirohashi M. Deformation behavior of Mg-Ni-Y alloy with long period stacking ordered phase. Materials Science Forum，2012，706：1176-1180.

[66] Lv B J，Peng J，Zhu L，et al. The effect of 14H LPSO phase on dynamic recrystallization behavior and hot workability of Mg-2.0Zn-0.3Zr-5.8Y alloy. Materials Science and Engineering：A，2014，599：150-159.

[67] Hagihara K，Kinoshita A，Sugino Y，et al. Temperature dependence of compressive deformation behavior of $Mg_{89}Zn_4Y_7$ extruded LPSO-phase alloys. Materials Science Forum，2010，654：607-610.

[68] Jono Y，Yamasaki M，Kawamura Y. Effect of LPSO phase-stimulated texture evolution on creep resistance of extruded Mg-Zn-Gd alloys. Materials Transactions，2013，54（5）：703-712.

[69] Garcés G，Oñorbe E，Dobes F，et al. Effect of microstructure on creep behaviour of cast $Mg_{97}Y_2Zn_1$（at.%）alloy. Materials Science and Engineering：A，2012，539：48-55.

[70] Yin D D，Wang Q D，Boehlert C J，et al. Creep behavior of Mg-11Y-5Gd-2Zn-0.5 Zr（wt.%）at 573K. Materials Science and Engineering：A，2012，546：239-247.

[71] 陈平. 稀土镁合金 β'和 β"以及 6HLPS 相的第一性原理研究. 湘潭：湘潭大学，2010.

[72] Kim J，Kawamura Y. effect of zinc content on the microstructure and mechanical properties of extruded Mg-Zn-Y-La alloys with LPSO phase. Magnesium Technology，2012，2012：197-199.

[73] Pérez P，González S，Garcés G，et al. High-strength extruded $Mg_{96}Ni_2Y_1RE_1$ alloy exhibiting superplastic behavior.

Materials Science and Engineering：A，2008，485（1）：194-199.

[74] Pérez P，Eddahbi M，González S，et al. Refinement of the microstructure during superplastic deformation of extruded $Mg_{94}Ni_3Y_{1.5}CeMM_{1.5}$ alloy. Scripta Materialia，2011，64（1）：33-36.

[75] Garcés G，Maeso M，Todd I，et al. Deformation behaviour in rapidly solidified $Mg_{97}Y_2Zn$（at.%）alloy. Journal of Alloys and Compounds，2007，432（1）：L10-L14.

[76] Eddahbi M，Pérez P，Monge M A，et al. Microstructural characterization of an extruded Mg-Ni-Y-RE alloy processed by equal channel angular extrusion. Journal of Alloys and Compounds，2009，473（1）：79-86.

[77] Fan T W，Tang B Y，Peng L M，et al. First-principles study of long-period stacking ordered-like multi-stacking fault structures in pure magnesium. Scripta Materialia，2011，64（10）：942-945.

[78] Wang Y F，Wang Z Z，Yu N，et al. Microstructure investigation of the 6H-type long-period stacking order phase in $Mg_{97}Y_2Zn_1$ alloy. Scripta Materialia，2008，58（10）：807-810.

[79] Oñorbe E，Garcés G，Dobes F，et al. High-temperature mechanical behavior of extruded Mg-Y-Zn alloy containing LPSO phases. Metallurgical and Materials Transactions：A，2013，44（6）：2869-2883.

[80] Bi G，Fang D，Zhao L，et al. An elevated temperature Mg-Dy-Zn alloy with long period stacking ordered phase by extrusion. Materials Science and Engineering: A，2011，528（10）：3609-3614.

[81] Inoue A，Matsushita M，Kawamura Y，et al. Novel hexagonal structure of ultra-high strength magnesium-based alloys. Materials Transactions，2002，43（3）：580-584.

[82] 付建强，孙威，谢中柱，等. 合金元素对铸态镁合金中长周期堆垛结构的形成与特征的影响. 金属学报，2008，44（4）：428-432.

[83] Kawamura Y，Yamasaki M. Formation and mechanical properties of $Mg_{97}Zn_1RE_2$ alloys with long-period stacking ordered structure. Materials Transactions，2007，48（11）：2986.

[84] 张景怀，唐定骧，张洪杰，等. 稀土元素在镁合金中的作用及其应用. 稀有金属，2008，32（5）：659-667.

[85] Shao G，Varsani V，Fan Z. Thermodynamic modelling of the Y-Zn and Mg-Zn-Y systems. Calphad，2006，30（3）：286-295.

[86] Suzuki M，Kimura T，Koike J，et al. Effects of zinc on creep strength and deformation substructures in Mg-Y alloy. Materials Science and Engineering：A，2004，387：706-709.

[87] Li Y X，Qiu D，Rong Y H，et al. Effect of long-period stacking ordered phase on thermal stability of refined grains in Mg-RE-based alloys. Philosophical Magazine，2014：1-16.

[88] Li D J，Zeng X Q，Dong J，et al. Microstructure evolution of $Mg_{10}Gd_3Y_{1.2}Zn_{0.4}Zr$ alloy during heat-treatment at 773K. Journal of Alloys and Compounds，2009，468（1）：164-169.

[89] Chen P，Li D L，Yi J X，et al. Microstructure and electronic characteristics of the 6H-type ABACAB LPSO structure in $Mg_{97}Zn_1Y_2$ alloy. Journal of Alloys and Compounds，2009，485（1）：672-676.

[90] Tang P Y，Tang B Y，Peng L M，et al. Effect of Y and Zn substitution on elastic properties of 6H-type ABCBCB LPSO structure in $Mg_{97}Zn_1Y_2$ alloy. Materials Chemistry and Physics，2012，131（3）：634-641.

[91] Tang P Y，Tang B Y，Peng L M，et al. Effect of Y and Zn substitution on tensile properties of 6H-type LPSO phase in $Mg_{97}Zn_1Y_2$ alloy. Advanced Materials Research，2012，476：2469-2475.

[92] Yi J X，Tang B Y，Chen P，et al. Crystal structure of the mirror symmetry 10H-type long-period stacking order phase in Mg-Y-Zn alloy. Journal of Alloys and Compounds，2011，509（3）：669-674.

[93] Yamasaki M，Matsushita M，Hagihara K，et al. Highly-ordered 10H type long-period stacking order phase in a Mg-Zn-Y ternary alloy. Scripta Materialia，2014，78-79（5）：13-16.

[94] Zhang S，Yuan G Y，Lu C，et al. The relationship between $(Mg,Zn)_3RE$ phase and 14H-LPSO phase in

Mg-Gd-Y-Zn-Zr alloys solidified at different cooling rates. Journal of Alloys and Compounds，2011，509（8）：3515-3521.

[95] Wu Y J，Zeng X Q，Lin D L，et al. The microstructure evolution with lamellar 14H-type LPSO structure in an $Mg_{95.5}Gd_{2.5}Zn_1$ alloy during solid solution heat treatment at 773K. Journal of Alloys and Compounds，2009，477（1-2）：193-197.

[96] Izumi S，Yamasaki M，Kawamura Y. Relation between corrosion behavior and microstructure of Mg-Zn-Y alloys prepared by rapid solidification at various cooling rates. Corrosion Science，2009，51（2）：395-402.

[97] Wu Y J，Lin D L，Zeng X Q，et al. Formation of a lamellar 14H-type long period stacking ordered structure in an as-cast Mg-Gd-Zn-Zr alloy. Journal of Materials Science，2009，44（6）：1607-1612.

[98] Lu F，Ma A，Jiang J，et al. Review on long-period stacking-ordered structures in Mg-Zn-RE alloys. Rare Metals，2012，31（3）：303-310.

[99] Zhang S，Yuan G，Lu C，et al. Orientation relationship between 14H-LPSO structured X phase and DO3-type$(Mg,Zn)_3$RE phase in an Mg-Gd-Y-Zn-Zr alloy. International Journal of Materials Research，2012，103（5）：559-563.

[100] Tang P Y，Wu M M，Tang B Y，et al. Microstructure of 18R-type long period ordered structure phase in $Mg_{97}Y_2Zn_1$ alloy. Transactions of Nonferrous Metals Society of China，2011，21（4）：801-806.

[101] Zhang L，Zhang J，Leng Z，et al. Microstructure and mechanical properties of high-performance Mg-Y-Er-Zn extruded alloy. Materials and Design，2014，54：256-263.

[102] Mi S B，Jin Q Q. New poly types of long-period stacking ordered structures in Mg-Co-Y alloys. Scripta Materialia，2013，68（8）：635-638.

[103] Tang P Y，Zeng M X，Li D L，et al. Theoretical investigation on microstructure of the novel 24R-type LPSO phase in $Mg_{97}Zn_1Y_2$ alloy. Advanced Materials Research，2011，233：2359-2366.

[104] Inoue A，Kawamura Y，Matsushita M，et al. Novel hexagonal structure and ultrahigh strength of magnesium solid solution in the Mg-Zn-Y system. Journal of Materials Research，2001，16（7）：1894-1900.

[105] Abe E，Kawamura Y，Hayashi K，et al. Long-period ordered structure in a high-strength nanocrystalline Mg-1at%Zn-2at%Y alloy studied by atomic-resolution *Z* contrast STEM. Acta Materialia，2002，50（15）：3845-3857.

[106] Gao Y，Wang Q，Gu J，et al. Comparison of microstructure in Mg-10Y-5Gd-0.5 Zr and Mg-10Y-5Gd-2Zn-0.5Zr alloys by conventional casting. Journal of Alloys and Compounds，2009，477（1）：374-378.

[107] Matsuda M，Ii S，Kawamura Y，et al. Variation of long-period stacking order structures in rapidly solidified $Mg_{97}Zn_1Y_2$ alloy. Materials Science and Engineering：A，2005，393（1）：269-274.

[108] Itoi T，Seimiya T，Kawamura Y，et al. Long period stacking structures observed in $Mg_{97}Zn_1Y_2$ alloy. Scripta Materialia，2004，51（2）：107-111.

[109] Zhu Y M，Morton A J，Nie J F. The 18R and 14H long-period stacking ordered structures in Mg-Y-Zn alloys. Acta Materialia，2010，58（8）：2936-2947.

[110] Amiya K，Ohsuna T，Inoue A. Long-period hexagonal structures in melt-spun $Mg_{97}Ln_2Zn_1$（Ln = lanthanide metal）alloys. Materials Transactions，2003，44（10）：2151-2156.

[111] Datta A，Waghmare U V，Ramamurty U. Structure and stacking faults in layered Mg-Zn-Y alloys：A first-principles study. Acta Materialia，2008，56（11）：2531-2539.

[112] Hui X，Dong W，Chen G L，et al. Formation，microstructure and properties of long-period order structure reinforced Mg-based bulk metallic glass composites. Acta Materialia，2007，55（3）：907-920.

[113] Zhang J，Zhang L，Leng Z，et al. Experimental study on strengthening of Mg-Li alloy by introducing long-period stacking ordered structure. Scripta Materialia，2013，68（9）：675-678.

[114] 冷哲. 高性能 Mg-RY（富钇）-Zn 合金的显微组织和力学性能. 哈尔滨：哈尔滨工程大学，2014.

[115] Leng Z，Zhang J H，Zhang M L，et al. Microstructure and high mechanical properties of Mg-9RY-4Zn（RY：Y-rich misch metal）alloy with long period stacking ordered phase. Materials Science and Engineering：A，2012，540：38-45.

[116] Leng Z，Zhang J H，Lin H Y，et al. Superplastic behavior of extruded Mg-9RY-4Zn alloy containing long period stacking ordered phase. Materials Science and Engineering：A，2013，576：202-206.

[117] Leng Z，Zhang J H，Cui C L，et al. Compression properties at different loading directions of as-extruded Mg-9RY-4Zn（RY：Y-rich misch metal）alloy with long period stacking ordered phase. Materials and Design，2013，51：561-566.

[118] Leng Z，Zhang J H，Yin T T，et al. Microstructure and mechanical properties of Mg-9RY-4Cu alloy with long period stacking ordered phase. Materials Science and Engineering：A，2013，580：196-201.

[119] Leng Z，Zhang J H，Zhu T L，et al. Microstructure and mechanical properties of Mg-(6,9)RY-4Zn alloys by extrusion and aging. Materials and Design，2013，52：713-719.

[120] Leng Z，Zhang J H，Yin T T，et al. Influence of biocorrosion on microstructure and mechanical properties of deformed Mg-Y-Er-Zn biomaterial containing 18R-LPSO phase. Journal of the Mechanical Behavior of Biomedical Materials，2013，28：332-339.

[121] Leng Z，Zhang J H，Sun J F，et al. Notched tensile behavior of extruded Mg-Y-Zn alloys containing long period stacking ordered phase. Materials and Design，2014，56：495-499.

[122] Leng Z，Zhang J H，Zhang M L，et al. Microstructures and mechanical properties of heat-resistant high-pressure die-cast Mg-4Al-6RE-0.3Mn（RE = La，Ce，Pr，Nd，wt.%）alloys. Materials Science Forum，2011，686：265-270.

[123] Zhang J H，Leng Z，Liu S J，et al. Structure stability and mechanical properties of Mg-Al-based alloy modified with Y-rich and Ce-rich misch metals. Journal of Alloys and Compounds，2011，509：L187-L193.

[124] Zhang J H，Leng Z，Zhang M L，et al. Effect of Ce on microstructure，mechanical properties and corrosion behavior of high-pressure die-cast Mg-4Al-based alloy. Journal of Alloys and Compounds，2011，509：1069-1078.

[125] Zhang J H，Leng Z，Liu S J，et al. Microstructure and mechanical properties of Mg-Gd-Dy-Zn alloy with long period stacking ordered structure or stacking faults. Journal of Alloys and Compounds，2011，509：7717-7722.

[126] Niu Z Y，Leng Z，Zhang J H，et al. Microstructures and mechanical properties of Mg-6Li-5.5Gd-1Dy-2Zn alloys. Materials Science Forum，2014，773-774：275-280.

第7章　稀土合金膜

稀土和过渡元素组成的合金具有优良的磁、光、电、储氢等特殊性能，在功能材料开发中已受到广泛重视。随着表面技术的发展，合金膜在工业的各个领域有着重要的应用。稀土具有独特的性质，在膜材料领域显示出极大的优越性，所以研究稀土合金膜的报道较多。本章重点介绍目前已有的关于稀土合金膜的研究进展。

目前工业上稀土合金膜的制备方法主要有化学气相沉积法、物理气相沉积法、熔盐电解法、水溶液中电沉积法和非水溶液中电沉积法。在这些方法中，熔盐电解法的熔盐电导率高、黏度小，能够直接获得纯度较高的稀土合金膜；室温下在极性非水溶液中和水溶液中电沉积制备稀土及其合金膜的研究也有了较快速的发展。相对而言，电沉积技术具有成本低、操作简单和易于控制合金的组成等优势。

7.1　合金膜的制备方法

1. 化学气相沉积

化学气相沉积法是化学气相反应物经由化学反应在基体表面形成具有非挥发性的固态薄膜的方法。这最初是在半导体制作过程中使用的技术[1, 2]。

2. 物理气相沉积

物理气相沉积技术是真空条件下，采用物理方法，将材料源——固体或液体表面气化成气态原子、分子或部分电离成离子，并通过低压气体（或等离子体）过程，在基体表面沉积具有某种特殊功能的薄膜的技术。主要的物理气相沉积技术有真空蒸镀[3-6]、溅射镀膜[7, 8]、电弧等离子体镀膜、离子镀膜[9]及分子束外延[10]等。发展到目前，物理气相沉积技术不仅可沉积金属、合金膜，还可以沉积化合物、陶瓷、半导体、聚合物膜等。

3. 电沉积

电沉积是金属或合金从其化合物水溶液、非水溶液或熔盐中电化学沉积的过程。电沉积是金属电解冶炼、电解精炼、电镀、电铸过程的基础，这些过程在一定的电解质和操作条件下进行。电沉积的难易程度以及沉积物的形态与沉积金属的性质有关，也依赖于电解质的组成、pH、温度、电流密度等因素。目前的电沉积方法主要有直流电沉积法、脉冲电沉积法、喷射电沉积法、电刷镀复合电沉积法、超声波电沉积法等[11-13]。

7.2　合金膜生成的基本理论

实际上，合金膜起源于电沉积过程。按照经典电沉积理论，在电位梯度作用下，存在于本体电解液中水化的或络合的金属离子向阴极（衬底）扩散，阴极离子在亥姆霍兹（Helmholtz）双电层的区域脱离水化或络合状态，再经历与阴极电子进行的放电过程后变成中性原子（吸附原子），吸附原子随之在衬底上发生吸附，最终嵌入晶格。早在 20 世纪 30 年代，有人曾提出一个晶体生长机制，认为吸附原子借助表面扩散在衬底表面迁徙，最终到达衬底表面的一些活性点，如棱折、台阶。20 世纪 60 年代，有人提出了二维形核模型，即假定阴极表面活性点为吸附杂质的原子或分子所占据，晶体通过原子在活性点吸附和沉积这一持续的正常生长过程因此受到阻碍，这一过程利用其他模型都无法作出满意而合理的解释，因而不得不利用二维形核模型加以描述。在这一时期，又有人对这个过程做了假定，认为细微离子化原子（亚原子）与阴极表面之间发生交换反应，交换反应涉及亚原子而不是中性原子（吸附原子），因此晶体生长的全过程与沉积过电位有关。沉积过电位包括放电过电位、扩散过电位、反应过电位和结晶过电位，并且是这些过电位的总和。这些过电位直接影响镀层的微观结构。实际上过电位的概念来自电化学研究，这也是目前唯一能够被接受的理论。一般情况下，过电位增大，沉积速率将变得更快，在体系中亚原子在表面微区内聚集，使其浓度变大，会导致在衬底表面有更多的形核中心，晶粒得到细化，镀层表面变得光滑。反之，过电位很小，沉积速度缓慢，晶粒就有充分的时间长大，粗大晶粒的形成会造成镀层表面粗糙。

7.3　电沉积制备稀土合金膜

无论是在水溶液还是在非水溶液中电沉积合金膜，其原理都和电镀合金膜相似。电沉积合金膜大多是在温度不太高的条件下进行的，远远没有达到合金的熔点，那么这种膜为什么能够牢牢地黏附在基体上呢？解释这一现象就需要从能量的角度进行阐述，涉及欠电位沉积（under potential deposition，UPD）、合金化、微区热效应等一系列科学问题。其中，欠电位沉积是指一种金属可在比其热力学可逆电位正的电位下沉积在另一基体上的现象，是一个与电极/溶液结构密切相关的重要的电化学过程，即金属离子析出电位正移。但这只是一个表观现象，它的本质是什么呢？我们还要从合金化和微区热效应的角度来说明和阐述。以钢的合金化为例，在炼钢或生产钢时，为保证钢的各种物理、化学性能，通常要对钢的成分进行调整，向钢中加入合金添加剂是为了使其成分调整到规定范围。普通钢中没有的或含量较少的元素（C、Si、Mn、S 或 P）都属于合金元素。合金添加剂既可以是纯的材料（镍、铜、铝、石墨粉等），也可以是铁合金（锰铁、硅铁、钒铁、铬铁等），还可以是合金元素的化合物（氧化物、碳化物、氮化物等）。在炼钢或生产钢时，脱氧与合金化过程几乎同时进行，有时不可能把脱氧元素与合金元素截然分开，但脱氧与合金化的目的和物理化学反应过程是不同的。

为提高钢的微合金化效果，应研究添加剂被钢液吸收溶解的规律性。加入固体铁合金时，起初在其表面结成钢壳，随后熔化。钢壳削弱热交换，阻碍添加剂的溶解。添加剂的粒径、熔化范围、导热能力和钢液过热度不同，其溶解的规律则不同。在加入铁合金引起钢液的激冷指数，以及铁合金的热物理和物理力学性能等方面取得的研究成果也有利于完善和实现钢的微合金化工艺。

两种元素形成合金时要放出大量的热量。日本学者渡辺辙在其所著的《纳米电镀》中指出，电沉积过程的能量包括金属离子的放电能量，这种放电能量为几电子伏特，相当于每个原子经历上万摄氏度的高温。电解液/衬底界面电压为 10^7V，会产生焦耳热，每一个离子的放电就产生一个高温吸附原子，一定量的高温吸附原子借助表面扩散机制在衬底表面扩散，最终形成固体膜。如此生成的固体膜在高温下是稳定的，同时界面产生的热量通过电解液和衬底扩散进体系中。通常水溶液和非水溶液电沉积的介质温度往往为室温，最高温度也仅有 100℃。由于电解液是一个大热源，具有很强的冷却效果。

一般来说，高熔点金属具有较快的冷却速度，倾向于多处形核，可获得细晶层；反之，低熔点金属的冷却速度慢，需要较长的时间凝结，增大了表面扩散距离，从而影响晶粒尺寸。因此，镀层纯度越高，晶粒尺寸越大，反之亦然。

合金体系中阴极的迅速冷却过程导致电沉积层结构的变化。只要提供适当的能量，成分接近金属间化合物的合金就可以形成金属间化合物。如果能量供给不足，急剧冷却将会形成介稳相或非晶相。

7.3.1 水溶液电沉积稀土合金膜

20 世纪 80 年代末，Lokhande 等[14, 15]在水溶液中直接电沉积 Sm 和 La 膜。此后，陆续有学者利用水溶液电沉积法成功地获得了 Ni-La(Ce,Y,Nd)-P、Ni-Ce-S、Fe(Co)-La-P 等一系列稀土与过渡元素的非晶态合金[16-21]。稀土与过渡元素形成的合金膜（特别是含稀土的非晶态合金膜）具有磁学、析氢电催化、耐腐蚀、力学及光吸收性能，为其广泛应用奠定了坚实的基础。

黄清安等[22]综述了水溶液电沉积稀土合金的机理，认为其关键是析出电位正移，目前主要有诱导共沉积、欠电位沉积以及元素的电负性原理等。

1. 诱导共沉积

Brenner[23]根据合金电沉积动力学特性及其镀液组成和电沉积条件对镀液组成的影响，将合金电沉积过程分成 5 种类型：①规则共沉积，电沉积合金组成受离子扩散速度支配；②不规则共沉积，电沉积合金组成由阴极电位支配；③平衡共沉积，电沉积合金组成与溶液中金属离子比例相同，如酸性镀液中 Pb-Sn 合金的电沉积；④异常共沉积，电位比较负的金属比电位比较正的金属优先析出，这只在有一定浓度比的镀液和一定操作条件下发生，如铁过渡金属合金的电沉积；⑤诱导共沉积，单一金属盐不能电沉积，但在另外一种或几种金属盐的作用下能发生共沉积现象，如铁过渡金属离子经常诱导一些难沉积的金属离子发生共沉积。稀土与铁过渡金属的析出电位相差较大，不能发生共沉积，因此只有采用适当的配位体，才能使稀土元素在一定的条件下从水溶液中被电解还原成单质稀土或稀土合金。董俊等[24]认为，Ni-Ce-P 共沉积是由于铈盐明显增加了阴极极化；铈电沉积的因素可能是电极表面局部碱化，形成 $Ce(OH)_3$ 沉淀，阻碍了 Ni^{2+} 的析出，使 Ni^{2+} 的极化作用增大，电位较负的 Ce^{3+} 和 Ni^{2+} 共同析出，其过程表示为

$$Ce^{3+} + 3OH^- \text{局部碱化} \longrightarrow Ce(OH)_3 \text{（催化剂）}$$

$$Ce(OH)_3 + 3e^- \longrightarrow \text{共沉积 } Ce + 3OH^-$$

此过程是通过生成难沉积金属的低价氧化物膜，随后被铁过渡金属离子催化还原为金属。

2. 欠电位沉积

在阴极表面上，金属离子在不同金属基体上被还原，当电极电位比沉积金属的析出电位还正时，金属离子就能在基体上被还原，这就是金属离子的欠电位沉积，即电位较负的金属离子会在较正的电位下沉积，它主要发生在基体材料的电子逸出功大于沉积金属原子的电子逸出功的情况下。稀土元素内层电子对外层电子具有屏蔽作用，原子核对外层电子的吸引力减弱。因此，稀土元素都很活泼，还原电位很负（−2.25～−2.52V），水溶液中稀土离子在电极上被还原成稀土金属的难度极大。但是稀土元素易与某些无机或有机物形成配位数不同的配合物，只要选用适当的配位体，使电解液稳定并使稀土金属析出电位正移，产生合金化热，使得在局部微小区域内达到很高的温度，就能形成合金[24]。这才是合金电解共沉积的热力学本质。张云黔等[25]认为，采用适宜的基体材料，使其电子逸出功大于稀土金属原子的电子逸出功，才能有效地移动稀土金属的析出电位，从而使稀土

金属在水溶液中实现欠电位沉积。此外，利用某些金属离子的诱导效应使稀土金属发生电沉积也是获得稀土合金镀层的重要手段[26]。

3. 元素的电负性原理

电负性表示形成化合物时元素把电子拉向自己周围的能力。以研究水溶液中电沉积 Fe-Ni-Nd-P 合金膜为例，已知金属元素 Nd、Fe、Ni 以及类金属元素 P 的电负性分别为 1.1、1.8、1.8 和 2.1，这种差异导致形成合金膜时 Nd—P、Fe—P、Ni—P 键的电子从 Nd、Fe、Ni 向 P 转移，从而使金属的析出电位正移[27]，沉积出 Fe-Ni-Nd-P 合金。刘淑兰等[28]、沈玲等[29]在水溶液中采用脉冲电镀电沉积 Ni-Ce-P 与 Ni-Nd-P 合金膜。他们采用元素的结构、电负性和原子半径作为非晶态合金形成的判据，研究了稀土元素与 Ni、P 形成三元非晶态合金的规律，结果表明稀土元素与 Ni、P 很容易形成三元非晶态合金，这也是含稀土的 Ni-P 合金的耐腐蚀性能较 Ni-P 二元合金更佳的原因。

稀土在有色金属电镀中的研究始于 20 世纪 80 年代[30]，添加稀土主要基于改善镀层性质、提高电流效率的角度。目前，稀土添加剂不仅应用于 Cr、Zn、Ni、Cu 等单质金属的电镀沉积，也应用于镍铁、镍锌、锌铁、锌铝等合金的电镀沉积，添加剂也由单一稀土发展至复合稀土化合物。

稀土添加剂加入镀铁液中，部分稀土会与铁共沉积于镀层中，镀层内应力增加，相应提高镀层硬度。稀土离子还会在阴极表面产生吸附，一方面，抑制氢的吸附和析出，从而抑制微裂纹的形成，使镀层耐腐蚀性提高；另一方面，由于析氢变难，铁的沉积速度相对提高，电流效率升高[31]。

将稀土作为镀铬添加剂用于镀铬，可以在较低温度下得到更高的电流效率，而且镀铬液的分散能力、镀层覆盖能力以及耐腐蚀性都能得到明显提高[32]。

锌镍合金电镀中，加入少量（约 1.0g/L）硫酸铈就可以明显提高镀液的电流效率，使镀层中的 Ni 含量有所提高，含 Ce 的镀层在高温高压的盐水中具有优良的耐腐蚀性[33]。

在酸性镀液中沉积 Ni-P 合金镀层，以稀土离子（La^{3+}、Y^{3+}）和稀土氧化物（CeO_2、Y_2O_3）作为复合添加剂，稀土离子起到细晶强化和微合金化的作用，稀土氧化物起到弥散强化和细晶强化的作用，可以提高镀层的硬度和耐磨性，使镀层与基体结合力增强[34]。

综合来看，镀液中的稀土离子活性很强，一方面可以影响阴极极化，稀土离子在阴极表面吸附，提高阴极极化，使析氢过电位增大，金属或合金的沉积速度和电流效率相应升高；另一方面可以改变电结晶过程，稀土离子易吸附在晶体生长的活性点上，有效抑制晶体生长，使镀层晶粒细化，镀层硬度提高，加之析氢困难，因析氢产生的微裂纹减少，镀层耐腐蚀性增强。

稀土添加剂在电镀行业中应用广泛，已从普通电镀中转移到复合镀、热浸镀和电刷镀等特殊电镀中。

7.3.2　非水溶液电沉积稀土合金膜

在非水溶液中电沉积稀土合金膜除具有水溶液中电沉积稀土合金膜的优点外，还具有电化学窗口宽、能直接在基体材料上电沉积出稀土金属及其合金膜、没有氢析出的影响等优点。因此，在非水溶液中电沉积稀土金属及其合金膜已成为最有应用前景并且常用的制备合金膜的方法之一。

稀土金属与铁过渡金属的析出电位相差较大(稀土金属的析出电位比铁过渡金属的析出电位低 1V 以上)，在水溶液中由于析氢反应，难以实现其共沉积。范必强等[35]选用低温熔盐体系，在硅基体上成功地电沉积得到钴镧合金膜。这可以从过渡金属离子能诱导一些难以从水溶液中电沉积出来的金属离子产生共沉积的概念得到解释。实验中发现，尿素-NaBr-KBr-甲酰胺熔体中存在铁过渡金属离子（如 Co^{2+}）时，可以诱导稀土金属镧与铁过渡金属钴共沉积而产生钴镧合金。在所研究的熔体中，Co^{2+}一步不可逆还原为金属钴，钴对镧的诱导共沉积可能基于在电极表面的附近液层中形成中间物相或形成多核络合物，也可能由于难沉积金属镧先形成低价氧化物膜，再被钴催化还原为金属镧。

李高仁等[36]报道了在 0.1mol/L $ErCl_3$-0.1mol/L $Bi(NO_3)_3$-0.1mol/L LiCl-二甲基亚砜（dimethyl sulfoxide，DMSO）体系中，在室温条件下，析出电位控制在–2.6～–2.0V 均可得到表面致密、均匀、附着力强且有金属光泽的合金膜，其中 Er 质量分数最高可达 46.56%，制备所得到的合金膜是非晶态的，在 720K 下进行热处理 1h 后形成稳定 Er-Bi 合金相，并且合金膜的附着力更强。

李高仁等[37]又报道了在 $ErCl_3$-$FeCl_2$-$NiCl_2$-$LiClO_4$-DMSO 体系中，各金属离子浓度为 0.1～0.2mol/L，析出电位为–2.6～–2.0V，利用恒电位电解技术，在铜电极上于室温条件下进行电沉积，可得到表面均匀、附着力强、有金属光泽的 Er-Ni-Fe 合金膜，其中 Er 质量分数可达 31%～41%。

7.4　物理气相沉积制备稀土合金膜

程国安等[38]利用电子束蒸发法制备了 RE/Si 多层膜，其工艺是在 UTT400 型超高真空双电子束蒸发系统中完成的。镀膜室的背底真空度为 1.3×10^{-7}Torr（1Torr≈133Pa）。稀土金属和半导体硅的沉积速率为 0.3～0.5nm/min，沉积温度低于 60℃，单层膜的厚度为 3nm。RE/Si 多层膜的总层数为 50 层，稀土金属层和硅层交替沉积，经过400℃退火热处理后，RE/Si多层膜中开始析出稀土硅化物相，其中La/Si和Dy/Si多层膜中析出$RESi_{2-x}$稀土硅化物。

王群英等[39]报道了用真空镀膜设备在金刚石表面镀钛加稀土制成含镧和铈的合金膜，结果表明，镀稀土金属钛膜的金刚石的镀层结合强度高，金刚石钻头的磨损明显降低。

7.5 稀土永磁薄膜

磁性薄膜材料是微电子与信息技术中一类重要的功能材料。对磁性薄膜广泛而深入的研究促进了磁电子学的发展。随着人类社会高新技术的发展，新型磁性薄膜材料和器件层出不穷。永磁薄膜材料可以用来制备微型电机，在信息、微型机械和微型机器人等方面有广阔的应用前景[40-42]。

研制第四代永磁体已成为国际性永磁体研究前沿课题[43-45]。但目前第四代永磁体的研制尚未取得重大突破[46]，在探索综合性能高于$Nd_2Fe_{14}B$的新型稀土过渡金属化合物方面进展缓慢。因此，进一步发展和提高块体稀土永磁材料磁能积的空间有限。Coehoom和Duchateau[44]报道了由软磁性相和硬磁性相组成的纳米复合磁体具有剩磁增强效应后，理论预言多层膜型纳米复合永磁体的最大磁能积$(BH)_{max}$可超过800kJ/m^{3}①。自20世纪90年代起，国际上陆续有稀土永磁薄膜材料制备、表征和性能的报道。有关稀土永磁薄膜材料的报道大多集中于单相薄膜材料。在稀土永磁薄膜材料的制备与研究方面，美国内布拉斯加大学林肯分校、美国阿贡国家实验室等单位做了大量的工作。国外科学家研究了用磁控溅射法制备的非晶态$CaCu_5$、Th_2Zn_{17}、$TbCu_7$型SmCo基薄膜的结构、织构和磁性等，以及制备过程中的工艺参数、晶粒取向变化和相转变等。由于制备过程中氧化、织构、相组成和相分布等因素的影响，通常薄膜材料的磁性各向异性很大，饱和磁化强度和剩磁较低。

在双相复合稀土永磁薄膜材料研究方面，国内科学家也开展了相关工作，制备了$SmCo_x$-Co和PrCo-Co多层薄膜和纳米复合薄膜，获得很高的矫顽力。钢铁研究总院在SmCo/Fe/SmCo三层薄膜中获得剩磁增强效应。中国科学院金属研究所对纳米复合稀土永磁薄膜材料的磁性耦合机理开展了实验和理论研究，分析了纳米复合磁性材料中逾渗效应对磁体矫顽力机制和剩磁增强效应的影响[47]，从实验过程中证明磁性各向异性对交换耦合常数的影响等[48]。中国科学院金属研究所与美国内布拉斯加大学林肯分校开展国际合作，制备出具有纳米复合磁性增强效应、较高磁能积的纳米复合稀土永磁薄膜材料[49-51]，利用磁

---

① 最大磁能积的单位为kJ/m^{3}和MGOe，其换算关系请参考10.2节

性交换耦合机理来综合利用硬磁性相的高磁性各向异性和软磁性相的高饱和磁化强度，达到提高饱和磁化强度的目的[51-53]，$(BH)_{max}$为203kJ/m^3。中国科学院金属研究所还成功制备了高磁能积的各向异性稀土永磁薄膜材料，$(BH)_{max}$达到270kJ/m^3，并进一步研究了工艺参数对各向异性Nd-Fe-B薄膜磁体的显微结构与磁性的影响[54]。

目前主要使用的稀土永磁薄膜制备技术包括离子束溅射、磁控溅射（包括直流和射频溅射）和激光脉冲沉积等[55]，这些技术已经取得巨大进步。当然，进一步提高稀土永磁薄膜材料的磁性能仍然面临着相当大的困难。制备高性能的各向异性纳米复合稀土永磁薄膜材料将是制备新一代稀土永磁材料的关键。在稀土永磁薄膜材料的结构与磁性能的关系、界面结构与磁性交换耦合机理等方面仍缺乏深入的研究。国内针对磁性薄膜特别是稀土永磁薄膜及其存在的各向异性磁阻现象、巨磁阻效应等仅限于基础研究，应用开发和工程技术研究则几乎空白，而且尚未掌握磁性薄膜大规模生产的实用技术。今后将系统地研究稀土永磁薄膜材料的磁性交换耦合机理，进一步发展纳米复合磁性交换耦合理论及模型；系统地研究稀土永磁薄膜材料的结构与磁性能，其相组成、相结构、相转变与磁性能的关系，以及纳米复合机制和矫顽力机制等，深入理解物质在薄膜尺度的结构特点和基本磁性，同时实现稀土永磁薄膜材料更好的各向异性生长和磁性交换耦合，这对发展新一代稀土永磁材料有重要的指导意义。

离子束溅射法制备薄膜具有成分均匀、可重复性好等优点[56]。离子束溅射的基本过程如下：利用受热的钨丝发射电子，电子在电场与磁场的共同作用下做螺旋加速运动；在加速运动的过程中与工作气体（一般是氩气）发生碰撞，使工作气体电离，电离出的阳离子在负电场的作用下加速；采用离子聚焦装置使阳离子平行高速地轰击被溅射的物质（靶材）；阳离子与靶材原子发生碰撞后，靶材的粒子（分子和原子）以一定的速度、一定的方向被溅射出来，把衬底置于粒子的溅射方向使粒子沉积在衬底上，从而实现镀膜。

翁章钊[57]采用离子束溅射法，在不同磁场环境下制备Sm-Fe-B超磁致伸缩薄膜（giant magnetostrictive thin film，GMF），并对其进行300℃真空退火。通过脉冲磁场的加入，制备的薄膜成分均匀、表面平整、结构致密，平均成分为$Sm_{34}Fe_{62}B_4$与$Sm_{29}Fe_{69}B_2$。稳恒磁场与脉冲磁场制备的Sm-Fe-B超磁致伸缩薄膜基本为非晶态结构，经过300℃真空退火后薄膜微结构发生轻微变化，薄膜具有平行于膜面的易磁化方向，面内各向异性明显降低，低场磁敏性明显提高，退火后共振峰-峰值明显提高，是退火前共振峰-峰值的5倍以上。

文献[58]和[59]综述了永磁合金薄膜的研究进展，分析了现有永磁合金薄膜的应用前景。

7.5.1 永磁薄膜的制备技术

1. 电沉积

电沉积法制备永磁薄膜材料具有操作简单、成本低廉、样品不受限制、厚度容易控制、制备时间短等优点，制备的永磁薄膜厚度为几十微米，在微执行器中得到广泛应用。电沉积法适合制备金属化合物电解质材料，如 CoNiMnP、CoPt；但不适合制备性能较高的稀土化合物，这是因为水溶液体系中稀土元素的析出电位低于氢的析出电位，氢会先析出，稀土元素很难甚至无法沉积[60]。

2. 溅射

溅射法制备永磁薄膜材料具有速率适中、与基片的结合力较好、致密度高、厚度可控、易于在大面积基片上获得厚度均匀的薄膜、与半导体工艺兼容等优点，制备的永磁薄膜厚度一般为几十纳米到几微米。溅射法可以应用于高性能稀土永磁薄膜的制备，如 Nd-Fe-B、Sm-Co 等，还可以制备非金属材料，如 Ba、Sr 铁氧体；但对基片材料要求较高，需要较高的基片沉积温度和退火温度，且易出现化合物成分偏离。

3. 激光脉冲沉积

激光脉冲沉积法制备永磁薄膜材料的原理是用高能激光束辐照靶材，靶材熔融产生的等离子体沉积在基片上形成薄膜。相比于溅射法，激光脉冲沉积法制备的永磁薄膜成分与靶材相同，制备的永磁薄膜厚度上限为几十微米，材料种类较多；但它沉积速度较慢（1μm/h），成膜不均匀，局部会形成微米级的团簇颗粒，不利于制备大面积的薄膜[61]。

4. 液相外延

液相外延法制备永磁薄膜材料的原理是将衬底浸入含有被沉积组分的过饱和液中，通过适当的温度条件，被沉积组分从饱和液相中析出，沉积在衬底上，从而获得薄膜外延生长。液相外延法可生长出膜厚高达 200μm 的薄膜，是生长单晶薄膜的理想方法，在研究低线宽的 M 型 Ba 铁氧体薄膜中得到重要应用。但液相外延法对衬底的要求较高，衬底与将要沉积的薄膜的晶格常数相差小于 1%才能进行良好的外延生长，只有单晶衬底（蓝宝石、MgO）才能满足要求。

5. 丝网印刷

丝网印刷法是一种孔版印刷技术，它的基本原理是将磁粉和黏结剂按一定比例混合制成糊状混合物（油墨），用刮墨板挤压网框内的油墨，油墨从通孔部分漏印到承印物上成膜。丝网印刷法能制备厚度为 10μm～1mm 的永磁薄膜，且适用的材料种类较多；但薄膜致密度很低，结晶质量不好，气孔率大，磁性能不佳。

7.5.2　稀土-过渡金属永磁薄膜的制备

Sm-Co 永磁薄膜具有居里温度高、温度稳定性好、抗氧化性和耐腐蚀性好等优点，在高温应用领域有着不可替代的作用。目前对 Sm-Co 永磁薄膜的研究集中在 $SmCo_5$、Sm_2Co_{17} 稳定相和 $SmCo_7$ 亚稳相，这三个相在一定条件下可以相互转化。

$SmCo_5$ 是目前单轴磁晶各向异性最高的永磁材料，因而 $SmCo_5$ 薄膜作为超高密度磁记录材料得到广泛研究。Zhang 等[62]用 Cu/Ta 作双底层结构，用溅射工艺得到晶粒 c 轴垂直取向很好的 $SmCo_5$ 薄膜，垂直膜面方向的矫顽力 H_c 接近 1591kA/m①。Zhao 等[63]研究了 Ta 覆盖层对 $SmCo_5$ 薄膜的保护作用。结果表明，未加 Ta 覆盖层的样品性能恶化较严重，H_c 在一个月内从 637kA/m 降低到 80kA/m，而加了 3nm 厚度 Ta 覆盖层的样品即使在 25℃的实验室环境下暴露三年，其结构和磁性能仍然稳定。

相比 $SmCo_5$ 薄膜，Sm_2Co_{17} 薄膜有更高的居里温度和更大的饱和磁化强度，$Sm_2(Co_{0.3}Fe_{0.7})_{17}$ 薄膜的 $(BH)_{max}$ 理论值高达 525.4kJ/m^3，但矫顽力偏低。Chen 等[64]用直流磁控溅射法制备了 Sm-Co 薄膜，发现退火温度为 600℃时 $SmCo_5$ 相析出，700℃时 Sm_2Co_{17} 相析出，800℃时得到 $(BH)_{max}$ 的最大值，960℃时得到矫顽力和剩磁 B_r 的最大值。

$SmCo_7$ 薄膜具有磁晶各向异性场高、居里温度高和内禀矫顽力温度系数较低等高温优良磁特性，在高温领域极具应用前景。2009 年，彭龙[65]在 650℃的单晶 Si 基片上，用 Mo 作为缓冲层制备出了 3.0μm 厚的 $SmCo_7$ 薄膜。在 25～300℃，$SmCo_7$ 薄膜的剩磁温度系数 α 和内禀矫顽力温度系数 β 分别为–0.124%/℃和–0.091%/℃，温度稳定性较好。在 300℃，$SmCo_7$ 薄膜的内禀矫顽力 H_{cj}、剩余磁化强度 M_r、饱和磁化强度 M_s 分别为 210kA/m、4720kA/m、8210kA/m。$SmCo_7$ 薄膜的各项磁性能指标与温度基本满足负相关的线性关系，这有利于该薄膜在微磁器件领域的应用。

7.5.3　稀土-过渡金属-第三组元永磁薄膜的制备

Nd-Fe-B 是现今磁能积最高的永磁材料，被誉为“磁王”。烧结 Nd-Fe-B 的

①矫顽力的单位为 A/m 和 Oe，其换算关系请参考 10.2 节

$(BH)_{max}$已达到 474kJ/m^3，为理论值（525.4kJ/m^3）的 90%[66]。但是 Nd-Fe-B 永磁薄膜的$(BH)_{max}$与理论值还有很大差距，因此提高 Nd-Fe-B 永磁薄膜的磁性能还有很大潜力。目前对单相 Nd-Fe-B 永磁薄膜的研究主要集中在 Nd-Fe-B 防腐蚀、垂直磁性各向异性薄膜制备、热处理调控磁性能等方面。

Yang 等[67]用直流磁控溅射法制备了厚度为 400～500nm 的 Nd-Fe-B 永磁薄膜，用射频磁控溅射法制备了厚度为 300nm 的间隔层和保护层 Ta，这种 Ta/Nd-Fe-B/Ta 膜层结构能够有效防止 Nd 氧化。

Ullrich 等[68]用激光脉冲沉积法首先在单晶 Si(100)衬底上沉积了 50nm 的 Ta(110)作缓冲层，然后沉积了厚度为 200nm、剩磁为 1.3T①、剩磁比为 0.95 的 c 轴垂直取向的 Nd-Fe-B 永磁薄膜。有报道用磁控溅射法在加热 Si 基片上制备的具有 c 轴织构的各向异性 Nd-Fe-B 永磁薄膜的$(BH)_{max}$达到 270kJ/m^3。傅宇东等[69]对直流磁控溅射法制备 Nd-Fe-B 永磁薄膜工艺进行了研究，实验表明，在低功率溅射条件下，薄膜中容易出现 α-Fe 相，随溅射功率增大，α-Fe 相逐渐消失，薄膜转变为单一 $Nd_2Fe_{14}B$ 相。

另外，关于 $Nd(Fe,Co,Mo)_{12}N_x$、$Sm_2Fe_{17}N_x$ 永磁薄膜的工艺参数、晶粒取向和相转变等也都有所报道，薄膜材料的磁晶各向异性很大，但是饱和磁化强度和剩磁较低。

7.5.4　双相复合稀土永磁薄膜的制备

第四代永磁体的开发已经成为当前国际性的永磁体研究前沿课题。但是在探索综合性能高于 $Nd_2Fe_{14}B$ 的新型稀土过渡金属化合物方面进展缓慢。因此，进一步发展和提高稀土永磁体的磁能积的空间有限。Coehoorn 和 de Mooij[70]报道了由软磁性相和硬磁性相组成的纳米复合永磁体具有剩磁增强效应；理论预言多层膜型纳米复合永磁体的$(BH)_{max}$可超过 800kJ/m^3[71]。然而，实验与理论预言相差甚远，虽然 $Nd_2Fe_{14}B$/α-Fe、$SmCo_5$/Fe/$SmCo_5$ 等双相复合永磁薄膜的剩磁有很大提高，但是矫顽力下降太多，限制了磁能积的提高。为了提高磁性能，人们在理论和实验上进行了大量的研究。

目前，理论研究集中在耦合机制和矫顽力机制方面。研究发现磁性晶粒自身和近邻内禀磁性参数会影响晶间交换耦合的强度，而晶粒尺寸、两相比例及相分布共同决定矫顽力[72]。高汝伟等[73]用计算机模拟技术研究了晶粒交换作用对有效各向异性的影响。研究表明，有效各向异性常数的减小会导致纳米双相复合永磁体矫顽力的下降，有效各向异性随平均晶粒尺寸的减小而呈下降趋势。

① 剩磁的单位为 T 和 G，其换算关系请参考 10.2 节

在实验方面，成分优化是当前一个重要的研究方向。向合金中添加微量元素等方法来调节成分，可以优化纳米双相复合永磁体的晶粒尺寸和相分布，从而达到提高磁性能的效果。有文献报道用磁控溅射法结合退火工艺制备了 $B_r = 1.31T$、$(BH)_{max} = 203kJ/m^3$ 的$(Nd,Dy)(Fe,Co,Nb,B)_{5.5}/\alpha\text{-}Fe$ 薄膜。Wang 等[74]通过 Ti 替代 Fe 制备了$(BH)_{max} = 151.6kJ/m^3$、$H_{cj} = 809.2kA/m$、$B_r = 1.02T$ 的纳米双相复合永磁体，发现 Ti 替代具有增高非晶态相的结晶温度和稳定性、抑制晶粒生长和改善微观结构的作用。

硬磁性相与软磁性相直接接触会产生强烈的交换耦合作用，从而导致硬磁性相的矫顽力下降。为了解决这一问题，在硬磁性相和软磁性相之间插入一个中间层来起到隔离两相的作用。Cui 等[75]在 $Nd_2Fe_{14}B$ 层和 FeCo 层之间插入一个 Ta 中间层，得到了 $\mu_0H_c = 1.38T$、$(BH)_{max} = 486kJ/m^3$ 的 $Nd_2Fe_{14}B/Ta/FeCo$ 多层膜。Sawatzki 等[76]研究发现，保持硬磁性相 $SmCo_5$ 层 25nm 的厚度、改变软磁性相 Fe 层的厚度对$(BH)_{max}$也有较大的影响，当 Fe 层厚度为 12.6nm 时，$SmCo_5/Fe/SmCo_5$ 多层膜的$(BH)_{max}$达到 $312kJ/m^3$。

7.6　磁泡稀土合金薄膜

磁泡薄膜材料是指在一定的外加磁场作用下具有磁泡畴结构的磁性薄膜材料。当外加磁场增加到某一程度时，磁性晶体的一些磁畴便缩成圆柱状，其磁化强度与磁场方向相反，在外磁场作用下可以移动，像一群浮在膜面上的小水泡（称为磁泡）。泡的存在与否对应于信息存储中的“1”和“0”，即可作为存储器使用。这种技术已发展了 50 年。1972 年，Tabor 等发现了硬磁泡并建立了相应的畴壁结构模型，认为在它们的畴壁中存在大量同号的垂直布洛赫线（vertical Bloch line，VBL）。1973 年，Slonczewski 等发现了哑铃畴，认为哑铃畴畴壁中含有比普通硬磁泡（ordinary hard bubble，OHB）更多的 VBL。在此基础上，人们又对哑铃畴进行了详细的研究，发现哑铃畴在直流偏场的作用下有两种缩灭形式。1983 年，Konishi 在磁泡存储技术的基础上提出了超高密度固态布洛赫线存储器（Bloch line-memory，BLM）方案。同年，日本九州大学小西提出布洛赫线存储器，存储密度可达 $0.9Gb/cm^2$。1992 年，日立公司宣称制备出单片存储密度为 $256Mb/m^2$ 的实验性布洛赫线存储器。中国科学院上海冶金研究所研制了$[(YSmLuCa)(FeGa)_5Co]_{12}$磁泡单晶薄膜，仿国外样机研制了磁泡存储器，在国内处于领先地位。

这些年来，磁泡存储器一直处在半导体存储器和磁盘存储器的“夹缝”之中，由于其具有一些独特的优点而得以继续发展。

稀土石榴石氧化物薄膜是磁泡的良好材料，采用外延法生长在钆镓石榴石单晶衬底上。20 世纪 60 年代，国外通过磁光效应对稀土石榴石氧化物薄膜的磁畴运动做了深入的研究，并发展了磁泡存储器。

磁泡存储器具有诸多优点，一经问世就引起国内外的极大关注。20 世纪 70～80 年代中期，用液相外延法研制的磁泡薄膜层出不穷，促进了磁泡薄膜的研究。

磁泡薄膜研究曾一度为磁学界的热门课题。虽然目前磁泡存储器的使用仅在极小范围，但它的发展前景不可低估。稀土磁泡薄膜材料的出现大大推动了磁性物理和材料的研究，如畴壁动态特性、硬泡的物理特性及其抑制、磁性垂直各向异性、石榴石外延薄膜磁特性和缺陷等的研究。稀土过渡元素非晶态薄膜也是当前研究的材料，稀土磁泡薄膜材料的发展迅速推动了磁光盘的诞生和发展。

7.7 稀土超磁致伸缩薄膜

近年来，磁致伸缩应用领域又出现了一个新的研究热点，即稀土超磁致伸缩薄膜的研究与应用。目前薄膜型稀土超磁致伸缩微执行器主要采用悬臂梁式和薄膜式，即将超磁致伸缩薄膜镀在非磁性的 Si、玻璃或聚酰亚胺基片上，利用外磁场变化使薄膜伸长或缩短从而带动基片产生弯曲变形。德国 Quandt 设计了一种新型复合层，它的结构分为两层：一层由非晶超磁致伸缩材料构成；另一层由具有良好的软磁特性和很强的磁化率的材料构成，层与层之间进行磁耦合。在这样的复合层结构中磁化得到增强，因而在低磁场下可产生大的磁致伸缩，这种复合层结构要比一般的薄膜更适用于低磁场的情况。未来的执行器正朝着小型化、集成化方向发展，其驱动元件也越来越多地由三维体材料向二维薄膜材料发展。薄膜型稀土超磁致伸缩微执行器在低场室温下的应变大、响应速度快、功率密度高并采用非接触式驱动，这对微执行器的发展起到有力的推动作用。

参 考 文 献

[1] 郭展郡. 化学气相沉积技术与材料制备. 低碳世界，2017，9：288-289.

[2] 吕延伟. 化学气相沉积纯钨材料晶体生长习性及其应用性能研究. 稀有金属材料与工程，2017，46（9）：2499-2504.

[3] 宣天鹏. 表面工程技术的设计与选择. 北京：机械工业出版社，2011.

[4] 冯丽萍，刘正堂. 薄膜技术与应用. 西安：西北工业大学出版社，2016.

[5] 姜银方. 现代表面工程技术. 北京：化学工业出版社，2006.

[6] 高志，潘红良. 表面科学与工程. 上海：华东理工大学出版社，2006.

[7] 李维娟. 材料科学与工程实验指导书. 北京：冶金工业出版社，2016.

[8] 朱嘉琦，韩杰才. 红外增透保护薄膜材料. 北京：国防工业出版社，2015.

[9] 陈宝清，董闯. 真空离子镀技术研发历程及应用. 电镀与精饰，2013，35（8）：36-40.

[10] 田民波. 薄膜技术与薄膜材料. 北京：清华大学出版社，2006.

[11] 屠振密，胡会利，于元春，等. 电沉积纳米晶材料制备方法及机理. 电镀与环保，2006，26（4）：4-8.

[12] 赵阳培，黄因慧. 电沉积纳米晶材料的研究进展. 材料科学与工程学报，2003，21（1）：126-129.

[13] 郭忠诚，郭淑仙，朱晓云. 电沉积多元复合镀层的研究现状. 电镀与环保，2001，21（2）：4-12.

[14] Lokhande C D，Madhale R D，Pawar S H. Electrodeposition of samarium. Metal Finishing，1988，86（8）：23-26.

[15] Lokhande C D，Jadhav M S，Pawar S H. Electrodeposition of lanthanum fran aqueous baths. Metal Finishing，1988，86（11）：53-54.

[16] 周绍民. 稀土电沉积研究与开发亟待加强. 电镀与精饰，1994，16（4）：3.

[17] Lokhande C D. Electrodeposition of yttrium from aqueous bath. Journal of the Electrochemical Society of India，1992，41（4）：221-224.

[18] Therese G H A，Kamath P V. Elecrochemical synthesis of $Ln_2Cr_3O_2 \cdot 7H_2O$（Ln = La，Pr，Nd）. Materials Research Bulletin，1998，33（1）：1-7.

[19] Jundale S B，Lokhande C D. Electrosynthesis of Sm-Fe films. Materials Chemistry and Physics，1994（37）：333-337.

[20] Jundale S B，Lokhande C D. Studies on electrosynthesis of Sm-Fe films. Materials Chemistry and Physics，1994（38）：325-331.

[21] Pawar S H，Pendse M H. Electrodeposition of Dy-Ba-Cu alloyed films from aqueous bath. Materials Research Bulletin，1991，26（7）：641-648.

[22] 黄清安，工银平，吴俊. 稀土金属和合金电沉积的研究现状. 材料保护，2001，33（1）：51-53.

[23] Brenner A. Electrodeposition of Alloys，Principles and Practice. NewYork：Academic Press，1963.

[24] 董俊，史鸿运，邓洁，等. 电沉积法制备镍与镧、铈的非晶态合金及其晶化动力学. 物理化学学报，2001，17（11）：1053-1056.

[25] 张云黔，史鸿运，邓洁，等. 电沉积法制备 Fe 与 La、Ce 的非晶态合金及其晶化动力学研究. 无机化学学报，2002，18（8）：88-89.

[26] 史鸿运，邓洁，张云黔，等. 电沉积法制备钴与镧、铈的非晶态合金及其晶化动力学研究. 无机材料学报，2002，17（6）：1124-1128.

[27] 吴俊，黄清安，陈永言，等. 水溶液中 Ni-La-P 合金电沉积行为. 应用化学，1999，16（6）：65-67.

[28] 刘淑兰，覃奇贤，成旦红，等. 电沉积 Ni-La 合金上的阴极析氢行为. 应用化学，1995，12（5）：115-116.

[29] 沈玲，黄清安，吴俊. 水溶液中电沉积 Ni-Ce-P 合金. 电镀与精饰，2000，22（6）：1-4.

[30] 刘书祯，涂黎明. 稀土添加剂在冶金工业中的应用. 金属材料与冶金工程，2011，39（1）：48-51.

[31] 陈立佳，康煜平，洪鹤. 稀土添加剂在镀铁中的应用. 电镀与涂饰，1997，16（1）：41-43.

[32] 崔春兰，张小伍，赵旭红，等. 稀土镀铬添加剂性能研究. 电镀与涂饰，2004，24（1）：13-14，19.

[33] 李士嘉，何建平. 稀土对电沉积镀层耐蚀性的影响. 稀土，1990，11（6）：7-11.

[34] 陈一胜，刘慧舟，王勇. 稀土对化学镀镍磷合金镀层性能的影响. 金属热处理，2003，28（6）：35-39.

[35] 范必强，赖恒，李加新，等. 稀土-铁族合金膜的电沉积技术. 福建师范大学福清分校学报，2009，96：87-90.

[36] 李高仁，童叶翔，刘冠昆. Er-Bi 合金膜在有机溶剂中的电沉积研究. 物理化学学报，2003，19（7）：630-634.

[37] 李高仁，童叶翔，刘冠昆. Er-Fe-Ni 合金膜在二甲基亚砜中电化学制备的研究. 稀有金属，2003，27（4）：438-442.

[38] 程国安，游琼玉，徐飞，等. RE(La,Dy)/Si 多层膜的结构研究. 材料科学与工程，2003，18（18）：615-618.

[39] 王群英，杨凯华，潘秉锁. 金刚石稀土合金膜层镀覆及其应用研究. 超硬材料工程，2005，17（5）：18-21，23.

[40] 李林. 薄膜科学研究进展. 科技导报，1997（2）：9.

[41] 张志东. 稀土永磁薄膜材料. 物理学进展，2006（26）：452-453.

[42] 张丽娜，张敏刚，杨扬，等. 热处理对 NdFeB 薄膜微结构和磁性能的影响. 机械工程与自动化，2008（1）：122.

[43] 都有为. 磁性材料进展. 物理，2000，29（6）：323-332.

[44] Coehoom R，Duchateau J. Preferential crystal lire orientation in melt spun Nd-Fe-B permanent magnet materials. Materials Science and Engineering，1988，99：131-135.

[45] Ding J，Mccomuc P G，Street R. Remanence enhancement in mechanically alloyed isotropic Sm7Fe93-nitride. Journal of Magnetism and Magnetic Materials，1993，124（1-2）：1-4.

[46] 徐丽琴，解传娣，张雪峰，等. 稀土永磁体研究发展动态综述. 稀土，2008，29（6）：89.

[47] Sun X K，Zhang J，Chu Y L，et al. Dependence of magnetic properties an grain size of α-Fe in nanocomposite $(Nd,Dy)(Fe,Co,Nb,B)_{5.5}$/α-Fe. Journal of Applied Physics Letter，1999，4（12）：1740-1742.

[48] Zhao T，Sao Q F，Zhang Z D，et al. Effect of magnetocrystalline anisotropy on the magnetic properties of Fe-rich R-Fe-B nanocompositemagnets. Journal of Applied Physics Letter，1999，75（15）：2298-2300.

[49] Liu W，Zhang Z D，Liu J P，et al. Structure and magnetic properties of sputtered $(Nd,Dy)(Fe,Co,Nb,B)_{5.5}$/M(M = FeCo，Co) multilayer magnets. Journal of Applied Physics，2002，91：7890-7892.

[50] Liu W，Zhang Z D，Liu J P，et al. Structure and magnetic properties of sputtered hard/soft multilayer magnets. Journal of Applied Physics，2003，93（10）：8131-8133.

[51] Liu W，Zhang Z D，Liu J P，et al. Exchange coupling and remanence enhancement in nanocomposite multilayer magnets. Advanced Materials，2002，14（24）：1832-1834.

[52] Liu W，Sui Y C，Zhou J，et al. Enhanced coercivity in thermally processed $(Nd,Dy)(Fe,Co,Nd,B)_{5.5}$/α-Fe nanoscale multilayer magnets. Journal of Applied Physics，2005，97（10）：104308.

[53] Liu W，Li X Z，Liu J P，et al. Enhanced coercivity in thermally processed $(Nd,Dy)(Fe,Co,Nd,B)_{5.5}$/Fe nanoscale multilayer magnets. Journal of Applied Physics，2005，97（10）：104303.

[54] Liu W，Zhang D，Liu J P，et al. Nanocomposite $(Nd,Dy)(Fe,Co,Nb,B)_{5.5}$/Fe multilayer magnets with high performance. Journal of Applied Physics，2003，36（17）：63-66.

[55] 雒哲廷，张敏刚. NdFeB 永磁靶材溅射模拟. 电子元件与材料，2008，27（6）：61-64.

[56] 郑长波，徐惠敏，杨恒. 离子束溅射沉积薄膜技术概述. 实验室科学，2007，4：153-156.

[57] 翁章钊. 外磁场作用下 Sm-Fe-B GM 成膜技术及性能研究. 福州：福州大学，2004.

[58] 郭韦，倪经，周俊，等. 永磁薄膜材料的研究进展. 磁性材料及器件，2016，47（1）：61-66.

[59] 王亦忠. 永磁薄膜的研究现状. 磁性材料及器件，2001，32（4）：27-33.

[60] Schwartz M，Myung N V，Nobe K. Electrodeposition of iron group-rare earth alloys from aqueous media. Journal of the Electrochemical Society，2004，151（7）：C468-C477.

[61] 陶凯，丁桂甫，杨卓，等. MEMS 中永磁材料的微细加工技术研究进展. 传感器与微系统，2011，30（5）：1-4.

[62] Zhang L N，Hu J F，Chen J S，et al. Nanostructured $SmCo_5$ thin films with perpendicular anisotropy formed in a wide range of Sm-Co compositions. Journal of Nanoscience and Nanotechnology，2011，11（3）：2644-2647.

[63] Zhao H B，Wang H，Liu X Q，et al. Chemical stability of highly (0001) textured $Sm(CoCu)_5$ thin films with a thin Ta capping layer. Journal of Applied Physics，2011，109：07B715.

[64] Chen Z C，Zhang W L，Jiang H C，et al. Effect of annealing temperature on microstructures and magnetic properties of SmCo films. Journal of Functional Materials，2005，9：1472-1475.

[65] 彭龙. 钐钴基高温稀土永磁材料的制备与磁性能研究. 成都：电子科技大学，2009.

[66] Li Y F. Applications and development prospect regarding the NdFeB permanent magnet material. Mining and Metallurgy，2005，14（2）：67.

[67] Yang J H，Kim M J，Cho S H，et al. Effects of composition and substrate temperature on the magnetic properties and perpendicular anisotropy of NdFeB thin films. Journal of Magnetism and Magnetic Materials，2002，248：374.

[68] Ullrich H，Steffen M，Sebastian F. Highly textured Nd-Fe-B films grown on amorphous substrates. Journal of Magnetism and Magnetic Materials，2004，272-276（1）：E859.

[69] 傅宇东，闫牧夫，郭在在，等. 磁控溅射工艺参数对 NdFeB 薄膜表面形貌及相结构的影响. 硅酸盐通报，2009，28：69.

[70] Coehoorn R，de Mooij D B. Novel permanent magnetic materials made by rapid quenching. Journal de Physique，1988，49（C8）：669.

[71] Skomski R，Coey J M D. Giant energy product in nanostructured two-phase magnets. Physics Review B，1993，48（21）：15812-15816.

[72] 李卫，朱明刚. 高性能金属永磁材料的探索和研究进展. 中国材料进展，2009，28（9）：62-73.

[73] 高汝伟，玛维存，陈伟，等. 纳米复合永磁材料的交换耦合相互作用与有效各向异性. 科学通报，2002，47（11）：829-832.

[74] Wang C，Guo Z M，Sui Y L，et al. Effect of titanium substitution on magnetic properties and microstructure of nanocrystalline monophase Nd-Fe-B magnets. Journal of Nanomaterials，2012：425028-425032.

[75] Cui W B，Takahashi Y K，Hono K. $Nd_2Fe_{14}B$/FeCo anisotropic nanocomposite films with a large maximum energy product. Advanced Materials，2012，24：6530.

[76] Sawatzki S，Heller R，Mickel C，et al. Largely enhanced energy density in epitaxial $SmCo_5$/Fe/$SmCo_5$ exchange spring trilayers. Journal of Applied Physics，2011，109：123922.

第 8 章　稀土钢和稀土铸铁

稀土在黑色冶金中的应用较早，国外稀土在钢中的应用始于 20 世纪 50 年代，当时的目的是用稀土来改善高合金不锈钢的热加工性能及改善铸钢的铸造性能与力学性能。1968 年，美国研究发现，当钢中保持一定量的残留稀土（使钢中的[RE]/[S]在一定的范围）时，MnS 夹杂物的危害作用便可得到克服。稀土这种稳定而有效地控制硫化物形态的效果很快被广泛应用于低合金高强度钢、成型性能好且冲击韧性高的油气输送管线用钢及汽车用钢。除日本和欧洲的少数工厂外，诸多工厂普遍采用以稀土作为硫化物夹杂形态控制的工艺技术路线，因而稀土在钢中的消耗量逐步增加。1974 年，稀土在钢中的消耗量达到峰值，相比于 1968 年增加了 6 倍。稀土在世界冶金工业中的消耗量占全部稀土消耗量的 32%～51%。

20 世纪 70 年代，美国、西欧、日本以及苏联等将低合金钢的硫质量分数控制在 0.015%左右，大量使用稀土来控制硫化物夹杂形态。从 1974 年开始，用稀土对钢进行处理，稀土大规模应用达到高潮，当年在钢中的消耗量达到 6000t，通过稀土处理的钢产量达到 1600 万 t 以上。随着铁水预处理炉外精炼技术的发展，西方国家低合金钢的硫质量分数降到 0.001%～0.005%，甚至达到 5×10^{-6}，用钙处理就能有效地控制硫化物夹杂形态，且硅钙合金比稀土金属便宜，因此没有稀土资源的西欧和日本用钙取代了稀土对钢的处理。

20 世纪 80 年代后期，随着钢冶炼工艺的优化和精炼水平的不断提高，钢水中杂质含量明显降低，纯净度显著提高，稀土净化工艺逐步被取代，西方国家冶金界稀土在钢中的应用逐渐减少。与此同时，中国稀土处理的钢种数量在不断增加，开展了稀土添加对铸钢、10MnNb 钢、16MnRE 钢、低硫管线钢和奥氏体工具钢等钢种性能的影响及稀土对钢表面处理的相关研究[1]，并获得了一批稀土在铁溶液中的物理化学反应常数等重要的研究结果。

20 世纪 90 年代，随着细晶、超细晶组织钢研究的迅速发展，稀土在钢中的变质作用等基础研究工作又蓬勃发展起来，再次涌现了众多与稀土钢有关的课题，极大地推动了稀土钢的实际应用。王龙妹等[2, 3]对稀土在低合金钢、合金结构钢、不锈钢、工具钢等钢种中的作用进行了较为系统的总结。

进入 21 世纪，随着稀土钢种进一步拓展到模具钢、高锰钢、电工钢等重要领域，相关研究论文数量迅速增加。稀土钢的研究基本呈现上升趋势，稀土在钢中应用的增长在不断加速[4]。

8.1　稀土在钢中的作用机理

稀土在钢中的应用研究已有半个多世纪。经过多年的研究，稀土在钢中的作用机理基本上可以归纳为净化作用、变质作用和微合金化作用[5]。

8.1.1　稀土对钢的净化作用

稀土对钢的净化作用是指稀土加入钢液中能够与 O、S 等有害元素反应生成稳定的化合物，并可以作为夹杂物从钢液中排出，导致钢内部杂质（或者夹杂物）含量减少。在钢液中加入稀土后生成稀土化合物的过程一般遵循热力学原理，其顺序是：首先是标准生成吉布斯自由能最负的稀土氧化物，其次是稀土氧硫化物和稀土硫化物，最后是稀土与 As、Sn、Sb、Pb 等低熔点元素生成化合物等，也就是说，钢液中的稀土净化作用首先是脱氧，其次脱硫，钢液里的 O、S 去除足够干净后，稀土才能与其他杂质反应，使余下的杂质得以除去。

稀土是钢的强脱氧剂，某些稀土的脱氧能力比 Al 和 Ca 的脱氧能力还要强。通常稀土脱氧后，钢的总氧量可降低到 8×10^{-6} 以下，从各种硫化物的标准生成吉布斯自由能看，稀土的脱硫能力仅次于 Ca，远超过 Mn，所以稀土是钢的强脱硫剂。在 O、S 被去除干净之后，钢液中的稀土还具有脱除 C、N、B 的作用。事实上，研究稀土在纯铁溶液中的去 N 结果也证明了稀土有去除 N 的作用，其最大去 N 率可达 80%。另外，稀土对氢具有强吸收能力，用稀土去除钢中的氢，其效果也十分明显[6]。

8.1.2　稀土对钢的变质作用

钢铁中稀土的变质作用包含两层含义：一是改变或影响杂质、夹杂物或有害相的存在状态（或种类）、组成、结构、形状、大小、分布等，以减轻或消除其有害作用，甚至变有害为有利；二是减弱或消除钢的元素偏析和组织不均匀性等，使钢的性能得到明显改善。二次枝晶间距将影响显微偏析、夹杂及疏松，因而对力学性能产生影响。稀土在钢中形成较高熔点的化合物，在钢液凝固前析出，呈细小的质点分布在钢液中，作为非均质形核中心，降低钢液结晶的过冷度，因而可细化钢的凝固组织，减少偏析，实现凝固组织控制[7]。另外有学者认为，稀土作为表面活性元素可以使表面张力降低，因此降低了形成临界尺寸的晶核所需的功，使结晶形核中心的数量大幅度增加。夹杂物的形态控制是稀土在钢中的主要作用之一，稀土可控制硫、氧夹杂物的形态。如果用少量的 Al 来脱氧并加入一定量的稀土，则在晶内形成的高熔点的球形夹杂物能够取代沿晶界分布的硫化物。这种夹杂物为灰黑色的 RE_2O_2S，外层为浅灰色的稀土硫化物，要使稀土硫化物完全球化，必须准确控制 RE/S 比。当稀土加入量适宜时，稀土硫化物可以完全取代 MnS。稀土化合物在钢热加工变形时仍保持细小的球形或纺锤形，并且能够比较均匀地分布在钢材中，消除原先存在的沿钢材轧制方向分布的长条状 MnS 等夹杂物，明显地改善钢的横向韧性、高温塑性、焊接性能、疲劳性能、耐大气腐蚀性能等。稀土夹杂物的热膨胀系数和钢接近，可以避免钢材热加工冷却时在夹杂物周围产生大的附加应力，有利于提高钢的疲劳强度。对夹杂物的变质处理能增加夹杂物和晶界抵抗裂纹形成与扩展的能力。

8.1.3 稀土对钢的微合金化作用

溶质原子对钢的合金化作用与溶质原子在钢液中的溶解度具有非常重要的影响。稀土对钢的微合金化作用是由于稀土原子半径与 Fe 原子半径相差很大（如 La 原子共价半径为 0.1877nm，Fe 原子共价半径为 0.1210nm），稀土在钢液中的固溶度非常小，使得稀土产生的合金化作用比较差，离子化后的稀土可以通过空位扩散机制形成置换固溶体。当稀土作为表面活性物质时，稀土在合金钢液凝固的过程中主要偏聚于晶界处，可以显著降低界面张力、晶界能以及晶粒长大的驱动力，从而引起晶界的结构、化学成分以及性能变化，并影响其他合金元素在边界处的扩散、新相成核及长大过程，进而显著影响钢产品的微观组织及性能[8]。

根据 Mclean 和 Northcot 提出的理论可以推断：当稀土原子在晶内和晶界分布时，会引起原有晶格点阵发生畸变。稀土原子在晶内和晶界分布的畸变能的差值是稀土原子向晶界偏聚时的驱动力。采用统计力学可以推导稀土原子在晶界处偏聚时的平衡浓度为

$$C_{\mathrm{RE，平衡}}=\frac{C_{\mathrm{RE}}A\exp\left(Q/(RT)\right)}{1+C_{\mathrm{RE}}A\exp\left(Q/(RT)\right)}$$

式中，C_{RE} 为稀土在晶内的溶解度；R 与 T 分别为气体常数和热力学温度；A 为晶界区的振动熵因子；Q 为稀土原子在晶界处与晶内的畸变能差值。稀土原子半径与 Fe 原子半径差越大，其晶内与晶界处的畸变能差值 Q 就越大，C_{RE} 也就越大。由于 Fe 原子半径要比稀土原子半径小约 40%，稀土溶解在晶内造成的畸变能要远大于稀土溶解在晶界区的畸变能，从热力学上讲稀土原子将优先偏聚在晶界处，此时体系的总能量最低。同时，稀土原子在晶界处的偏聚能够显著抑制 S、P 及 Pb、As、Sn、Sb、Bi 等较低熔点杂质在晶界处的偏析行为，或与这些杂质元素重

新结合形成一系列较高熔点化合物，从而可以减弱甚至完全消除这些杂质的有害作用[9]。

微合金化的强韧化程度通常取决于稀土在钢中的存在状态、稀土的固溶强化、其他溶质元素的交互作用以及稀土对钢表面和基体组织结构的影响等诸多方面[10]。Wang 等[11]曾报道在低合金钢中加入 La 可以显著减小珠光体晶面间距（从不加 La 时的 0.38μm 下降到 0.23μm）和 Fe_3C 层厚度，显著提高低合金钢的强度。

合金化的物理本质是通过合金元素之间的相互固溶以及合金元素之间发生的固态反应，影响微结构乃至宏观结构、组织和组分分布，从而使合金材料获得所预期的性能[12]。

随着钢中杂质的固定以及夹杂物的减少，钢的结构性能得到不断提高，稀土元素的微合金化作用更加突出。微合金化的程度取决于微量稀土元素的固溶强化、稀土元素与其他溶质元素的交互作用、稀土的存在状态（原子、夹杂物或化合物）/大小/形状/分布（特别是稀土化合物在晶界的偏聚），以及稀土对钢表面和基体组织结构的影响，这些都会使稀土对钢带来良好的作用，归纳起来如下。

（1）固溶强化。由稀土-铁系相图可知，稀土在铁液中与铁原子是互溶的，但其在铁基固溶体中的分配系数极小，在铁液凝固过程中被固/液界面推移，最后富集在枝晶间或晶界。稀土在铁中的固溶度基本在 10^{-6}～10^{-5} 数量级，由于稀土原子半径比铁原子半径大，对固溶体起到强化作用。

（2）改善晶界和抑制局部弱化。固溶在钢中的稀土往往通过扩散机制富集于晶界，减少了杂质元素在晶界的偏聚，从而改善晶界并抑制局部弱化，如低温脆性、疲劳性能、晶界腐蚀、高温强度和回火脆性等。

（3）影响相变和改善组织。稀土对相变有影响，如影响淬火钢回火以及马氏体和残余奥氏体分解热力学与动力学等，在不同的稀土钢中均可以观察到组织细化改变铁素体的含量和尺寸、抑制碳化物相的聚集粗化等现象；研究含稀土的低碳、中碳、高碳 Mn-Nb(V)钢的过冷奥氏体连续冷却转变，观察到稀土提高过冷奥氏体的稳定性，使连续冷却转变曲线向右下方移动，转变产物数量变化，细化组织。

（4）影响杂质元素的溶解度和减少脱溶量。稀土降低碳、氮的活度，增加碳、氮的溶解度，减少其脱溶量，使它们不能脱溶而进入内应力区或晶体缺陷中，减少钉扎位错的间隙原子数目，因而提高钢的塑性和韧性。另外，稀土影响碳化物的形态、大小、分布、数量和结构，提高钢的力学性能。

（5）稀土与其他微合金元素交互作用。稀土与铌、钒、钛等微合金元素能相互降低活度、增加溶解度、提高利用率，形成优势互补的作用效果。

日本和欧洲一些国家由于稀土资源稀少，基本上用钙来代替稀土处理钢，但它们对稀土在钢中的作用效果仍持肯定态度。日本新金属协会主编的《稀土》一书总结了稀土在钢中的良好作用[13]，主要有如下六点。

（1）良好的脱氧脱硫作用。

（2）改变夹杂物形态，使钢中残留的硫化物夹杂在热轧时不易伸长。

（3）基于上述的作用，改善力学性质。保持屈服强度和抗拉强度，提高弯曲加工性和韧性（特别是改善 c 向性能），改善层状撕裂性及氢裂。

（4）抑制焊接裂纹。

（5）有效防止钢的高温裂纹，同时改善钢的热加工性。

（6）使钢的防锈能力明显增强。

日本没有稀土资源，考虑成本因素，在低合金钢中基本不用稀土，在电热合金及轴承钢等部分合金钢中仍大量利用稀土；瑞典开发的加稀土的耐热钢 253MA 高温持久强度比不加稀土的提高 20%～40%；法国研制的新型抗渗碳合金 XM、XTM 加入微量稀土获得了具有优异性能的钢材，在世界石化行业得到普遍应用。稀土资源丰富的美国和俄罗斯在高合金钢和低合金钢中都大量使用稀土，美国 1995 年在钢铁（主要是钢）中就消费了 2000t 稀土。美国《金属杂志》指出：用稀土和钙复合处理钢比单独用钙处理钢来控制硫化物夹杂形态更为有效。

8.2 稀土钢的缺点

稀土钢有很多优点，但也有一定的缺点，主要表现在以下方面[14]。

（1）稀土夹杂物在炼钢过程中的密度比较大，一般为 5.5～6.5g/cm^3，不易上浮。当稀土加入量过大时，会增加钢中的夹杂，甚至产生脆性的稀土与铁的金属间化合物。这些稀土与铁的金属间化合物会恶化钢的性能，对钢的强度产生不利的影响。因此，有必要通过计算机仿真计算，确定最佳的稀土加入量，并采用自动化的稀土喂丝机装置，在整个生产过程中实现稀土加入量的准确控制，避免钢中的夹杂以及脆性的稀土与铁的金属间化合物的产生，从而达到提高钢材质量的目的。

（2）用强脱氧剂如 Al、Zr 脱氧时，也常出现水口结瘤问题，目前采用在连铸结晶器中进行喂稀土丝、绕开水口的办法来解决这个问题。Liu 和 Li[10]指出熔融石英水口和高铝黏土质复合水口对防止含稀土钢水口的结瘤具有较好的效果。

如果能够克服上述两点，稀土在钢中的应用会有更广阔的发展前景，也会使我国特殊钢种的生产上一个新的台阶。

8.3 稀土在各类钢中的应用

我国在 20 世纪 60 年代就开始了稀土在 16Mn 和 09Mn 等低合金钢、装甲钢中的应用研究，并且取得了较好的研究和应用成果。1980 年，稀土钢已纳入国家标准、通过鉴定或小批量生产的品种就有 14 个，后续试制的还有 17 个品种。王龙妹[15]对此进行了具体的表述：①16MnRE，稀土变质了钢中的 I 类 MnS，因而改善了钢的韧、塑性，特别是横向韧、塑性和低温韧、塑性，且冲压性能优异；②09MnRE，稀土使钢的冲压合格率提高 10%以上；③25MnTiBRE，该钢具有良好的耐磨性、韧性及低缺口敏感性，寿命比 18CrMnTi 齿轮钢成倍提高；④14MnVTiRE，该钢具有良好的低温韧性和焊接性能，是一种 441MPa 级钢；⑤623 钢，该钢是加稀土后具有良好使用性能的铸造装甲钢；⑥603 钢，该钢是加稀土后具有良好低温冲击韧性的装甲钢；⑦903 和 907 船板钢，稀土改善了钢的塑性，提高了钢的等向性能；⑧09CuPTiRE，稀土使钢的抗大气腐蚀性能大幅度提高；⑨10PCuRE，稀土使钢的抗大气腐蚀性能大幅度提高，冷成型性能得到明显改善；⑩S20ARE 深冲用钢，稀土显著改善了钢的时效冲击值及深冲性能；⑪ZG20RE，用作铸钢渣罐，稀土提高了钢的抗氧化性能和抗热裂性能，使渣罐的使用寿命提高 30%～100%；⑫$18Cr_2Ni_4WARE$，稀土使钢具有良好的综合力学性能和工艺性能，适用于制造重负荷齿轮与曲轴；⑬15MnMoVNRE，稀土使钢具有良好的耐磨性能和可焊性，用于制作汽车悬臂吊结构、重型汽车翻斗和煤机耙斗等装置；⑭$3Cr_{24}Ni_7NRE$，高温炉用耐热钢，在高温含氧和含硫气氛下的抗氧和抗硫能力优于 $Cr_{25}Ni_{20}$ 型钢，主要性能达到或超过 25-20-Si 和 HK40；⑮55SiMnRE，耐磨性能良好的推土机刀片用钢，其耐磨性能优于进口 D80A-12 刀片钢和国产 65Mn 刀片钢；⑯$60Si_2MnRE$，稀土使钢的弹簧台架疲劳试验寿命提高 20%～85%；⑰55SiMnMoBRE，稀土可处理大截面弹簧用钢，使钢具有良好的淬透性，疲劳性能优于 $60Si_2Mn$ 弹簧钢。

瑞典 Avesta 公司在耐热钢中加入混合稀土，成功开发了 253MA 钢（含 23%Cr、12%Ni），高温持久强度比 $Cr_{25}Ni_{20}$ 型钢提高 20%～40%。

法国 Manior 公司研制的新型抗渗碳合金 XM、XTM 中加入了微量稀土，获得了优异性能，使其在世界石化行业中普遍应用。

2001 年，Nipoon 钢铁公司在美国连续申请了有关超强超韧钢中应用稀土处理的专利，日本也有许多有关不锈钢中应用稀土的报道。可见国外也在积极利用稀土的特殊性能，发挥其在钢中“四两拨千斤”的作用。

表 8.1 归纳了多年来我国冶金工作者所取得的研究成果，涉及稀土在各类钢种中的应用和主要作用。

表 8.1　微量稀土在各类钢种中的应用和主要作用[11]

钢类	钢种	主要作用
低碳钢	低碳镇静钢 低碳高磷钢 耐候钢	纯化和细化铸造组织，提高塑性，使钢锭开胚时断裂减少，钢材的收得率提高；改善钢的耐腐蚀性、韧性和冷成型性；降低磷钢的低温脆性

续表

钢类	钢种	主要作用
低合金钢	汽车用热轧钢 船板钢 工程机械用钢 硅锰系高强钢 高强钢筋	改善等向性，提高冲压成型性和耐腐蚀性；改善韧性、塑性；提高强度，改善焊接性能
合金结构钢	弹簧钢 齿轮钢 轴类、螺栓钢 镍铬、铬铝结构钢	降低硫含量，减少偏析，减少合金结构钢中的氢含量和白点的敏感性，降低低温冲击韧性，降低冲击临界转变温度，改善韧性、塑性，提高疲劳性能、氢致延迟断裂性能，改善回火脆性及表面质量
耐热钢、不锈钢	经济耐热钢 不锈钢 镍铬不锈钢 稀土清洁耐热合金	提高高温强度、抗氧化和耐腐蚀性能，节约 40%～50%Ni；改善热裂性、耐腐蚀性，钢强度提高 15%～20%；改善镍铬不锈钢的表面质量、加工性能、塑性、韧性、抗氧化性以及耐腐蚀性能，提高热强性
硅钢	变压器钢 电机硅钢	提高高温强度、抗氧化性；改善热塑性
工模具、轴承钢和耐磨材料	重轨钢 轴承钢 特种高速钢 高性能模具钢 工具钢 硬线用钢	改善加工性能，降低功率损失，改善接触疲劳，提高耐磨性，耐磨寿命成倍提高；提高疲劳性能，细化铸态莱氏体，改善高碳含 Co、Al 合金高速钢热塑性；改善等向性，冷、热疲劳性能，抗冲击性和氧化性；改善热加工性，减少碳化物的偏析；改善塑性、韧性，表面处理

稀土在改善钢的焊接性能方面有出色的表现。稀土在合金钢焊缝中具有脱氢、脱氧、细化晶粒等诸多作用；在焊接的过程中，稀土在焊条药皮中也能起到对焊缝熔池的净化、变质和强化作用；适量的稀土不仅可以显著改善高强钢焊条焊缝成型性，而且可以优化焊缝微观组织及结构[16, 17]，从而改善钢的焊接性能。

Song 等[18]采用 Ce 掺杂处理工艺对 SA508CL-3 反应堆压力容器钢样品焊接粗晶热影响区进行了分析研究，研究结果发现稀土能显著降低容器钢的韧性-脆性转变温度。

虽然稀土钢能显著提升钢产品的性能和质量，但是目前我国在稀土钢方面还存在很多问题，直接影响稀土钢的生产[19, 20]。

龙琼等[21]详细综述了稀土在钢中的应用、发展现状与前景，对稀土在钢中的作用机理进行了分析与论述，并对稀土在钢中的应用提出了如下有益的看法。

（1）稀土加入工艺和设备落后。稀土加入工艺对钢有显著的影响，往往对稀土钢的性能具有决定性的影响。目前国内外采用的稀土加入工艺有炉内加入法、钢包喷粉法、中间包喂丝法、结晶器喂丝法等，而国外先进的自动化喂丝装置对我国都实施了禁运。近年来，我国在研发稀土喂丝装置方面的投入已显著落后于稀土加入工艺发展，开发新一代自动化喂丝装置以解决板坯连铸稀土加入工艺问题已迫在眉睫。此外，目前国外高品质、高性能的特种稀土钢的稀土加入工艺对我国进行技术封锁和严格保密，因此亟待开发出具有我国自主知识产权的稀土加入技术和装备，以满足高性能钢的发展需求。

（2）针对不同新稀土钢种的生产，稀土加入方法、加入量与性能之间的关系还有待进一步优化。目前我国稀土钢的品种过于单一，其应用领域受到限制。因此，我国稀土钢在品种、产量以及广泛应用上具有非常大的潜力。

（3）稀土与其他元素的综合作用。稀土在钢液中与合金元素的综合作用还有待进一步研究。因此，在注重钢材有高强度、高韧性的同时，还需深入研究稀土与其他元素影响各类稀土钢性能方面的协同作用机制。

（4）稀土金属的价格近年来快速上涨。常规的稀土金属丝和棒的价格已涨至 3 万～4 万元/t，比硅钙合金贵，显著影响了稀土钢的产业化及大规模应用，可以通过开发高附加值的钢产品来推广稀土钢的应用。

（5）稀土钢在浇铸时容易产生水口结瘤，影响稀土钢的连续性大规模生产。但是，稀土在钢液中能很好地控制氧、硫等夹杂物形态及分布，并起到净化钢液等作用，在钢液凝固过程中还可以细化晶粒、微合金化等，从而显著提高稀土钢的综合性能。因此，我国炼钢工业利用稀土处理钢具有非常大的发展潜力，依靠科技进步研发新稀土钢种，例如，在熔炼及浇注过程采用电磁搅拌，大力发展稀土在钢中的应用，提高钢的质量，减少优质钢进口，提高我国稀土钢在国际市场上的竞争力，把我国的稀土资源优势转化为钢产品的品种优势以及经济优势，其发展前景及应用前景将会非常广阔，有望成为我国自主研发的钢种品牌，在世界上取得领先地位。

稀土在高速钢（high speed steel，HSS）中也有较佳的应用效果。高速钢是一种具有高硬度、高耐磨性和优良红硬性的工具钢。高速钢中碳的质量分数一般为 0.70%～1.65%，合金元素总质量分数达 10%～25%，其强度和韧性配合良好，主要用来制造复杂的薄刃和耐冲击的金属切削刀具，也可制造轧辊、高温轴承和冷挤压模具等[22-24]。传统冶金方法制备的高速钢极易产生碳化物偏析，影响材料性能。粉末冶金方法制备的高速钢作为一种新型钢种在高速钢中占有重要的地位。与传统冶金方法制备的高速钢相比，粉末冶金方法制备的高速钢具有一系列优异性能，如无偏析、晶粒细小、碳化物细小、热加工性好、可磨削性好、热处理变形小、力学性能（韧性、硬度、高温硬度）优异。自从稀土高速钢出现以来，国内对稀土在高速钢中的研究已有了一些进展，但研究主要集中在某单一稀土金属或稀土氧化物对传统冶金方法制备高速钢性能的影响，针对加入稀土的系统方法研究较少。贾成厂等[25]对稀土在高速钢中加入量及加入方法等进行了总结和探讨，并就利用粉末冶金方法制备高速钢中加入稀土的现状和发展趋势进行了展望。随着我国国民经济的快速发展，对钢产品除了要求具有高强度、高韧性外，还要求具有一定的耐腐蚀性、焊接性等方面的综合性能。

我国具有丰富的稀土资源。稀土能显著提高钢的成型性、塑性、韧性、耐腐蚀性和焊接性等性能，使得合金钢具有更加优异的综合性能。因此，稀土钢具有非常广阔的市场发展前景和应用前景。目前，我国针对稀土管线钢、稀土结构钢、稀土耐候钢、稀土重轨钢和稀土耐热钢等钢种都已进行工业化生产及应用。采用稀土作为合金元素，发展具有我国资源特色的稀土钢，开发具有自主知识产权的高性能、高附加值的稀土钢制备技术，把我国的稀土资源优势转化为产品优势和经济优势，对提高我国稀土钢的国际竞争力具有非常重要的经济意义以及战略意义。

8.4 稀土在铸铁中的作用

在铸铁中，作为球化剂，稀土能中和金属中的反球化元素与 C 的反应，减少石墨含量或改片状石墨为球状石墨，从而提高铸铁的浇铸特性、耐磨性、韧性等，改善铸铁质量。在合金钢中加入一定稀土金属后变为稀土钢，可以提高合金钢的品级和性能。实践表明，在冶炼合金钢液中常加入 0.15%～0.25%的混合稀土金属，使钢液内的 S 和 O 与稀土生成 RES_2、$REOS_2$ 和 REO 等夹杂物而净化钢液，从而提高合金钢的塑性、冲击韧性和耐腐蚀性等。

稀土在铸铁中的突出作用表现为使片状石墨向球状石墨转变。稀土易与铸铁中 O、S 等有害杂质形成稀土化合物，减少铁水浇铸时气孔和裂纹的产生。稀土加入铁水中能显著提高铁水的流动性，减少冷却时偏析现象，改善铸铁铸态组织，改变非金属夹杂物的形状和分布。因而，稀土铸铁强度提高、韧性改善、综合力学性能获得提升。

在铸铁中的应用已成为稀土最大应用领域之一。稀土铸铁主要应用于冶金行业的轧辊、钢锭模，机械行业的各种齿轮、凸轮轴、机座，汽车行业的曲轴、气缸体、变速箱、履带，建筑行业的输水、输气管线。在我国，汽车行业的不断壮大以及诸多重大工程的推进还将进一步促进稀土铸铁的开发与应用。研究稀土对铸铁的作用目前公认的结论如下。

（1）稀土可以净化铸铁，主要是减少铸铁中气体的含量。其中，氧含量下降至 1/4～2/3，氮含量下降至 1/2～2/3，甚至达 1/8～1/4。

（2）稀土能够改善铸铁的宏观组织。一般情况下，未加稀土的铸铁的断口常显示三个明显的区域，即白口区、麻口过渡区和灰口区，而且麻口过渡区的范围很大。在铸铁中只加入 0.05%的稀土就可以完全改变断口的特征，白口区深度和麻口过渡区深度显著减小，灰口区呈现出天鹅绒状黑色。加入 0.1%～0.15%的变质剂通常急剧地增加铸铁的冷硬倾向，而且楔形试样全部变白。在这些铸铁中白口区深度仅 1～2.5mm。在加入 0.03%La 的铸铁中灰口区深度可达 20mm 以上。用稀土处理后的铸件上部明显有硫化物夹杂的形成和偏析。

（3）稀土能够改善铸铁的微观组织。铸铁中加入约 0.05%的稀土在一定程度上增加石墨球化程度。片状石墨逐渐变得紧密，且逐渐转为球状石墨，用 La 处理的铸铁效果较差。用 Ce 处理的铸铁中球状石墨最细，用 Pr、Nd、镁合金和 La 代替 Ce 时，球状石墨变得较大、较粗。

较慢的冷却速度倾向于增加石墨球化程度，并改善石墨在铸铁中的分布，以加入 0.05%的稀土时效果最为明显。稀土加入量过高，效果反而受到影响。在这种条件下，用 La 处理的铸铁比用 Ce、Pr 或 Nd 处理的铸铁具有更大的生成伪片状石墨的倾向。

较快的冷却速度有利于改善球状石墨的形状，加入 0.05%的稀土在足够高的冷却速度下也能使石墨球化。冷硬试样热处理能增加球状石墨的数量、改变球状石墨的尺寸，使球状石墨呈现环群状。

稀土能够使灰铸铁件表面层石墨球化，用 91%的粒度为 0.2～0.6mm 的稀土硅铁，配以 9%的 75 硅铁，加入相当于粉料量 10%的水玻璃作为黏结剂，加入相当于粉料量 0.04%的聚乙烯醇缩丁醛（polyvinyl butyral，PVB），以增大合金与铁水的接触面积，提高变质效果，加入相当于稀土硅铁 2.3%的硼砂和氟化钠作为熔剂，以提高涂料与铁水的浸润能力，保护合金不被空气氧化。将采用这种工艺制成的稀土基涂料涂敷在铸型表面，浇入硫质量分数低于 0.04%的过共晶铁水，可以在铸件表面层获得厚度大于 2.5mm 的球状石墨层[26]。这种表面层含有大量球状石墨的铸铁特别适用于利用钢锭模来铸造的铸件，并且适用于在高温下反复工作的铸件。此外，这种稀土基涂料还可用于球墨铸铁铸件，能够防止表面层片状石墨的生成，对大型铸件表面的局部强化作用特别突出。

（4）稀土改善铸铁的基体组织。稀土能明显地影响铸铁基体，主要作用是稀土能够形成稳定的碳化物，碳化物随着稀土加入量的增加而增多。稀土中稳定碳化物的作用以 La 为最弱，La 处理铸铁后珠光体的分散度没有明显的变化。在较高的冷却速度下稀土改善铸铁基体的作用较为显著。

（5）稀土细化铸铁共晶团。加入 0.05%的稀土能细化铸铁中的共晶团，在稀土加入量较高时，用普通方法未能显示出共晶团的结构。

（6）稀土提高铸铁的显微硬度。用显微硬度计在载荷 20g 下测定铁素体、珠光体、碳化物和磷共晶体的显微硬度。稀土对各相显微硬度有明显的影响，加入 0.1%～0.15%的稀土能将各相的显微硬度增加至 1.5～2 倍。

（7）稀土改善铸铁的力学性能。各种稀土对铸铁力学性能的影响是相似的，只是变化的程度随稀土与基体铁化学成分中微量元素的含量和特性而改变。

加入 0.05%的稀土使铸铁的抗拉强度平均提高约 20%。加入 0.10%～0.15%稀土的铸铁经热处理后其抗拉强度成倍提高，加入 0.2%～0.3%的稀土可使铸铁的抗拉强度提高 2～3.5 倍。

铸铁中麻口区的扩大会增加铸件脆性断裂的可能性，并降低铸件的冲击韧性。加入约 0.05%的稀土能急剧地减小麻口区深度，这对于铸铁性能极为有利，因此加入少量稀土的综合作用在于降低白口区深度和在一定程度上促使石墨球化。在这种情况下，在白口区附近也能产生一些球状石墨，过冷度在石墨球化方面起到重要的作用。经 0.3%稀土处理的铸铁中几乎全部为球状石墨，而且冷却速度越大（越靠近白口区），石墨球化程度越高。

稀土在一定程度上能溶解于 α-Fe 和 γ-Fe 中，这说明加入少量稀土能促使基体珠光体化，并影响铁素体、珠光体、渗碳体和磷共晶体的显微硬度。

稀土有助于钢和铸铁中某些表面活性元素（如硫和氧）的消除，并且能够大幅度提高表面张力。稀土直接或间接作用的结果是使得铸铁的过冷度提高，并且稀土非常容易吸附在石墨晶核上，所有这些因素都有利于稀土铸铁中球状石墨的形成。

稀土处理铸铁的效果在很大程度上受到铸铁中杂质特性和含量的控制。

稀土是极强烈的碳化物稳定剂，可减少铸铁中的石墨量。加入 0.05%的稀土时铸铁中石墨量略有增加，这是因为稀土对硫和氧有极大的亲和力，对氮的亲和力次之。加入的少量变质剂几乎完全消耗于同这些杂质发生的反应。残留极少数甚至全无稀土用于形成碳化物或使石墨球化。此外，形成的稀土氧化物和硫化物是稳定的，可起到石墨球化晶核的作用。因此，加入少量稀土能起到一般变质剂的作用。在这种情况下，稀土与金属钛的作用类似，钛本身虽是一种碳化物形成元素，但加入少量钛时促使石墨与钛形成碳化物。

沈定钊等[27]通过研究稀土对铸铁磷共晶体形态的影响得出结论：当铸铁中稀土的加入量达到某一定值后，其组织中的磷共晶体状态转变，磷共晶体由粗大断网状态变成细小、分散分布状态，且数量明显减少。稀土对铸铁组织中磷共晶体的变质作用与在铸铁中生成了稀土磷金属间化合物有关，也与稀土加剧了磷在铸铁共晶团边界上的偏聚有关。混合稀土合金对铸铁组织中磷共晶体的形成有明显的作用效果。

稀土在铸铁中的应用始于 20 世纪 40 年代。铁水中加入稀土，稀土能与氧、硫作用，达到脱硫去氧的目的，铁水浇铸时，能促进石墨向蠕虫状石墨或球状石墨转变。高铬白口铸铁中加入 0.8%～1.0%的稀土硅铁合金，稀土促使铸铁中长条状碳化物变短、细化并均匀分布，铸铁的铸态组织明显改善，铸铁的冲击韧性和抗磨性显著提高。

随着机械制造业的高速发展，机械产品正朝着单机功能化、性能高、重量轻和寿命长的方向发展，因此对机械零件毛坯铸件的内在质量、外观质量和使用性能的要求越来越高。在铸铁生产中，不仅要保证强度高，而且要保证铸造性能以及不同壁厚处组织和性能的均匀性，既要使铸铁具有高的弹性模量又要使铸铁保持低的内应力水平，稀土在铸铁中的应用为此提供了有利条件。稀土在铸铁中的应用大体上可以分为三个阶段。

第一阶段为 20 世纪 60 年代，稀土作为球化剂、精炼剂和脱硫剂加入铁水中以制取球墨铸铁。

第二阶段为 20 世纪 70 年代，稀土作为蠕化剂加入铁水中以制取蠕虫状石墨铸铁。

第三阶段从 20 世纪 80 年代至今，利用稀土合金及其复合孕育剂对灰铸铁铁水进行处理，以获得优质灰铸铁。

戴安伦等[28]研究了含 La 的新型铸铁球化剂，并通过新型孕育方式改善铸铁缺陷，原材料为生铁、废钢、回炉料，同时加入增碳剂增碳。运用热分析仪和光谱仪对 C 和 Si 进行调节，将原铁水的成分控制在一定范围内。球化剂中 La 含量较高时 La 与硫、氧化物的亲和力更强，减少镁的烧损和反应，有利于球化处理稳定，同时 La 的沸点较 Ce 高，在 1450℃左右的球化处理温度下，翻腾作用较弱。因此，含 La 球化剂适用于厚壁球墨铸铁件的生产，它不仅可以消除石墨畸变、石墨漂浮，减少开花状石墨聚集的倾向，而且可以增加球状石墨数量，提高球化率和减小缩松倾向，提供优质的球墨铸铁铁液。此外，La_2S_3 的密度大，接近铁水的密度（7.1～7.3g/cm^3），在铁水中稳定、弥散分布，成为形核质点，符合石墨自补缩理论，膨胀点后移，补偿铁水收缩的体积。新型球化剂和孕育方式的应用使单位面积的球状石墨数量从原来的 135 个/mm^2 增加到 165 个/mm^2，增加了 30 个/mm^2。球状石墨的尺寸与其析出长大时间有关，时间越短、形核质点越多，最终形成的球状石墨越细小、圆整，从而保证在冒口、浇注系统封闭的情况下充分利用石墨膨胀来填补缩孔缩松。

低合金白口铸铁具有很高的硬度及耐磨性，但其韧性较差。提高白口铸铁的强度和韧性已成为国内外金属材料工作者关注的课题之一。通过改变热处理、合金化处理、变质处理等工艺[29, 30]，可以改善碳化物的分布，提高材料性能。此外，加入适量的稀土也可以细化晶粒，起到净化铁液的作用。

宫雷等[31]以稀土低铬铸铁为对象，研究了钒含量对其组织和性能的影响。在铸态条件下，随着钒含量的增加，试样硬度增大；经过热处理后，试样的硬度大幅提高，当钒质量分数为 0.75%时，试样硬度达到 55.5HRC。随着钒含量的增加，试样冲击韧性先减小后增大，在铸态条件下，钒质量分数为 0.75%时，试样冲击韧性达到最大值 5.8J/cm^2；经过热处理后，试样冲击韧性最大可达 10.7J/cm^2。观察金相组织，随着钒含量的增加，试样的碳化物被细化；经过热处理后，网状碳化物数量减少，局部出现断网，有白色碳化物析出。

8.4.1 稀土在球墨铸铁中的应用

早在 1947 年，英国 Morrogh 就已经发现在过共晶铁水中加入铈可以使其中的石墨呈球状[32]。稀土的化学性质很活泼，铈与氧、硫的亲和力比镁强，具有脱硫除气、净化铁水和球化等有利作用[33]。但由于铸铁的白口倾向很大，偏析严重，影响了稀土在球墨铸铁生产中的推广应用，只作为球化剂的辅助添加剂，即使如此，人们对稀土在球墨铸铁中行为的研究一直未停止过。在稀土在球墨铸铁中行为的相关研究中，铈、镧和钇这三种元素倍受重视。20 世纪 70 年代，我国就用钇基重稀土作球化剂生产球墨铸铁[34-37]，铁水必须是高碳低硅的过共晶铁水。若用亚共晶铁水，则基本无法生成球墨铸铁；若用低碳过共晶铁水，则形成白口。钇基重稀土球化剂抗球化衰退能力强，在铁水中具有强的脱硫、脱氧、净化铁水的作用，同时有降低共晶点和过冷度的作用，但 1150℃长时间保温情况下其抗石墨畸变能力不如轻稀土镁球化剂。

普通灰铸铁（碳质量分数为 2.5%～3.6%）中添加不超过 0.1%的混合稀土，稀土与铁液中硫、氧反应，生成稀土化合物，清除石墨棱面上的表面活性元素，促使石墨向蠕虫状石墨或球状石墨转化，铸铁金相组织细化、均匀，材料的抗拉强度、硬度及耐磨性显著提高。

8.4.2 稀土在蠕墨铸铁中的应用

稀土是生产蠕墨铸铁时典型的蠕化剂[38]。蠕墨铸铁具有良好的导热性、较低的弹性模量，同时具有较高的强度和一定的韧性[39]，特别适合生产钢锭模缸盖、排气管等在热冲击下反复工作的铸件。用稀土制取蠕墨铸铁时应采用亚共晶铁水，这是因为铈等稀土元素在过共晶铁水中得到球状石墨组织，在亚共晶铁水中获得蠕虫状石墨组织[40]。不同的稀土具有不同的对石墨球化的能力[41, 42]，因此必须选择适当的稀土作为蠕化剂。镧对石墨的球化能力比铈弱，因此用镧基稀土制取蠕墨铸铁比铈基稀土更适合。除了稀土种类，稀土残留量对石墨形态也有本质的影响。用稀土合金生产蠕墨铸铁时，稀土合金加入量受限。当稀土合金加入量低于临界值时，石墨由粗片状变成细片状和菊花状、过冷石墨状；当稀土合金加入量达到临界值时，石墨由片状变为蠕虫状；继续增加稀土合金加入量，石墨将变成团片状、团状，最后变成球状[43]。

8.4.3 稀土在可锻铸铁中的应用

生产可锻铸铁，首先要保证铁水在凝固结晶时获得白口铸铁，然后根据不同的要求进行不同的退火工艺，使石墨以团絮状析出并获得不同的基体组织。稀土合金白口倾向大，可保证铸铁在凝固时获得白口[38]。此外，稀土合金有利于缩短退火时间，改善力学性能，特别是提高可锻铸铁的塑性、韧性、耐腐蚀性和耐热性[33]。在碳质量分数为 2.38%～2.78%、硅质量分数为 1.27%～1.63%的铁水中炉前加入 0.2%～0.4%的稀土硅铁合金以及 0.004%～0.008%的铋复合物，其退火时间显著缩短，第一阶段石墨化时间由 20～30h 缩短到 8～12h，第二阶段石墨化时间由 30～36h 缩短到 8～12h，加入稀土硅铁合金-铋复合物的同时加入 0.005%的铝，效果更理想。

8.4.4　稀土在白口铸铁中的应用

用稀土变质处理中锰白口铸铁，可使组织中的碳化物从连续网状变为半孤立的板块状，从而提高冲击韧性[44, 45]。用稀土变质处理的中锰白口铸铁生产的金属矿山用砂浆泵体、分级机衬铁和球磨机衬板等的使用寿命为高锰钢的 2～6 倍，成本可降低 30%左右，稀土变质处理可以在炉前进行，铁水温度控制在 1400～1450℃，可用 1%～1.5%的稀土镁和 0.3%～0.6%的 75 硅铁作为变质剂，在炉前处理时铜钒钛与稀土镁、75 硅铁一起加入，炉前取样分析三角试片断口为灰白色、细结晶状，同时含有纤维状的组织，其效果较为理想，控制碳化物质量分数以 25%～33%为宜。

总之，稀土无论在钢中还是在铸铁中都以微量或少量元素形式加入，尽管用量很少，但是所起的作用显著。

参 考 文 献

[1] 余宗森. 稀土在钢铁中应用研究的新进展. 中国稀土学报，1990，8（3）：269-276.

[2] 王龙妹. 在新一代高强韧钢中的作用和应用前景. 中国稀土学报，2004，22（1）：48-54.

[3] 王龙妹，杜挺，卢先利，等. 微量元素在钢中的热力学参数及应用. 中国稀土学报，2003，21（3）：251.

[4] 朱健，黄海友，谢建新. 近年稀土钢研究进展与加速研发新思路. 钢铁研究学报，2017，29（7）：513-529.

[5] 苗如林，贺景春，麻永林. 发展稀土钢提高包钢油井管竞争力. 稀土，2005，26（5）：90-93.

[6] 戢景文. 稀土——发展 21 世纪钢的重要途径. 稀土，2001，22（4）：7，24.

[7] 林勤，宋波，郭兴敏，等. 钢中稀土微合金化作用与应用前景. 稀土，2001，22（4）：31-36.

[8] Huang M，Wang Y，Chu C M，et al. Wear resistance alumina-coated oil casing steel N80 vis MAO with rare earth additive. Ceramics Inrnmational，2017，43（8）：6397-6402.

[9] 绪鑫. 稀土元素 Ce 对超级双相不锈钢组织与热加工性能的影响. 上海：上海交通大学，2009.

[10] Liu G L，Li R D. Segregation and Interaction of rare earth and iron elements on grain boundaries in ZA27 alloys. Acta Physica Sinica，2004，53（10）：3482-3486.

[11] Wang L M，Lin Q，Yue L L，et al. Study of application of rare earth elements in advanced low alloy steels. Journal of Alloys and Compounds，2008，451（1）：534-537.

[12] 戢景文，车韵怡，刘爱生，等. 钢铁中稀土合金化的内耗研究及其理论. 中国稀土学报，1996，14：350.

[13] 卢先利. 开发我国稀土微合金钢新品种. 稀土，2001，22（4）：25-30.

[14] 杜挺，韩其勇，王常珍. 稀土碱土等元素的物理化学及在材料中的应用. 北京：科学出版社，1995.

[15] 王龙妹. 发展新一代高强韧钢的重要元素——稀土. 产业前沿，2004，9：18-23.

[16] Wang Y, Gou J F, Chu R Q, et al. The effect of nano-additive containing rare earth oxides on sliding wear behavior of high chromium cast iron hardfacing alloys. Tribology International，2016，103：102-112.

[17] Shaikeh H，Anita T，Poonguzhali A，et al. 12-Stress corrosion cracking（SCC）of austenitic stainless and ferritic steel weldments. Stress Corrosion Cracking，2011：427-484.

[18] Song S H，Sun H J，Wang M. effect of rare earth cerium on brittleness of simulated welding heat-affected zones in a reactor pressure vessel steel. Journal of Rare Earths，2015，33（11）：1204-1210.

[19] 王德永，姚永宽，王新丽，等. 稀土钢连铸喂丝工艺存在的问题及对策. 炼钢，2003，19（5）：14-17.

[20] 陈本文，苏春霞，赵刚，等. 板坯结晶器喂稀土对 30CrMnMo 钢夹杂物和低温韧性的影响. 特殊钢，2017，38（5）：65-67.

[21] 龙琼，伍玉娇，凌敏，等. 稀土元素处理钢的研究进展及应用前景. 炼钢，2018，34（1）：57-70.

[22] 贾成厂，吴立志. 粉末冶金高速钢. 金属世界，2012（2）：5-10.

[23] 吴元昌. 粉末冶金高速钢生产工艺的发展. 粉末冶金工业，2007，17（2）：30.

[24] 门来成，卢广锋，孟令兵，等. 粉末冶金高速钢的组织和性能研究. 粉末冶金工业，2011，21（3）：1-5.

[25] 贾成厂，张万里，胡彬涛，等. 稀土元素对高速钢组织和性能的影响. 粉末冶金技术，2017，35（6）：416-421.

[26] 李树江，王明杰，刘建仁，等. 用稀土基涂料实现灰铁件表面层石墨球化工艺的研究. 稀土，1998（6）：39-44.

[27] 沈定钊，马毅，王佩君. 稀土对铸铁磷共晶形态的影响. 钢铁，1994，29（4）：45-49.

[28] 戴安伦，姜广杰，朱治愿，等. 新型球化、孕育方式对球墨铸铁缺陷的改善. 热加工工艺，2018，47（5）：102-105.

[29] 隋福楼，于淑敏，赵宇，等. 低合金白口铸铁的强韧化研究. 金属热处理学报，2001，22（2）：66-69.

[30] 车广东，刘向东. 不同钒含量对低铬合金铸铁组织和性能的影响. 铸造，2014，63（1）：75-77.

[31] 宫雷，车广东，刘向东. 钒加入量对稀土低铬铸铁组织和性能的影响. 铸造技术，2016，37（11）：2318-2320.

[32] Morrogh J H，Willams W J. The production of nodular graphite structures in cast iron. Journal of the Iron and Steel Institute，1948，3：306.

[33] 陆文华. 铸铁及其熔炼. 北京：机械工业出版社，1981.

[34] 北京钢铁学院铸工专业，冶金部有色金属研究院 302 室. 重稀土球墨铸铁. 铸工，1976（4）：26-27.

[35] 冶金部有色金属研究院，广东佛山水泵厂. 钇基重稀土球墨铸铁的抗衰退与重熔试验. 球铁，1977（3）：21-24.

[36] 机械部沈阳铸造研究所. 钇基重稀土球化剂的研究与应用. 铸工，1980（2）：16-29.

[37] 梁吉，王遵明，吴德海，等. 钇基重稀土和轻稀土镁抗球化衰退及抗石墨畸变能力的对比试验. 球铁，1981，3：8-12.

[38] 李树江. 稀土合金在铸铁中的应用. 稀土，2002，21（1）：58-62.

[39] Sergeant G F，Evans E R. The production and properties of compacted graphite irons. The British Foundryman，1978（5）：115-124.

[40] Evans E R，Dawson J V，Lalich M J. Compacted graphite cast iron and their production by a single alloy addition. Transactions of AFS，1976（84）：215-224.

[41] 李树江，Козлов Л Я，Воробев А П. 铈、镧、钕和硫在铸铁中行为的研究. 稀土，1997（6）：34-40.

[42] Rice M H，Maliao A B，Brooks H F. The use of multiple nodularizing elements in making ductile iron pipe. AFS Transaction，1974，82：15-26.

[43] Александров Н Н. Технолоия получнияй свойства высоковрочно гуна с вермикулярным графтом. Литейное производство，1976（8）：12-14.

[44] 王兆昌. 马前稀土变质处理中锰白口铸铁的研究. 铸造，1989（11）：1-6.

[45] 李邦璜. 稀土中锰白口铸铁的试制与应用. 现代铸铁，1988（4）：2-24.

第 9 章　稀土储氢合金

随着天然化石资源的日益枯竭以及人类对环境保护意识的加强，开发清洁新能源已经成为人类十分关注的问题。储氢合金也可写作贮氢合金，是伴随着氢能利用和环境保护在最近几十年才发展起来的新型功能材料。储氢合金吸放氢特性优异，在氢能开发利用中起着重要作用，这使得储氢合金得到迅速发展。自 1970 年荷兰菲利浦公司发现 $LaNi_5$ 储氢合金以来，稀土系储氢合金从纯 La 到混合稀土金属，从二元合金到多元合金，从单一系列到能满足不同性能要求的多个系列。储氢合金的种类很多，包括 AB_5 型、Laves 相 AB_2 型、AB 型以及最近发展迅速的 BCC-Mg 系储氢合金。金属氢化物、碳纤维、碳纳米管以及某些有机液体都是优良的储氢材料，特别是金属氢化物，不仅是一种优良的储氢材料，而且是一种新型功能材料，可用于电能、机械能、热能和化学能的转换与储存，具有广泛的应用前景。因此，金属氢化物技术（包括材料开发以及应用技术研究）近年来在世界各国受到了广泛重视，而且得到了很大的发展。

在世界范围内人们意识到煤炭石油资源将日趋枯竭的今天，伴随着环境污染的日益严重，洁净的氢能源开发与应用已成为世界各国研究的热点。氢能源利用的一个重要问题是氢的来源和储存，因此储氢材料引起了人们极大的研发兴趣。从储氢合金的研究开始，稀土就受到了各国科学家极大的关注。稀土金属与氢气反应生成稀土氢化物。稀土氢化物要加热到 1000℃以上才会分解，因而难以获得广泛应用。在稀土金属中加入某些第二种金属形成合金后，在较低温度下就可以把氢气释放出来，通常将这种合金称为稀土储氢合金。稀土储氢合金作为一种新型功能材料，其开发研究受到了人们越来越广泛的重视。

9.1　氢　　能

在化学发展的历史上，人们往往把氢元素的发现主要归功于英国化学家和物理学家 H. Cavendish。实际上，早在 16 世纪，瑞士著名医生 Paracelsus 就描述过铁屑与酸反应时能够产生一种气体；17 世纪，比利时著名医疗化学派学者 J. B. van Helmont 曾偶然接触过这种气体，但没有把它分离和收集起来；英国化学家 R. Boyle 虽偶然收集过这种气体，但并未进行深入研究。他们都观察到了这种气体具有可燃性。1700 年，法国药剂师 N. Lemery 在巴黎科学院的《报告》上也提到过这种气体。

第一位对氢气进行收集并认真研究的学者是 Cavendish，但他对氢气的认识并不正确。Cavendish 认为水是一种元素，氢是含有过多燃素的水。直到 1782 年，法国化学家 A. L. de Lavoisier 明确提出水并非一种元素而是化合物，到 1787 年，他把过去称为易燃空气的这种气体命名为 hydrogen（氢），意指能够产生水，并确认它是一种元素。

氢作为内燃机的燃料并不是人类在近代的发明。在内燃机中使用氢气作为动力已有相当长的历史。人类首次使用氢气作为内燃机动力的历史可以追溯到 1807 年，瑞士 I. de Livac 制成了单缸氢气内燃机。他把氢气充进气缸，氢气在气缸内燃烧最终推动活塞进行往复运动。该项发明在 1807 年 1 月 30 日获得法国专利，这是第一个关于汽车动力产品的专利。受当时技术水平的限制以及受其他因素的影响，制造氢气发动机和使用氢气作为独立的燃料供给要比使用蒸汽和汽油等资源复杂得多，氢气内燃机被蒸汽机、柴油机以及汽油机所“淹没”，从此退出了历史舞台。

第二次世界大战期间，氢被用作 A-2 火箭发动机的液体推进剂，获得了极大的成功。1960 年，液氢首次被用作航天动力燃料，1970 年，美国发射的阿波罗登月飞船使用的火箭运载器也使用液氢作燃料，现在氢气已经是火箭、飞船领域的常用燃料。对现代航天飞机而言，减轻燃料自重、增加有效载荷变得更为重要。氢的能量密度很高，是普通汽油的 3 倍。这意味着航天飞机以氢作为燃料，其自重可减轻 2/3，这对航天飞机无疑是极为有利的。除此之外，科学家正在研究一种固态氢宇宙飞船。固态氢既可以作为飞船的结构材料，又可以作为飞船的动力燃料。在飞行期间，飞船上所有的非重要零件都可以转化为能源而被消耗，这样飞船在宇宙中就能飞行更长的时间。20 世纪 80 年代后期，多种燃料电池汽车面世。20 世纪 90 年代后期，小型燃料电池取代蓄电池的可行性得到证实。

9.2　氢 能 利 用

进入 21 世纪，面对环境污染和能源短缺等危机，氢燃料电池快速发展，更多研制成型的氢燃料电池汽车正逐步走向市场，成为氢能利用的典型范例。

美国一直重视氢能。2003 年，美国政府投资 17 亿美元，启动氢燃料开发计划，提出了氢能工业化生产技术、氢能储存技术、氢能应用等重点开发项目。2004 年 2 月，美国能源部公布了《氢能技术研究、开发与示范行动计划》，详细阐述了发展氢能经济的步骤以及向氢能经济过渡的时间表。该计划的出台是美国推动氢能经济发展的又一重大举措，标志着美国发展氢能经济已经从政策评估、政策制定阶段进入系统化实施阶段。2004 年 5 月，美国建立第一座氢气站，加利福尼亚州的一个固定制氢发电装置“家庭能量站第三代”开始试用。2005 年 7 月，世界上第一批生产氢燃料电池的公司之一戴姆勒-克莱斯勒（Daimler Chrysler）公司研制的第五代燃料电池车成功横跨美国，刷新了燃料电池车在公路上的行驶记录。该车以氢气为动力，全程行驶距离为 5245km，最高速度为 145km/h。

2003 年 11 月，美国、澳大利亚、巴西、加拿大、中国、意大利、英国、冰岛、挪威、德国、法国、俄罗斯、日本、韩国、印度、欧盟委员会的代表共同签署了“氢经济国际合作伙伴计划”参考条款，目标是建立一种合作机制，有效地组织、评估和协调各成员，为氢能研究开发、示范和商业化活动提供一个制定规范的工作平台。我国国务院发布的《国家中长期科学和技术发展规划纲要（2006—2020 年）》中把氢能及燃料电池技术列为前沿技术。国家重点研发计划和科技攻关计划中都包括氢的规模制备、储运及相关燃料电池的基础研究和应用技术开发，并将燃料电池技术列为发展重点。

新能源建设是我国经济发展的重点。我国化石能源探明可采储量中，煤炭储量为 1145 亿 t、石油储量为 38 亿 t、天然气储量为 1.37 万亿 m^3，分别占世界储量的 11.6%、2.6%、0.9%。我国人口众多，人均煤炭探明可采储量仅为世界平均值的 1/2，人均石油探明可采储量仅为世界平均值的 1/10，人均能源占有量明显不足。我国近年来交通运输的能源消耗所占比例越来越大，与此同时，汽车尾气已经成为大气污染特别是城市大气污染最重要的来源之一。因此，寻求新洁净能源对我国经济环境的可持续发展有着非常重要的意义。目前我国已成功研制出燃料电池轿车和客车以外的某些氢能动力车型，累计实验运行已经超过 2000km，具备开发氢燃料电池发动机的能力。2008 年北京奥运会和 2010 年上海世博会召开时，燃料电池轿车已经小批量示范性地在城市街道上行驶。氢能虽然非常清洁，但氢气的来源将是人类面临的问题，寻求更加有效和经济的方法开发更适合我国发展的能源将是未来科技工作者的历史使命。

9.3 化学制氢方法

人类能源体系的结构在不断变化，经历了以煤、植物体等固体燃料为主，到以石油、烃类等液体燃料为主的转变，目前正向以天然气、氢气等气体燃料为主的方向进行转变。这种变化表明，从 21 世纪中期开始，人类社会将逐渐步入氢能经济时代。氢能是公认的清洁能源，它的来源广、资源极其丰富，最有希望能够在未来替代化石能源。因此，国际社会对氢能给予了高度重视，各国政府投入了大量的人力和物力对氢能进行学术研究和应用开发。

制氢的方式多种多样，既可通过化学方法对化合物进行重整、分解、光解或水解等制氢，也可通过电解水制氢，还可利用产氢微生物进行发酵或光合作用来制得氢气。其中，电解水制氢是一种完全清洁的制氢方式，可以用作发电站的调峰储能，即在用电的低谷期，将发电站多余的电能用于电解水制氢；在用电的高峰期，通过化学或电化学方法，将氢气中储存的化学能转变为电能。但这种方法能源消耗量较大、成本过高，在现场制氢方面的应用受到极大限制，目前乃至今后若干年内还有待进一步研究和开发。生物制氢法是采用有机废物为原料，通过光合作用或细菌发酵来进行制氢。其关键技术是培养高效率和高选择性的生物菌种。目前对生物制氢法的制氢机理了解得还不够深入，在菌种培育、细菌代谢路径和细菌产氢条件等方面的许多问题还不成熟，有待深入探讨和研究。因此，目前主要的大规模制氢方式仍是化学制氢。

1. 烃类重整制氢

目前，世界上大多数氢气通过天然气、丙烷或者石油重整制得。经过高温重整或部分氧化重整，天然气中的主要成分甲烷被分解成 H_2、CO、CO_2。这种工艺路线占目前工业方法的 80%以上，其制氢产率为 70%～90%。在工业上，烃类重整制氢技术已经相当成熟。

从提高重整效率、增强对负载变换的适应能力、降低生产成本等方面考虑，烃类重整技术不断得到发展，产生了不少改进的烃类重整工艺。这种技术适合工业上大规模制氢，但对氢气纯度要求高，对设备体积、重量也有要求。

2. 醇类重整制氢

醇类重整主要集中于甲醇、乙醇等低级醇的重整，其中又以甲醇重整最为广泛。甲醇的分解制氢一般有三种途径。第一种是甲醇直接加热分解。这种方法生产的氢气中带有大量 CO。对于质子交换膜燃料电池而言，氢气中只要含有几十毫克每升的 CO 就会在电极催化剂上造成不可逆吸附，使催化剂中毒，从而引起电极性能的持续下降。因此这种方法不适合为质子交换膜燃料电池提供氢源。第二种是甲醇部分氧化。这种方法经历放热反应，可对外提供热量，其主要副产物为 CO_2，可降低 CO 含量。在以氧气作氧化剂时，所生产的氢气浓度可高达 66%；但在以空气为氧化剂时，所生产的氢气浓度仅为 41%。第三种是甲醇蒸气重整。这种方法生产的氢气浓度比甲醇部分氧化要高，主要副产物也是 CO_2，但需要由外部提供能量，即需要在高温条件下操作，而且工艺比较复杂，存在一定危险。

3. 生物质制氢

生物质制氢可以将低能量密度的生物质能转化为储运方便的高品质氢能。这种方法虽然采用生物质作为制氢原料，但与生物制氢不同，所用的制氢方法仍然是化学方法。这种方法利用亚临界或超临界水超强的溶解力，将生物质中的各种有机物溶解，生成高密度、低黏度的液体，再经高温高压处理，可使生物质气化率接近 100%。虽然高浓度的生物质在生产中更具有经济性和吸引力，但在气化过程中容易发生分解产物的聚合。目前，生物质制氢的氢气产率还比较低；由于超临界水具有极强的腐蚀性，对生物质制氢设备的材质要求很高；要使超临界水进行气化必须采用高温高压的反应条件，这些都对生物质制氢的规模应用提出了挑战。

4. 金属置换制氢

当金属与水或酸反应时就可以置换出氢气。新鲜切割暴露的金属表面具有很高的反应活性，可以与水反应产生气泡。为了使金属能够完全参与反应，需要在水中用高速旋转的飞轮将金属块研磨得很细，可以应用高能球磨技术实现这种金属的微细粉末化。这种制氢方法具有安全、无污染、可回收等特点，其缺点也相对明显，金属需求量大、所占空间过大、制氢速度随着金属表面积减小而衰减且很难再回收利用。

5. 金属氢化物制氢

具有储氢作用的金属氢化物按结构可分为三类。

（1）储氢合金。这类合金本身并不含有氢元素，但是可以与氢原子或氢气结合生成氢化物，并且能够可逆地释放出氢气。缺点是储氢合金价格过高，且需要外部提供热量。

（2）离子氢化物。碱金属或碱土金属直接与氢键合，生成离子型化合物。这类氢化物的结构类似相应的卤化物，缺点是其反应活性受到样品状态、纯度和分散度的影响，与水接触时产生氢气的速度难以控制。

（3）配位氢化物。ⅢA 族元素的氢化物 BH_3、AlH_3 的单体是缺电子物种，倾向于形成负氢离子的电子对受体，生成正四面体离子，其碱金属盐即配位氢化物，也就是通常所说的硼氢化物和铝氢化物。

9.4　氢的储存方法

能源的储存在各类能源系统中占有重要地位，国内外一直对储氢技术的研究十分重视，美国能源部的全部氢能研究经费中约有 50%用于储氢[1]。

1. 液氢储存

液氢储存就是将气态氢制成液态氢进行储存，这个过程需要消耗大量能量。

目前生产 1L 液氢需耗电 0.95kW·h[2]，相当于其本身能量的 1/3 左右。采用液氢储存需改进现有的液氢储罐技术，减少储存液氢的蒸发量，目前的水平为 0.2%～0.5%/昼夜。现在世界上不仅有小型液氢储罐（10～100L），还有大型液氢储槽（10～100m^3），用于汽车、火车、海运中液氢的运输。液氢储罐（槽）的重量为金属钢瓶重量的 1/10～1/6。

2. 金属氢化物储氢

目前比较成熟、可以投入使用的金属氢化物储氢材料有三大系列，即钛系、稀土系和镁系，其吸放氢的质量分数分别为 1.8%～1.9%、1.4%～1.5%和 3.0%～4.0%，在吸放氢的过程中消耗的能量较少、比较安全。美国陆军部曾试验过用穿甲弹将金属氢化物储氢罐打穿，使之既不着火，也不爆炸，证实这种储氢罐的安全性；但缺点是储氢量仍然不能满足使用要求[3, 4]。目前各国科学家仍在致力于寻求性能更好、储氢量更大、成本更低、寿命更长的储氢材料，例如，印度科学家研究的镁合金复合材料可在 100℃以下放氢 3.0%以上。

3. 常见的储氢新技术

（1）活性炭低温储氢。经过特殊加工后的活性炭在一定压力条件、−123℃以下可储氢 3.5%～4.7%，但在低温条件下使用范围受到极大限制[5]。

（2）铁磁性材料储氢。某种铁磁性材料在磁场作用下可大量储氢，其储氢量比钛铁储氢材料大 5～6 倍，还配有传感器，可及时标出储氢量和残存氢量。

（3）有机液态储氢剂。甲苯和苯等有机化合物吸氢后生成甲基环己烷，加热后又可重新生成甲苯，储氢量可达 5%～6%，但在吸放氢过程中要消耗储氢量的 40%～50%。据最近报道，用电化学催化加氢法所消耗的能量明显降低。表 9.1 为不同储氢方式的储氢能力对比。

表 9.1　不同储氢方式的储氢能力

氢原子存在形式	氢原子密度/($\times 10^{22}$ 个/cm^3)	储氢相对密度	氢含量/%（质量分数）
标准状态下的氢气	5.4×10^{-3}	1	100
氢气钢瓶（15MPa）	8.1×10^{-1}	150	100
−263℃液态氢	4.2	778	100
$LaNi_5H_6$	6.2	1148	1.37
$FeTiH_{1.95}$	5.7	1056	1.85
$MgNiH_4$	5.6	1037	3.6
MgH_2	6.6	1222	7.65

9.5　储氢合金的吸放氢原理

储氢合金是一种多功能材料，根据用途有不同要求，一般应具备如下条件[5]。

（1）易活化，单位质量、单位体积的储氢量高。

（2）吸放氢的速度快。

（3）有较平坦和较宽的平衡平台区，室温附近的平衡氢压为0.2～0.3MPa。

（4）吸放氢平衡氢压差小。

（5）寿命长。

（6）有效热导率大，电催化活性高。

（7）空气中稳定、安全。

（8）成本低廉、无污染。

了解储氢合金的应用机理是十分重要的。下面介绍储氢合金的电化学吸放氢原理。

9.5.1　储氢合金的固-气吸放氢原理

氢被储氢合金吸收和释放的过程取决于金属和氢的相平衡关系。许多金属可固化氢，形成氢的固溶体（MH_x），其溶解度$[H]_M$与固溶体平衡氢压的平方根成正比，即

$$P_{H_2}^{1/2} \propto [H]_M$$

储氢金属或合金吸氢形成MH_x后，在一定温度和压力条件下，MH_x与氢反应生成金属氢化物，这一反应为

$$\frac{2}{y-x}MH_x + H_2 \longleftrightarrow \frac{2}{y-x}MH_y$$

根据吉布斯相律，如果温度一定，上述反应将在一定压力下进行，该压力即反应平衡氢压。上述反应是一个可逆反应，氢化（正向）反应吸氢，为放热反应；逆向反应放氢，为吸热反应。改变温度与压力条件可以使反应向正、反方向交替进行，从而使储氢材料具有可逆吸放氢的功能。

金属-氢系的相平衡可由图9.1的压力-组成等温线表示。以温度T_1为例，由O点开始，金属吸氢形成氢的固溶体（α相）。至A点，氢化反应开始。此时金属中氢浓度显著增加而氢压几乎不变，反应生成金属氢化物（β相）。至B点，氢化反应结束。当再增加氢压时，又在氢化物的基础上形成新的固溶体（γ相）。金属氢化物析氢过程按逆向进行。图中，AB水平段（两相共存区）压力即平衡氢压，该

段氢浓度代表了金属氢化物在 T_1 时的有效储氢量。由图 9.1 还可以看出，温度升高，平衡氢压增大，有效储氢量减小。

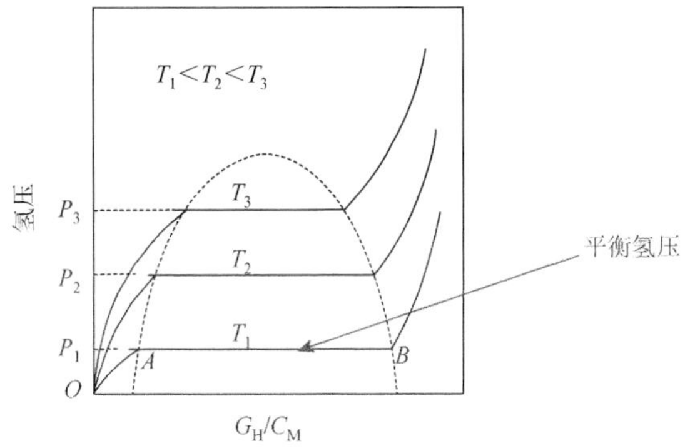

图 9.1 金属-氢系的压力-组成等温线

9.5.2 储氢合金的电化学吸放氢原理

储氢合金的电化学吸放氢反应为

$$M + xH_2O + xe^- \underset{\text{放电}}{\overset{\text{充电}}{\rightleftharpoons}} MH_x + xOH^-$$

$$E^{\ominus} = -0.828V$$

过充电时，反应为

$$2H_2O + 2e^- \longrightarrow H_2\uparrow + 2OH^-$$

过放电时，反应为

$$2OH^- \longrightarrow 1/2\,O_2\uparrow + 2e^- + H_2O$$

9.5.3 储氢合金电极电化学反应机理

储氢合金电极过程由一系列性质不同的单元步骤构成，除了连续进行的步骤，还可能存在平行步骤。储氢合金电极的电化学吸放氢过程可表达为以下步骤。

（1）液/固界面附近的液相传质过程：

$$H_2O_{(b)} \longleftrightarrow H_2O_{(s)}$$

其中，$H_2O_{(b)}$和 $H_2O_{(s)}$分别为体相中和表面上的水分子。

（2）电极表面的电荷转移过程（电化学反应过程）：

$$M + H_2O_{(s)} + e^- \longleftrightarrow MH_{ads} + OH^-{}_{(s)}$$

（3）氢向体相的扩散及 OH^- 的液相传质过程：

$$MH_{ads} \longleftrightarrow MH_{abs}$$

$$OH^-_{(s)} \longleftrightarrow OH^-_{(b)}$$

其中，$OH^-_{(s)}$ 和 $OH^-_{(b)}$ 分别为表面上和体相中的氢氧根离子。这是两个平行进行的过程。

（4）氢原子在 α 相中的扩散过程，即氢原子从 α 相的内部扩散到储氢合金的表面。描述氢在 α 相中的扩散行为可用扩散方程。

（5）氢化物的相变过程：

$$MH_\alpha \longleftrightarrow MH_\beta$$

其中，MH_α 为氢的固溶体；MH_β 为氢化物。

（6）在过充电时，储氢合金表面上的吸附氢原子发生脱附反应，包括电化学脱附反应和复合脱附反应，最后在电极表面形成氢气泡脱离电极表面。

复合脱附反应为

$$2H_{ad} \longrightarrow H_2 \uparrow$$

电化学脱附反应为

$$MH_{ad} + H_2O + e^- \longrightarrow M + OH^- + H_2 \uparrow$$

这两个反应均有氢气析出，是充电过程的副反应，降低了储氢合金电极的充电效率。

9.6　稀土储氢合金的制备方法

9.6.1　真空感应熔炼法

工业上储氢合金最常用的熔炼设备是真空中频感应电炉。真空感应熔炼（vacuum induction melting，VIM）是在电磁感应过程中产生涡电流，使金属熔化。此过程可用来提炼和熔炼高纯度的金属及合金。真空感应熔炼主要包括真空感应炉熔炼、悬浮熔炼和冷坩埚熔炼。真空感应熔炼容易将溶于合金中的氮、氢、氧和碳去除，远比常压冶炼效果要好得多；对于在熔炼温度下蒸气压比基体金属高的杂质元素（铜、锌、铅、锑、铋、锡和砷等），可通过这些元素的挥发而得以去除，合金中需要加入的元素成分也易于控制。因此，经真空感应熔炼的储氢合金可以达到明显地提高韧性、疲劳强度、耐腐蚀性能、高温蠕变性能以及磁导率（针对磁性储氢合金材料）等性能的目的。

目前工业上常用高频真空感应熔炼法。其熔炼规模从几公斤至几吨，具有可以成批生产、成本低等优点。用真空感应熔炼法制取储氢合金一般在惰性气体中进行，易于得到性质均匀的储氢合金。真空感应熔炼法制取稀土储氢合金一般采用碱性氧化镁坩埚和中性氧化铝坩埚，耐热温度要求达到 1500℃以上。由于熔融金属可能与坩埚材料有所反应，会有少量坩埚材料熔入合金中，例如，氧化镁坩埚熔炼稀土储氢合金时大约有 0.2%的 Mg 熔入合金中。稀土镍系储氢合金熔炼过程中，一方面要保持较高的真空度，一般真空度应接近 10^{-2}Pa，防止熔炼过程中金属炉料特别是稀土金属等活泼金属炉料氧化；另一方面要准确地控制熔炼温度和熔炼时间，否则会影响合金的质量和性能。

稀土镍系储氢合金液浇铸时较多采用水冷多片板式铁模或铜模，板厚或板的数量根据熔炼量及质量要求而定；也可采用盘式模具，直接浇铸成圆盘状铸锭。目前工业上广泛采用甩带快速铸片技术制备稀土镍系储氢合金。熔体旋转淬冷技术是在真空中以高的冷却速度由熔液直接铸成薄带或薄片的快速凝固工艺。金属液在一定的氩气压力作用下喷射到旋转水冷铜辊上，冷却速度可达 10^2～10^6K/s，薄带或薄片厚度可以通过辊轮转速、氩气压力、金属液过热度、喷嘴直径、喷射压、喷嘴前端与辊面间距离等来控制。储氢合金在高的过冷度下凝固，可获得晶粒细小、成分均匀以及垂直辊面的柱状晶组织，可以保证储氢合金电极耐腐蚀性能提高、寿命长、充放电平台更加平坦等，如果控制好工艺条件，可以使储氢合金的组织达到纳米晶或非晶状态。

真空感应熔炼法制备稀土镁系高容量储氢合金或含 Mg 的 AB_5 型储氢合金时，由于高温下 Mg 的蒸气压大，熔炼过程中可考虑采用氩气正压保护的真空感应熔炼炉，熔炼温度不能太高，熔炼时间应尽可能短；可考虑快速熔炼的技术，例如，对于熔炼量不大的合金，可以考虑采用高频真空感应熔炼炉等，同时考虑控制熔炼温度和熔炼时间。

9.6.2　机械合金化法

机械合金化（mechanical alloying，MA）是指金属或合金粉末在高能球磨机中通过粉末颗粒与磨球之间长时间激烈地冲击、碰撞，使粉末颗粒反复产生冷焊、断裂，导致粉末颗粒中原子扩散，从而获得合金化粉末的一种粉末制备技术。

机械合金化粉末并非像金属或合金熔铸后形成的合金材料那样，各组元之间充分达到原子间结合，形成均匀的固溶体或化合物。在大多数情况下，在有限的球磨时间内仅仅使各组元在接触的点、线和面上达到或趋近原子级距离，并且最终得到的只是各组元分布十分均匀的混合物或复合物。当球磨时间非常长时，在某些体系中也可通过固态扩散，使各组元达到原子间结合而形成固溶体或化合物。

机械合金化法是20世纪60年代末由J. C. Benjamin发展起来的一种制备合金粉末的技术。机械合金化法制备稀土储氢合金可大致分为四步。

（1）金属粉末在球磨的作用下产生冷间焊合及局部层状组分。

（2）反复的破碎及冷焊过程产生微细粒子，而且复合结构不断细化、绕卷成螺旋状，同时开始进行固相粒子间的扩散及固溶体的形成。

（3）层状结构进一步细化和卷曲，单个粒子逐步转变成混合体系。

（4）粒子最大限度地畸变为亚稳结构。

机械合金化法有如下特点：可制取熔点或密度相差较大的稀土储氢合金，如Mg-Ni、Mg-Ti、Mg-Co等系列稀土储氢合金；生成亚稳相和非晶相、生成超微细组织（微晶、纳米晶等）；金属颗粒不断细化，比表面积大，有效降低活化能；工艺设备简单，无需高温熔炼及破碎设备。

目前，机械合金化法日益受到人们的重视，在制取稀土储氢合金材料方面有广泛的应用。

9.6.3　化学还原法

化学还原法包括络合还原法、共沉淀还原法和燃烧法。

冯治库等[6]在共沉淀还原法的基础上提出了一种新的稀土储氢合金材料合成方法——络合还原法。用柠檬酸将镧镍金属离子络合，生成络合物，经脱水后，再加适量的还原剂 CaH_2，在氢气气氛中于 950℃反应制得 $LaNi_5$，并利用此法制备了目前文献尚未见报道的 $LaNi_{4.7}Ti_{0.3}$ 金属间化合物。

共沉淀还原法是在还原法的基础上发展起来的，是一种化学合成方法。采用各组分的原溶液，加入沉淀剂（如 Na_2CO_3）进行共沉淀，灼烧成氧化物后，再用金属钙或 CaH_2 还原而制得稀土储氢合金。其主要优点如下。

（1）金属原料的纯度要求不高。

（2）合成方法简单。

（3）制得的稀土储氢合金有一定粒度，无须粉碎，比表面积大，易活化。

冯治库等[6]将镧、镍混合溶液与草酸-乙醇溶液进行反应，生成草酸镧镍共沉淀，经脱水后加适量 CaH_2，在氢气气氛中于 950℃反应制得 $LaNi_5$，$LaNi_5$ 的储氢量达到 174.8mL/g，$LaNi_5$ 吸氢后的化学式为 $LaNi_5H_{6.1}$。

申泮文等[7]在 20 世纪 80 年代研究和发展了一种只用盐类作原料制取吸氢性能良好的颗粒状稀土储氢合金的新方法，以克服真空感应熔炼法中设备复杂、对原料要求高、制备工艺长、合金比表面积小和活性差等方面的不足。将铜、镍混合溶液与草酸-乙醇溶液反应，生成草酸镧镍共沉淀，经脱水后加适量 CaH_2，在 950～1000℃氢气气氛中保温反应 4h，缓慢冷却至室温，产物经研磨、水洗、干燥即得比表面大、活性高的 $LaNi_5$。对于多元稀土储氢合金的化学合成，应考虑选择哪种沉淀剂能使共沉淀中各金属原子配比与要求的相同。为此，采用络合沉淀-还原扩散法来制备多元稀土储氢合金。用柠檬酸与镧、镍反应生成的络合物沉淀经脱水、干燥后加适量 CaH_2，在氢气气氛中于 950℃反应制得 $LaNi_4Cu$、$LaNi_4Fe$ 等。与真空感应熔炼法所得的稀土储氢合金进行比较，该法制备的稀土储氢合金吸放氢活性明显提高，在催化活性方面的提高更具有实用意义。

9.6.4　置换-扩散法

置换-扩散法的要点如下：在适当的非水溶液中，用金属镁置换溶液中化合态的铜，将铜镀在镁上，然后在适当的温度下扩散，形成金属互化物 Mg_2Cu。所得 Mg_2Cu 在适当条件下可以较好地吸放氢。镁是活泼金属，将无水盐（$NiCl_2$ 或 $CuCl_2$）溶解在有机溶剂（如乙腈、二甲基甲酰胺）中，用过量的镁粉进行置换，铜或镍平稳地沉积在镁上，取出沉积物，洗净、烘干，放入高温炉中，在惰性气体中以 600℃进行扩散使合金均匀化，得到 Mg_2Ni 或 Mg_2Cu。这种方法得到的金属间化合物极易活化，具有优越的吸氢性能。

9.6.5　燃烧合成法

燃烧合成法又称自蔓延高温合成法，是 1967 年由苏联科学家 A. G. Merzhonov 等在研究钛和硼粉压制样品的燃烧烧结时发明的一种合成材料的高新技术。它利用高放热反应的能量使化学反应自发地持续进行，从而实现材料合成与制备。燃烧合成法有燃烧模式和爆炸模式两种基本模式。燃烧合成法制造的稀土镁镍系储氢合金的吸氢性能很高，具有不需要活化处理和高纯化、合成时间短、能耗小等优点。

Yasuda 等[8]采用自燃燃烧合成法，以 La_2O_3、Ni 和 Ca 为原料，分别在氢气气氛和氩气气氛下合成了 $LaNi_5$，制得的产品与商业产品性能相当。此法以相对廉价的稀土金属氧化物代替了稀土金属，并且在氢气气氛下 600K 即可反应，具有反应迅速和能耗较小的优点，在批量生产方面有一定的优势，如果能适用于组分较复杂的合金，将是一种有前途的制备方法。

9.6.6　熔体快淬法

熔体快淬法是使合金熔体经过快速凝固，获得具有特殊微观结构的、非平衡组织的稀土储氢合金制备方法。它所制备的稀土储氢合金的组织具有微晶、纳米晶、非晶混合结构。快淬抑制了元素的宏观偏析，细化了晶粒，提高了合金成分的均匀性和一致性，合金高倍率放电性能好，吸放氢特性和循环稳定性好[9-11]。

文明芬等[12]在熔体快淬法制备 Ml(NiCoMnAl)$_5$ 合金时，得到了细小的柱状晶，合金活化容易、循环稳定性较好。张书凯等[13]认为，熔体快淬使合金的第二相析出得到一定程度的抑制，与常规熔铸合金相比，熔体快淬合金的电化学循环稳定性明显提高，但活化性能和高倍率放电性能稍微下降，放电比容量有所提高。Huang 等[14]研究了 Ml(NiCuAl)$_{5.2}$ 无钴合金在常规熔铸、熔体快淬等制备条件下的电化学性能，发现熔体快淬法制取的合金循环稳定性优于常规熔铸合金，活化性能和放电比容量没有明显降低。Shu 等[15]研究了 Ml(NiCuCoAl)$_5$ 合金在常规熔铸、熔体快淬制备条件下的电化学性能，发现熔体快淬法制取的合金循环稳定性优于常规熔铸合金，并且 600 个循环后的放电比容量平均衰减率仅为常规熔铸合金的 30%～50%，最大放电比容量没有明显降低，活化性能和高倍率放电性能有一定程度的降低。

熔体快淬法是在真空状态下将熔融的金属或者合金在一定压力下注射到高速旋转的水冷铜辊上，使其在极大的过冷度下凝固，获得超细非平衡组织的方法。熔体快淬法可以抑制合金组织的宏观偏析，使合金组织均匀，吸放氢性能好，并可以促进合金晶粒的细化，使合金内部形成非晶结构；通过快淬速度还可以调节合金中非晶相的强度和硬度，从而抑制合金的粉化，提高了合金电极的循环寿命。张羊换等[16, 17]采用熔体快淬法制备了 La-Mg-Ni 系储氢合金，发现熔体快淬法使合金的晶粒显著细化，并改善了合金的均匀性。合金的晶粒呈枝晶状，并且合金具有典型的微晶和纳米晶形貌。合金的放电比容量衰减主要由氧化腐蚀造成，而合金颗粒的细化使得合金的抗氧化能力增强，从而改善了合金的循环稳定性。然而，熔体快淬法使合金的最大放电比容量有较大程度的下降。

9.7 主要稀土储氢合金

稀土储氢合金主要有两类：$LaNi_5$ 型（AB_5 型）储氢合金和 La-Mg-Ni 系（AB_3 型、A_2B_7 型）储氢合金。本章为了更详细地了解稀土储氢合金，特将其分为稀土镁系储氢合金、稀土镍铝系储氢合金、稀土镍系储氢合金、稀土镁镍系储氢合金，下面分别加以介绍。

9.7.1 稀土镁系储氢合金

稀土镁系储氢合金具有储氢量高、成本较低、密度较小、解吸速率大等优点，是很有希望的一类储氢材料。结合我国丰富的稀土资源，研究稀土镁系储氢合金是有意义的。在研究中应注意解决稀土镁系储氢合金仍然存在的使用温度较高的突出问题，并重视稀土镁系储氢合金的基础理论工作和实际应用工作。稀土镁系储氢合金包括 $La_{0.8}Sr_{0.2}Mg_{17}$、$CeMg_{11}Ni$、$CeMg_{11}Zn$、$CeMg_{11}Ti$、$CeMg_{11}Al$ 等。稀土镁系储氢合金保持了镁系储氢合金储氢量高、价廉、密度小等优点，而且因第三种元素的掺杂而容易离解，解吸速率增大很多。稀土镁系储氢合金在室温就有一定的吸氢速度，但吸放氢的使用温度仍然较高。

镁系储氢合金以美国布鲁克海文国家实验室的 Mg_2Ni、Mg_2Cu 为代表。镁系储氢合金以 Mg 及 MgH_2 的吸放氢为基础（Mg_2Cu、Mg_2Ni 对镁的氢化反应起催化作用，同时本身吸放氢），研究了它们的最大氢含量、平衡氢压以及氢化反应速度。这是最早的有关稀土储氢合金的文献。进入 20 世纪 80 年代，镁镧系储氢合金受到普遍重视。镁镧系储氢合金主要包括 $LnMg_{12}$、$LnMg_{17}$、$LnMg_{41}$，可以形成相对稳定的合金化合物。电化学性能比较好的镁镧系储氢合金有 Mg_2La、$Mg_{16}La_2Ni$、$Mg_{17}La_{1.8}Ca$、$Mg_{17}La_2$ 等[18, 19]。

表 9.2 列出了部分稀土镁系储氢合金与 $LaNi_5$ 储氢能力的比较。从表中的数据可以明显地看出，稀土镁系储氢合金的储氢能力要优于 $LaNi_5$ 的储氢能力。

表 9.2　部分稀土镁系储氢合金与 $LaNi_5$ 储氢能力的比较

合金	储氢能力/(个/mol)（50℃，氢压为 10kg/cm^2）
$LaNi_5$	6
La_2Mg_{17}	12
Ce_2Mg_{17}	7
Pr_2Mg_{17}	9
Nd_2Mg_{17}	9

9.7.2　稀土镍铝系储氢合金

为了改善储氢合金的性能、降低其成本，利用混合稀土（用 MM 置换 $LaNi_5$ 中的 La 或者用 M 全部或部分置换 $LaNi_5$ 中的 Ni）开发出了组成为 $LaNi_xM_x$（M = Fe，Co，Mn，Al 等，$x = 0.1$～4）或 $MMNi_xM_x$（M = Fe，Co，Mn，Al 等，$x = 0.1$～4）的多元混合稀土储氢合金，又称为 La-Ni-Al 系储氢合金。该系储氢合金具有反应速度快、易被活化、选择性高、热效应小、氢含量高的优点，其中 $LaNi_{5-x}Al_x$ 合金备受关注，原因是 Al 置换部分 Ni 后显著地改变了平衡氢压与焓值，增加了稳定性；而且 Al 原子体积大于 Ni 原子体积，改变了 $LaNi_5$ 的晶格常数和空隙，进而改变了吸附容量、吸附平衡压和吸附速率等吸氢特性。随后有学者对 La-Ni-Al 系储氢合金的吸放氢行为进行了研究，探讨了标准焓值、标准熵值等热力学参数与 Al 含量之间的定性关系，发现随着 x（$x=0.25$，0.5，0.75，1.00）的增大，氢化物的饱和吸附容量从 137.2mL/g 降低至 97.8mL/g，室温吸附平衡压从 8.0×10^4Pa 减小至 9.0×10^2Pa，吸附速率相应降低，标准焓值由−16.7kJ/mol 减少到−28.7kJ/mol，标准熵值由−68.5kJ/(mol·K)减少到−78.3kJ/(mol·K)。这些变化规律反映了 La-Ni-Al 系储氢合金与氢相互作用的热力学和动力学本质，为其进一步应用研究提供了有力的理论依据。表 9.3 为有关实验数据，可明显看出 La-Ni-Al 系储氢合金的吸附容量随 Al 含量的增加而减小。

表 9.3 La-Ni-Al 系储氢合金的化学成分与其对氢气的吸附容量

合金化学式	氢化物化学式	吸附容量/(mL/g)
LaNiAl	$LaNi_4AlH_{3.5}$	97.8
$LaNi_{4.25}Al_{0.75}$	$LaNi_{4.25}Al_{0.75}H_{4.2}$	115.1
$LaNi_{4.5}Al_{0.5}$	$LaNi_{4.5}Al_{0.5}H_{4.7}$	126.4
$LaNi_{4.75}Al_{0.25}$	$LaNi_{4.75}Al_{0.25}H_{5.2}$	137.2

靳红梅等[20]认为，热处理消除了合金晶格缺陷和晶格应力，吸放氢平台斜率减小，平衡氢压降低。热处理后合金元素 Ni、Co、Al 进一步向晶界偏聚，La 进一步向晶内偏聚，而 Mn 向晶内扩散。吸放氢平台斜率减小可能是热处理使 Mn 由晶界向晶内扩散，降低了晶格应力，并消除了晶格缺陷的缘故。

同样，$MMNi_{4.5}Al_{0.5}$ 储氢合金于 1100℃经过 8h 热处理后，与铸造合金相比，其吸放氢平台变得平直。热处理使合金的吸放氢平台变得平直，与合金结晶相变密切相关，即热处理使变形的合金晶体结构回复成均匀结构。

9.7.3 稀土镍系储氢合金

稀土储氢合金以 $LaNi_5$ 最为著名，由菲利浦公司发现。它具有优良的吸氢特性和较高的吸氢能力（储氢量高达 1.37%）、较易活化、对杂质不敏感、吸放氢不需要高温高压（当温度高于 40℃时就可以迅速地释放氢）等优良特性，很早就被认为是生产热泵、电池、空调器等理想的候选材料，有很大的应用潜力。目前绝大多数商业化镍氢电池用稀土镍系 AB_5 型储氢合金作为负极材料，但用该合金做电极实验，发现合金吸氢后晶胞体积膨胀较大，易粉化，比表面积增大，从而增大合金氧化的机会，使合金过早地失去吸放氢能力。这就使得镍氢电池的储氢量衰减速度快，而且价格昂贵。

$LaNi_5$ 是电化学性能优异的稀土储氢合金。它属于 $CaCu_5$ 型六方结构的金属间化合物，空间群为 *P6/mmm*，其晶体结构如图 9.2 所示。氢处于由铜原子和镍原子组成的两种四面体和八面体间隙位置，如图 9.3 和图 9.4 所示。该合金形成氢化物时体积膨胀约 24.5%，因此反复吸放氢会逐渐粉化。

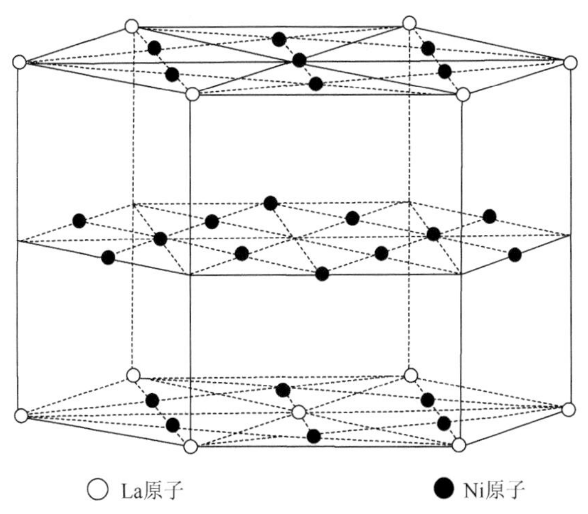

图 9.2　$LaNi_5$ 的晶体结构

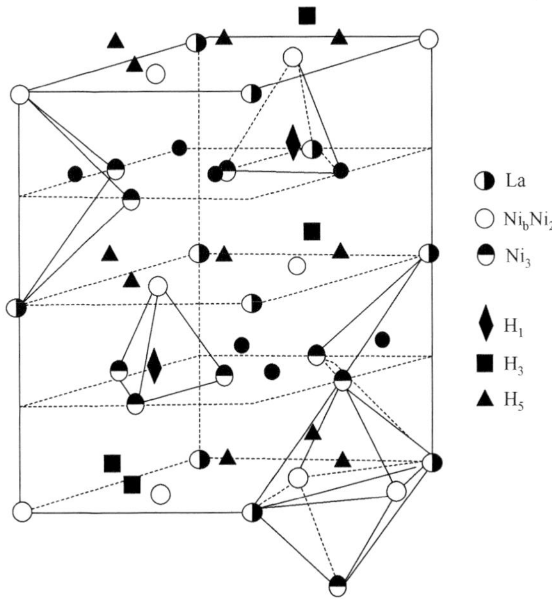

图 9.3　氢在 $LaNi_5$ 中的位置

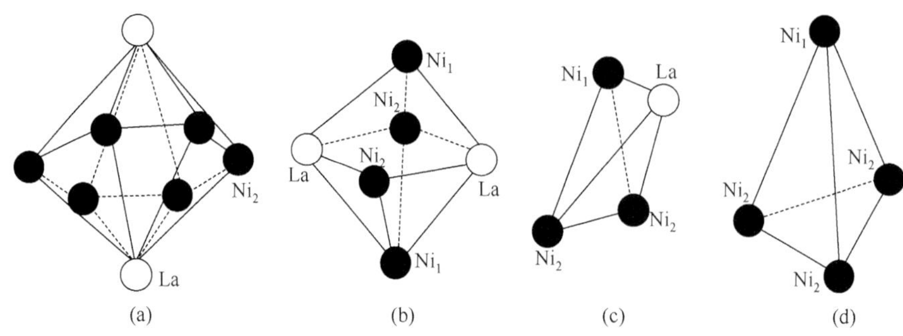

图 9.4　$LaNi_5$ 晶胞中多面体的类型

与其他稀土金属间化合物如 $SmCo_5$ 相似，$LaNi_5$ 存在一个大的均相区，在该区内通过退火可以形成 $LaNi_x$ 化合物。在 $LaNi_{4.9}$～$LaNi_{5.4}$ 成分范围，a 和 c 轴与总 Ni 含量（x）呈线性关系：

$$a = (5.2728-0.00516x)\ \text{nm}$$

$$c = (3.800 + 0.00367x)\ \text{nm}$$

稀土镍系储氢合金的典型代表为 $LaNi_5$。荷兰菲利浦公司研究了 $LaNi_5$，其氢化物的一般表达式为 $LaNi_5H_x$（$x = 5$～7，x 取决于温度、压力和实验条件），晶体结构比较复杂。该合金的特点是初始容易氢化，吸放氢特性良好，吸氢密度高，放氢温度低。图 9.5 是 $LaNi_5$ 压力-组成等温线。

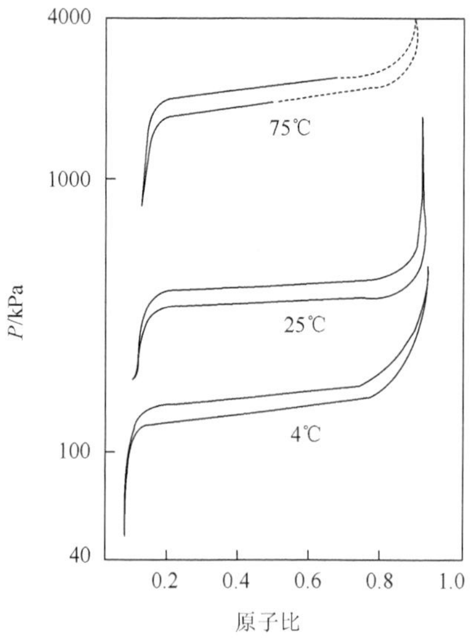

图 9.5　$LaNi_5$ 压力-组成等温线

稀土系 AB_2 型合金通常具有 C15 Laves 相结构。Laves 相是一种典型的拓扑密堆相，具有高对称性、大配位数及高堆积密度的特点。在 AB_2 型合金中，A 原子的半径大于 B 原子的半径，形成 Laves 相的理论原子半径比 r_A/r_B 为 1.225，实际值往往偏离此理论值，一般为 1.05～1.68，例如，$LaNi_2$ 的 r_{La}/r_{Ni} 为 1.506，$CeNi_2$ 的 r_{Ce}/r_{Ni} 为 1.470。

C15 Laves 相为 $MgCu_2$ 型立方结构，原子面的堆垛顺序为 ABCABC，单位晶胞原子数为 24，空间群为 $Fd\bar{3}m$。表 9.4 列出了 C15 Laves 相的结构参数。

表 9.4　C15 Laves 相的原子占位

原子	占位	对称性	配位数		
			x	y	z
Mg	8a	$\bar{4}3m$	0	0	0
Cu	16d	$\bar{3}m$	5/8	5/8	5/8

C15 Laves 相结构中的原子间隙均为四面体间隙，且根据构成四面体的原子分为三类：由 4 个 B 原子组成的 B_4 间隙、由 1 个 A 原子和 3 个 B 原子组成的 AB_3 间隙及由 2 个 A 原子和 2 个 B 原子组成的 A_2B_2 间隙。Magee 等[21]通过计算发现，平均每单位 AB_2 结构中包含 17 个四面体间隙(1 个 B_4 间隙、4 个 AB_3 间隙和 12 个 A_2B_2 间隙)。图 9.6 为 C15 Laves 相的晶体结构及四面体间隙位置示意图。

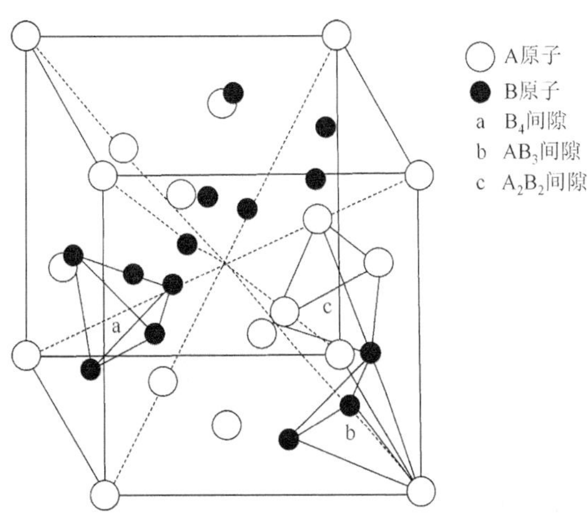

图 9.6　C15 Laves 相的晶体结构及四面体间隙位置示意图

AB_2 型合金吸氢时，氢原子占据 C15 Laves 相结构的四面体间隙，导致晶胞膨胀，但吸收的氢原子不可能占据所有间隙位置，而是存在一个极限值。在 Laves 相晶格中，共面四面体间隙中心的间距为 0.16nm，非共面四面体间隙中心的间距至少为 0.22nm，而稳定的氢化物中氢原子的最小间距为 0.21nm。因此，Shoemaker D P 和 Shoemaker C B[22]提出了氢原子填充不相容原则，即具有公共面的四面体间隙不能同时被氢原子占据。根据这一原则，计算出 C15 Laves 相结构中 AB_2 单胞的最大储氢量为 6 个氢原子。另外，Jacob 和 Shaltiel[23]、Didisheim 和 Yvon[24]研究发现，在 C15 Laves 相结构的三类四面体间隙中，具有最多 A 原子的间隙即 A_2B_2 间隙首先被氢原子占据，然后是 AB_3 间隙，而 B_4 间隙不易被氢原子占据。这是因为 A 原子具有相对大的原子半径，所以 A_2B_2 间隙最大，同时 A 元素为吸氢元素，故 A_2B_2 间隙吸氢能力最强。

以 $LaNi_5$ 为代表的稀土储氢合金在所有储氢合金中应用前景最广。其优点是初期氢化容易，反应速度快，吸氢性能优良。其主要缺点是循环退化严重，易粉化。通常通过调节 A、B 侧的成分结构和非化学计量比来提高合金的储氢性能。

混合稀土 MM（MM = La，Ce，Sm）可作为 La 的有效替代物，但平衡氢压差增大，给实际应用带来困难；第三组分元素 M（M = Al，Cu，Fe，Mn，Ga，In，Sn，B，Pt，Pd，Co，Cr，Ag，Ir）替代部分 Ni 是改善 $LaNi_5$ 和 $MMNi_5$ 储氢性能的重要手段，另外 A 侧添加 Mg、Ti 等低电负性元素也可以改变其储氢性能[25]。

Asano 等[26]绘制了 $LaNi_{5-x}Co_x$（$x = 0\sim2$）在 313K 下的压力-组成等温线，随 Co 替代量的增大，平衡氢压逐渐减小，吸放氢平台变短。在 B 侧含有一定量的 Al 和 Mn 的情况下，Co 对合金的循环稳定性影响更大。Liu 和 Yang[27]研究了 $LaNi_5$ 中的 Ni 分别被 Co、Mn、Al 部分取代后的性能变化，结果表明合金活化周期按照 $LaNi_{4.7}Mn_{0.3}$、$LaNi_5$、$LaNi_{4.7}Al_{0.3}$、$LaNi_{4.7}Co_{0.3}$ 的顺序增加，循环稳定性升高，最大放电比容量和氢原子扩散系数较取代前降低，放电电位增大，抗化学氧化性增强，且 Co 对合金性能影响最大。

9.7.4 稀土镁镍系储氢合金

稀土镁镍系储氢合金以 Laves 相为基础。Laves 相结构是一种构成元素的原子半径比 r_A/r_B 接近 1.225 的密排结构。根据价电子浓度，Laves 相合金可分为 $MgCu_2$ 型、$MgZn_2$ 型及 $MgNi_2$ 型 3 种晶体结构。化学计量比介于 AB_2 型到 AB_5 型的 AB_3 型、A_2B_7 型、A_5B_{19} 型等稀土镁镍系储氢合金均由 Laves 相结构单元和 $CaCu_2$ 结构单元沿 c 轴按照不同比例堆积构成。

AB_3 型结构可以表示为：$AB_5 + 2AB_2 = 3AB_3$

A_2B_7 型结构可以表示为：$AB_5 + AB_2 = A_2B_7$

A_5B_{19} 型结构可以表示为：$3AB_5 + 2AB_2 = A_5B_{19}$

$MgCu_2$ 结构单元和 $CaCu_5$ 结构单元可形成具有 $R\bar{3}m$ 空间群的晶体结构（R 型）；$MgZn_2$ 结构单元和 $CaCu_5$ 结构单元则可形成具有 $P6/mmc$ 空间群的晶体结构（H 型），即每一种化学计量比的合金均有两种结构类型与之相对应。AB_3 型合金分为 $PuNi_3$ 型（R 型）合金和 $CeNi_3$ 型（H 型）合金；A_2B_7 型合金分为 Gd_2Co_7 型（R 型）合金和 Ce_2Ni_7 型（H 型）合金；A_5B_{19} 型合金分为 Ce_5Co_{19} 型（R 型）合金和 Pr_5Co_{19} 型（H 型）合金，其他超晶格结构合金依次类推。

稀土镁镍系储氢合金属于中温型储氢合金，吸放氢动力学性能差，但由于其储氢量大、重量轻、资源丰富、价格合理，被认为是最有发展潜力的储氢合金电极材料。在镍氢电池的发展过程中，电极的主要原材料和制备工艺对电池综合性能的提高具有重要的作用。目前，改善稀土镁镍系储氢合金电极的综合电化学性能研究主要集中在以下方面：①元素替代是改善稀土镁镍系储氢合金性能最根本的途径。替代元素降低反应的热效应、降低放氢温度，并保持较高的储氢量，改善储氢合金的吸放氢性能。但替代元素一般使合金的吸附容量不同程度的降低，这是由于加入替代元素后，吸氢元素所占的比例进一步减小，导致吸附容量降低。②为了改善稀土镁镍系储氢合金的动力学和热力学性质，人们尝试了在纯镁系储氢合金中掺杂 $LaNi_5$ 型储氢合金，通过粉末或机械合金化的方式制成复合材料。掺入的化合物在实际的吸放氢过程中起到催化作用，因此可以把此化合物看作催化剂。也就是说，催化剂的应用是改善稀土镁镍系储氢合金吸放氢性能的有效手段之一。

综合近年来对稀土镁镍系储氢合金的研究，主要进展情况如下[28-30]。

（1）稀土镁镍系储氢合金的氢化性能测试中发现一些稀土的氢化物对 Mg 的吸氢有催化作用，对其催化作用随温度的变化进行了一定的研究。

（2）球磨合成稀土镁镍系储氢合金的粉末颗粒尺寸对吸放氢速度有一定的影响。

（3）一般情况下，稀土镁镍系储氢合金中的镁含量越多，合金的储氢量越大，但合金的吸放氢动力学性能有所下降，希望找到一个合适的成分，既能有效地改善吸放氢动力学性能，又能保持合金较高的储氢量。

（4）微晶、非晶态稀土镁镍系储氢合金与铸态稀土镁镍系储氢合金的储氢量虽然相同，但经过晶化处理后的稀土镁镍系储氢合金的吸放氢动力学得到了极大的改善。

（5）稀土镁镍系储氢合金显示出极好的活化性能，经过少量的充放电循环，就几乎能够达到其最大储氢量。

稀土镁镍系储氢合金（RE = La，Ce，Pr，Nd，Sm，Gd）是近年来镁系储氢合金的研究热点。合成 $LaMg_2Ni_9$ 的方法有两种。一种方法是采用烧结方法将 $LaNi_5$ 和 $MgNi_2$ 进行复合，即

$$LaNi_5 + 2MgNi_2 \xrightarrow[0.6MPa]{900\sim1100℃} LaMg_2Ni_9$$

另一种方法是将 La、Ni、Mg 按照原子分数直接进行复合，即

$$La + 2Mg + 9Ni \xrightarrow[0.6MPa]{900\sim1100℃} LaMg_2Ni_9$$

应用 XRD 测试 $LaMg_2Ni_9$ 的结构，结果如图 9.7 所示。图 9.7 表明 $LaMg_2Ni_9$ 具有 $PuNi_3$ 型结构，这种结构是由 $CaCu_5$ 型结构、$MgCu_2$ 型结构及 $MgZn_2$ 型结构交替组合而成的。Kohno 等[31]研究了 $LaMg_2Ni_9$ 的结构，其结构的模型如图 9.7（b）所示。此外，他们对 $LaMg_2Ni_9$ 的电化学性能进行了研究，结果如图 9.8 所示。由图 9.8 可知，$LaMg_2Ni_9$ 具有较好的活化性能和较高的电化学循环稳定性。La-Mg-Ni_x（$x = 3\sim3.5$）合金系的放电比容量见表 9.5。

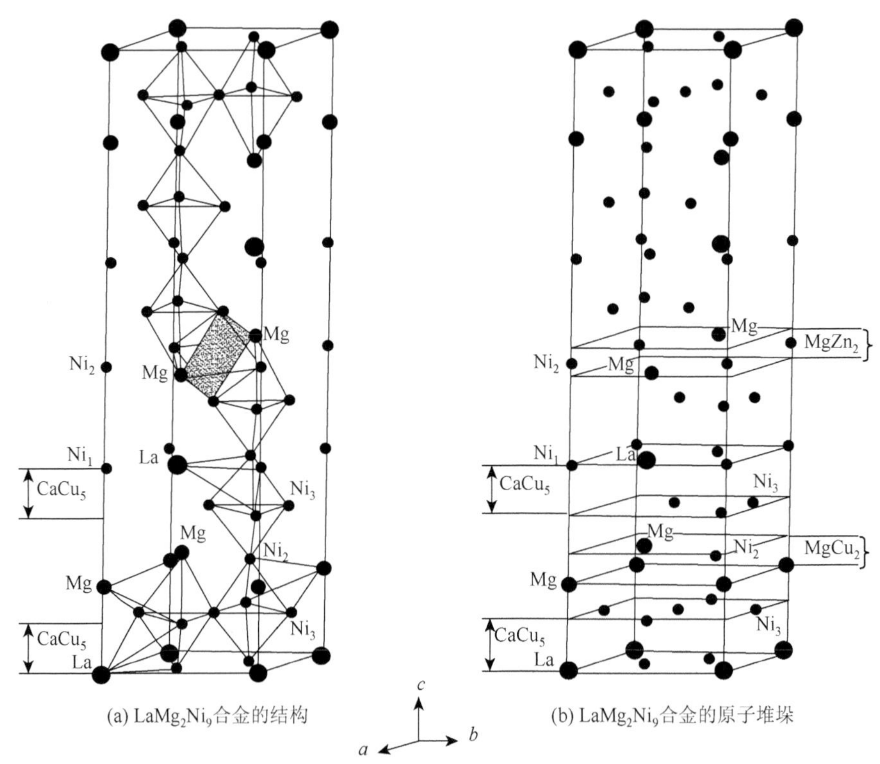

图 9.7　$LaMg_2Ni_9$ 合金的结构和原子堆垛

表 9.5　La-Mg-Ni_x（$x = 3\sim3.5$）合金系的放电比容量

合金系	合金成分	放电比容量/(mAh/g)
La_2MgNi_9	$La_{0.67}Mg_{0.33}Ni_{2.5}Co_{0.5}$	387
$La_5Mg_2Ni_{23}$	$La_{0.7}Mg_{0.3}Ni_{2.8}Co_{0.5}$	410

续表

合金系	合金成分	放电比容量/(mAh/g)
La_3MgNi_{14}	$La_{0.75}Mg_{0.25}Ni_{3.0}Co_{0.5}$	390
$LaNi_5$	$MMNi_{4.0}Al_{0.3}Co_{0.4}$	320

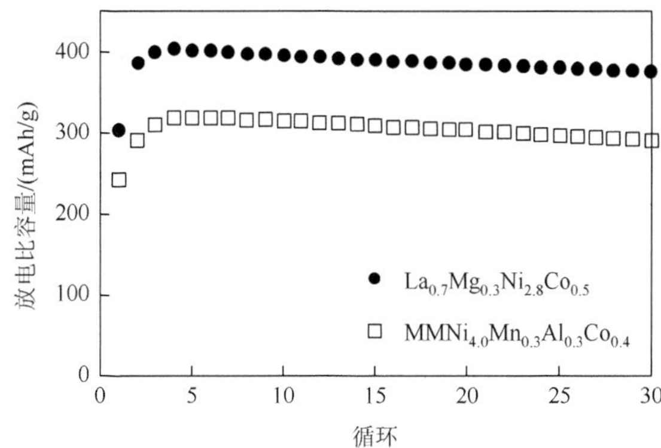

图 9.8　$La_{0.7}Mg_{0.3}Ni_{2.8}Co_{0.5}$ 与 $MMNi_{4.0}Mn_{0.3}Al_{0.3}Co_{0.4}$ 的放电循环曲线对比

稀土镁镍系储氢合金的结构在很大程度上受到组成元素的影响。Latroche 和 Percheron-Guegan[32]对 REM_3 型合金（RE 为稀土元素，M 为过渡元素）结构的变化规律进行了全面的综述。在二元合金中，除了 RE 为 Ce 时合金为 $CeNi_3$ 型结构以外，其余均为 $PuNi_3$ 型结构，并且 A 侧与 B 侧元素均有很大的替代空间而不改变合金的 $PuNi_3$ 型结构。目前所研究的 A 侧元素（Y、Mg、Ca）均择优分布在 $PuNi_3$ 型单胞中的 6*c* 位置，但在含 Ce 元素的情况下加入的 A 侧替代元素有随机分布的倾向。关于 B 侧替代元素对合金结构影响的研究表明，当 $LaNi_3$ 合金中 Ni 侧元素用部分 Co 和 Mn 替代时，合金主相为 $PuNi_3$ 型结构；当 Ni 侧元素用部分 Al 取代时，尤其当合金中 Al 含量较高时，合金由 $PuNi_3$ 型结构向 Ce_2Ni_7 型结构转变。对于 A_2B_7 型合金，稀土元素对结构的影响较大，当稀土元素的原子半径较大（La、Ce、Pr）时，主相为 Ce_2Ni_7 型结构；当稀土元素的原子半径较小（Tb、Dy、Ho、Er）时，主相多为 Gd_2Co_7 型结构，通过改变制备条件和加热条件，可以促使 Ce_2Ni_7 型结构与 Gd_2Co_7 型结构之间转化。

李谦等[33]采用氢化燃烧法制备了 $La_{2-x}Ni_xMg_{17}$（$x = 0.5$，1，1.5）三元体系储氢合金，对其热力学和动力学进行研究后发现，该合金具有很好的活性和较高的储氢量，其中，$La_{1.5}Ni_{0.5}Mg_{17}$ 在 573K 时的吸放氢量分别为 5.40%和 5.15%，在 553K 时 α～β 相区吸放氢反应分数均大于 91%。随着 Ni 含量的增加，合金储氢量降低，吸放氢速度增大。物相分析表明，合金吸氢后的主相是 MgH_2，放氢后的主相为

Mg，同时存在 Mg_2Ni、$LaNi_5$ 或 LaH_3 等催化物质，从而使合金的氢化动力学性能得以明显改善。

Raman 和 Srivastava[34]研究了 Mg-CFMMNi$_5$ 复合物的合成、结构特征和氢化行为。当 Mg 质量分数为 30%时，该复合物在 500℃下的储氢量约 5.6%。该复合物还显示出较快的氢化动力学行为。微观结构研究表明，由于其多相性质和表面存在自由 Ni，放氢速度提高。

Davidson 等[35]采用高能球磨方法在乙烷介质中制备了 Mg-MMNi$_{4.6}$Fe$_{0.4}$ 复合物。该复合物在氢压为 $40kg/cm^2$、温度为 400℃±10℃时被活化，当 Mg 质量分数为 30%、温度为 350℃时有最大的储氢量（5.4%）和较快的吸放氢动力学行为。

Mandal 等[36]对$(La_2Mg_{17})_x$-$LaNi_5$（$x = 10\%$，20%，30%，40%，50%）复合材料进行了研究。研究结果显示，该复合材料在一个大气压下约 360℃被活化。微观结构研究表明，该复合材料中包含 La_2Mg_{17}、$MgNi_2$、Ni 和 $LaNi_3$。Ni 和含 Ni 相（如 Mg-Ni）的存在使氢的分离更容易，因而 La_2Mg_{17} 单独存在有更快的吸放氢动力学行为。

Dutta 和 Srivasteva[37]进一步研究了$(La_2Mg_{17})_x$-$LaNi_5$ 复合材料的储氢量。当 $x = 10\%$时，该复合材料在 400℃时的最大储氢量高达 5.24%。另外，他们还研究了$(La_2Mg_{17})_x$-$MMNi_{4.5}Al_{0.5}$ 复合材料的合成及吸放氢动力学行为。当 $x = 10\%$时，该复合材料在 400℃时的最大储氢量为 4.85%，并且其吸放氢动力学行为比 La_2Mg_{17} 单独存在时更好，储氢量的增加和吸放氢动力学行为的改善归因于材料的多相性质，复合材料中除主相 La_2Mg_{17} 外，还有 $MgNi_2$、MM_2Ni_7 和 Ni 等少数相。

Liang 等[38]采用机械球磨方法制备了 Mg-50%$LaNi_5$ 复合材料。该复合材料在低温时具有优良的吸氢动力学行为，在温度为 30℃、氢压为 1.5MPa 的情况下储氢量在 500s 内达到 2.5%，在中间温度（250～300℃）下最大储氢量为 4.10%。由于具有大量的相边界和多孔的表面结构，该复合材料吸氢速度很高。还将 Mg 和 MgH_2 分别同 $LaNi_5$ 采用机械球磨方法制备了 Mg-Ni-La 三元合金，氢化后均形成 $MgH_2 + LaH_3 + Mg_2Ni$ 多相混合物，但粉末尺寸不同[39]。粉末尺寸减小使吸氢动力学行为变快、放氢动力学行为变慢，添加 Ni 和 La 到 Mg 基合金中将产生协同作用。Mg-Ni-La 三元合金比 Mg-La 和 Mg-Ni 二元合金表现出更好的吸放氢动力学行为，La 氢化物对 Mg 吸附产生强烈的催化作用，但削弱了脱附，在 373K 以上时 Mg_2Ni 比 La 氢化物具有更好的催化作用。

Gross 等[40]研究了质量比为 2∶1 的 $La_2Mg_{17} + LaNi_5$ 复合材料的储氢性能，吸氢前 $LaNi_5$ 颗粒被破裂的 La_2Mg_{17} 主体包围，吸放氢循环后，当温度接近 350℃时，复合材料相变、离析、分裂，最终形成主要由 Mg、Mg_2Ni 和 La 相组成的粒径不足 1μm 细粉。他们进一步研究了 La_2Mg_{17} 含量对该复合材料储氢性能的影响，并在较宽的温度范围内测定了该复合材料的吸放氢速度。研究结果表明，当 $x = 40\%$时，该复合材料具有最快的吸放氢动力学行为，其吸放氢速度比相同条件下 La_2Mg_{17} 单独存在时快约50倍，在250℃时储氢量为3.7%。这表明该复合材料性质的增强归因于其微观形态的改变和3种新相La、Mg、Mg_2Ni 之间的相互促进作用。

蒙冕武等[41]采用XRD、SEM、差热分析等方法研究了机械合金化及热处理等因素对 $LaNi_{5-x}Mg$（$x=20\%$，30%）的组织形貌及热稳定性能的影响，采用电池性能测试仪研究了其活化、循环充放电等性能。结果表明，经280r/min球磨250h后，样品由镧、镁、镍等非晶和 $MgNi_2$ 纳米晶组成，粉末呈球形或近球形，粒径为0.05～8.0μm（$x=20\%$）、0.1～11.0μm（$x=30\%$）。经763K保温35天后，获得了热稳定性较好的具有纳米尺度的 Mg_2NiLa、Mg_2Ni、$MgNi_2$ 三相组织。样品在首次活化时即达到最大储氢量，且具有较好的活化特性，但储氢量衰减较快。分析认为，容易活化是由于样品中存在非晶成分，而储氢量衰减快是粉末表面的镧、镁等被电解液腐蚀的缘故。

稀土镁镍系储氢合金的研究方向仍然主要集中在保持镁基合金高的储氢量的前提下，通过调整稀土含量降低其吸放氢温度、提高吸放氢速度，利用微晶、非晶化处理改善其吸放氢动力学性能，以及解决镁基合金的易氧化、循环寿命短、放电比容量衰减快等问题。借鉴纳米尺度催化的思路，将合金与其他动力学性能优异的储氢合金进行复合也是一种有效的方法。今后这方面工作将致力于增大常温下合金可逆吸放氢量、提高吸放氢速度及延长合金的使用寿命。

9.8　稀土储氢合金的处理方法

稀土储氢合金的处理方法有退火和淬火等热处理方法、表面包覆等表面处理方法。热处理可以改变材料内部晶体结构和内部应力等，是 AB_5 型稀土储氢合金的传统处理方法，对于稀土镁镍系储氢合金还具有促进相转变的处理效果；表面处理可以改进材料界面传质与抗腐蚀等性能，对材料的动力学性能有重要影响，由于其作用原理的独立性，同样可以普遍应用于各种稀土储氢合金。

9.8.1　热处理

Zhang等[42, 43]分别对真空感应熔炼制备的 $La_{0.7}Mg_{0.3}Co_{0.45}Ni_{2.55-x}Cu_x$（$x=0$，0.1，0.2，0.3，0.4）合金、$La_{0.7}Mg_{0.3}Co_{0.45}Ni_{2.55-x}Fe_x$（$x=0$，0.1，0.2，0.3，0.4）合金进行了快淬处理。真空感应熔炼制备的合金由$(La,Mg)Ni_3$、$LaNi_5$ 和 $LaNi_2$ 三相组成，快淬处理后，XRD和SEM表征发现 $LaNi_2$ 相含量减少、晶粒尺寸减小、材料更加均一。在电化学性质方面，随着快淬速度的增加，材料放电比容量减小，循环寿命增加，放电平台先升高后降低并且缩短。

Li 等[44]研究了退火对真空感应熔炼制备$(LaPrNdZr)_{0.83}Mg_{0.17}Ni(CoAlMn)_{3.3}$合金的结构以及电化学性能的影响。在 1173K、1198K、1223K、1248K、1273K 这 5 种温度下对合金进行退火处理 5h。随着退火温度的提高，镁含量降低，再次说明稀土镁系储氢合金无论在真空感应熔炼还是退火处理过程中都要考虑镁挥发问题。随着退火温度的不同，合金的各相（Ce_2Ni_7、$CaCu_5$、Ce_5Co_{19}、$CeNi_3$）含量有着较大的变化。当退火温度在 1223K 以上时，合金中出现了 $CeNi_3$，含有此相的合金具有更高的界面交换电流密度和氢扩散系数，循环 35 周的 XRD 显示 $CeNi_3$ 消失，原因是 $CeNi_3$ 溶解于 KOH 电解液中。退火处理后的合金更易于活化。压力-组成等温线测试表明，合金储氢量由未处理的 1.12%先增加到 1198K 退火处理时的 1.36%，而后递减至 1273K 退火处理时的 1.15%。

Huang 等[45]研究了退火处理对真空感应熔炼制备 $La_{0.7}Mg_{0.3}Ni_{3.2}Co_{0.3-x}Cu_x$（$x=0$，0.05，0.15，0.20）合金的影响。1073K 下退火处理 6h 后合金主相由 La_2Ni_7 和 LaNi 转变为 $La_{0.98}Ni_{5.10}$。压力-组成等温线测试表明，合金的吸放氢速度变大。实验得到的最佳退火温度为 1173K 左右。

有报道研究了热处理制度对 La_2MgNi_9 组织结构和放电比容量的影响。研究发现，$La_{0.67}Mg_{0.33}Ni_{2.5}Co_{0.5}$ 合金在 1123K 和 1223K 时退火处理 8h 后，最高放电比容量可达到 400mAh/g 左右，并且循环稳定性明显提高，1223K 时退火合金的循环稳定性明显高于 1123K，退火合金的主相是 $LaMgNi_3$。

一般情况下，储氢合金要进行后续处理，其中退火处理是改善合金性能的有效方法。Pan 等[46]在对 $La_{0.7}Mg_{0.3}Ni_{2.8}Co_{0.5}$ 合金的退火处理中发现经 1123K 下退火后，合金的最大放电比容量由退火前的 392mAh/g 提高到 414mAh/g，同时合金的高倍率放电性能、交换电流密度和极限电流密度有所提高。退火后电化学性能的改善主要归因于合金相结构的变化。退火处理后，$LaNi_5$ 含量减少、$LaNi_3$ 含量增加，由于 $LaNi_3$ 的储氢量高于 $LaNi_5$，合金的放电比容量有所提高。陈江平等[47]的研究也表明退火处理对 $La_{1.5}Mg_{0.5}Ni_7$ 合金的相结构有着较大的影响，从而影响合金的电化学性能。合金中两相界面处形成有利于氢扩散的通道，而且 $LaNi_5$ 有很高的电催化活性，可以改善 $LaNi_3$ 的动力学性能。对稀土镁镍系储氢合金进行的退火处理可以使合金的晶粒长大，使晶体内部排列更加规则，消除合金内部应力，降低合金的显微硬度，消除合金在熔炼过程中的偏析，使合金成分更加均匀，这有利于提高合金的循环稳定性，当退火温度提高到 1223K 时循环稳定性提高较为明显。

罗永春等[48]在研究高温退火处理对 A_2B_7 型合金结构和电化学性能影响时发现，La-Mg-Ni 系 A_2B_7 型合金也具有高储氢量的特点，而且循环稳定性明显好于 AB_3 型合金，70 次充放电循环的储氢量保持率可达 92.9%，因此 A_2B_7 型合金有待深入研究。

9.8.2 表面处理

为了解决储氢合金材料的粉化问题，通常要采用微包封和表面修饰技术。微包封即在加工完成的储氢合金材料表面涂覆一层金属，其作用主要是：①防止粉末表面氧化；②起导电剂作用；③起集流体作用。微包封一般采用化学镀技术，包封材料为 Cu、Ni、Pt、Pd 等，包封材料重量一般占储氢合金材料重量的 10%～20%。包封后放电比容量损失 5%～10%，但寿命和大电流放电等方面获得较大的效益。微包封技术的成本较高，工艺比较复杂。范祥清等[49]对富镧稀土镍合金粉进行了表面处理的研究。合金粉在施镀前用胶体把表面活化，其效果良好，不但可以把活化和敏化合二为一，而且在镀镍时起催化作用。研究表明，化学镀铜、镀镍可以提高合金粉的抗氧化及抗粉化能力。

朱春玲等[50]的研究表明，采用化学镀覆方法对合金表面包覆 Ni 处理可以提高稀土镁系储氢合金的电荷转移和氢扩散能力，提高合金的活化能，也可以在一定程度上抑制合金的氧化腐蚀程度，从而改善合金的充放电循环稳定性。但是，合金的吸氢膨胀率比较大，包覆 Ni-P 层并不能降低合金的粉化程度；并且包覆 Ni-P 层后合金的放电比容量有所下降。

9.9 金属氢化物

氢能是洁净能源，氢的储存与运输是氢能开发利用中极为重要的技术，因此氢气储存与运输的研究十分关键。金属氢化物储氢材料是现在正在开发的一种固体储存氢的材料。由于高压气储运及液态氢储运方式存在不安全、能耗高、储量小、经济性差等重大缺陷，目前被认为最有前景和安全经济的氢气储运方式是采用金属氢化物储氢材料。

金属氢化物储氢是指氢气和碱金属、除铍（Be）以外的碱土金属、某些 d 区金属或 f 区金属之间进行化合反应（多数为可逆反应），当外界有热量加给金属氢化物时，它就分解为相应金属单质并释放出氢气。目前工业上用来储氢的金属材料大多是由多种金属混合而成的合金。

金属氢化物是由某些金属元素（碱金属元素、除铍以外的碱土金属元素、部分 d 区元素和部分 f 区元素）与氢元素组成的化合物。此类化合物的化学性质活泼、储量少，但具有很高的使用价值。常见的金属氢化物有 LiH、NaH、KH、CaH_2、CuH 等。

金属氢化物可分为离子型金属氢化物和金属型金属氢化物两类。

1. 离子型金属氢化物

氢气同碱金属及多数碱土金属在较高的温度下直接化合时，氢原子获得一个电子，成为H^-，生成离子型金属氢化物。常见的离子型金属氢化物有 LiH、NaH、KH、CaH_2、BaH_2等。

离子型金属氢化物都是白色或灰白色晶体，其中，LiH 和 BaH_2 热稳定性较高，分别在 688.7℃和 1200℃时熔融而不分解，其他离子型金属氢化物均在熔化前分解成相应的单质。熔融态的离子型金属氢化物导电，它们的很多性质与盐类相似，因此有时称为盐型氢化物。

离子型金属氢化物可与水发生剧烈反应放出氢气。在非水性溶剂（如乙醚）中，离子型金属氢化物能与一些缺电子化合物结合生成复合氢化物。离子型金属氢化物和复合氢化物均具有强还原性，在高温下可还原金属氯化物、氧化物和含氧酸盐，也可以还原出 H_2O 中的 H，还可以将 CO_2 还原为 CO。

2. 金属型金属氢化物

大多数 d 区元素和 f 区元素能形成金属型金属氢化物，而ⅥB 族仅有 Cr 能形成金属型金属氢化物。Ⅷ族 Pd 在适当压强下可与氢形成稳定的松散相，其化合物组成为 PdH_x（$x<1$）。Ni 只有在高压下才形成金属型金属氢化物。Pt 在任何条件下都不能形成金属型金属氢化物，氢只能在 Pt 表面形成化学吸附氢化物。常见的金属型金属氢化物有 CrH_2、NiH、CuH、ZnH_2、$PdH_{0.8}$等。

金属型金属氢化物基本上保留着金属的外观特征，有金属光泽，具有导电性，且导电性随氢含量的增加而降低。金属型金属氢化物的另一个性质是在温度稍有提高时，氢原子通过固体迅速扩散。普通氢气通过 Pd-Ag 合金管扩散制得超纯氢气即利用这一特性。

3. 金属氢化物的展望

金属氢化物的储氢密度比液氢还高，氢以原子态储存于合金中。当它们重新放出时，经历扩散、相变、化合等过程，受到热效应与速度的制约，不易爆炸，安全性高。利用金属氢化物储氢是目前较为重视的应用项目。

要实现金属氢化物技术的工业应用，还要在以下方面开展深入研究。

（1）开发储氢量大的金属氢化物。

（2）降低合金成本。

（3）改善滞后特性和平台线特性。滞后特性是指储氢合金在吸放氢时存在压力差的特性；平台线特性是指压力-组成等温线上压力保持一定而与氢浓度无关的特性。

（4）解决因粉碎而引起的金属氢化物热导率降低的问题。

由于金属氢化物生成和分解时分别放热和吸热，传热特性显著地影响金属氢化物生成和分解反应的进行。储氢合金吸氢时，晶格膨胀。这种晶格膨胀可以达到晶格破裂的程度。多次吸氢后，储氢合金非常容易被粉化成很细的粉末，储氢合金的传热效率显著恶化。因此，抗粉化和改善导热性能是储氢合金研究的一个主要方向。

为了使金属氢化物获得有效利用，必须重点解决合金粉碎和改善热导率的问题。为此，对各种方法进行实验研究：通过合金改良来抑制粉碎；合金层里混入铜和铝粉；利用导热性好的金属材料结构体（网状体或粒状体）；把合金粉末填在多孔铝的空穴里等。

实际上，金属氢化物储氢有诸多优点和方便之处，而要解决工业上应用和提高储氢效率的问题还有很多技术屏障。田娜等[51]在金属氢化物储氢的应用方面提出了很好的观点和看法。

（1）金属氢化物流体化。作为金属氢化物新的开发方向，目前在积极进行着金属氢化物流体化研究。金属氢化物流体化是指把合金以浆液状氢化。采用这种方法时，如果能解决氢气、液体和粉末的分离问题，就可使系统和装置简化。与单用金属氢化物相比，金属氢化物流体化可以防止氢化物粉末飞溅和流出；提高合金粉末的热导率；改善储氢容器的气密性和润滑性，防止水分等杂质导致储氢量减小。金属氢化物流体化不仅可以提高导热性，而且制成浆液状后可以利用传递物质进行热交换，易实现热泵等装置化，在应用方面今后发展前景广阔。

（2）金属氢化物非结晶化。非结晶合金具有与 $LaNi_5$ 类结晶合金不同的吸氢特性[52]，如压力-组成等温线上无平台线，氢压随氢浓度的增加而急剧增加，吸氢膨胀率小及抗粉化能力强等，这些特性已受到人们关注。非结晶金属氢化物中的氢原子处于不规则原子结构的原子环境中，吸氢膨胀率小，因此具有不同于结晶金属氢化物的许多优点。制造非结晶合金时，将熔融的合金急冷，就能很容易地凝固成非结晶状态，即不等液体形成原子规则排列的晶体就被凝固，致使原子无规则排列。非结晶合金中有很多与四面体和八面体类似的间隙，可以储存氢气。

（3）金属氢化物薄膜化。最近几年，大阪大学开始研究金属或储氢合金的薄膜化技术，对稀土合金膜的制造、氢化特性与应用技术开展研究，主要对闪蒸发法制造的 $LaNi_5$、$SmCo_5$、$LaCo_5$ 和 $MMNi_{4.5}Mn_{0.5}$ 的储氢合金薄膜进行实验研究，并根据膜电阻变化考察被吸收氢的状态和氢的吸收与释放特性。结果发现，这种具有膜结构的合金吸氢后不易粉碎，具有很好的热交换性能。今后应开发具有选择分离能力的储氢合金膜和适于作透氢电极用合金，以及稳定膜的制造技术，使其储氢领域得到更大的发展。

（4）烧结制备金属氢化物多孔体。为改善合金充填层的热导率和解决粉碎问题，提出了烧结制备金属氢化物多孔体技术。将金属粉末或储氢合金粉末及造孔剂按比例混合后成型，然后高温烧结制得金属氢化物多孔体。该多孔体具有较好的抗粉化性、导热性和通气性。金属氢化物多孔体的主要优点是明显增大了金属或储氢合金的比表面积，使之能够获得更多的吸氢位，提高储氢量。

参 考 文 献

[1] Cannon J S. Hydrogen vehicle programs in the U.S.A. International Journal of Hydrogen Energy，1994，19（11）：905-909.

[2] Bracha M，Lorenz G，Patzelt A，et al. Large-scale hydrogen liquefaction in Germany. International Journal of Hydrogen Energy，1994，19（1）：53 59.

[3] 朱亚杰，鲍德佑. 高技术新材料要览. 北京：中国科学技术出版社，1993.

[4] 大角泰章. 金属氢化物的性质与应用. 北京：化学工业出版社，1990.

[5] 蓝亭. 贮氢合金的种类及制取方法. 现代机械，2004，4：63-65.

[6] 冯治库，杨宏秀，马忠乾，等. 镧镍体系（$LaNi_{5-x}M_x$）贮氢材料的合成研究（I）. 兰州大学学报（自然科学版），1989，25（3）：153-155.

[7] 申泮文，汪根时，张允什，等. 镧镍体系（$LaNi_{5-x}M_x$）吸氢化合物的研究（I）—$LaNi_5$ 的化学合成及吸氢性能. 高等学校化学学报，1980，1（2）：109-111.

[8] Yasuda N，Sasaki S，Okinaka N，et al. Self-ignition combustion synthesis of $LaNi_5$ utilizing hydrogenation heat of metallic calcium. International Journal of Hydrogen Energy，2010，35：11035-11041.

[9] 周增林，宋月清，崔舜，等. 高倍率 AB_5 型稀土贮氢合金的研究进展. 稀有金属，2004，2（28）：408-413.

[10] 杨幼平，张平民，刘开宇，等. 贮氢合金制备工艺对其电化学性能的影响. 金属功能材料，2002，6（9）：1-4.

[11] Li P，Wang X L，Zhang Y H，et al. Research on electrochemical characteristics and microstructure of $Mm(NiMnAl)_{4.9}Co_{0.2}$ rapidly quenched alloy. Journal of Alloys and Compounds，2003，353：278-282.

[12] 文明芬，佟敏，陈廉，等. 熔体旋淬 $Ml(NiCoAlMn)_5$ 贮氢合金的微结构与电化学行为. 中国有色金属学报，2001，1（11）：84-90.

[13] 张书凯，雷永泉，吕光烈，等. 过化学计量比无钴合金 $Ml(Ni_{0.52}Fe_{0.05}Al_{0.06}Mn_{0.07})_{5.4}$ 的晶体结构和电化学性能. 稀有金属材料与工程，2002，1（31）：44-48.

[14] Huang Y F，Ye H，Zhang H. Characteristics of a cobalt-free $Ml(NiCuAl)_{5.2}$ alloy obtained by different casting processing methods. Journal of Alloys and Compounds，2002，330-332：851-854.

[15] Shu K Y，Zhang S K，Lei Y Q，et al. Relationship between cooling rate and electrochemical performance of melt-spun AB_5 alloy. Transactions of Nonferrous Metals Society of China，2003，4（13）：922-925.

[16] Zhang Y H，Li B W，Cai Y，et al. Microstructure and electrochemical performances of $La_{0.7}Mg_{0.3}Ni_{2.55-x}Co_{0.45}M_x$（M = Cu，Cr，Al; $x = 0\sim0.4$）hydrogen storage alloys prepared by casting and rapid quenching. Materials Science and Engineering A，2007，458：67-72.

[17] 张羊换，任慧平，李保卫，等. $La_{0.7}Mg_{0.3}Ni_{2.55-x}Co_{0.45}Al_x$（$x = 0\sim0.4$）贮氢合金的循环稳定性. 中国有色金属学报，2006，16（8）：1320-1325.

[18] Chen J，Bradhurst D H，Dou S X，et al. The effect of chemical coating with Ni on the electrode properties of Mg_2Ni alloy. Journal of Alloys and Compounds，1998，280：290-293.

[19] Kadir K，Sakai T，Uehara I. Structural investigation and hydrogen capacity of YMg_2Ni_9 and $(Y_{0.5}Ca_{0.5}Mg\text{-}Ca)Ni_9$

new phase in the AB_2C_9 system isostructural with $LaMg_2Ni_9$. Journal of Alloys and Compounds，1999，287：264-270.

[20] 靳红梅，李国勋，王瑞坤，等. 热处理对 $La_{0.9}Nd_{0.1}(NiCoMnAl)_5$ 电极性能的影响. 电源技术，1997，21（20）：58-60，76.

[21] Magee C B，Liu J，Lundin C E. Relationship between intermetallic compound structure and hydride formation. Journal of Less-common Metals，1981，78：119.

[22] Shoemaker D P，Shoemaker C B. Concerning atomic sites and capacities for hydrogen absorption in the AB_2 Friauf-Laves phases. Journal of Less-common Metals，1979，68：43.

[23] Jacob I，Shaltiel D. Hydrogen sorption properties of some AB_2 Laves phase compounds. Journal of Less-common Metals，1979，65：117.

[24] Didisheim J J，Yvon K. The deuterium site occupation in ZrV_2D_x as a function of the deuterium concentration. Journal of Less-common Metals，1980，73：355.

[25] 张怀伟，郑鑫遥，刘洋，等. 稀土元素在储氢材料中的应用进展. 中国稀土学报，2016，34（1）：1-10.

[26] Asano K，Yamazaki Y，Ijima Y. Hydriding and de-hydriding processes of $LaNi_{5-x}Co_x$（$x = 0$～2）alloys under hydrogen pressure of 1～5 MPa. Intermetallic，2003，11：911.

[27] Liu J，Yang Y F. Comparative study of $LaNi_{4.7}M_{0.3}$（M = Ni，Co，Mn，Al）by powder microelectrode technique. International Journal of Hydrogen Energy，2007，32：1905.

[28] 张羊换，董小平，王国清，等. 镁基贮氢合金的研究及发展. 金属功能材料，2004，11（3）：26-32.

[29] 董小平，张羊换，王国清，等. La-Mg-Ni 系贮氢合金的研究进展. 金属功能材料，2004，11（6）：29-34.

[30] 杨萍. 贮氢合金的研究和进展. 上海有色金属，2006，27（3）：35-36，47.

[31] Kohno T，Yoshida H，Kawashima F，et al. Hydrogen storage properties of new ternary system alloys：La_2MgNi_9，$La_5Mg_2Ni_{23}$，La_3MgNi_{14}. Journal of Alloys and Compounds，2000，311：L5-L7.

[32] Latroche M，Percheron-Guegan A. Structural and thermodynamic studies of some hydride forming RM_3-type compounds（R = lanthanide，M = transition metal）. Journal of Alloys and Compounds，2003，356-357：461-468.

[33] 李谦，蒋利军，林勤，等. 氢化燃烧法合成 $La_{2-x}Ni_xMg_{17}$（$x = 0.5$，1，1.5）材料的储氢性能. 中国稀土学报，2004，22（1）：125-129.

[34] Raman S S S，Srivastava O N. Investigation of the synthesis and hydrogenation/dehydrogenation characteristics of the composite material Mg-x wt%CFMmNi$_5$. International Journal of Hydrogen Energy，1996，21（3）：207-211.

[35] Davidson D J，Raman S S S，Srivastava O N. Investigation on the synthesis，characterization and hydrogenation behaviour of new Mg-based composite materials Mg-x wt.%MmNi$_{4.6}$Fe$_{0.4}$，prepared through mechanical alloying. Journal of Alloys and Compounds，1999，292：194-201.

[36] Mandal P，Dutta K，Ramakrishna K，et al. Synthesis，characterization and hydrogenation behaviour of Mg-ξ wt%FeTi(Mn) and La_2Mg_{17}-ξ wt%LaNi$_5$—New hydrogen storage composite alloys. Journal of Alloys and Compounds，1992，184（1）：1-9.

[37] Dutta K，Srivasteva O N. Synthesis and hydrogen storage characteristics of the composite alloy La_2Mg_{17-x}%（wt）$MmNi_{4.5}Al_{0.5}$. International Journal of Hydrogen Energy，1993，18（5）：397-403.

[38] Liang G，Boily S，Huot J，et al. Hydrogen absorption properties of a mechanically milled Mg-50wt%LaNi$_5$ composite. Journal of Alloys and Compounds，1998，268（1-2）：302-307.

[39] Liang G，Huot J，Boily S，et al. Hydrogen storage in mechanically milled Mg-LaNi$_5$ and MgH$_2$LaNi$_5$ composites. Journal of Alloys and Compounds，2000，297（1-2）：261-265.

[40] Gross K J，Peter S，Andrews Z，et al. Mg composites for hydrogen storage：The dependence of hydriding properties

on composition. Journal of Alloys and Compounds，1997，261（1-2）：276-280.

[41] 蒙冕武，刘心宇，成钧. 机械合金化 $LaNi_{5-x}$%（质量）Mg（$x = 20$，30）相组成及性能研究. 金属功能材料，2004，11（2）：11-15.

[42] Zhang Y H，Li B W，Ren H P，et al. Effects of rapid quenching on the microstructure and electrochemical characteristics of $La_{0.7}Mg_{0.3}Co_{0.45}Ni_{2.55-x}Cu_x$（$x = 0$～0.4）electrode alloys. Rare Metal Materials and Engineering，2008，37：0941-0946.

[43] Zhao D L，Zhang Y H，Dong X P，et al. Influence of rapid quenching on cyclic stability of La-Mg-Ni system（AB_3-type）electrode alloys. Journal of Rare Earths，2008，26：291-297.

[44] Li F，Young H，Ouchi T，et al. Annealing effects on structural and electrochemical properties of $(LaPrNdZr)_{0.83}Mg_{0.17}(NiCoAlMn)_{3.3}$ alloy. Journal of Alloys and Compounds，2009，471：371-377.

[45] Huang T Z，Yuan X X，Yu J M，et al. Effects of annealing treatment and partial substitution of Cu for Co on phase composition and hydrogenstorageperformance of $La_{0.7}Mg_{0.3}Ni_{3.2}Co_{0.35}$alloy. International Journal of Hydrogen Energy，2011，37（1）：1074-1079.

[46] Pan H G，Liu Y F，Gao M X，et al. A study on the effect of annealing treatment on the electrochemical properties of $La_{0.67}Mg_{0.33}Ni_{2.5}Co_{0.5}$ alloy electrodes. International Journal of Hydrogen Energy，2003，28（1）：113-117.

[47] 陈江平，罗永春，张法亮，等. 退火处理对 $La_{1.5}Mg_{0.5}Ni_{7.0}$ 贮氢合金相结构和电化学性能的影响. 稀有金属材料与工程，2006，35（10）：1572-1576.

[48] 罗永春，冯苍，腾鑫，等. 退火 $R_{0.67}Mg_{0.33}Ni_{3.0}$（R = La，Ce，Pr，Nd）贮氢合金电化学性能研究. 稀有金属材料与工程，2010，39（1）：90-95.

[49] 范祥清，肖士民，葛华才，等. 贮氢合金粉体表面处理的研究. 电池，1993，23（3）：113-115.

[50] 朱春玲，阎汝煦，王大辉，等. 表面包覆镍处理 $La_{0.67}Mg_{0.33}Ni_{2.5}Co_{0.5}$ 贮氢合金电极的电化学性能. 稀有金属材料与工程，2006，35（4）：573-576.

[51] 田娜，井晓天，卢正欣. 稀土镍系贮氢合金研究与开发现状. 稀土，2001，22（2）：53-58.

[52] Suzuld K. Hydrogen storage alloy power produced by a reduction diffusion process and their electrode properties. Journal of the Less-common Metals，1980，74：279.

第 10 章　稀土永磁合金

稀土永磁材料是电子信息时代的重要基础材料之一，与人们的生活息息相关，作为一种重要的功能材料，它已被广泛应用于能源、交通、机械、医疗、计算机、家电等领域，深入国民经济的各个方面，其产量与用量已成为衡量一个国家综合国力与国民经济发展水平的重要标志之一。半导体集成电路的发明及应用给现代信息产业安上了“大脑”，高性能稀土永磁材料的应用则赋予了它活动行走的“四肢”和飞翔的“翅膀”。小到手机、手表、照相机、录音机、CD 机、DVD 机、计算机硬盘、光盘驱动器，大到汽车、风力发电机、医疗仪器等，稀土永磁材料无处不在。正是由于广泛采用高性能稀土永磁材料，众多电子产品的尺寸得到进一步缩小、性能得到大幅度改善，从而满足了当今电子产品轻、薄、小的发展需求。稀土永磁材料在各种永磁电动机和发电机领域的开发和利用使得提高效率和节约能源方面获得极大的改善，从而间接地支撑了绿色能源和环保事业的发展。

10.1　永磁材料发展简史

永磁材料的历史可追溯到遥远的古代。根据中国古代文献的记载，早在公元前 2637 年，黄帝就已经用天然磁石制成指南针，它是天然磁铁矿 Fe_3O_4（$FeO{\cdot}Fe_2O_3$）制品。与西方文明的发展历史不同，中国文明及其有文字记录的历史几乎未曾中断，一直延续至今。先秦时期，我们的先人已经积累了许多这方面的认识，在探寻铁矿时常会遇到磁铁矿，这些发现很早就有文字记载，成为先人留给我们的宝贵财富。我国古代四大发明之一的司南是最古老的永磁体。它出现在传说中的黄帝大战蚩尤时，约在公元前 2600 年。论近代史，从 1880 年用碳钢作永磁材料起计算，迄今也有近二百年。永磁材料的$(BH)_{max}$从碳钢的 $2kJ/m^3$ 增大到 Nd-Fe-B 的 $415kJ/m^3$。随着技术的进步和时代的发展，永磁材料的性能参数和产量以指数形式增长，相应地，磁体小型化产品也在众多领域获得应用。

最早的人造永磁材料是碳钢。据说小亚细亚的赫梯帝国早在公元前 1400 年就开始使用铁。赫梯帝国灭亡后，铁匠流落各地。大约公元前 600 年，制铁技术传入中国。虽然西方钢铁技术的发展可能早于中国，但是永磁材料应用的记载以中国为最早。《管子·地数篇》中最早记载了这些发现：“上有慈石者，其下有铜金。”

其他古籍如《山海经》中也有类似的记载。磁石的吸铁特性很早就被人发现，曾有记载："慈招铁，或引之也。"沈括根据磁体同性相斥、异性相吸的性质，在《梦溪笔谈》里描述了磁偏角的物理现象。《韩非子·有度篇》中有："先王立司南以端朝夕。"《鬼谷子·谋篇》中记载了司南的应用，郑国人采玉时就携带司南以确保不迷失方向。王充的《论衡·是应篇》记载："司南之杓，投之于地，其柢指南。"这里的司南就是通常所说的指南针，它是我国古代人民使用天然磁石制成的定方向之物。指南针通过阿拉伯人传入欧洲后促进了欧洲航海技术的发展，为开辟新航路以及远洋航行提供了有利的帮助，同时打通了世界彼此隔绝的状态。

1819 年，奥斯特发现如果电路中有电流通过，它附近普通罗盘的磁针就会发生偏移。法拉第从中得到启发，他成功发明了一种简单的装置——第一台电动机，这为人类利用磁性材料提供了开阔的实验依据。

19 世纪下半叶，麦克斯韦总结了宏观电磁现象的规律，并引进位移电流的概念。这个概念的核心思想是：变化着的电场能产生磁场；变化着的磁场也能产生电场。在此基础上，他用一组偏微分方程来表达电磁现象的基本规律。这组方程称为麦克斯韦方程组，是经典电磁学的基本方程。麦克斯韦的电磁理论预言了电磁波的存在，其传播速度等于光速，这一预言后来被赫兹的实验所证实。于是人们认识到麦克斯韦的电磁理论正确地反映了宏观电磁现象的规律，肯定了光也是一种电磁波。由于电磁场能够以力作用于带电粒子，一个运动中的带电粒子既受到电场的力，也受到磁场的力。洛伦兹把运动电荷所受到的电磁场的作用力归结为一个公式，人们就称这个力为洛伦兹力。描述电磁场基本规律的麦克斯韦方程组和洛伦兹力就构成了经典电动力学的基础。

图 10.1 给出了我国古代指南针的一个例子——司南。它是磨成勺状的磁石，其尾端指向南方。公元 1600 年左右，英国学者 Gibert 对磁性进行了系统研究。此后的几百年间，永磁材料的发展十分缓慢。20 世纪初，最常用的永磁体即合金钢的矫顽力只有 200Oe，$(BH)_{max}$ 不到 1MGOe。在欧洲，magnet（磁石）一词起源于希腊语 Magnesia，该地有些石头显示出很强的互相吸引的现象。在中国，宋朝已经把指南针用于航海，《萍洲可谈》记载："舟师识地理，夜则观星，昼则观日，阴晦则观指南针。"

人造永磁体约在 10 世纪产生于我国，人们利用地磁场的磁化作用来制作指南针。汉代王充《论衡》中已出现指南构。西晋崔豹的《古今注》中也提到过指南鱼，但如何制作，未有详载。《武经总要》第一次详细记载了制作方法："鱼法以薄铁叶剪裁，长二寸，阔五分，首尾锐为鱼形，置炭火中烧之，候通赤，以铁钤钤鱼首出火，以尾正对子位，蘸水盆中，没尾数分则止，以密器收之，用时置水碗于无风处，平放鱼在水面令浮，其首常南向午也。"这是人类历史上第一次记载的用地球磁场进行人工磁化的方法。尤其可贵的是，那时我国先人已意识到地球存在磁倾角，所以，懂得“没尾数分则止”，不让铁片与地面平行放置。

从现代的科学知识分析，这是一种利用强大地磁场的作用使铁片磁化的方法。把铁片烧红，令“正对子位”，可使铁鱼内部处于较活跃状态的磁畴顺着地磁场方向排列，从而达到磁化的目的；蘸入水中，可使磁畴的规则排列快速地固定下来，类似快淬技术；鱼尾略向下倾斜，可起增大磁化程度的作用。其记述虽寥寥数语，但有丰富的内涵且合乎科学原理，这显然是人们经过反复试验后所总结出来的较为有效的工艺方法。人工磁化方法的发明在磁学和地磁学的发展史上是一件大事。不过用此种方法所得的磁性仍较弱，其实用价值还不大。

图10.1 司南

《梦溪笔谈》中记述了另一种人工磁化方法：“方家以磁石磨针锋，则能指南。”用现代科学知识来分析这一方法，实际上它就是利用天然磁石的磁场作用，使钢针内部磁畴的排列规则化，从而让钢针显示出磁性。这种方法既简便又有效，类似磁场定向技术，为获得具有实用价值的磁体指向仪器创造了重要的技术条件。

以上可见，我们的先人是多么的聪明和睿智，值得我们现代人敬佩和效仿，这种精神将会激励以后若干代人进行原始性创新和划时代的发明创造。

进入20世纪30年代，永磁材料的发展明显加快。1931年，日本开发了Fe-Ni-Al合金，其矫顽力超过400Oe。在此基础上，添加Co、Cu、Ti等元素，开发了著名的Al-Ni-Co永磁体，其$(BH)_{max}$在1940年达到5MGOe，在1960年达到13MGOe。另外，1933～1945年，铁氧体逐渐发展成为实用材料，永磁铁氧体的成分为$MO\cdot 6Fe_2O_3$（M = Ba，Sr）。永磁铁氧体具有较高的磁晶各向异性，所以其矫顽力较高，达2～5kOe，但是剩磁很小，只有2～5kG，而$(BH)_{max}$为1.5～5MGOe。

此外，还有 Pt-Co、Pt-Fe、Fe-Cr-Co、Mn-Al-C 等在一定条件下可以变形、加工的永磁材料。Fe-Cr-Co 和 Mn-Al-C 的磁性与 Al-Ni-Co 接近，Pt-Co 的$(BH)_{max}$可达 12MGOe，Pt-Fe 的性能稍差。由于 Pt-Co 和 Pt-Fe 都含有近 80%的 Pt，过于昂贵，只能在特殊的场合使用。

材料具有永磁特性的必要条件是表现出强的单轴各向异性。各向异性是磁化和反磁化的阻力，磁钢、Pt-Co、Pt-Fe、Mn-Al-C 的矫顽力来自应力各向异性；Al-Ni-Co 和 Fe-Cr-Co 的矫顽力来自形状各向异性；永磁铁氧体的矫顽力来自磁晶各向异性。

19 世纪末，人们开发了能大量生产的永磁材料——碳钢。1900 年前后，钨钢永磁体的性能稍有改进。将 Fe-W-C 钢中 35%的 Fe 用 Co 代替而得到的本多（Honda）钢使得永磁性能有很大的提高。由于 Co 比 Fe 昂贵，这种新型永磁材料的应用进展缓慢。1931 年，日本材料专家 Mishima 发现了一种特定成分的铝镍钴合金（58%Fe，30%Ni，12%Al）——Al-Ni-Fe 磁钢（又称 MK 钢，其矫顽力极高，是那时期最好的磁钢的 2 倍）。MK 钢的价格只有本多钢的 1/3，永磁性能却更好。MK 钢磁性的改进主要是由一种特殊的热处理所生成的特殊微结构来实现的。实际上，MK 钢可以看作 1936 年发明的 TiconalⅡ合金的先驱。TiconalⅡ合金的成分和热处理范围很宽，所以存在如何使磁性达到最佳的问题，对它的研究导致两年后 Ticonal G 合金的出现。不再像 TiconalⅡ合金那样具有各向同性，Ticonal G 合金的微结构具有各向异性，制作中的关键步骤是在加磁场的情况下进行热处理。此外，还有一种使熔体定向凝固的特殊方法可以制备性能改进的 Ticonal 合金，它可以使晶粒呈[100]取向，并在此方向上有伸长的晶粒形状。这种晶粒取向的铸锭再经磁场热处理就得到 Ticonal XX 永磁材料，即 Al-Ni-Co 永磁体。它的磁性各向异性来源于微结构中富铁脱溶物的特殊形状各向异性。

1936 年，人们就发现了四方结构的 Pt-Co 合金，其磁晶各向异性很强，具有很高的矫顽力。因 Pt-Co 合金太昂贵而没有获得广泛应用。

1966 年，永磁材料中增加了一个新成员——稀土永磁材料。稀土永磁材料具有非常优异的性能，它的出现为下游产品应用以及提高技术水平揭开了历史性的序幕。

1967 年，Strnat[1]采用粉末法制作出第一块 YCo_5 永磁体。后来 Strnat 等[2]又用同样的方法研制出 $SmCo_5$ 永磁体。1968 年，Buschow 等[3]制作出$(BH)_{max}$ 达到 18.5MGOe 的 $SmCo_5$ 永磁体。经过 20 世纪 70 年代的发展，$SmCo_5$ 和 Sm_2Co_{17} 永磁体逐渐发展成熟。1977 年，Ojima 等[4]用粉末冶金法制备出$(BH)_{max}$ 高达 30MGOe 的 $Sm(Co,Cu,Fe,Zr)_{7.2}$ 永磁体。Sm-Co 永磁体由于具有高性能和高工作温度而广泛用于航天、航空、航海等要求较高的特殊领域。

1981 年，Koon 等[5]在快淬 RE-Fe 中加入 B，制备出了$(Fe_{0.82}B_{0.18})_{0.9}Tb_{0.05}La_{0.05}$，在 Fe-B 合金中熔化温度最低。分析其成分可知，只有 1174℃的低共晶点是最容

易获得非晶态的成分点。显然，Koon 等采取的工艺路线是在最容易获得非晶态的 $Fe_{0.82}B_{0.18}$ 合金中加入 10%的稀土，其中一半为重稀土 Tb，另一半为轻稀土 La。加入 Tb 是为了获得高的矫顽力，因为此前 Clark 已经在 $TbFe_2$ 合金中获得了 3.4kOe 的矫顽力。加入 La 则是为了得到更完全的非晶态合金，因为在 La-Fe 二元系中不存在任何稳定态化合物，即 La 具有抑制稳定态化合物形成的作用。

1983 年，日本住友特殊金属公司和美国通用汽车公司分别报道了一种含有钕（Nd）、铁（Fe）和硼（B）的新型永磁体的制备方法和性能，从而产生了第三代稀土永磁材料——Nd-Fe-B 磁体[6, 7]，其化学成分为 $Nd_{15}Fe_{77}B_8$，其制备方法与 $SmCo_5$ 永磁体近似，烧结各向异性 Nd-Fe-B 磁体的$(BH)_{max}$达 35MGOe，超过了此前的两代稀土永磁材料。Nd-Fe-B 磁体$(BH)_{max}$的理论值为 64MGOe[3]，2006 年实验室样品$(BH)_{max}$已达到 59.6MGOe，工业产品$(BH)_{max}$已超过 55MGOe。

1988 年，Coehoorn 等[8]在不同温度对 $Nd_4Fe_{77.5}B_{18.5}$ 非晶薄带进行晶化热处理后，得到各向同性的磁粉。这种低 Nd 含量的磁粉具有明显的剩磁增强效应。对其结构进行研究发现，这种低 Nd 含量的磁粉包括硬磁性 $Nd_2Fe_{14}B$ 和软磁性 Fe_3B。随后的研究指出，晶粒之间的交换耦合作用引起了这些磁粉中的剩磁增强效应。

1991 年，Kneller 等从理论方面说明了两相晶粒的交换耦合作用可以改善材料的$(BH)_{max}$。1993～1994 年，Skomski 和 Coey[9, 10]从理论角度预言了各向异性的 $Sm_2Fe_{17}N/\alpha\text{-}(Fe,Co)$纳米复合磁体的$(BH)_{max}$达到 $1MJ/m^3$。该理论值比目前磁性能最好的烧结 Nd-Fe-B 磁体的$(BH)_{max}$高 1 倍，而目前该纳米复合磁体$(BH)_{max}$的实际值仅为 $185kJ/m^3$，远低于理论值，这是由于尽管该纳米复合磁体的剩磁有了很大提高，但是矫顽力下降较多。

在实验方面，2005 年，Zhang 等在制备的 SmCo/Fe 薄膜中插入隔断层 Cu 来阻止退火处理中 Fe 层与 SmCo 层的接触和扩散，有助于保持更好的多层膜结构，其$(BH)_{max}$达 32MGOe，高于单相退火 $SmCo_5$ 永磁体$(BH)_{max}$的理论值。

2011 年，德国科学家 Sawatzki 等[11]在 MgO(110)基片上高温热沉积出外延生长而成的 $SmCo_5/Fe/SmCo_5$ 三层膜，其$(BH)_{max}$为 $312kJ/m^3$，比以往采用的 $SmCo_5$ 永磁体$(BH)_{max}$的理论值（$230kJ/m^3$）高出 36%。

在此基础上，Sawatzki 等在不改变硬磁层和软磁层总厚度的前提下，制备出外延生长的$(SmCo_5/Fe)_nSmCo_5$ 多层膜，在 $n = 2$ 时，其$(BH)_{max}$超过 $400kJ/m^3$。Wei 等在研究 Nd-Fe-B 单层膜时发现，富 Nd 相扩散进入 Nd-Fe-B 磁性层后，阻碍了 Nd-Fe-B 晶粒之间的接触，矫顽力得到显著提高。之后他们在各向异性的 Nd-Fe-B 与 FeCo 之间插入非磁性层 Ta，在保持更好的微观结构的同时，阻挡了 FeCo 和富 Nd 相的相互扩散，得到$(BH)_{max}$最高的纳米复合永磁材料，其$(BH)_{max}$达到 $486kJ/m^3$。虽然实验所得的纳米复合永磁材料的$(BH)_{max}$已经超过单相

Nd-Fe-B 材料的$(BH)_{max}$，但是距离 1MJ/m^3 的理论值还有较大差距，说明其仍有较大的提升空间。

自 20 世纪 60 年代初面世以来，逐步形成了具有使用价值的三代稀土永磁材料：第一代稀土永磁材料（$SmCo_5$ 永磁体）、第二代稀土永磁材料（Sm_2Co_{17} 永磁体）和第三代稀土永磁材料（$Nd_2Fe_{14}B$ 永磁体）。稀土永磁材料的发展历史如图 10.2 所示。

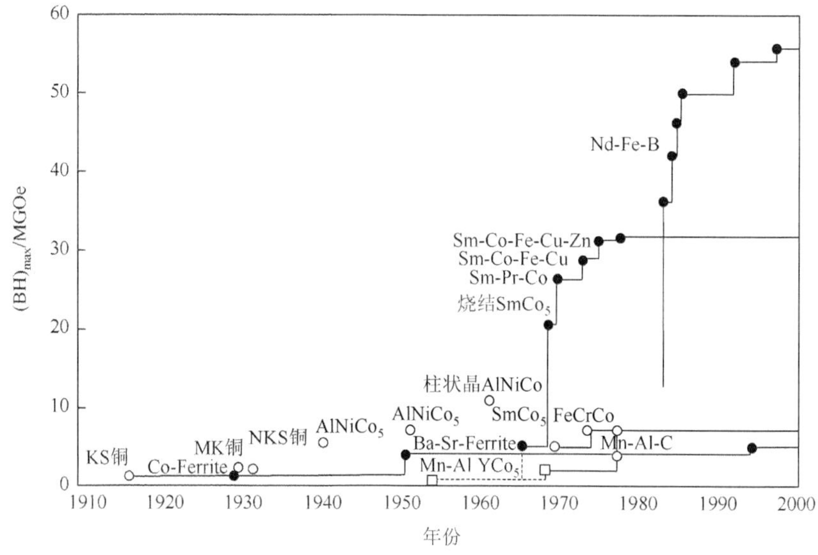

图 10.2　稀土永磁材料的发展历史

自 1983 年问世后，Nd-Fe-B 永磁体一直是当今世界上磁性最强的永磁材料。由于制备方法或用途的区别，Nd-Fe-B 永磁体主要分为烧结 Nd-Fe-B 永磁体和黏结 Nd-Fe-B 永磁体两大类。近年来，由于稀土价格（特别是 Tb 和 Dy 重稀土价格）的大幅度波动，热压（热变形）Nd-Fe-B 永磁体也受到了人们的重视。表 10.1 给出了稀土永磁材料的成分和性能。

表 10.1　稀土永磁材料的成分与性能

类别	型号	代表性成分	磁性能			
			B_r/T	H_c/(kA/m)	$(BH)_{max}$/(kJ/m^3)	T_c/℃
稀土钴系永磁材料	$SmCo_5$ 永磁体	62%～63%Co，37%～38%Sm（质量分数）	0.9～1.0	1100～1540	117～179	720
	Sm_2Co_{17} 永磁体	$Sm(Co_{0.69}Fe_{0.2}Cu_{0.1}Zr_{0.01})_{7.2}$	1.0～1.30	500～600	230～240	800
	黏结 Sm-Co 永磁体	$Sm(Co_{0.67}Fe_{0.22}Cu_{0.1}Zr_{0.07}Ti_{0.01})_{7.1}$	1.0～1.07	800～1400	160～204	810

续表

类别	型号	代表性成分	磁性能			
			B_r/T	H_c/(kA/m)	$(BH)_{max}$/(kJ/m^3)	T_c/℃
稀土-铁永磁材料	烧结 Nb-Fe-B 永磁体	$Nb_{12.5}(Fe,M)_{余}B_{6.1\sim7.0}$	1.1～1.4	800～2400	240～400	310～510
	黏结 Nb-Fe-B 永磁体	$Nb_{4\sim13}(Fe,M)_{余}B_{6\sim20}$	0.6～1.1	800～2100	56～160	310
	2∶17 型与 1∶12 型间隙化合物永磁体	$Sm_2Fe_{17}N_x$，$Nb(Fe,Mn)_{12}N_x$，$Sm_3(Fe,M)_{29}N_x$	0.6～1.1	600～2000	56～160	310～600
	纳米复合型永磁体	$Nb_2Fe_{14}B/\alpha\text{-}Fe$，$Sm_2Fe_{17}N_x/\alpha\text{-}Fe$	1.0～1.3	240～640	80～160	—
	热变形永磁体	Pr-Fe-Cu-B 系，MQIII永磁体	1.2～1.35	440～1100	240～360	

10.2　磁 性 参 数

磁学物理量相关的单位存在厘米-克-秒（centimeter-gram-second，CGS）、米-千克-秒（meter-kilogram-second，MKS）和国际单位制（international system of units，SI）三种单位制。1960 年，第 11 届国际计量大会上规定采用一种适合于一切计量领域的单位制——国际单位制。国际单位制以长度单位米（m）、质量单位千克（kg）、时间单位秒（s）、电流单位安培（A）、热力学温度单位开尔文（K）、发光强度单位坎德拉（cd）和物质的量单位摩尔（mol）作为基本单位，并对导出单位的名称、表示符号做了一系列的规定。磁学单位采用国际单位制单位。

关于磁性参数，很多书籍都有详细的介绍和讲解。宋后定[12]做过永磁材料的系列讲座，对磁性参数定义的描述言简意赅、通俗易懂。

（1）磁极。一块永磁体有两个磁极，即 N 极和 S 极。两磁铁的同极性相斥、异极性相吸。两个距离为 r、磁极强度（简称极强，单位为 Wb）分别为 m_1 和 m_2 的磁极间的相互作用力为 $F =(km_1\cdot m_2/r^2)\cdot r_0$，其中，$r_0$ 是 r 的矢量单位（由 N 极指向 S 极），常数 $k = 1/(4\pi\cdot\mu_0)$，$\mu_0 = 4\pi\times10^{-7}$H/m，称为真空磁导率。

（2）磁矩 M_m。磁矩可以从两方面来定义：一方面，一个圆电流的磁矩定义为 $M_m = i\cdot S$，其方向可由右手定则来确定，单位是 A·m^2，式中，i 是电流（A），S 是圆电流回线包围的面积（m^2）；另一方面，一根长度为 l、端面极强为 m 的棒状磁铁的磁矩定义为 $M_m = m\cdot l$，其方向由 S 极指向 N 极，单位是 Wb·m，也称为磁偶极矩。$i\cdot S$ 与 $m\cdot l$ 有相同的量纲。

（3）磁场 H。磁场可由永久磁铁产生，也可由电流产生。一个每米有 N 匝线圈、通以电流 i 的无限长螺旋管轴线中央的磁场强度（简称磁场）为 $H = N\cdot i$，单位是 A·匝/m，简写成 A/m，也可以用 Oe 表示。极强为 m_1 的磁极的永久磁铁在距离 r 处产生的磁场可用单位极强（$m_2 = 1$）在该处受到的作用力来定义，$H = F/m_1 = (k \cdot m_1/r^2) \cdot r_0$。若 m_1 为 N 极，则 F 的方向与 H 相同；若 m_1 为 S 极，则 F 的方向与 H 相反。磁场可用高斯计测量。1Oe = 1000/(4π)A/m≈80A/m，1000Oe≈80kA/m。

（4）磁通量 Φ。永磁体的磁力线（磁通量）从 N 极出来，经过周围空间回到该磁体的 S 极，形成闭合回路。磁通量用磁通表测量，单位是 Wb 或 Mx，它们的关系如下：$1\text{Wb} = 10^8\text{Mx}$。

（5）磁感应强度 B。单位面积 S 上垂直通过的磁通量 Φ 称为磁感应强度（又称磁通密度），$B = \Phi/S$，单位是 T 或 G。$1\text{T} = 1\text{Wb/m}^2$，$1\text{G} = 1\text{Mx/cm}^2$，1T = 10000G。磁感应强度用特斯拉计（高斯计）测量。

（6）剩磁（B_r 或 M_r）。剩磁是剩余磁感应强度（B_r）或剩余磁化强度（M_r）的简称。这两个名词在严格科学意义上是不同的，但在实用永磁技术领域常常混用。将永磁体在电磁铁两极头之间夹紧，通过磁滞回线测试仪测出退磁曲线，得到该永磁体的剩磁，它的单位与磁感应强度相同。用振动样品磁强计也可以测量退磁曲线，最标准的方法是在超导螺线管中用抽拉法测量退磁曲线。Al-Ni-Co 永磁体的剩磁为 0.8～1.4T，Ba、Sr 铁氧体的剩磁为 0.2～0.44T，Sm_2Co_{17} 永磁体的剩磁为 1～1.14T，$SmCo_5$ 永磁体的剩磁为 0.85～1.05T，Nd-Fe-B 永磁体的剩磁为 1～1.52T。

（7）矫顽力 H_c、H_{cb} 与 H_{cj}。永磁体经有效充磁后显示出磁性，磁通量从 N 极出来，回到 S 极。在反向磁场（退磁场）作用下，永磁体顽强地保持该磁性，直到在某一大小的反向磁场下该磁性退到零，此磁场的数值就是该永磁体的矫顽力数值。

测量永磁体的退磁曲线时由一个探测线圈套着样品，永磁体的磁通量通过该线圈，反向磁场的磁通量也通过该线圈，二者在该线圈中产生的电动势的方向相反。这样一来，在反向磁场增大时永磁体磁通量的下降被探测线圈测得，同时反向磁场的磁通量抵消永磁体的磁通量也被探测线圈测得。该矫顽力用 H_{cb} 表示。将探测线圈加以改进，使反向磁场在该线圈中产生的电动势为零，在测量永磁体的退磁曲线时，当该永磁体的磁通量退到零时的反向磁场的数值就是该永磁体的内禀矫顽力，用 H_{cj} 表示。

稀土永磁材料出现以前，Al-Ni-Co 永磁体的 H_{cj} 与 H_{cb} 差别很小，Ba、Sr 铁氧体的 H_{cj} 与 H_{cb} 差别也不大，所以一般不用 H_{cj}，只用 H_{cb}。稀土永磁材料的 H_{cj} 比 H_{cb} 大得多，退磁曲线测量到 H_{cb} 这一点时，稀土永磁体几乎没有退磁；只有测量到 H_{cj} 这一点时，稀土永磁体才退磁。因此，对于稀土永磁材料，必须特别重视其 H_{cj}。

（8）最大磁能积$(BH)_{max}$。在退磁曲线上，每一点都对应一组数值(B_i,H_i)及其乘积(B_iH_i)。在 B_r 点，H 为 0，故(BH)为 0；在 H_{cb} 点，B 为 0，故(BH)也为 0。在此两点之间必定有一点的(BH)达到最大，记为$(BH)_{max}$，见图 10.3。稀土永磁材料的$(BH)_{max}$ 代表储存在它里面的磁能密度，其单位是 kJ/m^3 或 MGOe。$1MGOe = 100/(4\pi)kJ/m^3$。

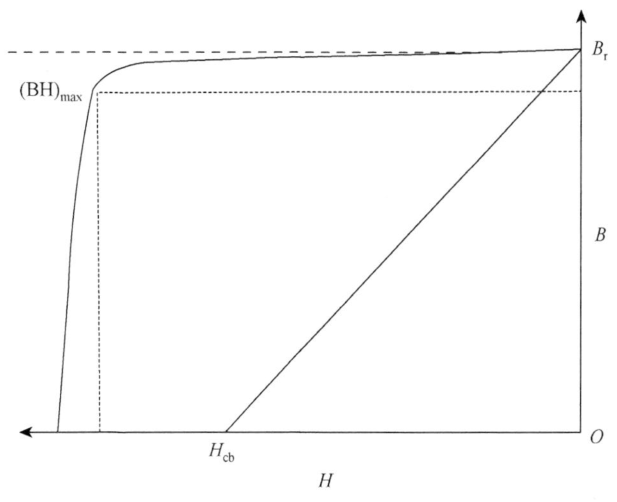

图 10.3　永磁体的退磁曲线

（9）居里温度 T_c。每种永磁材料都有自己的居里温度。居里温度以下，材料具有强磁性；居里温度以上，强磁性消失。永磁体刚制造出来时是磁中性的，经过充磁，其强磁性才显示出来。经有效充磁的永磁体只有经过热退磁才能回到磁中性状态。

（10）磁晶各向异性和易磁化轴。本书所涉及的永磁材料都具有磁晶各向异性。Al-Ni-Co 永磁体属于立方晶系，它的 3 个立方轴都是易磁化方向。Ba、Sr 铁氧体和 Sm-Co 永磁体都属于六方晶系，c 轴是易磁化方向。Nd-Fe-B 永磁体属于四方晶系，c 轴是易磁化方向。磁性晶体经有效充磁后，磁矩自动地保持在与充磁方向最靠近的易磁化方向上。由许多晶粒构成的永磁材料中，若晶粒的易磁化轴是混乱取向的，称为各向同性或同性；若晶粒的易磁化轴是平行排列的，称为各向异性或异性。各向异性永磁材料的 B_r 比各向同性永磁材料高得多：对于 Al-Ni-Co 永磁体，约高 30%；对于 Ba、Sr 铁氧体，约高 90%；对于 Sm-Co 和 Nd-Fe-B 永磁体，约高 95%。

（11）可逆磁导率 μ。在动态电磁回路中需要知道退磁曲线的斜率，称它为可逆磁导率。

（12）临界磁场 H_k。在退磁曲线上，当反向磁场逐渐增大时，磁化强度 M 缓慢下降，到 $M = 0.9M_r$ 时，这一点所对应的反向磁场的数值就是临界磁场的数值。在 H_k 点之前，磁化强度下降是很慢的，永磁体处于稳定状态；在 H_k 点之后，磁化强度下降加快，并且越来越快，永磁体处于迅速退磁的不稳定状态。对于动态电磁系统中使用的永磁材料，临界磁场是一个重要的特性参数。

（13）剩磁温度系数 α。永磁体的剩磁随温度而变化，变化的快慢用剩磁温度系数来表示，其单位是%/℃，其含义是单位温度变化引起的剩磁相对变化。剩磁温度系数是正值表示剩磁随温度升高而增高；剩磁温度系数是负值表示剩磁随温度升高而降低。

（14）内禀矫顽力温度系数 β。永磁材料的内禀矫顽力温度系数的含义与 α 类似，即单位温度变化引起的内禀矫顽力的相对变化，其单位是%/℃。内禀矫顽力温度系数是负值表示内禀矫顽力随温度升高而降低；内禀矫顽力温度系数是正值表示内禀矫顽力随温度升高而增高。Al-Ni-Co 永磁体的内禀矫顽力温度系数是正值。

（15）磁滞回线。磁滞回线示意图见图 10.4。描述磁滞回线特征的主要参数如下。

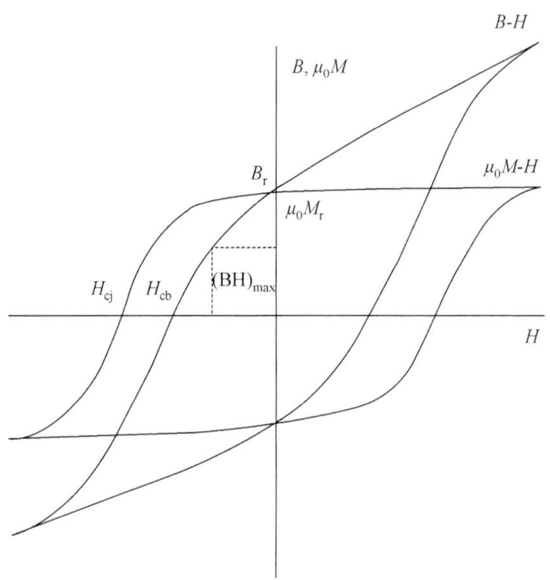

图 10.4　磁滞回线示意图

①剩余磁感应强度 B_r（或剩余磁极化强度 $J_r = \mu_0 M_r$），是磁体内部磁场 $H = 0$ 时的磁感应强度。

②矫顽力 H_{cb}（或内禀矫顽力 H_{cj}），是使磁感应强度 $B=0$（或磁极化强度 $J=0$）所必需的反向磁场 H。

③最大磁能积$(BH)_{max}$，是退磁曲线（磁滞回线第二象限部分）上 B 和 H 的乘积。

10.3　Al-Ni-Co 永磁合金

Al-Ni-Co 永磁合金是一种能够在机电行业发挥重要作用的磁性材料[13]。由于它具有很高的永磁性能和良好的稳定性，在电力、仪表、电子工业和尖端科学技术中获得了广泛应用。1969 年，美国、日本、西欧 Al-Ni-Co 永磁合金的产量几乎占永磁材料产量的 50%，其中，绝大部分 Al-Ni-Co 永磁合金是用铸造法制造的，一小部分 Al-Ni-Co 永磁合金是用粉末冶金法制造的。

1931 年，日本学者三岛德七发现某些类型的 Al-Ni 合金适合用作永磁材料。特别地，加入 Co 和 Cu 使 Al-Ni 合金的磁性得到了改善。1938 年，人们对含钴合金冷却时外加磁场，促进了各向异性 $AlNiCo_5$ 合金（含 51%Fe，24%Co，14%Ni，8%Al 和 3%Cu（质量分数））的发展。这类合金的磁性能如下：$(BH)_{max}$ 为 3.6×10^4～$4.0\times10^4kJ/m^3$，矫顽力为 48～50kA/m。

第二次世界大战以后不久，晶体取向的引入使 $AlNiCo_5$ 合金的磁性得到进一步提高。如果在热处理时，外加磁场平行于[100]方向，那么这种材料的单晶体的 $(BH)_{max}$ 高达 $6.96\times10^4kJ/m^3$，矫顽力可达 5.96kA/m。加入 Nb、Ta 和 Ti 对 Al-Ni-Co 合金的矫顽力具有有益的影响。对于含 35.0%Fe、34.8%Co、14.9%Ni、7.5%Al、2.4%Cu 和 5.4%Ti（质量分数）的 $AlNiCo_8$ 晶体取向合金，经等温磁场热处理后其$(BH)_{max}$ 约为 $1.04\times10^4kJ/m^3$。

为了提高矫顽力，Koch 等发现了含 38%～40%Co 和 7%～8%Ti（质量分数）的 $AlNiCo_8$ 合金，其矫顽力为 1.52×10^2～$1.6\times10^2kA/m$。这种合金具有晶体取向，由于这种合金的饱和磁极化强度只有 9500G，得出结论：加入 Ti 对合金磁性有不利影响。

明确 Al-Ni-Co 永磁合金的结晶特点对了解 Al-Ni-Co 永磁合金的结构与相极为重要。典型 Al-Ni-Co 永磁合金的成分、磁性和结晶状态比较列于表 10.2，标准 $AlNiCo_5$ 和 $AlNiCo_8$ 合金在不同温度下存在的相及晶体结构列于表 10.3。

我国四川德阳东方电机厂在 20 万 kW 汽轮发电机组上采用永磁副励磁机获得成功[14]。应用 Al-Ni-Co 永磁合金，这种材料具有优异的电磁性能和较好的机械强度。研制的永磁副励磁机采用 Al-Ni-Co 永磁合金，呈凸极式转子结构，可以保证发电机在高速时可靠稳定运行。实验表明，该发电机的输出功率可达 36.5kVA，

20 万 kW 汽轮发电机的副励磁机（强励状态）所需要功率为 31.5kVA，所以该发电机完全能够满足 20 万 kW 汽轮发电机的励磁容量的需要。该发电机波形良好，能满足可控硅励磁调节器工作要求。该发电机的稳定性良好，经短路稳定、开路稳定（即抽转子稳定）试验以后，再测发电机的空载电压，其变化甚小。

表 10.2　典型 Al-Ni-Co 永磁合金的成分、磁性和结晶状态比较

结晶状态	合金	化学成分/%（质量分数）							B_r/G	H_c/(kA/m)	$(BH)_{max}$/(kJ/m^3)
		Co	Ni	Al	Cu	Ti	S + Te	Fe			
等轴晶	$AlNiCo_5$	24	14	8	3	—	—	余	12500	50	40
等轴晶	$AlNiCo_6$	24	15	8	3	1.2	—	余	10650	63	31.6
等轴晶	$AlNiCo_7$	24	18	8.5	3	5	—	余	7400	84.8	24.0
等轴晶	$AlNiCo_8$	34	15	7	4	5	—	余	8500	104～120	36～40
等轴晶	高钛高钴 Al-Ni-Co	38～40	14～15	7～8	3～4	7～8	—	余	7500～8000	152～160	40～48
柱状晶	$AlNiCo_5$	24	14	8	3	—	—	余	13000～14000	5.6～6.4	56～64
等轴晶	$AlNiCo_8$	34	15	7	4	5	S 0.2	余	10500～11000	120～128	72～80
等轴晶	高钛高钴 Al-Ni-Co	38～40	14～15	7～8	3～4	—	S + Te 1.05～0.02	余	9000～9700	152～168	80～92

表 10.3　不同温度下标准 $AlNiCo_5$ 和 $AlNiCo_8$ 合金中存在的相及晶体结构

合金种类	温度/℃	相	各相的晶体结构
$AlNiCo_5$	＞1200	α	α 为体心立方，具有超结构
	850～1200	$\alpha+\gamma_1$	γ_1 为面心立方
	600～850	α + α’	α’为体心立方
	＜600	$\alpha+\alpha'+\gamma_2$	γ_2 为面心立方
$AlNiCo_8$	＞1250	α	α 为体心立方，具有超结构
	845～1250	$\alpha+\gamma_1$	α 为体心立方
	800～845	$\alpha+\alpha'+\gamma_1$	γ_1 为面心立方
	＜800	$\alpha+\alpha'+\gamma_2$	γ_2 为面心立方

10.4　稀土钴永磁合金

稀土钴永磁合金是稀土金属和 3d 过渡元素钴金属按一定比例组成的金属间

化合物。稀土钴永磁合金主要是$RECo_5$永磁合金（称为第一代稀土永磁材料）和RE_2Co_{17}永磁合金（称为第二代稀土永磁材料）。

20世纪50年代末～60年代初，研究发现，具有$CaCu_5$型结构的稀土钴化合物$RECo_5$是一种很有希望的永磁材料。1959年，Nesbitt等[15]报道了$GdCo_5$的磁化强度随温度的变化，同时指出在$GdCo_5$中Gd和Co亚晶格的磁性耦合是反方向的，属于亚铁磁性耦合，还测量了$GdCo_5$的居里温度。1960年，Hubbard等[16]在研究$GdCo_5$时获得了超过160kA/m的高矫顽力，$GdCo_5$具有超常的硬磁性。1961年，Strnat 在美国莱特-帕特森空军基地的材料实验室主持了探寻新的永磁材料的课题，目标是希望代替在行波管中使用的昂贵的 Pt-Co，途径是在 RE-Co、RE-Fe 和 RE-Mn 二元系中寻找具有潜力的化合物。1966年，Strnat和Hoffer[17]就发现了具有大磁晶各向异性场、高居里温度和高饱和磁化强度的YCo_5。1967年，Strnat等[2]采用粉末法制造出第一块YCo_5永磁体。接着Strnat等又用同样的方法研制出$SmCo_5$永磁体。1968年，Velge 和 Buschow [18]采用制粉法、Buschow 等[3]采用等静压工艺，1969年，Das[19]采用粉末冶金工艺，均制成$SmCo_5$永磁体，其性能比之前的 Al-Ni-Co 永磁合金提高数倍，其$(BH)_{max}$达到 127.4～159.2kJ/m^3。$SmCo_5$永磁体的出现意味着第一代稀土永磁材料问世。

1966年4月，Strnat在国际磁学会议上报告了YCo_5和Y_2Co_{17}的磁晶各向异性。因为Y_2Co_{17}较YCo_5更富含Co，所以具有更高的磁化强度和居里温度。但是Y_2Co_{17}的易磁化方向是基面，其c轴是最难磁化方向，不满足单轴各向异性的条件，因此不具备发展成为稀土永磁材料的潜力。

20世纪60年代前后，稀土永磁材料的发展进入了一个转折点，速度急剧加快，这与1942～1945年的曼哈顿工程有关。在曼哈顿工程中，制备纯稀土金属的化学分离技术得到了长足的发展，于是在1946～1952年稀土金属的研究工作突飞猛进。研究者开始尝试把不同的稀土元素加入钢中，探讨其对合金钢的组织以及力学性能的影响。

$RECo_5$永磁体即第一代稀土永磁材料，包括$SmCo_5$、$PrCo_5$、$(Sm,Pr)Co_5$、$MMCo_5$和$Ce(Co,Cu,Fe)_5$等，其中的典型代表是$SmCo_5$，它们的晶体结构是$CaCu_5$型。$SmCo_5$具有最高的磁晶各向异性场和饱和磁极化强度，$(BH)_{max}$的理论值为259kJ/m^3。

$SmCo_5$的最高性能如下：$B_r = 1.07$T，$H_{cb} = 851.7$kA/m，$H_{cj} = 1273.6$kA/m，$(BH)_{max} = 227.6$kJ/m^3。$SmCo_5$的成分在以质量分数计时是$Sm_{33.79}Co_{66.21}$，但该类商业磁体典型的成分为37%Sm、63%Co，明显富Sm。烧结$SmCo_5$是多相磁体，磁体的晶粒尺寸为20～30μm，密度通常小于理论密度的95%。除了$SmCo_5$主相和由工艺过程中不可避免的Sm氧化所生成的Sm_2O_3相外，还始终观察到随机的、弥散地分布在晶界上量较少的Sm_2Co_7或Sm_2Co_{17}脱溶相[20-22]，以及成分为

75%Sm + 25%Co、与 $SmCo_5$ 和 Sm_2Co_7 或 Sm_2Co_{17} 紧密接触的、壁厚约 5nm 的富 Sm 相（体积分数约 1%）。另外，$SmCo_5$ 晶粒的内部有大量的位错环和混乱的堆垛层错缺陷[23]。

烧结 $SmCo_5$ 矫顽力的理论值为 20～35.2kA/m，实际值只有 1.592～2.4kA/m，仅是理论值的 1/10 左右。实验发现，几微米的 $SmCo_5$ 颗粒在热退磁状态下包含若干磁畴，它的磁化和反磁化是由十分容易运动的畴壁位移来实现的。十分陡峭的起始磁化曲线特征表明，$SmCo_5$ 的矫顽力是由反磁化畴的形核场来决定[24]。

为了理解脱溶相在反磁化过程中对 $SmCo_5$ 反磁化畴的形核场 H_N 的作用，Kromüller 和 Hilzinger[25]首先用微磁学理论计算了 $SmCo_5$ 以 Sm_2Co_{17} 脱溶相形成反磁化畴核的形核场。考虑处于晶界面内脱溶相的厚度 D 很小，即脱溶相界面很薄（几纳米），$SmCo_5$ 中反磁化是通过以下两个步骤产生的：首先在 Sm_2Co_{17} 脱溶相中反磁化畴形核和磁化；然后反磁化畴核的畴壁横穿脱溶相的相界，扩展到整个 $SmCo_5$ 基体中，并且很快完成磁体的反磁化。定量计算的结果表明：烧结 $SmCo_5$ 的矫顽力不是由理想无限伸展小板产生的 $H_N = 2800$kA/m 确定的，而是由一个有限小板片边缘的形核所计算的 $H_N = 1120$kA/m 确定的[25]。

Strnat 首先发现了 YCo_5 具有磁性，并且预言了 $RECo_5$ “家族”都具有被发展成为新的永磁材料的潜力。Strnat 的这一发现和预言立即得到了各国学术界和商业界的广泛重视。因此，学术界一般以 1966 年作为稀土永磁材料正式问世的时间。从那时开始，稀土永磁材料的研究风起云涌，最终导致了新一代高性能稀土永磁材料的迅速发展及其在电磁、电子设备中的广泛应用。之所以 Strnat 团队的研究结果比以前的工作受到了更广泛的重视，是因为：①YCo_5 具有巨大的磁晶各向异性，其各向异性常数是以前所知道的硬磁铁氧体材料的近 20 倍；②在 YCo_5 中 Y 和 Co 原子之间的耦合是方向平行的铁磁性耦合，因而具有高的磁化强度，比 $GdCo_5$ 高近 6 倍；③Y 在自然界中比作为重稀土的 Gd 丰富得多；④Strnat 明确指出，不仅 YCo_5，其他稀土元素与 Co 的化合物 $RECo_5$ 都具有被发展成为实用高性能永磁材料的巨大潜力，Strnat 预言，新的稀土永磁材料的$(BH)_{max}$ 可达 1449～2480kJ/m^3，由此开辟了一个全新的研究领域[26-30]。

Strnat 团队在 1966 年制备的 YCo_5 样品矫顽力还很低，$(BH)_{max}$ 也只有 80kJ/m^3。稍后他们发现在 $SmCo_5$ 中更容易获得较高的矫顽力，$(BH)_{max}$ 达到 408kJ/m^3。Vege 和 Buschow 在 1968 年使 $SmCo_5$ 的$(BH)_{max}$ 达到了 1480kJ/m^3。Das、Benz 及 Martin 又分别于 1969 年和 1970 年采用液相烧结方法制作出全密度的 $SmCo_5$，使其 $(BH)_{max}$ 达到 128～160kJ/m^3。目前最好的 $SmCo_5$ 的$(BH)_{max}$ 为 2000 kJ/m^3 左右。类似地，Ce_2Co_{17}、Pr_2Co_{17} 和 Nd_2Co_{17} 都具有磁晶各向异性。在 2∶17 型轻稀土-钴化合物中，只有 Sm_2Co_{17} 同时具有单轴磁晶各向异性和高的居里温度，后来其发展成为第二代稀土永磁材料。

10.4.1　$RECo_5$ 永磁合金

1. $RECo_5$ 永磁合金的结构

稀土金属和 3d 过渡金属电负性差别大，因此它们之间容易形成一系列金属间化合物。图 10.5 为 Co-Sm 合金相图，Sm 和 Co 可形成多种金属间化合物，其中，$SmCo_5$ 和 Sm_2Co_{17} 为永磁材料。$SmCo_5$ 由包晶反应生成，Sm_2Co_{17} 由液体结晶形成。随着温度的升高，这两种化合物都存在一个扩展固溶区。$SmCo_5$ 在略低于 800℃时将发生共析分解，分解为 Sm_2Co_7 和 Sm_2Co_{17}，这意味着 $SmCo_5$ 在室温下为亚稳态，室温时 $SmCo_5$ 将自发地分解成与之相邻的两种化合物，但这种分解需要一个长程扩散过程，实际上，$SmCo_5$ 的长程扩散在低于 700℃时就已经可以忽略。通常 $SmCo_5$ 在烧结后适当地快速冷却至室温，就可以抑制分解。

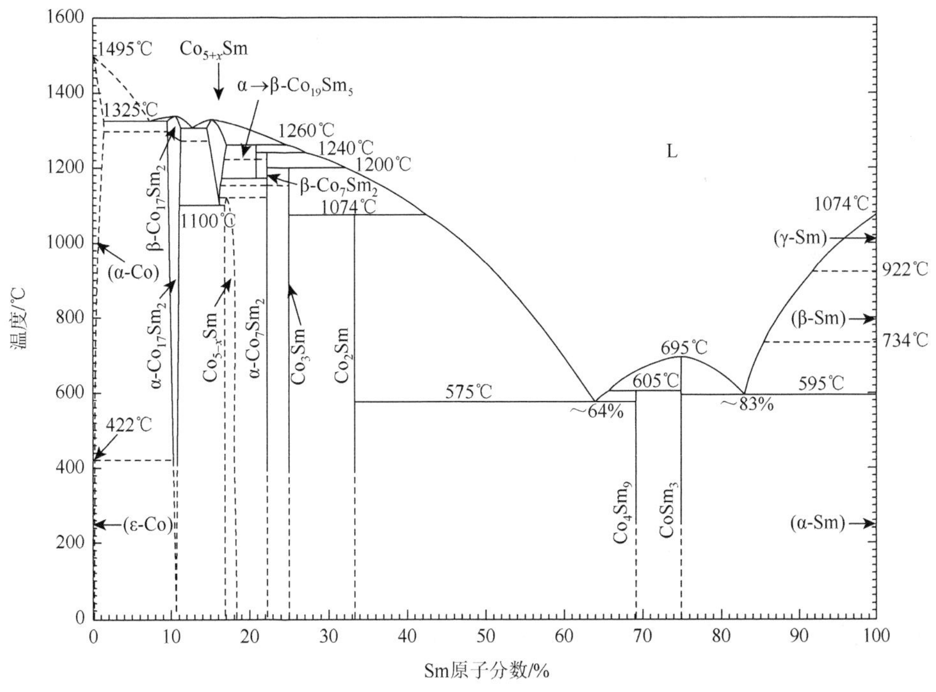

图 10.5　Co-Sm 合金相图

Tang 等[27]的结果表明，Sm_2Co_7 具有两种结构形态：α-Sm_2Co_7 和 β-Sm_2Co_7，α-Sm_2Co_7 具有 Ce_2Ni_7 型结构，空间群为 $P6_3/mmc$，晶格常数 $a = 0.5040$nm，$b = 2.4350$nm。β-Sm_2Co_7 具有 Gd_2Co_7 型结构，空间群为 $R\bar{3}m$，晶格常数

$a = 0.5040$nm，$b = 3.6360$nm。Sm_2Co_7 的这两种结构在相当大的温度范围（600～1000℃）内共存。Sm_5Co_{19} 也是包晶反应的产物，但其包晶反应速度十分缓慢。研究结果表明，Sm_5Co_{19} 属于 Ce_5Co_{19} 型结构，空间群为 $R\bar{3}m$，晶格常数 $a = 0.5030$nm，$c = 4.8131$nm。

$SmCo_5$ 结构与 $CaCu_5$ 相同（图 10.6），它属于六方晶系，空间群为 $P6/mmm$，每个单胞包含一个 $SmCo_5$ 分子，1 个 Sm 原子处于(0,0,0)，5 个 Co 原子处于(2/3,1/3,0)、(1/3,2/3,0)、(0,1/2,1/2)、(1/2,0,1/2)、(1/2,1/2,1/2)。这种结构由两个原子层沿[0001]方向交替堆垛而成，一个原子层由 Sm 原子和 Co 原子组成（A 层），另一个原子层由 Co 原子组成（B 层），堆垛顺序为 ABABAB。

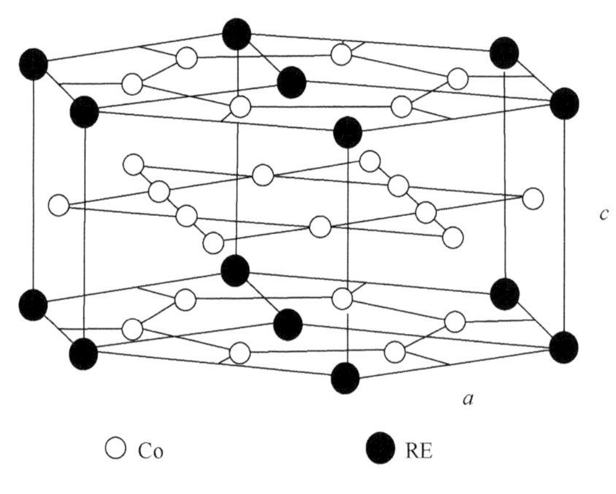

图 10.6　$CaCu_5$ 晶体结构

$RECo_5$ 是稀土钴化合物最基本的晶体结构类型。RE_2Co_{17} 可由 $RECo_5$ 转变而来，由原子的有序取代和结构单元的堆积顺序的改变实现。

2. $RECo_5$ 永磁合金的类型

目前较为实用的 $RECo_5$ 永磁合金主要有以下六种。

（1）$SmCo_5$ 永磁合金：由 Sm 或者至少含有 70%Sm 的稀土和 Co 组成。为了调整磁性，加入其他稀土部分取代 Sm。这类磁体矫顽力高，温度特性好。

（2）$(Sm, Pr)Co_5$ 永磁合金：以 20%Pr 取代部分 Sm 与 Co 组成。由于 $PrCo_5$ 的饱和磁化强度高，$SmCo_5$ 的各向异性场高，由 Pr 部分取代 Sm 合金的矫顽力降低，但$(BH)_{max}$ 提高。

（3）$MMCo_5$ 永磁合金：MM 代表富 Ce 混合稀土。这种合金的磁性不如 $SmCo_5$，而且易氧化，温度稳定性不好。为克服这些缺点，以 15%～20%Sm 取代部分 MM 制成$(MM, Sm)Co_5$，使矫顽力得到提高。

（4）(Sm, HR)Co_5 永磁合金：HR 代表重稀土，以 HR 部分取代 Sm，改善磁体的温度稳定性，调整 Sm 与 HR 的比例，可使剩磁温度系数为零。

（5）Sm(Co, Cu, Fe)$_{5\sim7}$ 永磁合金：以 Fe 和 Cu 取代部分 Co。这种合金的$(BH)_{max}$与 $SmCo_5$ 相当，但矫顽力低，易于磁化。

（6）Ce(Co, Cu, Fe)$_{5\sim7}$ 永磁合金：这种合金的性能比(MM,Sm)Co_5 要低，但由于不含 Sm，成本比较低。

10.4.2　RE_2Co_{17} 永磁合金

为了进一步提高稀土永磁材料的性能，人们将目光转向了比 $RECo_5$ 磁化强度更高的 RE_2Co_{17}。但是，RE_2Co_{17} 的 Co 次晶格不再是单轴各向异性。RE_2Co_{17} 可以通过用 Co 原子对（通常称为哑铃对）置换 $RECo_5$ 中 1/3 的稀土原子得到。人们在成分大致为 $SmCo_{7.7}$ 的合金中控制脱溶反应的动力学过程，最后实现了 Sm_2Co_{17} 的高饱和磁化强度和 $SmCo_5$ 的高硬磁性的相互结合。用 Fe 和少量 Cu 和 Zr 等取代 $SmCo_{7.7}$ 中的部分 Co。采用脱溶硬化处理，生成 2∶17 型双棱锥晶粒（富 Fe 和 Co 相）和 1∶5 型片状物构成的胞状微结构，从而得到高的剩磁和高的矫顽力。该磁体的高矫顽力是由片状物对畴壁起钉扎作用而获得的。Sm_2Co_{17} 的研制成功宣告了第二代稀土永磁材料的诞生，它的$(BH)_{max}$达到了 239kJ/m^3[13]。前两代稀土永磁材料的主要成分 Sm 和 Co 都较昂贵，尤其是 Co 的产地主要分布在政局稳定性较差的非洲，所以在 20 世纪 70 年代，人们做了很多努力去发掘铁基化合物。但很遗憾，具有 $CaCu_5$ 型结构的 RE-Fe 二元化合物并不存在。虽然与 RE_2Co_{17} 同结构的 RE_2Fe_{17} 是存在的，但其居里温度较低（小于 476K），并且在室温呈现为平面各向异性，难以满足实际的磁体应用需求。

近年来 Sm-Co 磁体发展的主要是 Sm_2Co_{17}。Sm_2Co_{17} 居里温度高、内禀矫顽力温度系数小，因此在高温环境能够保持足够高且稳定的磁性能，是在高温状态下应用的理想永磁体。基于其优异的耐温性，20 世纪 90 年代末～21 世纪初经历了高温 Sm_2Co_{17} 永磁体研制的高潮。经过多年的开发，目前已经可以制得使用温度超过 500℃的高温 Sm_2Co_{17} 永磁体[27, 28]。钢铁研究总院成功研发了在 500℃时 H_{cj} = 4444kA/m、$(BH)_{max}$ = 100kJ/m^3 的高温 Sm_2Co_{17} 永磁体[29]。

当前市场上的烧结 Sm_2Co_{17} 主要包括高温 Sm_2Co_{17} 永磁体和超低温度系数 Sm_2Co_{17} 永磁体。高温 Sm_2Co_{17} 永磁体的研制主要是在高矫顽力 Sm(Co,Cu,Fe,Zr)$_z$ 的基础上对其成分进行适当的调整，如适当降低 Fe 含量、增加 Cu 含量、调整 z 值，或者通过优化热处理工艺来提高永磁体的矫顽力[25, 30, 31]，从而提高永磁体的使用温度。Tang 等[27]的研究表明，$Sm(Co_{bal}Fe_{0.1}Cu_yZr_x)_{8.5}$（$x$ = 0.02～0.06）的 H_{cj} 达到 3184kA/m，且内禀矫顽力温度系数为–0.18～–0.12%/℃。超低内禀矫顽力温度系数的永磁体主要应用于航空、导航和仪表等对温度稳定性要求极高的领域。通常用重稀土 Ho、Gd、Dy 和 Er 部分取代 Sm，利用重稀土金属化合物的磁化强度在一定温度范围内随温度升高而升高、具有正的内禀矫顽力温度系数的特点。在 Sm-Co 永磁体中用这些重稀土部分取代轻稀土 Sm 或 Pr，可以使永磁体的磁化强度在一定温度范围内保持不变或者内禀矫顽力温度系数绝对值非常小。

1970 年以来，烧结 Sm-Co 永磁体的研究基本围绕高温 $Sm(Co,Cu,Fe,Zr)_z$ 永磁体，主要原因就是烧结 Sm_2Co_{17} 永磁体的居里温度高、内禀矫顽力温度系数绝对值小，适用于高温环境。继续发挥其耐温性能好的优点仍然是 Sm-Co 永磁体的一个重要方向。同时，近年来 Sm-Co 永磁体的高速发展是因为人们期望用价格相对低并且相对稳定的 Sm-Co 永磁体替代高 Dy/Tb 含量的 Nd-Fe-B 永磁体。因此，烧结 Sm-Co 永磁体的发展主要是向高矫顽力和低内禀矫顽力温度系数方向进行。2012 年 8 月，日本东芝公司开发了电机用烧结 Sm-Co 永磁体，把永磁体的 Fe 质量分数从 15%提高到 25%，从而提高永磁体的剩磁。由于 Sm-Co 永磁体的内禀矫顽力温度系数远低于 Nd-Fe-B 永磁体，当温度升高到 150℃以上时，Sm-Co 永磁体的性能和适用范围远优于 Nd-Fe-B 永磁体。

1. RE_2Co_{17} 永磁合金的结构

RE_2Co_{17} 在高温下具有 Th_2Ni_{17} 型六方晶体结构，在低温下转变成 Th_2Zn_{17} 型三方晶体结构。Th_2Ni_{17} 和 Th_2Zn_{17} 是同素异构体，二者结构十分相似。Th_2Zn_{17} 晶体结构如图 10.7 所示，它属于三方晶系，空间群为 $R\bar{3}m$。1 个 Th_2Zn_{17} 单胞内含有 3 个 Th_2Zn_{17} 分子，Th 原子占据 d 和 c 晶位。

RE_2Co_{17} 有两种晶体结构：一种是 Th_2Zn_{17} 型（$a\approx0.84$nm，$c\approx1.22$nm）；另一种是 Th_2Ni_{17} 型（$a\approx0.84$nm，$c\approx0.82$nm）。这两种结构均是从 $CaCu_5$ 型结构演变而来的，其关系如下：

$$3(RECo_5)\text{-}RE + 2Co \longrightarrow RE_2Co_{17}$$

如果取 3 个 $RECo_5$ 分子，并将其中 1 个 RE 原子用一个沿 c 轴的 Co 原子对代替，就得到 RE_2Co_{17}。在 Th_2Zn_{17} 型结构中，RE 原子被 Co 原子对取代后按 ABC 顺序堆垛；在 Th_2Ni_{17} 型结构中，RE 原子被 Co 原子对取代后按 AB 顺序堆垛。在 Th_2Zn_{17} 型结构中，每 1 个 RE_2Co_{17} 单胞为 3 个 RE_2Co_{17} 分子，含 6 个 RE 原子和 51 个 Co 原子。RE 原子占据 6c 晶位，Co 原子占据 6c、9d、18f 和 18h 四个晶位。在 Th_2Ni_{17} 型结构中，每 1 个 RE_2Co_{17} 单胞为 2 个 RE_2Co_{17} 分子，含 4 个 RE 原子和 34 个 Co 原子。RE 原子占据 2b 和 2d 晶位，Co 原子占据 4f、6g、12j 和 12k 四个晶位。

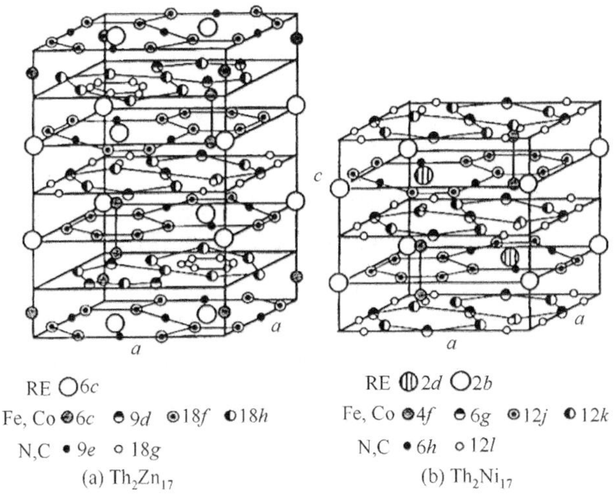

图 10.7　Th_2Zn_{17}型结构和Th_2Ni_{17}型结构示意图

同RE_2Co_{17}一样，RE_2Fe_{17}也具有Th_2Zn_{17}型和Th_2Ni_{17}型两种结构。由于 Fe 与 Co 具有相反的电荷特性，RE_2Fe_{17}为平面各向异性，不能成为稀土永磁材料。但当引入间隙原子 N 后，$Sm_2Fe_{17}N_y$具有很强的单轴各向异性，成为潜在的稀土永磁材料。

1970～1973 年，Strnat 团队对$RE_2(Co,Fe)_{17}$的冶金学和磁学特性进行了系统的研究。他们发现，在RE_2Co_{17}中以部分 Fe 替代 Co 总是导致磁化强度的提高和居里温度的降低。添加 Fe 对磁晶各向异性的效果也往往是有益的，起码在室温附近如此。RE_2Co_{17}（RE = Ce，Pr，Gd，Yb，Lu，Y）具有磁晶各向异性，当用适量 Fe 取代 Co 时，则转变为单轴各向异性。另外，RE_2Co_{17}（RE = Sm，Er，Tm）具有单轴各向异性。用部分 Fe 取代 Co 时一般会使磁晶各向异性场增高，直至 Fe 的取代量达到 50%～60%（原子分数）。

然而，RE_2Co_{17}磁体的发展初期遭遇了很大的困难。实验表明，把制备$RECo_5$磁体行之有效的工艺手段用于制备RE_2Co_{17}磁体时，只能得到很低的矫顽力，仅 1～2kOe。以后人们尝试了不少新途径，但是都没有取得明显效果。

1974 年，日本信越公司的 Senno 和 Tawara 把合金的成分从接近化学当量的 2∶17 调整到更富含稀土的 1∶7，并加入 Cu，制成$RE(Co,Fe,Cu)_7$，情况才有所改观。$RE(Co,Fe,Cu)_7$呈两相组织，主相为RE_2Co_{17}，经过热处理后，可得到 4～10kOe 的矫顽力，内禀矫顽力超过 5kOe，$(BH)_{max}$达到 20MGOe。样品的制备工艺如下：首先在 1170℃烧结 30min，然后在氢气中快冷，最后在 790℃处理 1h。

$RE(Co,Fe,Cu)_7$的 Fe 含量有限，磁化强度不高。1977 年，日本 TDK 公司的 Ojima 等发现，如果在合金中加入少量 Zr，便可以用更多的 Fe 取代 Co，导致更高的磁化强度。其中，$Sm(Co_{0.65}Fe_{0.28}Cu_{0.05}Zr_{0.02})_{7.67}$ 经过烧结、固溶以及相当复杂的热处理之后获得了 $B_r = 12.0kOe$、$H_c = 13kOe$、$(BH)_{max} = 30 \sim 33MGOe$ 的优异性能。

目前最好的烧结 RE_2Co_{17} 的$(BH)_{max}$为 28～32MGOe，内禀矫顽力大于 20kOe，使用温度可达 300℃。制备这类磁体的烧结和热处理工艺等温时效约 800℃，时间延长至 20～40h 时，阶梯时效改为慢冷，冷却速度仅 0.5～1℃/min，最后还要在 400℃时效 10～20h。在 800℃的等温时效中，由固溶处理得到的单相组织分解为由 RE_2Co_{17}、富含 Sm 和 Cu 的 $RECo_5$，以及富含 Zr 的片状相所组成的胞状微组织。在慢冷过程中，缓慢扩散使得 RE_2Co_{17}（胞内）和 $RECo_5$（胞壁）之间的成分差进一步扩大，增加了二者畴壁能的差异，导致矫顽力逐渐增高。

2. RE_2Co_{17} 永磁合金的类型

2∶17 型稀土钴永磁合金主要是 Sm_2Co_{17}。Sm_2Co_{17} 的饱和磁化强度比 $SmCo_5$ 高，其$(BH)_{max}$理论值也高，但是各向异性场低。实用的磁体是在 Sm_2Co_{17} 的基础上将 Fe、Cu、Zr 等取代部分 Co，构成多元 Sm_2Co_{17} 永磁合金，并经过适当的热处理来提高矫顽力。Sm_2Co_{17} 永磁合金分为两种类型。

（1）$Sm(Co,Cu,Fe,Zr)_{7\sim8.5}$。这类材料可分为高矫顽力型和低矫顽力型两种。除了合金成分调整，材料制备工艺对材料性能的影响也很大。若材料经烧结、固溶处理，随后进行阶段时效处理，所得到的磁体具有低矫顽力，磁化曲线具有均匀钉扎的特征。若材料经过烧结、固溶处理，随后进行连续控速冷却处理，所得到的磁体具有高矫顽力，磁化曲线具有不均匀钉扎的特征。对高温 $Sm(Co,Cu,Fe,Zr)_{7\sim8.5}$ 磁体的研究主要集中于研究合金成分、微观结构对内禀矫顽力温度系数的影响。

（2）$(Sm,HR)(Co,Cu,Fe,Zr)_{7\sim8.5}$。HR 为重稀土（主要是 Gd 和 Er）。这些重稀土改善了合金的温度稳定性。

10.4.3 稀土钴永磁合金矫顽力机制

稀土钴永磁合金的矫顽力机制可用磁体的磁化和反磁化行为来区别，可分为两种基本类型：形核型和钉扎型。形核型磁化强度随外磁场的增大而急剧增大，反磁化时所得到的矫顽力依赖磁场，矫顽力和剩磁随磁场的增加而增加，当磁场达到某一临界值即饱和磁场时，矫顽力和剩磁才能达到稳定的最大值。$SmCo_5$ 磁体磁化和反磁化特征属于这种类型。热退磁状态 $SmCo_5$ 的晶粒是多畴体，存在许多磁畴与畴壁，在较小的外磁场下，这些畴壁很容易在晶粒中移动，反磁化曲线形成一个较小的磁滞回线，畴壁的反向移动也很容易，表现出较小的剩磁和矫顽力。晶粒经过畴壁移动而形成单畴后，$SmCo_5$ 磁体的矫顽力是由反向畴的形核和长大的起动场所决定的。钉扎型永磁体表现为当外磁场增大（小于某一外磁场 H_P，也称为钉扎场）时，其磁化强度增加很少，当外磁场达到钉扎场后，磁化强度增加并很快达到饱和，当外磁场减少并反磁化时，磁化强度变化不大，只是在矫顽力附近时才迅速下降。这种磁化与反磁化行为说明，合金的晶粒中总是存在少量的反磁化畴或者在较低磁场下易于形成反磁化畴。晶体中也存在阻碍畴壁运动的某些结构，如第二相或晶粒边界等，从而对畴壁的运动形成钉扎，只有外磁场大于钉扎场时，畴壁才会脱钉并移动至另一处，Sm_2Co_{17} 磁体磁化和反磁化特征属于这种类型。$Sm(Co,Cu,Fe)_{7\sim8.5}$ 实用磁体经过固溶和多级时效处理后，有第二相析出，形成一种胞状结构，胞内为 Sm_2Co_{17}，即基相，胞壁为 $SmCo_5$，两相是共格的，胞直径为 50nm，胞壁厚度为 5nm。钉扎场与这种胞状结构、胞直径、胞壁厚度以及第二相的磁特性和磁晶各向异性、交换相互作用、畴壁能密度有关。这类材料在多级时效过程中存在矫顽力可逆变化的现象，即经过不同的阶段时效，矫顽力不同，但每一阶段时效都对应一定的矫顽力，经过多级时效后再返回前级重新时效后，矫顽力回复到相应值。利用这一特性，经反复多级时效处理，磁体的磁性能得到显著提高。

高矫顽力 $Sm(Co,Cu,Fe)_{7\sim8.5}$ 的起始磁化曲线不同于典型的形核型和钉扎型磁体。在这类合金中，钉扎场在不同晶粒之间差别很大，由一种非均匀性钉扎模型控制矫顽力。低矫顽力 $Sm(Co,Cu,Fe)_{7\sim8.5}$ 中钉扎场在不同晶粒之间差别不大，由一种均匀钉扎模型控制矫顽力。

Sm-Co 永磁体（以 Sm_2Co_{17} 为主）具有独特的优势（工作温度高、内禀矫顽力温度系数小、耐腐蚀性强等），在军工、航空航天等方面占据牢固的地位。

朱明刚等[32]对 Sm-Co 磁性合金进行了评述，报道了几种有代表性的 Sm-Co 磁性合金。

高磁能积永磁体能促使电机、信息等领域的小型化和高效化，现代工业的发展对高磁能积永磁体的依赖日趋增强。目前，Nd-Fe-B 永磁体在 150℃工作温度下得到广泛使用。另外，晶界重构及其 Dy 含量的优化研究有助于减少 Dy 的使用量。然而，当工作温度升至 200℃时，磁体中 Dy 的使用量大幅提升，不利于控制成本。因此，高磁能积 Sm-Co 永磁体因其优异的温度稳定性和轻重稀土使用量获得广泛关注[33]。此外，高磁能积、高矫顽力 Sm-Co 永磁体的综合性能接近 Nd-Fe-B 永磁体。由于超高矫顽力 Nd-Fe-B 永磁体中添加较多的昂贵重稀土，高磁能积、高矫顽力 Sm-Co 永磁体与超高矫顽力 Nd-Fe-B 永磁体的成本相近。高磁能积 Sm-Co 永磁体在需要高矫顽力磁体的使用领域（如高速电机）具有高性价比，具备一定的竞争优势。

烧结 Sm_2Co_{17} 永磁体一般被写为 $Sm(Co,Fe,Cu,Zr)_{17}$，其显微组织为一种胞状微结构，由 2∶17 胞 Th_2Zn_{17} 型晶体结构、1∶5 胞壁 $CaCu_5$ 型晶体结构和贯穿其中的平行的富 Zr 相薄层组成。2∶17 胞呈长轴沿易磁化轴（c 轴）的长菱形，内为三方晶系富 Fe 的 $Sm_2(Co,Fe)_{17}$ 主相，晶粒尺寸为 50～200nm；1∶5 胞壁是六方晶系富 Cu 的 $Sm_2(Co,Cu)_{17}$ 相，厚度为 5～20nm。

为提高 Sm-Co 磁体的综合磁性能，科研工作者开展了大量的研究。永磁材料的$(BH)_{max}$ 理论值与其饱和磁化强度的平方成正比。提高永磁体$(BH)_{max}$ 的首要条件是提高磁体的饱和磁化强度，只有高的饱和磁化强度，才可能得到高的剩磁，从而得到高的$(BH)_{max}$。$(BH)_{max}$ 又是结构敏感量，因此，在提高饱和磁化强度的同时，需要对磁体的胞状结构进行优化。通过成分优化，配合相应的热处理工艺调整磁体的微观结构，进而有效地提高 Sm-Co 磁体的饱和磁化强度和$(BH)_{max}$，磁体的三方晶系 Sm_2Co_{17} 主相中 Fe 为最重要的因素。Sm_2Co_{17} 的饱和磁极化强度约 12kG，随着 Fe 的添加，$Sm_2(Co_{0.8}Fe_{0.2})_{17}$ 的饱和磁极化强度为 12.5kG，进一步增加 Fe 含量，$Sm_2(Co_{0.7}Fe_{0.3})_{17}$ 的饱和磁极化强度达到 16.3kG。然而，当 $Sm(Co,Fe,Cu,Zr)_z$ 中 Fe 质量分数超过 25%时，胞状组织会异常增大，尺寸将超过 150nm，同时 z 直接影响胞状组织尺寸。$Sm(Co_{bal}Fe_{0.244}Cu_{0.08}Zr_{0.033})_z$ 中 z 为 9.1 时，胞状组织平均尺寸超过 150nm，尺寸过大的胞状组织不利于结构均匀性，导致磁体矫顽力和退磁曲线方形度的急剧恶化[34, 35]。

近年来对高 Fe 含量 $Sm(Co,Fe,Cu,Zr)_z$ 的微结构及其所导致的不良影响的研究显示，改进热处理工艺和额外增加热处理环节可以优化磁体的磁性能。Horiuchi 等[35]对 $Sm(Co_{bal}Fe_{0.35}Cu_{0.06}Zr_{0.018})_{7.8}$ 的固溶工艺进行了研究，认为适当的固溶温度能优化淬火态合金的相组成，从而提高磁体的剩磁和内禀矫顽力，在最佳固溶温度 1423K 时所制备磁体的磁性能如下：$B_r = 12.22$kG，$H_{cj} = 12.7$kOe，$(BH)_{max} = 32.2$MGOe。微调 Zr 含量使磁体的 H_{cj} 提升至 18.6kOe。另外，引入预时效工艺促使淬火态合金中 Cu 均匀分布，细化胞状组织尺寸，从而提高磁体的方形度，磁体的$(BH)_{max}$ 提高到 33.4MGOe。近期，Horiuchi 等[35]发现多级固溶工艺会导致磁体晶粒长大，平均粒径从 44.1μm 增至 59.1μm，提高磁体的方形度，使磁体$(BH)_{max}$ 达到 35.4MGOe。Liu 等[34]证实了通过固溶和额外时效工艺的调整可优化磁体的磁性能，并且当 Fe 质量分数为 20%时，$Sm(Co,Fe,Cu,Zr)_z$ 的$(BH)_{max}$ 达 33MGOe。

钢铁研究总院早在 2007 年即开展了 Sm-Co 磁体的高速气流磨技术研究，在气流磨制备 Sm-Co 磁粉方面具备了一定的研究经验，取得了一系列成果。另外，Horiuchi 等报道的工艺流程过于复杂且技术参数控制难度过大，不利于产业化推广。基于上述原因，针对相同名义成分，对比研究了用气流磨工艺和球磨工艺制备磁体磁性能圈。用气流磨工艺所制得磁体的磁性能如下：$B_r = 11.33$kG，$H_{cj} = 32.83$kOe，$(BH)_{max} = 30.4$MGOe。

《日本公开特许公报》曾公布了高 H_{cj}、高$(BH)_{max}$的第二代稀土永磁合金，这种稀土永磁合金的成分（质量分数）如下：23%～25%RE、4.5%～5.0%Cu、13%～15%Fe、1.5%～4.0%Zr，余为 Co。

在烧结后于 400～850℃进行 2 次以上的多段时效处理，则可以得到高矫顽力、高磁能积的 Sm_2Co_{17}。一些高 H_{cj}、高$(BH)_{max}$的 Sm_2Co_{17} 磁体列于表 10.4。首先，在 10kOe 的磁场中将平均粒度为 3μm 的粉末成型，在真空中于 1170～1200℃烧结 1h；然后，进行 1150～1190℃、2h 的固溶化处理；最后，于 400～850℃进行 2 次以上的多段时效处理。

表 10.4　部分 Sm_2Co_{17} 磁体的特性

时效次数	Sm 质量分数/%	Cu 质量分数/%	Fe 质量分数/%	Zr 质量分数/%	Co 质量分数/%	H_{cj}/kOe	$(BH)_{max}$/MGOe
4	24.0	4.5	12.5	3.0	余	22.2	32.5
5	24.0	4.5	12.5	3.0	余	23.0	32.4
3	24.0	4.5	12.5	3.0	余	20.9	32.0
2	24.0	4.5	12.5	3.0	余	16.0	31.5
3	24.0	4.5	12.5	3.0	余	16.0	31.5
3	24.0	4.5	14.5	3.0	余	15.7	31.3
3	24.0	4.5	12.5	3.0	余	14.5	31.2
3	25.0	4.0	12.5	3.0	余	15.3	31.2
3	24.0	5.0	12.5	3.0	余	14.2	30.6
3	24.0	3.0	12.5	3.0	余	12.8	30.0

10.5　Nd-Fe-B 永磁合金

稀土钴永磁合金使用了资源短缺的 Sm 和 Co，利用有可能具有较高磁性能的稀土铁永磁合金一直是人们梦寐以求的愿望。为了获得磁体的磁晶各向异性，除了具有 Sm_2Fe_{17} 相，还要保证其他 RE-Fe 化合物都不是六方结构，RE_2Fe_{17} 的居里温度太低，单纯的 RE-Fe 二元化合物不能满足人们的要求。另外，轻稀土-Fe 的二元系中在很宽的成分范围内存在包晶反应，难以抑制 α-Fe 的析出。因此，必须寻找 RE-Fe 二元系的亚稳定磁性相和 RE-Fe-X 三元系的稳定磁性相。经过研究，终于发现了具有高饱和磁化强度和高磁晶各向异性的四方结构的 $Nd_2Fe_{14}B$。

1983 年，研究者用粉末冶金技术制备了烧结 Nd-Fe-B 磁体，用熔体快淬技术制备了 Nd-Fe-B 薄带。这就是以 $Nd_2Fe_{14}B$ 为磁性相的第三代稀土永磁合金。Nd-Fe-B 永磁合金一经问世就以其优异的磁性能，使 Nd、Fe 资源得以广泛应用。更为重要的是，在磁体和磁粉制作工艺上出现了烧结、快淬、热压、热变形、铸造等多种方法。

Nd-Fe-B 永磁合金是当今磁性能最高的永磁体。由于用 Nd 取代 Sm、用 Fe 代替 Co，成本降低，便于工业化生产。但是 $Nd_2Fe_{14}B$ 的居里温度较低（312℃），磁热稳定性差，最高使用温度仅 150℃，限制了它的使用范围。通过合金化，可使其热稳定性得到改善。用 Co 取代部分 Fe，可提高居里温度，使磁感应温度系数降低，但矫顽力降低。用 Dy 取代部分 Nd，可提高各向异性场和矫顽力，降低矫顽力温度系数，但剩磁和磁能积降低。复合添加 Co、Dy 则有较好的综合效果。此外，加入少量 Ga 或 Nb 亦可有效地提高矫顽力和热稳定性。

Nd-Fe-B 永磁合金的另一个缺点是易氧化、耐腐蚀性差，所以必须采用镀层或涂层加以保护。

Nb-Fe-B 永磁合金（包括烧结 Nb-Fe-B 永磁合金和黏结 Nb-Fe-B 永磁合金）还处于发展阶段，主要标志如下：①烧结 Nb-Fe-B 永磁合金的磁性能有待提高。目前 Nb-Fe-B 实用永磁合金的$(BH)_{max}$（430kJ/m^3）[11]仅有理论值的 83%，工业小批量生产的$(BH)_{max}$（398kJ/m^3）和工业大批量生产的$(BH)_{max}$（358～382kJ/m^3）分别只有理论值的 69%和 74%，而烧结 Nd-Fe-B 永磁合金的矫顽力仅有其理论值的 21%左右。目前实际生产的黏结各向异性 Nb-Fe-B 永磁合金的性能还很低，提高性能的潜力还很大。②生产 Nb-Fe-B 永磁合金的工艺、技术、设备正在不断改进和完善。③市场对 Nd-Fe-B 永磁合金的需求量还在不断增加。全球烧结 Nd-Fe-B 永磁合金的产量由 1985 年的 56t 上升到 1996 年的 6050t，其产值已超过永磁铁氧体。2010 年，全球对烧结 Nd-Fe-B 永磁合金的需求量增加到 10 万 t。④Nd-Fe-B 永磁合金的温度稳定性、工作温度、耐腐蚀性能还处于研究、改进和发展之中。⑤Nd-Fe-B 永磁合金在现代科学技术中的应用范围还在扩大。基于上述情况，本节主要介绍 Nd-Fe-B 永磁合金的磁学/材料学原理、成分、显微组织结构、工艺与性能之间的关系规律以及其制备技术与工艺原理。

10.5.1 Nd-Fe-B 永磁合金的结构

$Nd_2Fe_{14}B$ 为三元金属间化合物。它的晶体结构如图 10.8 所示，其晶格常数如下：$a \approx 0.88$nm，$c \approx 1.22$nm[18]。$Nd_2Fe_{14}B$ 呈四方对称，四方对称的 c 轴为特殊对称轴。$Nd_2Fe_{14}B$ 结构为四方晶系，每 1 个 $Nd_2Fe_{14}B$ 单胞为 4 个 $Nd_2Fe_{14}B$ 分子，含 8 个 Nd 原子、56 个 Fe 原子和 4 个 B 原子。Nd 原子占据 4f 和 4g 晶位，Fe 原子占据 6 个晶位（16k_1、16k_2、8j_1、8j_2、4e 和 4c），B 原子占据 4f 晶位。

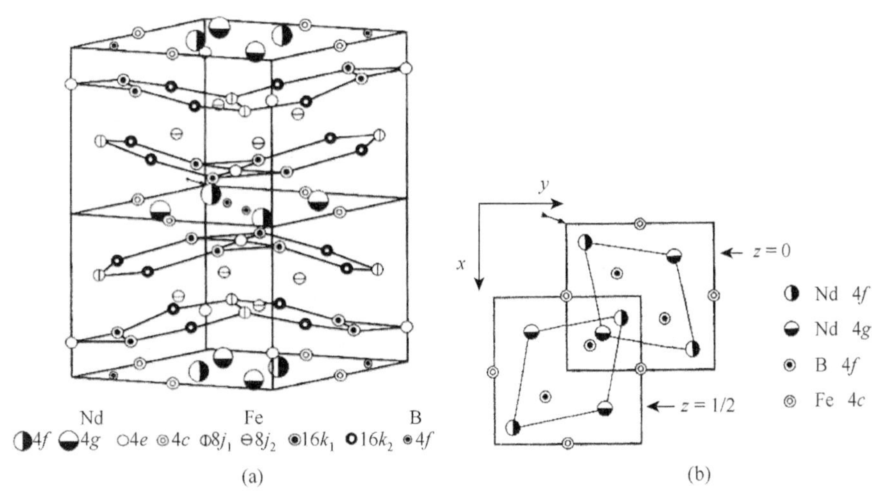

图 10.8　$Nd_2Fe_{14}B$ 晶体结构图（a）和 $z = 0$ 和 $z = 1/2$ 平面沿(001)方向上的投影（b）

10.5.2　Nd-Fe-B 永磁合金的应用领域和性能

Nd-Fe-B 永磁合金的应用领域见表 10.5，工业牌号 Nd-Fe-B 的性能见表 10.6。

表 10.5　Nd-Fe-B 永磁合金的应用领域

应用领域	主要产品
电声	扬声器、受话器、传声器、报警器、舞台音响、汽车音响等
电子电气领域	永磁机构真空断路器、磁保持继电器、电度表、水表、计声器、干簧管、传感器等
机电	发电机、电动机、伺服电机、微型电机、振动电机等
机械设备	磁分离机、磁选机、磁吊、磁力机械等
医疗保健	核磁共振仪、医疗器械、磁疗保健品等
其他	磁化防蜡器、管道除垢器、磁夹具、自动麻将机、磁性锁具、门窗磁、文具磁、箱包磁、皮具磁、玩具磁、工具磁、工艺礼品包装等

表 10.6　工业牌号 Nd-Fe-B 的性能

牌号	B_r/mT	H_{cb}/(kA/m)	H_{cj}/(kA/m)	$(BH)_{max}$/(kJ/m^3)	最高工作温度/℃
N35	1170～1210	≥868	≥955	263～287	80
N38	1210～1250	≥899	≥955	287～310	80
N40	1250～1280	≥923	≥955	318～342	80
N42	1280～1320	≥923	≥955	318～342	80
N45	1320～1380	≥876	≥955	342～366	80

续表

牌号	B_r/mT	H_{cb}/(kA/m)	H_{cj}/(kA/m)	$(BH)_{max}$/(kJ/m^3)	最高工作温度/℃
N48	1380～1420	≥835	≥876	366～390	80
N33H	1130～1170	≥836	≥1353	247～241	120
N35H	1170～1210	≥868	≥1353	263～287	120
N38H	1210～1240	≥899	≥1353	287～310	120
N40H	1240～1280	≥923	≥1353	302～326	120
N42H	1280～1320	≥955	≥1353	318～342	120
N45H	1320～1360	≥955	≥1353	342～366	120
N33SH	1130～1170	≥844	≥1592	247～272	150
N35SH	1170～1210	≥876	≥1592	263～287	150
N38SH	1210～1250	≥907	≥1592	287～310	150
N40SH	1240～1280	≥939	≥1592	302～326	150

1983 年，Croat、Koon 和 Hadjipanyis 等先后用快淬-热处理工艺制备出高矫顽力 Nd-Fe-B 永磁体[5]。1985 年，Sagawa 等[6]利用材料制备过程中的先进技术，率先用粉末冶金法研制出更高性能的 Nd-Fe-B 永磁体，$(BH)_{max}$ 高达 288kJ/m^3，从而宣告了第三代稀土永磁材料的诞生。Nd-Fe-B 永磁体具有较高的室温各向异性场（$\mu_0H_a = 7T$）和高的饱和磁极化强度（$J_s = 1.6T$），$(BH)_{max}$ 理论值高达 512kJ/m^3，因此受到人们的普遍重视。经实验确定，Nd-Fe-B 永磁体的硬磁主相为 $Nd_2Fe_{14}B$，其矫顽力机理也可以用形核场理论和畴壁钉扎理论来进行解释。

与 Sm-Co 永磁体相比，Nd-Fe-B 永磁体的原材料来源丰富且廉价，因此各国学者一直致力于其磁性能的提高。1987 年，日本住友特殊金属公司获得了$(BH)_{max}$为 404.8kJ/m^3 的 Nd-Fe-B 永磁体；1990 年，日本东北金属公司得到了$(BH)_{max}$为 418.4kJ/m^3 的 Nd-Fe-B 永磁体；1993 年 10 月，日本住友特殊金属公司宣布能够规模化生产出$(BH)_{max}$高达 433.6kJ/m^3 的 Nd-Fe-B 永磁体；2000 年，Kaneko 宣布制备出$(BH)_{max}$为 444kJ/m^3 的 Nd-Fe-B 永磁体。

Nd-Fe-B 永磁体的不足之处在于：一是 $Nd_2Fe_{14}B$ 居里温度相对较低（$T_c = 312℃$左右），因而磁体工作温度低、热稳定性较差；二是磁体耐腐蚀性和抗氧化性较差；三是磁体矫顽力不够高，这在某种程度上限制了 Nd-Fe-B 永磁体的应用。因此，人们一直致力于通过合金元素的部分替代（或掺杂）等方法来改善 Nd-Fe-B 永磁体的热稳定性和耐腐蚀性，并进一步提高其磁性能。Nd-Fe-B 永磁体从制备方法和工艺上可分为烧结 Nd-Fe-B 永磁体、黏结 Nd-Fe-B 永磁体两大类。

10.5.3　烧结 Nd-Fe-B 永磁体

烧结 Nd-Fe-B 永磁体是把规定成分的磁粉在磁场中挤压成型并赋予各向异性后再进行烧结而制成，目前 80%～90%的 Nd-Fe-B 永磁体运用此法生产。其生产工艺成熟简便、产量较大、质量较好，但成品率低，仅为 70%左右，主要原因是机械加工时损失大，但废料可回收利用。其工艺流程如下：原料→合金熔炼（中频感应炉）→制粉→在磁场中成型→高温烧结→时效（热处理）→磁化→烧结 Nd-Fe-B 永磁体。

烧结 Nd-Fe-B 永磁体的生产技术与性能趋于完善。2005 年，日本生产的烧结 Nd-Fe-B 永磁体的$(BH)_{max}$为 474kJ/m^3，已经达到理论值的 93%。中国生产的烧结 Nd-Fe-B 永磁体的$(BH)_{max}$为 376～408kJ/m^3，也达到世界先进水平。

烧结 Nd-Fe-B 永磁体是用与 $SmCo_5$、Sm_2Co_{17}类似的粉末冶金技术制备的。典型工艺是将铸锭破碎成平均粒径为 3μm 的粉末，把粉末在磁场中取向压制成型，在约 1100℃下烧结，然后在约 630℃下进行磁硬化处理。

烧结 Nd-Fe-B 永磁体的成分为 $Nd_{15}Fe_{77}B_8$，处在 $Nd_2Fe_{14}B$ 化学计量成分的富 Nd 侧，而且在较宽的成分范围可获得性能优良的永磁体，以平均粒径为 1μm 的 $NdFe_{14}B$ 为主相，包括富 Nd 相、富 B 相（$Nd_{1.1}Fe_{14}B_4$）的多相组织。烧结时，低熔点的富 Nd 相为液相，可有效地提高烧结密度。在显微组织中，富 Nd 相位于晶界处，减少反向畴的形核点，还能钉扎跨晶界的畴壁，阻碍畴壁运动，从而提高矫顽力。也就是说，烧结 Nd-Fe-B 永磁体的矫顽力取决于 $Nd_2Fe_{14}B$ 主相及其他各相的数量和形态。

富 Nd 相和富 B 相是非磁性相，为了获得更高的磁性能，应在保证高矫顽力的条件下，使合金成分接近 $Nd_2Fe_{14}B$ 的化学计量成分，把其他各相的量尽可能降到最低。采用无氧工艺，在制备过程中减少 Nd 的氧化和损失，精确控制其制粉、烧结等工艺，使晶粒更加均匀和细小，保证取向更加完善。

10.5.4　黏结 Nd-Fe-B 永磁体

黏结 Nd-Fe-B 永磁体是将快淬法或氢爆法等其他方法制得的 Nd-Fe-B 磁粉与黏结剂、添加剂均匀混炼造粒，经成型（模压成型、注射成型、挤压成型和压延成型等）和后续固化处理而制成。其工艺流程如下：磁粉→黏结剂和添加剂→混炼→造粒→成型→固化→充磁→黏结 Nd-Fe-B 永磁体（各向异性和各向同性）。

与烧结 Nd-Fe-B 永磁体相比，黏结 Nd-Fe-B 永磁体中掺有非磁性物质的黏结剂、添加剂等，并且在生产过程中受工艺条件限制，其磁粉颗粒取向度、成品密度、磁性能更低。但是加入黏结剂也使其获得了许多优良特性：一是成型性好，可制成烧结磁体不可能实现的轻质、薄壁环状、嵌件整体成型的制品；二是可加工性好，不易产生裂纹和缺口，易得尺寸精度高的产品；三是制作工艺简单，利于实现磁体制作工艺的自动化和大批量生产等，这些优点促进了黏结 Nd-Fe-B 永磁体的快速发展。

10.5.5 快淬 Nd-Fe-B 永磁合金

快淬法是将熔融金属或合金液体进行急冷凝固的工艺，其冷却速度有一定的控制，一般为 10^2～10^{10}K/s。利用快淬法可获得许多结构特殊、性能优异、效益显著的新材料。快淬法作为材料科学领域的一项新技术已经得到同行的认可，并且显示出很大的发展前景。

快淬法用于制取 Nd-Fe-B 磁粉的历史不长，它于 20 世纪 80 年代后期由美国通用电气公司发明。目前用此法生产的 Nd-Fe-B 磁粉仍然在该公司占领先地位。

目前全世界实现工业化生产 Nd-Fe-B 永磁体的工艺方法主要有烧结法及快淬法两种，前者的产量约占 80%，后者的产量约占 20%，但后者的发展更为迅速。

美国通用电气公司生产大量的 Nd-Fe-B 磁粉，除一部分 Nd-Fe-B 磁粉加工成磁合金制品自用外，约有 70%的 Nd-Fe-B 磁粉销往日本、10%的 Nd-Fe-B 磁粉出口欧洲等地。

HDDR 是氢化（hydrogenation）-歧化（decomposition）-脱氢（desorption）-重组合（recombination）的缩写。HDDR 法亦称氢处理法，是制备 Nd-Fe-B 磁粉的一种行之有效的方法。其工艺流程如下：铸锭→均匀化处理→破碎→HDDR 处理→破碎→磁粉。

即使在常温常压下，$Nd_2Fe_{14}B$ 也能吸氢生成 $Nd_2Fe_{14}BH_x$；在氢气中加热到 650℃以上可进一步吸氢，并分解成 NdH_2、Fe_2B 和 α-Fe；升温到 850℃附近强制脱氢，从 NdH_2 中放出氢，同时与 α-Fe、Fe_2B 重新结合成 $Nd_2Fe_{14}B$。虽然后一反应是前一反应的逆反应，但反应后的 $Nd_2Fe_{14}B$ 已不是铸锭原来的粗大晶粒，而成为细小晶粒的集合体。由于吸氢时产生体积膨胀，很容易破碎成粉末。该粉末粒径为 0.3μm 左右，晶粒周围几乎没有边界，矫顽力高（H_c = 800～1200kA/m）。用 Co 取代部分 Fe，再添加少量 Ga、Zr、Hf、Nb 或 Ta 等，采用同样的工艺，成功地得到了各向异性 Nd-Fe-B 磁粉。元素添加量不同，各向异性化程度、内禀矫顽力也不同。最佳元素添加量（原子分数）如下：Zr0.1%，Hf0.1%，Ga0.5%～2%，Nd0.1%～0.4%。采用 HDDR 法，因添加元素不同，磁性能特别是各向异性有明显的差别，相变时，特定的添加元素使之形成沿 *c* 轴排列的细晶粒。电子衍射分析表明，HDDR 法所制备各向异性 Nd-Fe-B 磁粉中各晶粒的 c 轴大体沿一定方向排列，角度为±20°。用 HDDR 法制备的黏结 Nd-Fe-B 永磁体的$(BH)_{max}$可达 128～144kJ/m^3。

快淬薄带并不能作磁体使用，需要将薄带经过黏结法、热压法和变形法等制成块状磁体。

（1）黏结法。将快淬薄带破碎成粉，与树脂混合、成型，制成黏结磁体。制备黏结磁体的方法很多，粉末颗粒有很多微细晶粒，各晶粒的位向不规则，不能用磁场取向，所以只能得到各向同性磁体。

（2）热压法。将快淬粉装在模具中，在真空或惰性气体中热压，得到致密度接近 100%的磁体。为获得高矫顽力，热压用快淬粉应呈非晶态，通过热压晶化成最佳晶粒尺寸。热压磁体仍是各向同性的，$(BH)_{max}$可达 160kJ/m^3。

（3）变形法。把热压磁体再次加热，进行单轴热塑性变形，可得到各向异性磁体。热变形温度为 700℃，变形率为 50%。热变形后晶粒稍微变粗大，矫顽力降低，但约 75%的晶粒取向排列，还是能够提高剩磁，$(BH)_{max}$达到 320kJ/m^3。

10.5.6　快淬-黏结 Nd-Fe-B 永磁合金

国外生产的快淬-黏结 Nd-Fe-B 永磁合金的$(BH)_{max}$可达 15.6MGOe，矫顽力高达 10.5kOe。

用快淬-黏结法生产 Nd-Fe-B 永磁合金，其工艺流程如下：首先把合金熔炼法制得的金属锭用快速熔融设备进行高频熔融，通过石英喷嘴将合金熔液喷在水冷旋转的铜辊上使之急冷；然后把得到的 20μm 左右厚的合金带粉碎成 Nd-Fe-B 磁粉；最后用黏结法生产 Nd-Fe-B 磁制品。

与烧结法相比，由于快淬-黏结 Nd-Fe-B 永磁合金具有磁性能稳定且性能优良、成品率高和成本低等优点，其用途日益广泛、用量增长较快。综上所述，从快淬法制造 Nd-Fe-B 永磁合金、黏结法生产 Nd-Fe-B 永磁体中可知，目前国内外用上述方法生产 Nd-Fe-B 永磁合金的水平日益提高，性能有所改善，使用量逐年增大，年均增长率比烧结法生产 Nd-Fe-B 永磁体高 10%左右。

目前世界上用快淬-黏结法生产 Nd-Fe-B 永磁合金的只有美国和中国，总产量约 750t，美国占 94%，中国占 6%。1995 年，美国生产 Nd-Fe-B 磁粉 700t，出口日本 490t，约占 70%，生产黏结 Nd-Fe-B 永磁体约 480t，为世界最大的黏结 Nd-Fe-B 永磁体生产国家。

用快淬-黏结法生产 Nd-Fe-B 永磁合金，包括两个步骤：一是用快淬法制成 Nd-Fe-B 磁粉；二是用黏结法生产 Nd-Fe-B 磁制品。生产工艺过程如下：原材料→配料→熔炼→冷却快淬→粉碎细磨→热处理→树脂混合→压型→固化→检验→磁制品。

与烧结法相比，快淬-黏结法具有下列特点：①生产工艺简单、成本低；②磁体的矫顽力较高；③磁体的热稳定性较好；④可制成任何形状且尺寸精度高的磁体；⑤磁体的成品率很高，可达到95%以上；⑥磁体的$(BH)_{max}$较小，但机械强度高、密度小。该工艺因有上述特点而具有高速发展的潜力。实际上，快淬-黏结法利用快淬的工艺生产磁粉，然后经过黏结过程获得永磁体，必然涉及磁场取向和压制等过程。

快淬-黏结法与烧结法生产的 Nd-Fe-B 永磁合金的磁性能比较见表 10.7。

表 10.7　两种方法生产的 Nd-Fe-B 永磁合金的磁性能

技术参数	快淬-黏结 Nd-Fe-B 永磁合金	烧结 Nd-Fe-B 永磁体
$(BH)_{max}/(kJ/m^3)$	40～88	200～280
$H_c/(kA/m)$	320～400	998
T_c/K	398	310
$d/(g/cm^3)$	4.9～6.0	7.4

10.5.7　晶界扩散 Nd-Fe-B 永磁合金

烧结 Nd-Fe-B 永磁体在加工较薄尺寸工件时会因为部分晶粒结构破坏导致磁体矫顽力下降。

20 世纪 80 年代末的部分专利提及，在薄型磁体表面涂覆 Nd/Pr 并高温扩散能使磁体矫顽力明显恢复，但是当时这项技术并没有引起广泛关注[36]。

2000 年，Park[37]发现，利用溅射将 Dy 或 Tb 附着在 Nd-Fe-B 永磁体表面并在700～1000℃加热可以明显提高矫顽力，同时剩磁基本不会降低。Nakamura 等[38]将小尺寸 Nd-Fe-B 工件浸渍于 Dy_2O_3 或 DyF_3 颗粒与乙醇混合液中，经高温扩散后成功提高矫顽力。

近年来，随着对高性能 Nd-Fe-B 永磁体的需求量的增加和重稀土资源的紧缺，晶界扩散技术重新受到相关研究人员的广泛关注。晶界扩散技术的主要优势是能够实现大幅度提高磁体矫顽力，同时保持剩磁基本不变。

通常晶界扩散技术是在烧结完成的磁体表面附着 Dy 或 Tb，并在富 Nd 相熔点以上的高温进行扩散处理，使 Dy、Tb 等重稀土通过磁体晶界渗入磁体内部。在扩散过程中，重稀土再从晶界向各 $Nd_2Fe_{14}B$ 主相晶粒内部扩散，在晶界富 Nd 相区域和主相晶粒外缘区域形成重稀土高度富集的$(Nd,RE)_2Fe_{14}B$（RE = Dy，Tb）壳层。在晶界扩散过程中，富 Nd 相在高温下熔化成液相，使得 Dy、Tb 在晶界的扩散速度远大于在主相晶粒内部的扩散、取代速度。利用这两种扩散速度的差异，适当调整扩散处理的温度和时间，最终能使 Dy、Tb 仅分布于主相晶粒的最外延区域，避免主相晶粒内过多的 Nd 被重稀土取代。

国内外诸多学者对晶界扩散技术开展了广泛研究。从这些研究成果来看，可以按照表面附着方式将该技术分为四类：表面涂覆（或电泳）、磁体表面溅射重稀土金属单质、气相蒸镀和直接填埋等。当扩散的重稀土为 Dy 时，矫顽力达 620kA/m；当扩散的重稀土为 Tb 时，矫顽力达 1030kA/m。

魏恒斗等[39]研究了边界结构改性对烧结 Nd-Fe-B 永磁体矫顽力的影响。他们利用速凝工艺制成薄片，采用氢爆处理使粉末的平均粒径为 100μm 以下，采用氢破碎加气流磨工艺制成磁粉，其中主相磁粉平均粒径为 3.0～5.0μm，第二和第三合金磁粉平均粒径为 2.0～3.5μm。

将主相磁粉与第三合金磁粉按 99∶1 的比例充分搅拌、混合后在 2T 的取向磁场中取向压制成型，在 180MPa 压力下等静压；于 1050℃烧结 2h，二级热处理，于 880℃、550℃分别保温 2h，获得烧结 Nd-Fe-B 永磁体Ⅰ。将三种磁粉按照 92.33∶6.67∶1.00 的比例进行混合并搅拌均匀，在与烧结 Nd-Fe-B 永磁体Ⅰ同样的成型烧结工艺下获得烧结 Nd-Fe-B 永磁体Ⅱ。用现行工艺生产的烧结 Nd-Fe-B 为烧结 Nd-Fe-B 永磁体Ⅲ。

将三种永磁体加工成 10mm×10mm 样品，分别进行 20℃退磁曲线测试。将永磁体Ⅱ和永磁体Ⅲ进行 100℃退磁曲线测试。结果表明，边界结构改性工艺可以大幅度提高磁体矫顽力，且对剩磁影响非常小。边界结构改性工艺使重稀土 Dy 通过晶界扩散进入 $Nd_2Fe_{14}B$ 主相晶粒边界区而不是晶粒内部，在 $Nd_2Fe_{14}B$ 主相晶粒边界区形成具有高磁晶各向异性场的 $(Nd,Dy)_2Fe_{14}B$ 壳层，因而矫顽力大幅度提高。

邓飞等[40]采用磁控溅射等方法在块状磁体表面沉积 Tb 或 Dy 等重稀土，然后进行回火处理，使沉积在表面的重稀土通过晶界扩散到磁体内部，调整主相晶粒表面部分区域不均匀的化学成分，从而提高磁体的反磁化形核场，提高矫顽力。同时将 DyF_3 等涂敷在 Nd-Fe-B 速凝薄带上，然后以较低温度加热回火，使 DyF_3 分解，Dy 沿晶界扩散。用此速凝薄带制备的烧结 Nd-Fe-B 永磁体具有较高的矫顽力且剩磁不降低，同时磁体具有较高的电阻率，抑制涡流发热，获得了较好的电绝缘性能，提高了磁体的高温稳定性。由于 Nd-Fe-B 永磁合金的矫顽力主要由反磁化畴的形核数量决定，在一定晶粒尺寸范围内（大于单畴粒子尺寸），磁体的矫顽力随晶粒尺寸的减小而增大。

与烧结 Nd-Fe-B 永磁体相比，晶界扩散 Nd-Fe-B 永磁合金改变了磁体富稀土相的成分和形貌，但磁体更易于发生晶间腐蚀[41]。

10.6　稀土-铁-氮永磁合金

稀土-铁-氮永磁合金包括 $Sm_2Fe_{17}N_x$ 和 $NdFe_{12-x}M_xN_y$（M = Ti，Mo，W，V，Cr 等）两类。

稀土-铁金属间化合物中 RE_2Fe_{17} 具有高饱和磁化强度，但居里温度低，不能用作永磁材料。如果往 Sm_2Fe_{17} 中渗氮成为 $Sm_2Fe_{17}N_x$，那么它在保持三方结构对称性的同时将产生晶格膨胀，居里温度可提高到 500℃，具有接近 $Nd_2Fe_{14}B$ 的饱和磁化强度，且易磁化方向由基面变成 c 轴，具备永磁材料所需的单轴各向异性，其磁晶各向异性场约为 $Nd_2Fe_{14}B$ 的 2 倍，$(BH)_{max}$ 理论值与 $Nd_2Fe_{14}B$ 大体相同。

$Sm_2Fe_{17}N_x$ 是亚稳态化合物，高于 600℃就分解成 SmN_x 和 Fe，且不可逆，因此不可能将它制成烧结磁体，只能制成黏结磁体。该磁粉的制造方法如下：熔炼 Sm_2Fe_{17}，浇注成锭。破碎后，在高温下通过粉末与 N_2 或 NH_3 的气/固相反应生成 $Sm_2Fe_{17}N_x$，再破碎成适当粒度，用于制备黏结磁体。决定粉末磁特性的关键是氮化处理制度（包括氮化的气氛和温度）和氮化前 Sm_2Fe_{17} 的粉末粒度。氮化反应时，气相分子在固体表面分解成活性原子或离子，然后扩散到固体中形成化合物。反应气体使用 N_2 或 NH_3，N_2 的 N 原子之间结合得很牢固，所以反应速度要比 NH_3 慢。理论上温度越高，固体中 N 的扩散越快，但温度过高，Sm 会蒸发，反应生成物 $Sm_2Fe_{17}N_x$ 也会分解。因此，氮化反应温度和时间有一定限制，粉末粒度也有限制。据报道，$Sm_2Fe_{17}N_x$ 中 x 可达 12 左右，其中 $Sm_2Fe_{17}N_3$ 具有最高的磁性，用该粉末制成的黏结磁体的 $(BH)_{max}$ 达 152kJ/m^3。

$REFe_{12-x}M_xN_y$（M = Ti，Mo，W，V，Cr 等）是 $REFe_{12-x}M_x$ 经氮化形成的化合物。稀土-铁二元系本没有 $REFe_{12}$ 金属间化合物，当用 M 取代部分 Fe 成为 $REFe_{12-x}M_x$ 时，就可得到 $REFe_{12}$ 金属间化合物（四方结构），并显示高磁性。表 10.8 给出了 $REFe_{12-x}M_xN_y$ 的磁特性。据报道，$Nd(Fe,Co)_{11}TiN_x$ 的饱和磁极化强度为 1.5T，各向异性场为 6.5T。$Nd(Fe,Co)_{11}TiN_x$ 的各向异性场比 $Sm_2Fe_{17}N_x$ 小，但作为永磁材料足够，如果氮化处理前用机械合金化、快淬或 HDDR 等方法控制组织结构，可提高矫顽力。

表 10.8　$REFe_{12-x}M_xN_y$ 的磁特性

化合物	T_c/K	M_s/T	μ_0H_a/T
$CeFe_{11}Ti$	478	1.19	2.3
$CeFe_{11}TiN_{1.6}$	719	1.38	2.0
$PrFe_{11}Ti$	531	1.38	—

续表

化合物	T_c/K	M_s/T	μ_0H_a/T
$PrFe_{11}TiN_{1.6}$	719	1.50	＞7
$NdFe_{11}Ti$	543	1.35	2.0
$NdFe_{11}TiN_{1.5}$	729	1.48	＞7
$YFe_{11.5}Mo_{0.5}$	491	1.16	—
$YFe_{11.5}Mo_{0.5}N_x$	708	1.56	—
$YFe_{11}Mo$	472	1.12	—
$YFe_{11}MoN_x$	664	1.43	—

总之，稀土-铁-氮永磁合金是由间隙原子使晶格膨胀造成的，具有优异的内禀磁特性，这在永磁材料中是很独特的。但是，稀土-铁-氮永磁合金是亚稳态化合物，在制备工艺技术上存在问题，至今尚未形成实用的永磁材料。若在技术上有所突破，使之适于工业化生产，还是很有希望的。

10.7　交换耦合永磁合金

稀土永磁材料研究的一个重要方向是纳米复合两相稀土永磁材料。利用现代薄膜工艺中的多种取向方法，在纳米复合两相合金或薄膜中既保持两相的纳米结构，又使硬磁性相获得高度取向，从而实现高性能的各向异性纳米复合永磁体。

高矫顽力和剩磁是纳米复合永磁体的基本要求，尽管硬磁材料的矫顽力较大，但是其饱和磁化强度相对较低。在纳米复合永磁体中，两相之间的交换耦合作用有助于改善永磁体的磁性能。两相之间的交换耦合作用以及由其所引起的剩磁增强效应可用来制造高性能的永磁体。另外，由于软磁性相为非稀土相，可节约稀土用量，降低合金价格。

由硬磁性相和软磁性相组成纳米晶材料时，通过两相间的交换耦合作用，材料整体得到如永磁体那样的特性。这种材料的退磁曲线的磁化强度随外磁场的变化（回复曲线）显示可逆的如弹簧反弹似的独特现象。这种新型永磁材料称为交换耦合永磁合金。其中，硬磁性相为 $Nd_2Fe_{14}B$ 或 $Sm_2Fe_{17}N_x$ 等具有很大的单轴磁晶各向异性的稀土化合物，只占很少部分，α-Fe 或 Fe_3B 等软磁性相含量较大。

交换耦合永磁合金一出现，就受到材料工作者的重视。高性能稀土永磁合金的$(BH)_{max}$理论值取决于硬磁性相的饱和磁化强度。交换耦合永磁合金打破了这个界限。据资料报道，由厚度为 2.4nm 的取向 $Sm_2Fe_{17}N_3$ 和厚度为 9nm 的 $Fe_{65}Co_{35}$ 组成的假想各向异性多层膜的$(BH)_{max}$ 可超过 $1MJ/m^3$。另外，交换耦合永磁合金虽然是各向同性永磁体，但是实际上得到了 0.8～1.3T 的高剩磁，超过了传统磁学预测的剩磁理论值，并有可能开发出高性能、低成本的各向同性黏结磁体。

由于软磁性相在外磁场 H_a 的作用下很容易磁化或者反磁化，若混有硬磁性相，整个磁体的退磁曲线呈蜂腰状。此外，如果两相之间产生交换耦合作用，那么软磁性相开始的反磁化也容易传播到硬磁性相，致使磁体的矫顽力显著下降。单是当软磁性相尺寸小于畴壁宽度时，通过与周围的硬磁性相的耦合，软磁性相受到足够的束缚，整体就成为永磁体。

当沿正向磁化饱和后，软磁性相和硬磁性相的磁矩都朝相同的方向。去掉外磁场后，由于与硬磁性相的交换作用，软磁性相的磁矩仍保持原来的方向。加反向磁场（H_a 小于硬磁性相的不可逆的反向磁场）时，软磁性相的中心部分首先反磁化，边界部分由于与硬磁性相磁矩的交换作用而受硬磁性相束缚，并未转向外磁场方向。当 H_a 回零时，整个磁体又回到原来的状态。由此可见，制备交换耦合永磁合金的重要条件之一是软磁性相尺寸小于某临界值。当软磁性相和硬磁性相的畴壁能密度相等时，畴壁从软磁性相进入硬磁性相。这时的畴壁宽度是软磁性相尺寸的临界值，为 10nm 左右。

目前研究得到的交换耦合永磁合金包括 Nd-Fe-B 和 Sm-Fe-N 两类，它们都是各向同性磁体。最初发现的 $Nd_4Fe_{80}B_{20}$ 是 Fe_3B 和 $Nd_2Fe_{14}B$ 的耦合，使用熔体快淬法得到非晶体后于 670℃热处理 30min，得到磁带的性能为 $J_s = 1.6T$，$J_r = 1.4T$，$H_{cj} = 240kA/m$。$Sm_7Fe_{93}N_x$ 是将 Fe 和 Sm 粉末机械合金化处理 48h，然后于 600℃热处理得到 α-Fe 和 Sm_2Fe_{17} 的微晶混合物，再于氮气中经 400℃氮化处理 2h，获得 $J_r = 1.4T$，$H_{cj} = 310kA/m$，$(BH)_{max} = 205kJ/m^3$ 的粉末。$Nd_{5.5}Fe_{66}Cr_5Co_5B_{18.5}$ 则是 Fe、Fe_2B 与 $Nd_2Fe_{14}B$ 的耦合，H_{cj} 可达 600kA/m 以上。

当然，上述研究结果还有不足之处，也没有实现工业化生产。即使如此，交换耦合永磁合金具有如下特点：①磁化强度可逆反弹；②各向同性磁体的剩磁比高（$J_r/J_s > 0.5$）；③充磁磁场较低；④粉碎成细粉的磁性不恶化；⑤耐腐蚀性好等，是一类颇具魅力的永磁材料。交换耦合永磁合金利用软磁性相的高饱和磁化强度和硬磁性相的高各向异性场，有可能超越以往永磁材料的界限。

参 考 文 献

[1] Strnat K J. Cobalt-rare-earth alloys as promising newpermanent-magnetic materials. Cobalt，1967，36：133-143.

[2] Strnat K J, Hoffer G, Olsen J C, et al. A family of new cobalt-base permanent magnet materials. Journal of Applied Physics，1967，38（3）：1001-1002.

[3] Buschow K H J，Luiten W，Naastepa P A，et al. Magnet material with a $(BH)_{max}$ of 18.5 million Gauss Oersteds. Philips Technology Review，1968，29（11）：336.

[4] Ojima T, Tomisawa S, Yoneyama T, et al. New type rare earth cobalt magnets with an energy product of 30MGOe. Japan Journal of Applied Physics，1977，16：671.

[5] Koon N C, Williams C M, Das B N. Magnetic properties of amorphous and crystallized $(Fe_{0.82}B_{0.18})_{0.9}Tb_{0.05}La_{0.05}$. Applied Physics Letters, 1981, 39: 840.

[6] Sagawa M, Fujimura S, Togawa M, et al. New material for permanent-magnets on a base of Nd and Fe. Journal of Applied Physics, 1984, 55 (6): 2083-2087.

[7] Groat J J, Herbest J F, Lee R W, et al. Pr-Fe and Nd-Fe-based materials: a new class of high-performance permanent-magnets. Journal of Applied Physics, 1984, 55 (6): 2078-2082.

[8] Coehoorn R, de Mooij D B, Duchateau J P W B, et al. Novel permanent magnetic materials made by rapid quenching. Journal de Physique, 1988, 49: 669-670.

[9] Skomski R, Coey J M D. Giant energy product in nanostructured two phase magnets. Physics Review B, 1993, 48: 15812-15816.

[10] Skomski R. Aligned two phase magnet-permanent magnetism of the feature. Journal of Applied Physics, 1994, 76 (10): 7059-7064.

[11] Sawatzki S, Heller R, Mickel C, et al. Largely enhanced energy density in epitaxial $SmCo_5$/Fe/$SmCo_5$ exchange spring trilayers. Journal of Applied Physics, 2011, 109: 123922.

[12] 宋后定. 常用永磁材料及其应用基本知识讲座（第一讲）——常用永磁材料的特性参数. 磁性材料与器件，2007，4：57-61.

[13] 兰州大学物理系磁学教研组. 关于铝镍钴永磁合金某些问题的讨论. 电工合金通讯，1974：30-48.

[14] 曾和清. 铝镍钴永磁合金在大功率永磁电机的应用. 中小型电机技术情报，1980，10：36-38.

[15] Nesbitt E A, Wernick J H, Corenzwit E. Magnetic moments of alloys and compounds of iron and cobalt with rare earth metal additions. Journal of Applied Physics, 1959, 3 (30): 365-367.

[16] Hubbard W M, Adams E, Gilfrich J V. Magnetic moments of alloys of gadolinium with some of the transition elements. Journal of Applied Physics, 1960, 31: S386.

[17] Hoffer G, Strnat K. Magnetocrystalline anisotropy of YCo_5 and Y_2Co_{17}. IEEE Transactions on Magnetics, 1966, 7: 487.

[18] Velge W A J T, Buschow K H J. Magnetic and crystallographic properties of some rare earth cobalt compounds with $CaZn_5$ structure. Journal of Applied Physics, 1968, 39: 1717.

[19] Das D. Twenty million energy product samarium-cobalt magnet. IEEE Transactions on Magnetics, 1969, 5: 214.

[20] Croat J J, Lee R W. A metallographic study of sintered $SmCo_5$ compacts. IEEE Transactions on Magnetics, 1974, 10: 712.

[21] Livingston J D. Domains in sintered Co_5Sm magnets. Physica Status Solidi A, 1973, 18: 579.

[22] Smeggil J. Phase analysis of liquid-phase sintered Co_5Sm magnet compacts. IEEE Transactions on Magnetics, 1973, 9: 158.

[23] Riley A, Jones G A.The observation of domain structures in $SmCo_5$ by electron microscopy. IEEE Transactions on Magnetics, 1973, 9: 201.

[24] Adler E, Hamann P. A contribution to the understanding of coercivity and its temperature dependence in sintered $SmCo_5$ and $Nd_2Fe_{14}B$ magnets. Dayton: Eighth International Workshop on Rare-Earth Magnets and Their Applications and the Fourth International Symposium on Magnetic Anisotropy and Coercivity in Rare Earth-Transition Metal Alloys, 1985: 747-760.

[25] Kromüller H, Hilzinger H R. Incoherent nucleation of reversed domains in Co_5Sm permanent magnets. Journal of Magnetism and Magnetic Materials, 1976, 2: 3.

[26] Walmer M S, Chen C H, Walmer M H. A new class of Sm-Tm magnets for operating temperatures up to 550℃.

IEEE Transactions on Magnetics，2000，36（5）：3376-3381.

[27] Tang W，Zhang Y，Hadjipanayis G C. High-temperature magnetic properties of $Sm(Co_{bal}Fe_{0.1}Cu_{0.088}Zr_x)_{8.5}$ magnets. Journal of Magnetism and Magnetic Materials，2000，212：138-144.

[28] Guo Z H，Pan L W. $Sm(Co,Fe,Cu,Zr)_Z$ sintered magnets with a maximum operating temperature of 500℃. Journal of Magnetism and Magnetic Materials，2006，303（2）：e396-e401.

[29] 夏满龙. 热处理对 2∶17 型 Sm-Co 永磁体性能影响. 北京：钢铁研究总院，2012.

[30] 易健宏，彭元东. 2∶17 型 SmCo 稀土永磁材料的研究现状与趋势. 稀有金属材料与工程，2004，33（4）：337-342.

[31] Hadjipanayis G C，Tang W，Zhang Y，et al. High temperature 2∶17 magnets：Relationship of magnetic properties to microstructure and processing. IEEE Transactions on Magnetics，2000，36（5）：3382-3387.

[32] 朱明刚，孙威，方以坤，等. Sm_2Co_{17}基永磁材料的研究进展. 中国材料进展，2015，34（11）：689-795.

[33] Liu J F，Matinescu M. Recent Dcvelopmerrts in $Sm(Co,Cu,Fe,Zr)_z$ Magnets. New York：Rare Earth Permanent Magnets& Their Applications，2014.

[34] Liu J P，Fullerton E，Gutfleisch O，et al. Nanoscale Magnetic Materials and Applications. New York：Springer Science Business Media，2009.

[35] Horiuchi Y，Hagiwara M，Okamoto K，et al. Effects of solution treated temperature on the structural and magnetic properties of iron-rich $Sm(CoFeCuZr)_z$ sintered magnet. IEEE Transactions on Magnetics，2013，49（7）：3221-3224.

[36] 佐川真人，板谷修，吉川纪夫. NdFeB 烧结磁铁的制造方法：CN101517670 B. 2009-10-15.

[37] Park K T. Effect of metal-coating and consecutive heat treatment on coercivity of thin Nd-Fe-B sintered magnets. Tokyo：Proceedings of the Sixteenth International Workshop on Rare-Earth Magnets and Their Applications，2000.

[38] Nakamura H，Hirota K，Shimao M，et al. Magnetic properties of extremely small Nd-Fe-B sintered magnets. IEEE Transactions on Magnetics，2005，41（10）：3844.

[39] 魏恒斗，钱勇，钱辉，等. 边界结构改性对烧结钕铁硼矫顽力的影响. 稀土，2017，38（3）：56-59.

[40] 邓飞，柳超，杨福平，等. 烧结钕铁硼永磁材料重稀土晶间扩散技术研究. 材料应用，2017，5：51-54.

[41] 向春涛，张鹏杰，赵占中，等. 晶界扩散镝（Dy）烧结钕铁硼磁性能的研究. 安徽科技，2015（11）：48-49.